我的第**1**本
PPT书

办公宝典

PPT 2021
完全自学教程

凤凰高新教育　编著

北京大学出版社
PEKING UNIVERSITY PRESS

内 容 提 要

熟练使用PowerPoint制作与设计幻灯片，已成为职场人士必备的职业技能。本书以PowerPoint 2021软件为平台，从办公人员的工作需求出发，配合大量典型实例，全面而系统地讲解了PowerPoint 2021在总结报告、培训教学、宣传推广、项目竞标、职场演说、产品发布等领域的设计与应用。

本书以"完全精通PowerPoint"为出发点，以"用好PowerPoint"为目标来安排内容，全书共4篇，分为24章。第1篇为PPT设计必读篇（第1~7章），主要针对PPT初学者，以及有一定PPT制作基础的用户，系统地讲解如何设计吸引力强的PPT，内容包括新手设计PPT的七大误区、PPT的制作流程，以及PPT设计思路、方法及相关理念等内容，从而为PPT设计打下坚实的基础；第2篇为PPT技能入门篇（第8~14章），主要介绍PowerPoint 2021软件的入门操作技能，如幻灯片的创建、编辑与美化设置等内容；第3篇为PPT技能进阶篇（第15~20章），介绍PowerPoint 2021幻灯片制作的进阶技能，如母版的应用方法、幻灯片中多媒体的添加与设置、交互式幻灯片的制作、动画的添加，以及PPT的放映、输出与共享设置等内容；第4篇为PPT设计实战篇（第21~24章），通过4个综合应用案例，系统并全面地讲解PowerPoint 2021在宣传展示、工作总结报告、教育培训及营销推广等相关工作领域中的实战应用。

本书既适用于即将毕业走向工作岗位的广大毕业生和职场中的PPT小白学习，也适合有一定的PPT制作基础，但总困于无法设计出更吸引人的PPT中级用户学习，还可以作为广大职业院校、计算机培训班的教学参考用书。

图书在版编目(CIP)数据

PPT 2021完全自学教程 / 凤凰高新教育编著. — 北京：北京大学出版社，2022.7
ISBN 978-7-301-33079-1

Ⅰ.①P… Ⅱ.①凤… Ⅲ.①图形软件–教材 Ⅳ.①TP391.412

中国版本图书馆CIP数据核字（2022）第098964号

书　　　名	PPT 2021完全自学教程	
	PPT 2021 WANQUAN ZIXUE JIAOCHENG	
著作责任者	凤凰高新教育　编著	
责 任 编 辑	王继伟　　刘　倩	
标 准 书 号	ISBN 978-7-301-33079-1	
出 版 发 行	北京大学出版社	
地　　　址	北京市海淀区成府路205号　100871	
网　　　址	http://www.pup.cn　　新浪微博：@北京大学出版社	
电 子 信 箱	pup7@pup.cn	
电　　　话	邮购部 010-62752015　发行部 010-62750672　编辑部 010-62570390	
印 刷 者	北京宏伟双华印刷有限公司	
经 销 者	新华书店	
	889毫米×1194毫米　16开本　27印张　插页1　842千字	
	2022年7月第1版　2022年7月第1次印刷	
印　　　数	1-4000册	
定　　　价	129.00元	

前　言

● 初入职场或在职场中长期停滞不前，又不相信PPT能给自己的职场加分、提升竞争力的人员。

● 经常进行商务演讲，又不相信PPT能增加说服力、提升个人魅力的人员。

● 还背着大包资料跑市场、拉业务，又不相信PPT能提升自己销售业绩的人员。

● 不相信PPT能搞定客户、说服老板、为自己升职加薪的人员。

● 自己的PPT仍然停留在文字堆砌、效果单一的初级阶段，自己演讲时听众睡倒一片而又不觉得尴尬的人员。

以上人员请不要选择《PPT 2021完全自学教程》这本书！

为什么要学PPT

让我们来告诉你如何成为你所期望的职场达人！

熟练使用演示文稿制作与设计幻灯片，已成为职场人士必备的职业技能。而微软公司推出的PowerPoint软件是市面上最流行、使用最多的演示文稿制作软件，被广泛地应用在工作总结、会议报告、培训教学、宣传推广、项目竞标、职场演说、产品发布等领域。

无论你是政府公务员，还是企业单位工作者；无论你是职场中的达人，还是职场中的菜鸟；无论你是企业中的管理者，还是一线业务销售人员，真的都需要PPT。这是因为，不管是做总结报告，还是培训教育；不管是做企业宣传，还是业务推广，PPT都是极好的表达方式。

优秀的PPT，能让人对你刮目相看，能让你说服领导，从激烈的职场竞争中脱颖而出。优秀的PPT，能让你花最少的时间和成本搞定客户、提升业务能力、提升业绩。

经数据调查显示，现在大部分的职场人士对于PowerPoint软件的了解及技能掌握程度还远远不够，所以在工作时，很多人常常事倍功半。针对这种情况，我们策划并编写了本书，旨在帮助那些有追求、有梦想，但又苦于技能欠缺的刚入职或在职人员。

本书虽然适合PowerPoint初学者，但即便你是一个PowerPoint老手，本书一样能让你大呼"开卷有益"。这本书将帮助你解决以下问题。

（1）快速掌握PPT幻灯片的设计思路、步骤、理念与方法。

（2）快速学会PPT设计中素材的搜集方法、模板的搜寻方法及应用。

（3）快速掌握PPT的配色技巧、页面布局技巧及PPT演讲技巧。

（4）快速掌握PowerPoint 2021最新版本的相关功能及操作。

（5）快速学会如何制作与设计宣传展示类、工作总结报告类、教育培训类、营销推广等常见应用领域中的幻灯片。

对本书的系统学习，能够真正助你从 PPT 小白成长为 PPT 设计高手，从而变身为职场达人。

我们不但告诉你怎样做，还要告诉你怎样操作最快、最好、最规范！要学会并精通 PowerPoint 2021，这本书就够了！

本书特色

（1）讲解版本最新，内容常用、实用

本书遵循"常用、实用"的原则，以微软最新的 PowerPoint 2021 版本为写作标准，在书中还标识出 PowerPoint 2021 的相关"新功能"及"重点"知识，并且结合日常办公应用的实际需求，全书安排了 164 个"实战"案例、61 个"妙招技法"、5 个 PPT 制作与设计工具分享、4 个大型的综合办公项目实战，系统全面地讲解 PowerPoint 2021 幻灯片设计与制作的全面技能和实战应用。

（2）图解写作，一看即懂，一学就会

为了让你更容易学习和理解，本书采用"步骤引导＋图解操作"的写作方式进行讲解，而且在步骤讲解中以"❶、❷、❸…"的方式分解出操作小步骤，并在图上进行对应标识，非常方便读者学习掌握。只要按照书中讲解的步骤与方法去操作练习，就可以做出同样的效果，真正做到简单明了、一看即会、易学易懂。另外，为了解决读者在自学过程中可能遇到的问题，我们在书中设置了"技术看板"栏目板块，解释在讲解中出现的或者在操作过程中可能会遇到的一些疑难问题。此外，我们还设置了"技能拓展"栏目板块，其目的是教会读者通过其他方法来解决同样的问题，从而达到举一反三的作用。

（3）PPT 设计理念＋技能操作＋实用技巧＋案例实战＝应用大全

本书充分考虑到"学以致用"的原则，在全书内容的安排上，精心策划了 4 篇内容，共 24 章，具体安排如下。

第 1 篇：PPT 设计必读篇（第 1~7 章）；第 2 篇：PPT 技能入门篇（第 8~14 章）；第 3 篇：PPT 技能进阶篇（第 15~20 章）；第 4 篇：PPT 设计实战篇（第 21~24 章）。

丰富的学习套餐，让你物超所值，学习更轻松

本书配套学习资源内容丰富、实用，并赠送了实用的办公模板、教学视频，让你花一本书的钱，得到多本书的超值学习内容。学习资源中包括如下内容。

（1）同步素材文件：指本书中所有章节实例的素材文件。全部收录在"素材文件\第＊章"文件夹中。你在学习时，可以参考图书讲解内容，打开对应的素材文件进行同步操作练习。

（2）同步结果文件：指本书中所有章节实例的最终效果文件。全部收录在"结果文件\第*章"文件夹中。你在学习时，可以打开结果文件，查看其实例效果，为自己在学习中的练习操作提供帮助。

（3）同步教学文件：本书为你提供了190节与书同步的视频教学。快速观看教学视频，跟着书中内容同步学习，轻松学会不用愁。

（4）赠送如何学好、用好PowerPoint视频教程：时间长达48分钟，与你分享PowerPoint专家学习与应用经验，内容包括：①PPT的最佳学习方法；②新手学PPT的误区；③全面提升PPT应用技能的十大技法。

（5）赠送商务办公实用模板：200个Word办公模板、200个Excel办公模板、100个PPT商务办公模板实战中的典型案例。你不必再花时间和心血去搜集，拿来即用。

（6）赠送PPT课件：赠送与书中内容全部同步的PPT教学课件，非常方便教师教学使用。

（7）赠送Windows 7系统操作与应用的视频教程：共13集220分钟，让读者完全掌握最常用的Windows 7系统。

（8）赠送Windows 10操作系统应用的视频教程：长达9小时。让你轻松掌握微软Windows 10的应用。

（9）赠送《微信高手技巧随身查》《QQ高手技巧随身查》《手机办公10招就够》电子书：教会你移动办公诀窍。

（10）赠送5分钟学会番茄工作法讲解视频：教会你在职场中高效地工作、轻松应对职场那些事儿，真正让你"不加班，只加薪"！

（11）赠送10招精通超级时间整理术讲解视频：专家传授10招时间整理术，教会读者如何整理时间、有效利用时间。无论是职场还是生活，都要学会时间整理。这是因为时间是人类最宝贵的财富，只有合理整理时间，充分利用时间，才能让读者的人生价值最大化。

温馨提示

以上资源，请读者用手机微信扫描左下方或封底二维码，关注"博雅读书社"微信公众号，找到资源下载栏目，输入本书77页的资源下载码，根据提示获取，或扫描右下方二维码，关注"新精英充电站"微信公众号，输入代码Ab2065T，获取下载地址及密码。另外，在微信公众号中，我们为你提供了丰富的图文教程和视频教程，为你的职场工作排忧解难！

"博雅读书社"
微信公众号

"新精英充电站"
微信公众号

本书还赠送你一本《高效人士效率倍增手册》，教授一些日常办公中的管理技巧，让你真正做到"早做完，不加班"。

本书不是一本单一讲授PPT使用与操作技能的图书，而是一本教你构思、设计并制作出让人震撼的PPT的实用书。

本书可作为需要使用PowerPoint处理日常办公事务的文秘、人事、财务、销售、市场营销、统计等专业人员的案头参考书，也可作为大中专职业院校、计算机培训班的相关专业教材或参考用书。

创作者说

本书由凤凰高新教育策划并组织编写。全书由一线办公专家和多位微软MVP教师合作编写，他们具有丰富的PowerPoint应用技巧和设计经验，对于他们的辛苦付出，编者在此表示衷心的感谢！同时，由于计算机技术发展非常迅速，书中的疏漏和不足之处在所难免，敬请广大读者及专家指正。

读者信箱：2751801073@qq.com

读者交流群：725510346、218192911

注意：如果加入交流群时，系统提示"此群已满"请根据公告或提示加入新群。

编　者

目　录

第1篇　PPT 设计必读篇

很多人觉得 PowerPoint 就是一款很普通的演示文稿制作软件，只要会软件的操作，就能制作出别具一格的 PPT，其实不然，要想使用 PowerPoint 制作出具有吸引力的 PPT，还需要掌握一些设计知识，如排版、布局和配色等。本篇将对 PowerPoint 的一些设计知识进行讲解。

第2篇　PPT技能入门篇

　　使用 PowerPoint 制作演示文稿的主要目的是将需要传递的信息有效传递给观众，那么，通过怎样的方式传递给观众呢？需要根据内容选择使用不同的对象来进行传递。本篇将对 PowerPoint 2021 入门知识及相关操作等进行介绍。

第3篇　PPT 技能进阶篇

　　在 PowerPoint 中除了可使用不同的对象来展示内容，还可通过添加多媒体、链接、动画等效果，使静态的效果变得有声有色、更加生动。本篇将对 PowerPoint 2021 的高级功能进行讲解，目的是让用户能制作出有声有色、漂亮大气的幻灯片。

第4篇 PPT设计实战篇

没有实战的学习只是纸上谈兵，为了让大家更好地理解和掌握学到的知识和技巧，希望大家拿出一些时间来练习本篇中的具体案例制作。

第 1 篇　PPT 设计必读篇

很多人觉得 PowerPoint 就是一款很普通的演示文稿制作软件，只要会软件的操作，就能制作出别具一格的 PPT，其实不然，要想使用 PowerPoint 制作出具有吸引力的 PPT，还需要掌握一些设计知识，如排版、布局和配色等。本篇将对 PowerPoint 的一些设计知识进行讲解。

第 1 章　关于 PPT 应该知道的那些事儿

➥ PPT 是什么？为什么要用 PPT？

➥ 新手设计 PPT 的常见误区有哪些？

➥ 如何才能制作出好的 PPT？

➥ 什么样的 PPT 能震撼到观众？

很多人刚接触 PowerPoint 软件时，首先考虑的是这个软件应该怎么用。其实，对于初次接触 PowerPoint 的用户来说，首先应该了解一些必备的基础知识，如为什么要用 PPT、PPT 能带来什么。本章将对学习 PPT 必须知道的一些事进行讲解，以便用户更好地学习 PPT 制作。

1.1　为什么要学 PPT

随着办公自动化的发展，PPT 以其丰富的多媒体形式和便于编辑的特性成为当前主要的电子交流方式之一，已成为职场人士办公必须掌握的办公软件，也是当下最为流行的幻灯片制作软件。

1.1.1　PPT 的作用

PPT 逐渐成为人们生活、工作中的重要组成部分，尤其在总结报告、培训教学、宣传推广、项目竞标、职场演说、产品发布等领域中被广泛使用，受到越来越多用户的青睐。

1. 在总结报告方面的作用

如今，很多企业、公司制作年终工作总结、个人工作总结、述职报告等总结报告时，都会采用 PPT 来制作，因为使用 PPT 制作，不仅能使传递的内容更加形象化、直观化，还能让 PPT 中的内容以动态的形式进行展现，受到很多办公人士的喜爱。图 1-1 所示为制作的 2021

汽车市场调查报告 PPT。

图 1-1

2. 在培训教学方面的作用

随着多媒体的广泛使用，PPT在员工培训、学校教学等方面也得到了迅猛发展，通过PPT制作的培训、课件等演示文稿可以将抽象的概念形象化，从而让培训、教学变得更加简单和生动，让员工和学生更高效地吸收所需要的知识。图1-2所示为制作的2021新员工入职培训PPT。

图 1-2

3. 在宣传推广方面的作用

任何企业的发展都离不开宣传，无论是企业本身，还是企业生产的产品。随着社会的不断进步，宣传的方式也在逐步增多，而PowerPoint由于操作简单、实用性强等特点被广泛应用到企业的宣传推广方面，如企业上市宣传、企业形象宣传、新产品上市宣传等。图1-3所示为制作的恒图教育有限公司宣传PPT。

图 1-3

4. 在项目竞标方面的作用

随着PowerPoint的发展，现在很多企业和公司制作项目招投标等文档时，都会选择使用PowerPoint来制作，而不会选择Word，因为每张幻灯片中可放置的内容有限，这样可以让文档内容结构更清晰、明了，而且PowerPoint在演示方面也有着绝对优势，所以，PowerPoint在项目竞标方面也占据着越来越重要的地位。图1-4所示为制作的工程招标方案PPT。

图 1-4

★重点 1.1.2 如何学好 PPT

学习PPT是一个循序渐进的过程，不可能一蹴而就。对于PPT初学者来说，首先需要打好基础，要一步一个脚印，由浅入深地进行学习，切忌好高骛远，而且在学习过程中，还需要不断地思考，要做到举一反三、融会贯通，这样学到的PPT知识才能被灵活应用，记忆才更加牢固。

在学习PPT的过程中，可以将PPT分为3个学习阶段，不同学习阶段需要学习的内容会有所不同，用户可结合自身情况或对PPT的熟悉程度，来选择不同的阶段学习，从而更好地掌握PPT。

→ 初级阶段：对于初次接触PPT的初级用户来说，主要是了解和学习PPT的一些基础知识和基本操作，如图1-5所示。

图 1-5

→ 中级阶段：对于有一定PPT基础，且需要提高PPT技能的中级用户来说，在初级的基础上还需要掌握图形对象的操作、幻灯片母版设计、超链接的使用、多媒体文件的插入等知识，如图1-6所示。

图 1-6

→ 高级阶段：对于想达到PPT高级阶段的用户来说，需要掌握切换效果、动画、放映控制和输出等相关知识，以及记忆常用的快捷键，如图1-7所示。

图 1-7

1.2　新手设计 PPT 的七大误区

很多用户制作PPT时都会有这样的疑问：为什么设计出来的最终效果没有达到预想的效果呢？其实，并不是因为理论知识没有掌握牢固，而大部分原因是进入了PPT设计误区。要想设计出满意的PPT作品，需要避免一些设计误区。下面将对设计PPT容易进入的一些误区进行讲解。

1.2.1　像个草稿，本就没打算做主角的 PPT

很多人觉得PPT制作很简单，找一个漂亮的PPT模板，再将Word中的内容复制到PPT中就可以了，如图1-8所示。但是将这样的PPT投影到屏幕上，有多少人想看呢？如果PPT模板的背景是花哨的底纹，文字都看不清楚，这样的PPT还不如Word文档看起来舒服。

图 1-8

如果真的要让PPT来展示内容，让观众快速阅读和记忆PPT中的内容，那么不能随意地将内容堆砌到PPT中，需要对PPT中的内容进行整理、包装，这样制作的PPT才会受到观众的喜欢，如图1-9所示。

图 1-9

★重点 1.2.2　文字太多，PPT 的天敌

文字虽然是PPT传递信息的主要手段，但文字也是PPT的天敌。试问：看到满屏的文字、密密麻麻的图表（见图1-10），谁还有观看的欲望，更不要说通过幻灯片传递信息了，这样的PPT根本就没有存在的必要。

图 1-10

PPT的本质在于可视化，就是把晦涩难懂的抽象文字转化为图示、图片、图表、动画等生动的对象，使不易理解的文字变得通俗易懂，让观众轻松记忆，达到高效传递信息的目的。图1-11所示为将图1-10中的文字转化为图示的效果。

图 1-11

★重点 1.2.3　没有逻辑、文字的 PPT 堆砌

有时候，人们会发现，PPT中的内容很多，但当认真看完PPT整个内容或听完PPT演示后，却不知道主要表现的内容是什么，没有主题思想，这是因为PPT逻辑混乱造成的。所以，要想使制作的PPT更具吸引力，就必须要具有清晰的逻辑，只有这样，观众才能了解PPT最终要传递的信息是什么，才能理解PPT中的内容。逻辑清晰也是一个高质量PPT所必须具备的条件，一个没有逻辑的PPT，就像一个没有灵魂的人，没有思想，不具备任何吸引力。

★重点 1.2.4　缺乏设计，甘于平庸的 PPT

PPT不同于一般的办公文档，它不仅要求内容丰富，还需要具有非常好的视觉效果，所以，精彩的PPT是需要设计的，设计不仅是对PPT的配色、版式、布局等进行设计，还需要对PPT的内容进行设计，只有这样，才能设计出优秀的PPT。图1-12所示的幻灯片输入了文本内容，没有对幻灯片进行任何设计；而图1-13所示为对幻灯片进行设计后的效果。

图 1-12

图 1-13

1.2.5 动画太多，让人眩晕的 PPT

很多人觉得，动画越多，PPT 播放时越生动，其实，这种想法是错误的，PPT 是否生动形象并不是通过动画的多少来决定的，而是通过 PPT 内容的表现形式和整体效果来决定的。

适量的动画能增加 PPT 的生动性，但过多的动画效果会在播放时给人以眼花缭乱的感觉，从而分散观众的注意力，使观众的注意力集中在了动画上，忽略了幻灯片中的内容，最终达不到传递信息的目的。所以，PPT 中不宜添加太多的动画效果，适量就行。

1.2.6 局限于 SmartArt 图形，会被淘汰的 PPT

在 PPT 中，经常会使用到 SmartArt 图形，因为相对于文字，图形更容易说明文字之间的关系，更容易让观众理解。但毕竟 PPT 中提供的 SmartArt 图形有限，而且 SmartArt 图形的形式也是固定的，并不能体现所有文字之间的关系，所以，当使用图形来表现文字内容之间的关系时，如果只在 PPT 中提供的 SmartArt 图形中寻找，那么制作的 PPT 就不容易从众多 PPT 中脱颖而出。图 1-14 所示为使用 SmartArt 图形制作的关系图。

图 1-14

现在很多 PPT 网站中都提供了各种关系的图示，不仅种类多，而且图示的效果相对于 SmartArt 图形来说也更美观。所以，很多用户在制作 PPT 时，都会从网上下载一些需要的图示，直接应用，这样不仅提高了 PPT 的制作效率，还大大提升了 PPT 的质量。图 1-15 所示为从网上下载的图示制作的关系图。

图 1-15

1.2.7 还用窄屏，错过"高大上"的 PPT

从 PowerPoint 2013 版本起，幻灯片就由原来默认的窄屏变成了宽屏，但很多用户制作幻灯片时，还是习惯使用窄屏。其实，要想使制作的 PPT 高大上，就应该放弃窄屏，使用宽屏，因为在同等高度下，窄屏（4:3）的尺寸会显得过于窄小，整个画面的空间比较拥挤，如图 1-16 所示。而宽屏（16:9）是目前大多数影视设备所支持的比例，也比较符合人类的视觉偏好，而且改善了窄屏拥挤的画面，如图 1-17 所示。所以，在制作 PPT 时，最好选择宽屏，这样有助于提升观众的视觉感，提高信息的有效传递。

图 1-16

图 1-17

1.3　制作优秀 PPT 的 4 个步骤

不同类型、不同场合的 PPT，其制作的方式可能会有所不同，但一个优秀的 PPT，其具备的条件是相同的，要想快速制作出让观众青睐的 PPT，只要通过 4 个步骤就能快速实现。

1.3.1　选择好主题

对于PPT来说，选择好主题很关键，因为主题是整个PPT的中心思想，PPT中的所有内容都是围绕这一主题进行展开的。PPT要高效地传递出需要的信息，就必须要有一个鲜明而深刻的主题，主题深刻与否，是衡量PPT价值的主要标准。

首先，如果PPT主题不明确，构思就无从着手；其次，它对PPT素材和内容具有统摄作用，材料的取舍、次序的安排、内容详略的处理，都必须受主题支配；再次，PPT结构形式也必须根据主题表现的需要来决定，所以，选择一个好主题非常重要。

1.3.2　讲个好故事

每个PPT都是一个故事，要想使制作的PPT生动，能快速深入人心，离不开一个好故事。

1. 明确讲述的目的

每个故事都有一个存在的意义，也有一个讲述的目的，那就是为什么要讲这个故事，讲这个故事能给自己或观众带来什么启发呢？制作PPT也一样，要想使制作的PPT像讲故事一样生动，就必须要明确制作PPT的目的。就以产品介绍PPT来说，不管是为了让客户了解产品、达成合作，还是为了向上司或公司展示公司的产品，其最终目的都是说服观众同意你的观点，让观众更直观、方便、明了地了解你要讲解的内容。所以，制作PPT的目的是在演讲者和观众之间架起桥梁，辅助两者更好地相互传递所需要的信息，真正实现有效沟通。

2. 站在观众的角度讲故事

故事动不动听，不在于故事的内容有多感人，而在于讲故事的人是不是讲解得生动、形象，制作PPT也一样，制作的PPT好不好，不在于制作的PPT有多好，而在于有没有实现有效地沟通，因为制作PPT的目的不是炫耀技术，而是更好地讲述内容，传递信息。那么，如何才能制作好PPT呢？关键取决于观众。

在制作PPT时，要学会站在观众的角度，去考虑他们是什么样的人，有哪些特征，用什么样的语言去跟他们沟通才更有效，自己做的PPT能给他们带来哪些价值等，只有这样，才能感受到观众的需求，制作的PPT才能符合观众的要求，也能最大限度地吸引观众的注意力，并得到他们的认可，从而将自己需要传递的内容传递给观众。

3. 为故事选个好线索

线索的作用主要是把故事按一定顺序连起来，就像用线把珍珠串成项链一样。线索是贯穿整个PPT内容的核心，所以，面对有限的时间、复杂的问题、众多的内容和枯燥的话题时，只有好的线索才能让你从PPT中解脱出来，提高制作PPT的效率。

虽然线索对于制作PPT来说有很多好处，但不是所有的线索都是好线索。那么，什么样的线索才是一个好线索呢？根据多年制作PPT的经验，好的线索需要满足以下3点。

（1）主线容易理解，且这种理解是大家默认的共识。

在选择PPT主线时，主线的特征要非常突出，而且要被大家所熟知，这样，这条主线的存在才有必要，因为不需要做过多的解释，大家都知道。如果你选择的主线需要解释半天观众才能明白，就不能引起观众的注意，达不到PPT想要实现的目的。所以，在选择PPT主线时，要根据观众的知识面、年龄、职业和文化差异等来进行选择，不能仅根据自己的想法和意愿来选择。

（2）线索给PPT足够的拓展空间。

线索是一个足够大的舞台，可以承载整个PPT的内容，所以，在选择主线时，也要想一想它是不是能够让制作的PPT内容结构更合理，表达更充分，不能将PPT内容主次、轻重的位置颠倒了。

（3）线索要能表现出自己的特色。

在制作PPT时，选择的线索必须能够体现出公司或制作者的风格特色，如公司的主题色、LOGO及LOGO的变形等。图1-18所示为某公司的LOGO图案。图1-19所示的幻灯片主题色是根据某公司LOGO图中的颜色制作而成的。

图1-18

公司简介

01 公司描述　　03 服务宗旨

02 创业理念　　04 竞争战略

图 1-19

1.3.3　写个好文案

文案是指以文字的形式来表现已经制定的创意策略。一提到文案，很多人立刻就会想到"广告策划"，不错，"文案"最先来源于广告行业，是"广告文案"的简称，但随着各行各业的发展，很多行业或很多工作都与文案存在着必然的联系，当然，制作PPT也一样，好的PPT离不开好的文案。

很多人会问：文案怎么会和PPT扯上关系呢？其实文案和PPT存在着很大的关系，文案是将策划人员的策划思路形成文字，而PPT是将制作人的想法、思路等以文字等内容表现出来。对于PPT来说，PPT中的文字内容就是文案的体现，一个好的PPT，其中的文字内容都是经过精心雕琢的，并不是随意复制和添加的，所以，写个好文案对于PPT来说非常重要。

1.3.4　做个好设计

优秀的PPT并不是把PPT所有需要的元素都添加到PPT中，然后合理地进行布局即可，优秀的PPT是需要设计的。这里所说的PPT设计是指以视觉为主，听觉为辅，对PPT中的对象进行美化、设计，PPT的设计过程就是PPT的制作过程，当PPT制作完成了，设计也就完成了。

很多人会问：PPT的设计意义何在，就是为了让PPT更好看一点？其实不然，人们制作PPT，大部分是为别人制作的，他们或许是你的客户、领导、消费者、员工、学员，要想让他们了解PPT要传达的信息，就需要提升观众的体验，只有这样，才能吸引观众的注意力，达到高效传递信息的目的，PPT设计的目的就是如此。但是，在设计PPT时一定要注意，提升信息传递的确是PPT设计的目标，但绝不是首要目标，PPT设计还是要以满足业务目标为首要任务。

1.4　PPT 六大派作品赏析

对于不知道怎么制作出优秀PPT的初学者来说，可以多借鉴或欣赏网上一些优秀的PPT作品，以提高PPT制作水平。随着PPT的不断发展，PPT形成了众多的流派，它们各具特色，用户也可多学习和借鉴。

★重点 1.4.1　全图风格——最震撼

全图风格是指整个PPT页面以一张图片为背景，配有少量文字或不配文字，全图风格的PPT类似于海报的效果，能带来强大的视觉冲击力，可以将观众的注意力迅速集中在一个主题上。图 1-20 所示为英朗XT的产品发布会PPT。

图 1-20

全图风格的PPT具有以下几个特点。

➡ 页面直观易懂。全图风格的PPT页面冲击力强，视觉效果更震撼，也更能吸引观众的注意力，图片基本传递出文字需要传递的信息。

➡ 页数多，换页快。全图风格的PPT每张幻灯片中要传递的信息有限，所以，幻灯片的页数比较多，页面转换也非常快。

➡ 文字说明不多。全图风格的PPT主要以图片为主、文字为辅，所以，每张幻灯片中包含的文字内容较少，阅读起来也比较快。

➡ 图片质量要求较高。图片是整张幻灯片的重点，图片中的细节需要让观众清楚看到，对图片本身的要求也较高，不仅需要图片的质量较高，还要求图片能体现出要传递的信息。

➡ 适用场合有限。全图风格的PPT主要适用于产品展示、企业宣传、作品赏析，以及PPT封面等。

1.4.2　图文风格——最常用

图文风格是指PPT页面中有图有文字，图片和文字基本上各占一半，图片主要辅助文字进行说明，是PPT中最常用的一种风格，主要以内容页幻灯片为主。图文风格的

PPT主要有上文下图、左文右图、右文左图。图1-21所示为右文左图的幻灯片。

图1-21

1.4.3　扁平风格——最流行

扁平是指去除冗余、厚重和繁杂的装饰效果，让"信息"本身重新作为核心被凸显出来，所有元素看起来更加干净、简洁，据说其设计来源于手机操作系统的界面，是近年来最为流行的一种风格，也是设计界的一个流行趋势，受到很多设计师的喜爱和追捧。图1-22所示的PPT就采用了扁平风格。

扁平风格的PPT页面中一般选择字形纤细的字体，这样可以减少观众认识负荷，简化演示，突出内容。

图1-22

1.4.4　大字风格——最另类

大字风格就是人们常说的高桥流风格，是一种与一般主流演示方式完全不同的方法，使用HTML（一种网页设计语言）制作幻灯片，并用极快的节奏配上巨大的文字进行演示，为观众带来巨大的视觉冲击力，如图1-23所示。

图1-23

大字风格的PPT不需要太多的美化，也不需要花费很多时间，制作起来非常简单，PPT中的文字内容虽然不多，但能带来强大的震撼力，快速将观众的注意力吸引到PPT中。但是，将大字风格用在商务演示PPT中，似乎过于另类，可能许多观众无法接受，而且在演示这类风格的PPT时，演示者一定要有清晰的逻辑和节奏，否则观众很难记住传达的观点。

1.4.5　复古风格——最怀旧

复古风格PPT是指页面中大量使用中国传统元素，如书法字体、水墨画、剪纸、油纸伞、梅花、中国结、宣纸等，它会给人大气、高雅的感觉。图1-24所示为来源于睿创的PPT页面，幻灯片中的图片给人一种水墨画的感觉。

图1-24

1.4.6　手绘风格——最轻松

手绘风格PPT给人一种很轻松的感觉，具有很强的亲和力，该类风格多用于培训教学、公益宣传等PPT，如图1-25所示。

图1-25

本章小结

本章主要讲解了一些关于PPT的相关基础知识，如为什么要学PPT、新手设计PPT的七大误区、制作好PPT的步骤，以及PPT六大风格作品赏析等。这对于PPT初学者来说非常重要，它能帮助用户更好地设计和制作PPT，为后面学习PPT技能奠定基础。

第2章 怎么设计构思优秀 PPT

➥ 你知道优秀PPT的制作流程吗？

➥ 如何站在观众的角度设计PPT？

➥ 完整的PPT应该包含哪几个部分？

➥ 如何让PPT中的内容逻辑化？

➥ 制作PPT的原则有哪些？

只要会PowerPoint软件的操作知识就能制作出PPT，但优秀的PPT并不是能制作就行，还需要先对PPT进行构思，如怎么制作、站在什么角度制作、要制作出什么样的效果等。本章将对PPT设计的思维知识进行讲解，以便用户设计出满意的PPT效果。

2.1 优秀 PPT 的制作流程

很多人制作PPT都是直接将需要的内容放置到幻灯片中，没有经过构思。实际上，优秀的PPT是具有一定的制作流程的，要想制作出优秀的PPT，就需要按照制作流程来进行，这样制作的PPT才更具吸引力。

2.1.1 确定 PPT 主题

平常在写文章时，人们都会先确定一个主题，因为主题是文章全部内容所要表达的基本思想，是文章的灵魂。制作PPT也一样，主题是整个PPT的核心，所以，在制作PPT之前需要先确定PPT的主题，只有确定好PPT主题后，才能确定PPT中要添加的内容及采用什么形式讲解PPT等。简言之，就是在制作PPT之前要弄明白为什么要做这个PPT，制作它的最终目的是什么，如图2-1所示。

图 2-1

在确定PPT主题时，还需要注意的是，一个PPT只允许拥有一个主题，如果有多个主题，就很难确定PPT的中心思想，导致观众不能明白PPT所要传递的重点内容。所以，在确定PPT主题时，一定要坚持"一个PPT一个主题"的原则。

★重点 2.1.2 设计 PPT 结构

主题确定后，就需要进一步分析这个主题需要哪些内容作为支撑了，也就是构思PPT中的分论点，最终形成PPT的结构。

良好的PPT结构，能把制作者想要传达的信息有效地传递给观众。因此，在制作PPT之前，最好事先搭建好PPT结构。有了结构，再往PPT中添加素材和内容就容易多了。

不同的PPT制作者有不同的构思思路，下面笔者与读者分享一些常用的构思方法。

1. 罗列内容

在做PPT前最好能够将所要呈现的内容都罗列出来，内容主要包含收集的素材和主观的论点。将这些素材统统罗列出来后可以更加方便地分类和排序，便于在接下来的PPT制作中理清思路。

2. 理清思路

理清思路的方法多种多样，常用的有3W理论、六项思考帽和利用思维导图等，用户可以根据PPT的主题和已有的素材选择适合的思维方式。

➥ 3W理论。3W理论是指为什么要制作PPT（WHY），即确定目标；用什么来实现目标（WHAT）；如何实现目标（HOW），如图2-2所示。对3W理论有了充分的认识后，就知道使用哪些内容来分别呈现PPT。

WHY—WHAT—HOW

图 2-2

➡ 六项思考帽。六项思考帽是指使用 6 种不同颜色的帽子代表 6 种不同的思维模式，如图 2-3 所示。运用博诺的六项思考帽，将会使混乱的思路变得更清晰。六项思考帽的应用关键在于使用者用哪种方式去排列帽子的顺序，也就是组织思考的流程。不仅可以有效避免冲突，而且可以就一个话题讨论得更加充分和透彻。

图 2-3

➡ 利用思维导图。思维导图，又称为心智图，是一种可以表达发射性思维的有效的图形思维工具，运用图文并重的技巧，把各级主题的关系用相互隶属又相互关联的层级图表现出来，把主题关键词与图像、颜色等建立记忆链接，如图 2-4 所示。

图 2-4

3. 选择内容

选择内容时一定不能一把抓，务必要以主题和思维方式为导向取其精华，去其糟粕，选择对观众具有说服力的内容，如图 2-5 所示。

图 2-5

2.1.3 确定要采用的形式

整体风格形成以后，还需要设计内容采用什么样的形式，如采用文本型、图片型或图示型，用户可以根据以下两点来确定采用的形式。

➡ 根据所掌握的素材来确定。就是准备的素材内容是什么形式就采用什么形式。例如，素材以文字居多，可以设计为文本型幻灯片；图片较多，可以设计为图片型幻灯片；数据较多，可以用图表来呈现。

➡ 根据观众而定。以观众的喜好为导向，如文本型和图示型更适合领导观看，这样能够更直接地体现工作情况，而客户或学生就更喜欢图片型，因为这样的PPT更有观赏性。

2.1.4 准备 PPT 需要的素材

确定好PPT要制作的主题和相关内容后，就可以准备需要的素材文件了。PPT中包含的素材很多，如字体、文本、图片、图示、音频、视频等。下面来了解一下PPT

中经常会用到什么样的素材，以便大家将有价值的素材收集到素材库中。

➡ 字体素材：不同类型的PPT，需要使用不同的字体来显示文本，这样可以增加文字的视觉效果。

➡ 文本素材：指导性强，令人印象深刻，具有高度启示作用的名言名句。

➡ 图片素材：具有美感、设计感的照片、绘画、设计图等图片形式的素材。

➡ 图示素材：有一定结构性的图形组合，如流程图、层次关系图等。

➡ 音频素材：可在PPT中作为开场音乐、背景音乐、特效音乐的音频文件。

➡ 视频素材：对某一问题具有说明作用的，或者对大众具有教育意义的，具有较高权威性的视频片段。

2.1.5 初步制作 PPT

准备好PPT需要的素材后，就可以根据确定的主题来制作PPT的标题页幻灯片了；然后根据逻辑结构大纲中的各个标题制作目录页幻灯片，再根据目录页幻灯片中的标题制作内容页幻灯片，并在每张内容页幻灯片中输入合适的文本和插入需要的图片、形状、表格、图表等对象；最后输入结束语，制作结束页幻灯片。

2.1.6 修饰处理 PPT

优秀的PPT并不是在幻灯片中添加完相应的内容即可，不仅需要对PPT内容进行梳理，精简幻灯片

第1篇

第2篇

第3篇

第4篇

中的内容，还需要对幻灯片的整体布局、配色等进行设计，让制作的PPT更具吸引力。图2-6所示为初步制作的PPT效果，图2-7所示为对PPT进行修饰处理后的效果。

图 2-6

图 2-7

2.1.7　丰富 PPT 播放效果

PPT最大的特色就是赋予静态的事物以动感，让静止的对象动起来，以此来增强对人的视觉冲击力，让人们提起兴趣、强化记忆。

PPT中的播放效果就是指这些动态元素，主要包括幻灯片的切换和动画效果，当然PPT的视频和音频也可以丰富幻灯片的播放效果。合理利用PowerPoint的动画效果，能为制作的PPT加分。另外，值得一提的是，使用PowerPoint中的链接功能后，PPT就有了交互效果。因为不同观众关注的兴趣点不一样，通过在演示文稿中设置交互，可以使演讲更具针对性与灵活性。

★重点 2.1.8　将制作好的 PPT 进行预演播放

为幻灯片设置页面切换、动画、交互按钮等效果后，要想使添加的动画和交互效果衔接起来，就需要对添加的效果进行播放，这样才能确定添加的效果是否满意。另外，设置一些播放过程中的要素，如幻灯片放映方式、排练计时后，也需要播放查看效果，满意后才正式输出播放。

2.2　如何设计出深入人心的 PPT

制作PPT的目的不是炫耀技术，而是向观众传递信息。所以，在制作PPT时，必须站在观众的角度去设计，这样才能深入人心，引起共鸣。

★重点 2.2.1　编写策划报告

很多人在制作PPT时，直接将需要的一堆素材整合在一起，根本就没想过在制作之前，先对PPT进行设计。其实，要想制作的PPT深入人心、制作过程简单有序，就需要在准备制作PPT之前，先简单地写一个PPT的策划报告，也就是本PPT的主题、要点、演讲框架、PPT视觉效果等，以便能在PPT中用更形象的方式表现出来。在制作PPT时，能快速知晓制作PPT的目的，这样才能有目的地选择素材，制作出来的PPT更能符合要求。

★重点 2.2.2　站在观众的角度

因为制作的PPT是需要演示给观众的，所以，首先需要去了解观众，确定观众的需求和问题，从而"对症下药"，这样，制作的PPT才能更加有说服力。

1. PPT的观众是谁

要了解观众，首先需要明确观众是谁，然后对观众的相关信息进行了解，包括观众的相关背景、行业、学历、经历等最基本的信息，甚至需要了解观众的人数及在公司里的职务背景等，因为相同内容的PPT，如果对不同的背景、职位的观众来说，所呈现的方式也是会有所不同的。图2-8所示为在企业内部宣传企业文化，而图2-9所示为针对目标客户宣传企业文化。

图 2-8

图 2-9

2. 观众对PPT主题的了解

对于PPT而言，要想更好地传递信息，那么观众对PPT主题内容的认识程度也是非常重要的，因为它决定了PPT内容制作的大方向，不同类型的PPT，制作的目标不一样。如果要做市场的推广方案，那么制作PPT的目标是向上级清晰地传达推广计划和思路，如图2-10所示。如果要做的PPT是产品介绍，那么制作PPT的目标就是向消费者清晰地传达该产品的卖点及特殊功能等，如图2-11所示。所以，知道观众对主题的了解程度非常重要。

图 2-10

图 2-11

3. 观众的价值观

在制作PPT时，不仅需要了解观众的背景，还需要了解观众的价值观。所谓价值观，就是观众认为最重要的事情。每个公司或个人都是有价值观的，而且每个企业或个人所重视的都可能不一样。就以产品来说，有些重视产品带来的利润是高还是低，有些则重视该产品有没有发展空间，所以，了解观众的价值观，也是制作PPT所要关心的问题。

4. 观众接收信息的风格

不同的观众，其接收信息的风格也是不一样的，可以根据观众的基本情况来推测观众接收信息的风格是听觉型、视觉型还是触觉型。听觉型的观众主要在意的是PPT的内容、演示的过程等；视觉型的观众主要在意的是PPT设计的美观度和整体效果；触觉型的观众主要在意的是演示PPT过程中的互动等，如图2-12所示。所以，要让制作的PPT能最大限度地被接受，需要了解观众接收信息的风格是什么类型的。

图 2-12

★重点 2.2.3 最实用的结构——总分总

总分总结构是制作PPT最常用的结构，因为该结构容易被理解，观众也能快速明白和接受这种逻辑顺序，所以，制作PPT时经常被采用。在"总、分、总"结构中分别对应的是"概述、分论点、总结"。下面将对这个结构进行详细的讲解。

1. 第一个"总"——概述

第一个"总"是对PPT主题进行概述，开门见山地告诉大家，这个PPT是讲什么的，这个"总"一般只有一张，而且是分条罗列出的，这样能让观众快速知道这个PPT要讲解的内容。那么，既然是分条写，多少条合适呢？这可以根据PPT中幻灯片的多少来决定，当一个PPT有超过30张的幻灯片时，则可分成3~5个章节，开始一张只提出各个章节的要点，如图2-13所示。然后在每章开始的地方再用同样的原则添加一个过渡页，对每个章节的内容进行概述，如图2-14所示。

图 2-13

图 2-14

当PPT中只有20多张幻灯片时，就没必要细分章节，只要把分步的要点列出来就可以了，但罗列的要点不宜过多，3~5条即可，否则会影响观众的接受度。图2-15所示为工作总结PPT罗列出来的要点。

图 2-15

2. "分" ——分论点

分是指分论点，也就是内容页里每页的观点，通过从不同的观点来阐述或论证需要突显的主题，这些观点可以是并列关系、递进关系，也可以是对比关系。内容页是通过每页的标题来串联整个内容的，所以要想通过标题就能明白PPT所讲的内容，就必须告别常见的页标题。图 2-16 所示为常见的页标题。最好采用双重标题的形式，将章节信息与本页观点有机地结合起来，如图 2-17 所示。这样，只需要浏览页标题，就能快速把握整个PPT的结构及中心思想。

图 2-16

图 2-17

3. 第二个"总" ——总结

第二个"总"是指当所有的分

论点描述完后，对PPT进行总结，但是，总结并不是把前面讲解的内容再机械地重复一遍，而是需要在原有的基础上进一步明确观点，提出下一步计划。总结是得到反馈的关键时刻，所以，总结对于PPT来说至关重要。那么该如何进行总结呢？可以从以下几个方面进行总结。

（1）回顾内容。回顾内容就是将前面的内容简明扼要地梳理一遍，与开篇时所讲解的内容大同小异，但其侧重点不一样，开篇强调的是内容的概貌，告诉观众这个PPT要做什么，而总结时，则重在强调观点，说明结论是什么，突出每一部分内容的观点。

（2）梳理逻辑。在总结时，只列出结论还不行，还需要把观点之间的联系给观众梳理清楚。因为观众接收的PPT信息比较零散，只有帮观众梳理出PPT的逻辑，这样，观众才能将接收的零散信息系统化、逻辑化，便于观众更快地消化、记忆接收到的信息。

（3）做出最终结论。在总结时，回顾PPT内容和梳理好PPT逻辑后，还需要做出最终结论，这个结论一定要明确，因为只有明确的观点，才能得到明确的反馈。例如，在制作项目投资分析报告PPT时，多个论点的分析，最后必须得出一个结论，那就是该项目是可行还是不可行，这个结论必须明确。

（4）计划下一步工作。总结的最终目的，就是要将当前汇报的内容落实转化到下一步的行动中去。例如，一个总结报告PPT，内容应包括汲取得到的经验教训，对错误

和不足及时进行改正和学习，以避免在下一步工作中出现相同的问题。

（5）提出问题，寻求反馈。如果需要从领导、观众那里获得反馈，总结时就需要将问题罗列清楚，不能只是简单地问"可不可以""行不行"等，而是要给出具体的数据，这样才能得到有效的反馈。

★重点 2.2.4 幻灯片内容要逻辑化

在制作PPT时，整个PPT都要符合逻辑。在幻灯片中常见的逻辑关系包含并列、总分、递进、层次、包含、比例、对比、循环和矩阵等，用户可以根据实际情况选择不同的逻辑关系。要想在幻灯片中体现出这些逻辑关系，一般都使用具有逻辑关系的SmartArt图形或形状的组合来建立逻辑。图 2-18 所示为PowerPoint中提供的具有逻辑关系的SmartArt图形。

图 2-18

2.2.5 文字材料需提纲挈领、形象生动

PPT中的内容并不是天马行空的没有重点，PPT中并不需要将所有的内容全部展示出来，只需要将每个内容的关键点提取出来即可，如图 2-19 所示。而且在描述关键

点时，不要让一些与主题无关或表现形式无关的内容展现在幻灯片版面中。讲解时可以抓住重点，围绕中心，形象生动地讲解PPT的内容，让观众看到PPT后，就想要去了解更多的内容，从而吸引观众的注意力。

图 2-19

2.2.6 动画设计不能盲目，需遵循一些原则

动画是PPT的一大亮点，但动画也一直是PPT中争议较大的一点。有人认为PPT中添加动画反而会显得混乱，影响信息的传递；而有人则认为添加动画可以让PPT更生动。其实，在PPT中添加动画要根据PPT的类型和放映场合来决定，并不是所有的PPT都能添加动画。而且在为PPT添加动画时，还要讲究一定的原则，不可胡乱添加，否则会适得其反。下面为大家介绍一下动画的使用原则。

1. 醒目原则

PPT动画的初衷在于强调一些重要内容。因此，PPT动画一定要醒目。强调该强调的、突出该突出的，哪怕动画制作得有些夸张也无所谓，就是要让观众记忆深刻。千万不要因为担心观众看到动画太夸张会接受不了而制作一些"放不开"的动画。

2. 自然原则

动画是一个由许多帧静止的画面连续播放的过程，动画的本质在于以不动的图片表现动的物体，所以，制作的动画一定要符合常识，如由远及近的时候肯定也会由小到大；球形物体运动时往往伴随着旋转；两个物体相撞时肯定会发生抖动；场景的更换最好是无接缝效果，尽量做到连贯，让场景在观众不知不觉中转换背景；物体的变化往往与阴影的变化同步发生；不断重复的动画往往让人感到厌倦。

3. 适当原则

一个PPT中的动画是否适当，主要体现在以下几个方面。

（1）动画的多少。炫，其实不是动画的根本。在一个PPT中添加动画的数量并不在于多，重在突出要点，过多的动画不仅体现不出播放效果，而且会让观众的注意力过多地被动画所牵制，冲淡了PPT的主题；过少的动画则效果平平，显得单薄。还有的人喜欢让动画变得繁琐，重复的动画一次次发生，有的动画每页都要发生一次，这也要注意。重复的动画会快速消耗观众的耐心，应坚持使用最精致、专业的动画，无关联的动画应严禁使用。

（2）动画的方向。动画播放始终保持一致方向可以让观众对即将播放的内容能够提前做出预判，可以很快适应PPT的播放节奏，同时在潜意识中做好接收相关内容的准备。如果动画播放方向各不相同，观众就会花费较多的精力来适应PPT的播放，这样不利于观众长时

间观看，容易产生疲乏感。这一原则主要适用于具有方向性的动画。

一般情况下，动画应保持左进右出或下进上出，这样比较符合日常视觉习惯。当然也有例外，如果设置动画的对象本就具有方向性，那么在设置动画时一定要以对象的方向设置动画方向，如箭头图形。

（3）动画的强弱。动画动的幅度必须与PPT演示的环境相吻合，该强调的强调、该忽略的忽略、该缓慢的缓慢、该随意的则一带而过。初学PPT动画者最容易犯的一个错误就是将动作制作得拖拉，生怕观众忽略了他精心制作的每个动作。

（4）不同场合的动画。动画的添加也是要分放映场合的，党政会议少用动画，老年人面前少用动画，呆板的人面前少用动画，否则会让人觉得你故弄玄虚、适得其反；但企业宣传、工作汇报、个人简介、婚礼庆典等则应多用动画。

4. 简洁原则

PPT中的"时间轴"是控制并掌握PPT动画时间的核心组成部分。在PPT动画演示过程中，任何一个环节所占的时间太多，都会感觉节奏太慢，使观众注意力分散；反之，如果一个动画中的时间太短，在观众注意到它之前，动作就已经结束，此动画就未能充分表达其中心主题，就浪费掉了。所以，添加动画时，动画数量和动画节奏都要适当。

5. 创意原则

PowerPoint本身提供了多种动画，但这些动画都是单一存在的，

效果还不够丰富、不够震撼。而且大家都采用这些默认动画时，就完全没有创意了。精彩的根本就在于创意。其实，只需要将这些提供的效果进行组合应用，就可以得到更多的动画效果。进入动画、退出动画、强调动画、路径动画，这4种动画的不同组合就会千变万化。当几个对象同时发生动画时，为它们采用逆向的动画就会形成矛盾、采用同向动画就会壮大气势、多向的动画就变成了扩散、聚集在一起的动画就会形成一个整体。

2.3　认识 PPT 的常见结构

PPT的结构是根据内容的多少来决定的，所以，不同内容的PPT，其结构不一样。下面将对PPT的具体结构进行介绍。

2.3.1　让人深刻的封面页

封面页是PPT给观众的第一印象，使用PPT进行演示时，在做开场白时封面页就会随之开始放映。一个好的封面页应该能唤起观众的热情，使观众心甘情愿地留在现场并渴望看到后面的内容。

任何PPT都有一个主题，主题是整个PPT的核心。需要在封面页中表现出整个PPT所要表达的主题，在第一时间让观众了解PPT将要演示的是什么。在对PPT主题进行表述时，一般采用主标题加副标题的方式，特别是在需要说服、激励、建议时，可以达到一语中的的效果。

封面页中除了主题，还需要列出PPT的一些主要信息，如添加企业元素（公司名称、LOGO）、日期、演讲人或制作人姓名等信息，如图2-20所示。

图 2-20

2.3.2　可有可无的前言页

前言页也称为摘要页，主要用来说明PPT的制作目的，以及对PPT内容进行概述。在制作摘要页时，内容概括一定要完整，整个页面主要突出文本内容，少用图片等对象，如图2-21所示。

前言页一般在较长的PPT中才会出现，而且主要用于浏览模式的PPT，用于演讲的PPT基本不会使用前言，因为演讲者在演讲过程中可以对PPT进行概括和讲解。

图 2-21

2.3.3　一目了然的目录页

目录页主要是对PPT即将介绍的内容进行大纲提炼，通过目录页可以更清晰地展现内容，让观众对演讲内容有所了解，并做好相应的准备来吸收演讲者即将讲述的内容。但是，中规中矩的目录页并不

能引起观众的兴趣，用户可以通过添加形状、图片等对象来丰富目录页，如图2-22所示。

图 2-22

2.3.4　让跳转更自然的过渡页

过渡页也称为转场页，一般用于内容较多的PPT。过渡页可以时刻提示演讲者和观众即将讲解的内容，但在设计过渡页时，一定要将标题内容突出，这样才能达到为观众提神的作用。过渡页主要分为章节过渡页和重点过渡页两类，分别介绍如下。

（1）章节过渡页：相当于对目录的再一次回顾，只是在过渡页中只突出目录中的某一点来提示PPT即将讲解的内容。所以，在制作该类过渡页时，尽可能地与目录页的内容相关联，如图2-23所示。

图 2-23

（2）重点过渡页：是用于对即将介绍的重点内容进行提醒或启示，制作此类过渡页时最重要的就是要有强烈的视觉冲击力，如图 2-24 所示。

图 2-24

★重点 2.3.5 撑起整个 PPT 的内容页

内容页是用来详细阐述幻灯片主题的，它占据了 PPT 中大部分的页面。内容页的形式多种多样，既可以是文字、图片数据、图表，也可以是视频、动画、音频，只要能够充分说明 PPT 所要表明的观点都可以使用。但需要注意一点，章节与内容应该是相辅相成的，章节标题是目录的分段表现，所介绍的内容应该和章节标题相吻合，如图 2-25 所示。

图 2-25

2.3.6 完美收尾的尾页

尾页就是 PPT 的结束页，用于提醒观众 PPT 演示结束的页面。封底主要分为两类：一类是封闭式；另一类是开放式。

（1）封闭式的尾页常用于项目介绍或总结报告类的 PPT，一般 PPT 演示到尾页，也意味着演讲者的讲解结束了。此类尾页的内容多使用启示语或谢词，还可以包括 LOGO、联络方式等内容，如图 2-26 所示。

图 2-26

（2）开放式的尾页更多地运用于培训课件中。使用开放式尾页的 PPT，即便演讲者演示完毕，但其讲述或指导工作不一定就结束了，因为开放式封底一般包括问题启发内容，后续紧接着可以进入互动环节，让观众进行讨论，也可以是动手互动，如图 2-27 所示。

图 2-27

2.4 了解 PPT 制作的一些原则

制作 PPT 时盲目添加内容，容易造成主题混乱，让人无法抓住重点。用户在制作 PPT 时必须要遵循一些设计原则，才可能制作出优秀的 PPT。

★重点 2.4.1 主题要明确

无论 PPT 的内容多么丰富，最终的目标都是体现 PPT 的主题思想。所以，在制作之初就要先确定好 PPT 的主题。

主题确定后，在 PPT 的制作过程中还需要注意以下 3 个方面，才能保证表达的是一个精准无误、鲜明、突出的主题。

➥ 明确中心，切实有料。在填充 PPT 内容时，一定要围绕已经确定好的中心思想进行。内容一定要客观真实，能有效说明问题，引人深思，切忌让 PPT 变得空洞。

➥ 合理选材，材中显旨。在选择 PPT 素材时，一定要考虑所选素材对说明 PPT 主题是否有帮助，尽量选择本身就能体现 PPT 主题的素材，切记"宁少勿滥"。

➥ 精准表达，凸显中心。这一点主要体现在对素材加工方面，无论是对文字的描述，还是对图片的修饰，又或是对动画的使用都要符合主题需要，否则变得华而不实就完全没有必要了。

★重点 2.4.2 逻辑要清晰

一个优秀的PPT必定有一个非常清晰的逻辑。只有逻辑清晰、严密，才能让制作出的PPT内容更具吸引力，让观众明白并认可。所以，在制作PPT时，要想使制作的PPT逻辑清晰，首先围绕确定的主题展开多个节点；然后仔细推敲每个节点内容是否符合主题，再将符合主题的节点按照PPT构思过程中所列的大纲或思维导图罗列为大纲，接着从多个方面思考节点之间的排布顺序、深浅程度、主次关系等；最后从这些方面进行反复的检查、确认，以保证每一部分的内容逻辑无误。图 2-28 所示为先将内容分为三大点，然后将每大点分为多个小点进行讲解。

图 2-28

★重点 2.4.3 结构要完整

每个故事都有完整的情节，PPT也一样，不仅仅是要求PPT整体的外在形式结构完整，更重要的是包括内容结构的完整。一个完整的PPT一般由封面页、前言页、目录页、过渡页、内容页、尾页 6 个部分组成，如图 2-29 所示。其中封面页、内容页、尾页是一份PPT必不可少的部分；前言页、目录页、过渡页主要用于内容较多的PPT，所以，可以根据PPT内容的多少来决定。

图 2-29

2.4.4 内容要简明

PPT虽然与 Word 文档和 PDF 文档有些相似的地方，但是它并不能像这些文档一样，一味地堆放内容。人们之所以会选择用PPT来呈现内容，是因为PPT的使用可以节省会议时间、提高演讲水平、清楚展示主题。所以，PPT的制作一定要内容简洁、重点突出，这样才能有效地吸引观众的眼球，提高工作效率。

2.4.5 整体要统一

在制作幻灯片时，不仅要求幻灯片中的内容要完整，还要求整个幻灯片中的布局、色调、主题等都要统一。在设计幻灯片时，PPT中每张幻灯片的布局，如字体颜色、字体大小等都要统一，而且幻灯片中采用的颜色尽量使用相近色和相邻色。尤其是在使用版式相同（布局一致）的幻灯片时，相对应的板块一定要颜色一致，这样整体看起来比较统一、协调，便于观众更好地查看和接收传递的信息，如图 2-30 所示。

图 2-30

2.5 分享好工具：使用思维导图构思 PPT 框架

思维导图又称为心智图，是一种类似"树结构"的有效思维模式，它能帮助用户快速理顺思路，使逻辑更清晰。在制作PPT前，可以通过思维导图将PPT中要表现的内容、布局及要采用的方式等罗列出来，以厘清PPT的整个框架，这样能顺利地制作出PPT，并且制作出来的PPT结构更清晰。

思维导图是用专门的软件制作的，网上提供了很多制作思维导图的软件，如MindManager、XMind和百度脑图等。本节将以XMind软件为例，介绍制作思维导图的方法。

2.5.1 创建思维导图

XMind是一款免费的思维导图制作软件，简单易学，对于初学者非常实用。思维导图主要由中心主题、主题、子主题等模块构成，通过这些导图模块可以快速创建需要的思维导图。例如，在XMind中创建工作总结汇报PPT的框架，具体操作步骤如下。

Step01 在计算机中安装XMind软件，然后启动该软件，第一次启动时会打开【欢迎来到XMind 8】对话框，在其中显示了新功能，❶取消选中【发送用户数据】复选框；❷单击【确定】按钮，如图2-31所示。

图 2-31

Step02 打开XMind程序窗口，在编辑区中单击【新建空白图】按钮，如图2-32所示。

图 2-32

Step03 新建一个空白导图，导图中间会出现中心主题，❶双击可以输

入想要创建的导图项目的名称，这里输入【年终工作汇报】；❷然后单击工具栏中的【主题】按钮；❸在弹出的下拉菜单中选择【主题】命令，如图 2-33 所示。

图 2-33

Step04 ❶在主题后建立一个分支主题，双击输入分支主题内容；❷然后单击工具栏中的【主题】按钮；❸在弹出的下拉菜单中选择【主题】命令，如图 2-34 所示。

图 2-34

Step05 ❶在分支主题后建立一个子主题，双击并输入子主题内容；❷然后单击工具栏中的【主题】按钮；❸在弹出的下拉菜单中选择【主题（之后）（默认）】命令，如图 2-35 所示。

图 2-35

Step06 ❶在该子主题下方新建一个子主题，使用相同的方法在新建的子主题下方再新建两个子主题，并输入相应的文本；❷然后选择【年终工作概述】分支主题；❸在【主题】下拉菜单中选择【主题（之后）（默认）】命令，如图 2-36 所示。

图 2-36

技术看板

【主题】下拉菜单中的【主题（之前）】命令表示在所选主题的前面添加一个同类型的主题；【父主题】命令表示在所选主题位置处新建一个主题，并且所选主题将变成新建主题的子主题；【标注】命令表示为所选主题新建一个标注。

Step07 新建一个分支主题，然后使用前面新建分支主题和子主题的方法继续新建，继续制作思维导图，制作完成后单击【保存新的版本】

按钮，如图 2-37 所示。

图 2-37

技术看板

在新建主题时，按【Enter】键，则可新建一个与所选主题相同类别的主题。

Step**08** ❶打开【保存】对话框，在地址栏中设置保存的位置；❷单击【保存】按钮，即可对制作的思维导图进行保存，如图 2-38 所示。

图 2-38

技术看板

使用思维导图不仅能搭建 PPT 的框架，幻灯片中的内容还可通过思维导图进行展现。

2.5.2 美化思维导图

XMind 中提供了不同风格的思维导图样式，通过应用样式可以快速达到美化思维导图的目的。例如，为制作的思维导图应用样式进行美化，具体操作步骤如下。

Step**01** 在制作的思维导图窗口右侧单击【风格】图标，如图 2-39 所示。

图 2-39

Step**02** 打开【风格】任务窗格，在其中显示了不同风格的思维导图样式，选择需要的样式，如选择【蓝图】选项，再双击选择的选项，如图 2-40 所示。

图 2-40

Step**03** 为制作的思维导图应用选择的样式，效果如图 2-41 所示。

图 2-41

技能拓展——设置思维导图格式

如果 XMind 中提供的思维导图风格样式不能满足需求，那么可通过设置思维导图的格式对思维导图进行美化。其方法是：选择思维导图中需要设置格式的一个或多个主题，单击窗口右侧的【格式】图标，打开【主题格式】任务窗格，在其中可对思维导图主题的样式、字体格式、外形边框和线条等格式进行设置。如果要设置思维导图的背景，那么取消选择思维导图中的任意一个主题，即可从【主题格式】任务窗格切换到【画布格式】任务窗格，在其中可对画布背景色、图例等进行相应的设置。

本章小结

本章主要讲解了 PPT 设计思维导图的相关知识，通过本章的学习，相信读者能快速了解设计 PPT 之前的一些准备工作及设计要点。

第3章 好素材做出优秀的 PPT

➜ PPT 中常用的素材有哪些?

➜ 搜集素材有哪些好渠道?

➜ 你知道挑选素材的诀窍吗?

➜ 如何对需要的素材进行加工?

➜ 使用图片素材应遵循哪些原则?

对于PPT来说,素材的搜集和整理非常重要,要想制作出优秀的PPT,必定离不开好的素材。那么,如何搜集、挑选和加工需要的PPT素材呢?本章将对此进行详细讲解。

3.1 六大类 PPT 素材

在制作PPT时,经常会用到很多素材,如字体、文本、图片、图示、音频、视频等,不同的素材会为PPT带来不同的视觉或听觉效果。下面对常用的六大类PPT素材进行介绍。

3.1.1 字体

字体的使用在PPT中非常重要,因为不同的字体可带来不同的效果,而且不同类型的PPT可以使用不同的字体,这样制作出来的PPT才更有特色。图3-1所示为不同字体的显示效果。

图 3-1

PowerPoint中使用的字体都是安装在Windows操作系统中的,安装操作系统时会自带一些字体。如果自带的字体不能满足需要,那么可以从网上下载一些需要的字体,将其安装在计算机中。在安装字体时,在需要安装的字体上双击,如图3-2所示。在打开的字体对话框中单击【安装】按钮,即可对字体进行安装,如图3-3所示。

图 3-2

图 3-3

3.1.2 文本

文本是PPT的主体,PPT要展现的内容及要表达的思想可以通过文字表达出来并让观众接受。所以,文本对于PPT来说非常重要。但并不是所有PPT中的文字内容都是手动进行输入的,也可以从网上下载或从其他PPT或Word文档中复制。例如,图3-4所示的文字是从Word文档中复制、粘贴到幻灯片中的。

图 3-4

3.1.3 图片

图片作为PPT中最常见的一种元素,相对于文字内容来说,图片的视觉效果更强,而且更具表现力,无论是设计PPT背景效果,还是补充说明PPT内容时，图片都是不可或缺的素材。特别是对于宣传推广类和培训教育类PPT来说尤为重要。图3-5所示为使用图片设计的幻灯片背景效果；图3-6所示为使用图片补充说明文字内容。

图 3-5

图 3-6

3.1.4 图示

图示，即用图形来表示或说明某种东西。相对于文字来说更加直观，浅显易懂，便于记忆，而且网上提供了各种类型的图示，如层级关系、递进关系、循环关系等，能满足各种结构的文本内容，使文本逻辑性更强。所以，很多用户在制作PPT时，如果需要使用其他对象来展现文字内容时，就会选择使用图示来展现，如图3-7所示。

图 3-7

3.1.5 音频

音频是一种多媒体文件，在PPT中，音频包括音乐和配音两种，音乐能激发人的情感，引起观众的共鸣，而配音则可以帮助观众理解PPT中的内容。所以，为PPT添加音频文件，不仅可以增加PPT的听觉效果，还能拉近演讲者与观众的距离，使PPT中的内容传递更加高效。

3.1.6 视频

视频与音频一样，都属于多媒体文件，但视频相对于音频更具冲击力，无论是从视觉上还是从听觉上都能给观众带来动态感。但在为PPT选择视频时，一定要选择与PPT内容贴切的视频，而且视频的质量要高，不能是模糊或低品质的视频，不然会影响整个PPT的效果。

3.2　搜集素材的好渠道

PPT中需要的素材很多都是借助互联网进行搜集的，但要想在互联网中搜索到好的素材，需要知道搜集素材的一些渠道，这样不仅能搜集到好的素材，还能提高工作效率。

★重点 3.2.1 强大的搜索引擎

要想在海量的互联网信息中快速准确地搜索到需要的PPT素材，搜索引擎是必不可少的，它在通过互联网搜索信息的过程中扮演着一个重要的角色。常用的搜索引擎有百度、360和搜狗等。

搜索引擎主要是通过输入的关键字来进行搜索的，所以要想精准地搜索到需要的素材，那么输入的关键字必须准确。例如，在百度搜索引擎中搜索"上升箭头"相关的图片，可先打开百度，在搜索框中

输入关键字"上升箭头图片"，单击【百度一下】按钮，即可在互联网中进行搜索，并在页面中显示搜索的结果，如图3-8所示。

图 3-8

技术看板

如果输入的关键字不能准确搜索到需要的素材，那么可重新输入其他关键字，或者多输入几个不同的关键字进行搜索。

3.2.2 专业的素材网站

在网络中提供了很多关于PPT素材资源的一些网站，用户可以借鉴或使用PPT网站中提供的一些资源，以帮助用户制作更加精美、专业的PPT效果。

1. 微软OfficePLUS

微软OfficePLUS是微软Office官方在线模板网站。该网站不仅提供了PPT模板，还提供了很多精美的PPT图表，而且提供的PPT模板和图表都是免费的，可以下载直接修改使用，非常方便，如图3-9所示。

图 3-9

2. 锐普PPT

锐普是目前提供PPT资源最全面的PPT交流平台之一，拥有强大的PPT创作团队，制作的PPT模板非常美观且实用，受到众多用户的推崇。而且该网站不仅提供了不同类别的PPT模板、PPT图表和PPT素材等，如图3-10所示，还提供了PPT教程和PPT论坛，以供PPT爱好者学习和交流。

图 3-10

3. 扑奔网

扑奔网是一个融PPT模板、PPT图表、PPT背景、矢量素材、PPT教程、资料文档等为一体的高质量Office文档资源在线分享平台，如图3-11所示，而且拥有PPT论坛。从论坛中不仅可以获得很多他人分享的PPT资源，还能认识很多PPT爱好者，和他们一起交流学习。

图 3-11

4. 千图素材网

千图素材网提供了素材资源，包括矢量图、高清图、PSD素材、PPT模板、网页模板、图标、Flash素材和字体下载等多个资源模块，虽然在PPT方面只提供了模板。但该网站中提供的字体、矢量图、高清图等在制作PPT的过程中经常被使用，而且该网站提供的很多图片类型丰富。所以，对于制作PPT来说，也是一个非常不错的交流平台，如图3-12所示。

图 3-12

3.2.3 PPT 论坛

在网站中提供了很多与PPT相关的论坛，如比较常见的有锐普PPT论坛、扑奔PPT论坛、Excel Home官方论坛中的PPT版块等，如图3-13所示。通过这些论坛，用户不仅可以直接提交自己遇到的问题寻求他人的帮助，还可以就他人的问题与其他人进行交流。这样一来，在解决问题的同时，能提高自己制作PPT的水平，是学习和提高PPT操作水平行之有效的途径。

图 3-13

3.2.4 用自己的双手创造

如果网上不能搜索出需要的PPT素材，那么用户只有通过一些相关软件制作或根据条件创造出需要的素材。但是这种方法相对于其他搜集素材的渠道来说，不仅麻烦，而且需要花费很多时间。所以，在搜集PPT相关素材时，最好通过前面讲解的渠道来搜集，实在搜索不到满意的素材时，才自己动手去制作或创建。

第一篇

第2篇

第3篇

第4篇

3.3 挑选素材有诀窍

搜集素材重在一个"选"字，要想挑选出合适的PPT素材，前提是要选对素材，再说选好素材。那么，如何在众多素材中挑选出好的素材呢？就需要掌握挑选素材的一些诀窍，以便快速挑选出满意的素材。

3.3.1 围绕观众和中心句搜集素材

每个PPT都有一个主题，主题是整个演示文稿的中心。素材应围绕PPT的主题，为主题服务，根据主题来对素材进行选择。如果想让制作的PPT在观众心中留下深刻的印象，并达到预期制作PPT的目的，那么，在搜集素材时，不仅需要围绕主题，还应该围绕着观众来搜集素材。因为制作PPT就是为了展现给观众看的，观众的感受才是决定PPT成功与否的关键。例如，就以项目计划书PPT来说，观众最在意的肯定是这个项目的可行性及该项目能带来的利益，所以在搜集素材时，一定要根据主题的中心点和观众来搜集素材，这样制作出的PPT才能打动观众的心。

3.3.2 PPT素材的SUCCES原则

SUCCES原则是希斯兄弟致力于探索出让创意构思在观众心中根深蒂固的原因，从成功的创意构思中进行总结和挖掘得出的六大创意原则：简洁（Simple）、意外（Unexpected）、具体（Concrete）、可信（Credibility）、情感（Emotion）和故事（Story），如图3-14所示。其实，SUCCES原则不仅可用在创意构思中，在搜索素材和制作PPT的过程中，还可灵活运用该原则，使制作的PPT赢得观众的认可，实现有效传递信息的最终目的。

图 3-14

3.3.3 说服类PPT素材如何选择

说服类PPT以说明为主，如向客户推荐新产品，说服领导批准某个项目等，该类PPT要求情、理、信相结合，所以，素材选择的难度也相对较大。要想快速挑选出符合这类PPT的素材，可以遵循罗伯特·西奥迪尼博士总结出的说服力6个原则，以帮助用户快速挑选出满意的素材。下面对说服力6个原则进行介绍。

（1）互惠原则：挑选的素材对观众要有真正的帮助，这样观众才能更好地接收信息并及时对接收到的信息进行反馈，达到高效传递信息的目的。

（2）稀缺原则：挑选的素材要具有独特性和稀缺性，因为越稀缺的素材越珍贵，更能体现出制作者的用心。

（3）权威原则：挑选的素材要具有权威性，多用权威观点数据和案例来支持PPT的观点，说服观众。

（4）一致原则：挑选的素材要与主题保持一致，这样才能围绕主题展开分论点。

（5）喜好原则：在挑选素材时，可以根据观众的喜好来进行选择，这样容易被观众所接受。

（6）从众原则：在挑选素材时，可以根据大部分观众的心理来选择需要的素材。

3.3.4 素材的取舍过滤

在搜索素材的过程中，往往会搜罗出很多符合的素材，但不是所有符合的素材都能使用。这时，就需要对搜集的素材进行取舍，不能贪大求全。那么，如何对搜罗的素材进行取舍呢？可以通过以下3种取舍过滤原则来对素材进行取舍。

➡ 中心点过滤：指过滤掉与中心点相关，但不能有力地支持PPT中心论点的素材。

➡ 事实性过滤：指根据PPT主题思想，去除可有可无的素材，保留必须知道的素材。

➡ SO WHAT过滤：指站在观众的角度，对素材进行提问。例如，这个素材观众会感兴趣吗，这个素材能解决观众所关心的问题吗，这个素材能给观众带来强烈的情感冲击吗等。这样就能快速知道哪些素材该留，哪些素材该舍。

3.4 尴尬素材再加工

对于搜集的素材，经常会遇到文本素材语句不通顺、有错别字，图片和模板素材有水印等情况，所以搜集的PPT素材还需要进行加工，以提升PPT的整体质量。

3.4.1 文本内容太啰唆

如果PPT中需要的文本素材是从网上复制的，就需要对文本内容进行检查和修改，因为网页中复制的文本内容并不能保证完全正确和可用。PPT中能承载的文字内容有限，所以每张幻灯片中包含的文字内容不宜太多。如果文字内容较多，就需要对文本内容进行梳理、精简，使其变成自己的语句，以便更好地传递信息。图3-15所示为直接复制文本粘贴到幻灯片中的效果；图3-16所示为修改、精简文字内容后的效果。

图 3-15

图 3-16

技术看板

网页中有些文字涉及版权问题，不能直接复制到幻灯片中使用，需要对文字内容进行理解，然后使用自己的语句将其描述出来。

★重点 3.4.2 图片有水印

网上的图片虽然多，但很多图片都有网址、图片编号等水印，有些图片还有一些文字说明，如图3-17所示。因此，下载后并不能直接使用，需要将图片中的水印删除，并将图片中不需要的文字也删除，如图3-18所示。这样制作的PPT才显得更专业。

图 3-17

图 3-18

★重点 3.4.3 模板有 LOGO

网上提供的PPT模板很多，而且进行了分类，用起来非常方便，但网上下载的模板很多都带有制作者、LOGO等水印，如图3-19所示。所以，下载的模板并不能直接使用，需要将不要的水印删除，或

者对模板中的部分对象进行简单的编辑，将其变成自己的，这样编辑后的PPT模板才更能满足需要，如图3-20所示；否则，会降低PPT的整体效果。

图 3-19

图 3-20

3.4.4 图示颜色与 PPT 主题不搭配

在制作PPT的过程中，为了使幻灯片中的内容结构清晰，便于记忆，经常会使用一些图示来展示幻灯片中的内容。但一般都不会自己制作图示，而是从PPT网站中下载需要的图示。

从网上下载图示时，可以根据幻灯片中内容的层次结构来选择合适的图示。但网上下载的图示颜色都是根据当前的主题色来决定的，所以，下载的图示颜色可能与当前

演示文稿的主题不搭配。这时，就需要根据PPT当前的主题色来修改图示的颜色，这样才能使图示与PPT主题融为一体。图3-21所示为原图示效果；图3-22所示为修改图示颜色后的效果。

图3-21

图3-22

3.5 图片素材的使用原则

图片相对于文字视觉冲击力更强，所以，在PPT中经常会使用图片来补充说明一些内容。但要通过图片更好地传递信息，为自己的PPT加分，在PPT中使用图片时，就要遵循图片的一些使用原则，这样才能提升演示效果。

3.5.1 人物图片的使用原则

在制作幻灯片时，经常会使用到人物图片，在使用选择的人物图片时，需要遵循一定的原则。若不遵循，整个幻灯片页面则会给人一种不协调的感觉。

1. 单人无字时视线向内

如果幻灯片中插入的图片只有单个人物，且没有文字，那么人物的视线应向内，因为向内是面对观众。这样会让观众觉得图片中的人物是在看他，会带给观众一种受到重视的感觉，如图3-23所示。

图3-23

2. 单人有字时视线偏向文字

幻灯片中人物的视线会成为观众视线的引导，所以，当幻灯片中同时有单个人物和文字时，图片中人物的视线应偏向文字，这样观众就可以顺着人物的视线注意到文字内容，如图3-24所示。

图3-24

技术看板

如果人物的视线是向左或向右，那么文字与人物最好在同一水平视线上，这符合人们的观看习惯。

3. 多人视线要相对或要一致

如果幻灯片中有两个人物图片，那么这两个人物的视线最好相对，这样可以营造出一种和谐的氛围，也可以让人物的视线停留在幻灯片内，不会将观众的注意力带到幻灯片外，如图3-25所示。

女性时尚美容美妆
化妆品介绍

图3-25

当图片中有多个人物时，人物的视线要朝向同一个方向，这样整体效果才会显得统一协调，如图3-26所示。

图3-26

3.5.2 风景图片的使用原则

在幻灯片中使用风景图片时，一定要注意所有图片的地平线是否统一，而且还要遵循上天下地的原则，这样看起来才比较协调，否则会显得很别扭，图3-27所示为图片地平线统一效果。如图3-28所示，幻灯片中图片是按上排为鸟类，下排为水中动物进行排列的。

图 3-27

图 3-28

★重点 3.5.3　图片留白原则

在制作带图片的幻灯片时，经常会遇到留白的情况，也就是幻灯片周围出现的空白区域，其目的是让幻灯片中的重点更加突出，让幻灯片显得更加干净。在幻灯片中为图片留白时，需要遵循以下两点。

（1）空白留一边：将空白只留在幻灯片一边，也就是在安排文本内容时，只能尽量将文本内容放在图片的一侧，这样更便于观众观看，如图 3-29 所示；否则就会造成观众的视线跳越。

图 3-29

（2）空白留前不留后：当需要在带人物图片的幻灯片中留白时，人物的后面不能留下大面积的空白，要留空白只能留在人物的前方。这点与"单人无字时视线向内"具有一致性，如图 3-30 所示。

图 3-30

3.6　分享好工具：安装"PPT 美化大师"获取在线素材

"PPT美化大师"是一款美化软件，它支持Office软件。对于PPT来说，它提供了丰富的在线素材，包括专业模板、精美图示、创意画册、实用形状等，支持一键新建、一键美化等功能，能帮助用户快速制作出专业、精美的PPT。

3.6.1　安装"PPT 美化大师"

要使用"PPT 美化大师"，首先需要从网上下载安装程序，然后进行安装，安装后启动 PowerPoint 2021，将自动以选项卡的形式加载到 PowerPoint 工作界面中。在计算机中安装"PPT 美化大师"的具体操作步骤如下。

Step 01 ❶在计算机中找到从网上下载的"PPT 美化大师"安装程序；❷单击窗口中的【打开】按钮，如图 3-31 所示。

技术看板

在安装"PPT 美化大师"时，必须先关闭打开的 Office 组件，否则将不能进行安装。

图 3-31

Step 02 打开"PPT 美化大师"安装对话框，单击【更改路径】超链接，如图 3-32 所示。

图 3-32

Step 03 ❶打开【浏览文件夹】对话框，选择软件安装的文件夹；❷单击【确定】按钮，如图 3-33 所示。

图 3-33

Step04 返回安装对话框，在其中的文本框中显示了安装的路径，单击【立即安装】按钮，如图 3-34 所示。

图 3-34

Step05 开始安装 "PPT 美化大师"，并显示安装进度，如图 3-35 所示。

图 3-35

Step06 安装完成后，在对话框中单击【开始体验】按钮，如图 3-36 所示。

图 3-36

Step07 开始启动 PowerPoint 2021 程序，并开始加载 "PPT 美化大师"。启动后，在 PowerPoint 2021 工作界面中将显示【美化大师】选项卡，以及在窗口中的一些功能，效果如图 3-37 所示。

图 3-37

3.6.2 获取在线素材

"PPT 美化大师" 中提供了 PPT 范文、图片和形状等在线素材，如果计算机正常连接网络，那么制作 PPT 时，可以直接获取需要的在线素材。

1. 获取 PPT 范文

范文是指已制作好的一些 PPT 案例，当用户不知道怎么制作需要的 PPT 时，可以从 "PPT 美化大师" 中获取相关的案例，对其进行借鉴和修改，就能快速完成 PPT 的制作。例如，获取 "公司介绍" PPT 案例，具体操作步骤如下。

Step01 启动 PowerPoint 2021 程序，在工作界面中单击【美化大师】选项卡【在线素材】组中的【范文】按钮，如图 3-38 所示。

图 3-38

Step02 ❶打开【文档】对话框，在其中显示了 "PPT 美化大师" 提供的在线范文，在【请输入关键字】文本框中输入要搜索的范文，如输入【公司介绍】；❷单击【搜索】按钮，如图 3-39 所示。

图 3-39

技术看板

在【文档】对话框右侧显示了文档的分类，用户选择需要的类别，在左侧将显示相关类别的在线范文。

Step03 开始进行搜索，并显示搜索到的结果，选择需要的范文，如图 3-40 所示。

图 3-40

Step 04 在对话框中显示该范文中包含的幻灯片，然后对幻灯片内容进行查看，如果觉得该范文不是自己需要的，可单击【返回】按钮，返回搜索结果页面重新选择，这里单击【打开】按钮，如图3-41所示。

图 3-41

Step 05 开始下载，下载完成后，将该范文以"公司介绍"为名进行保存，效果如图3-42所示。

图 3-42

📖 技术看板

获取的在线PPT范文都是只读模式，只能对其进行查看，不能对其进行修改。如果需要对PPT范文进行修改，那么需要对其进行另存为操作。

2. 获取PPT图片

"PPT美化大师"中还提供了很多在线图片，当用户制作PPT需要图片时，可以直接通过"PPT美化大师"进行获取。其方法是：在【美化大师】选项卡【在线素材】组中单击【图片】按钮，在打开的对话框中显示了提供的在线图片，用户可通过输入关键字进行查找，也可根据右侧的图片分类查找需要的图片，如图3-43所示。

图 3-43

3. 获取PPT形状

在【美化大师】选项卡【在线素材】组中单击【形状】按钮，在打开的对话框中显示了提供的在线形状，用户可通过输入关键字进行查找，也可以根据右侧的形状分类查找需要的形状，如图3-44所示。

图 3-44

⚙️ 技能拓展——通过资源广场获取更多的在线资源

如果【美化大师】选项卡【在线素材】组中提供的范文、图片和形状等不能满足需求，那么还可以通过"PPT美化大师"提供的资源广场获取更多的资源。在【美化大师】选项卡【资源】组中单击【资源广场】按钮，即可打开【美化大师资源广场】窗口，在其中输入关键字进行搜索或按类别进行查找即可。

3.6.3 通过新建功能快速新建PPT

"PPT美化大师"还提供了新建功能，可以新建PPT模板文档、幻灯片、目录、画册等，以及根据输入的内容规划PPT。在制作PPT的过程中，用户可以结合提供的新建功能快速新建PPT需要的部分。

1. 新建模板文档

当PowerPoint 2021中自带的模板不能满足需求时，用户可以根据美化大师中提供的新建文档功能，根据提供的模板快速新建模板。例如，新建一个与"年终总结"相关的模板，具体操作步骤如下。

Step 01 在PowerPoint 2021工作界面中单击【美化大师】选项卡【新建】组中的【新建文档】按钮，打开【新建文档】对话框，在其中根据类别显示了提供的模板文档，单击【年终总结】超链接，如图3-45所示。

图 3-45

Step 02 在其中显示了与"年终总结"相关的所有模板文档，选择需要的模板文档，如图3-46所示。

图 3-46

Step 03 在打开的对话框中显示了模板的预览效果，单击【新建文档】按钮，如图 3-47 所示。

图 3-47

Step 04 开始下载模板，下载完成后，即以只读模式打开该模板，效果如图 3-48 所示。

图 3-48

技术看板

新建文档中提供的模板有免费的和付费的，其中付费的模板文档需要支付一定的费用才能下载使用。

2. 新建幻灯片

在制作PPT的过程中，当不知道怎么对幻灯片进行布局时，可以通过"PPT美化大师"快速新建带布局的幻灯片，然后对幻灯片中的内容进行修改即可。新建幻灯片的方法是：在 PowerPoint 2021 工作界面中单击【美化大师】选项卡【新建】组中的【幻灯片】按钮，在打开的对话框中显示了提供的幻灯片，如图 3-49 所示。然后搜索需要的幻灯片，并选择需要的幻灯片，在打开的对话框中单击【插入】按钮，即可插入当前的PPT中。

图 3-49

3. 新建目录

在制作幻灯片目录页时，可通过"PPT美化大师"提供的目录页模板快速新建一个PPT目录页。新建目录页的方法是：单击【美化大师】选项卡【新建】组中的【目录】按钮，在打开的对话框的左侧选择需要的目录模板，在右侧输入目录的内容，单击【完成】按钮，如图 3-50 所示，即可在幻灯片中插入目录页，如图 3-51 所示。

图 3-50

图 3-51

技术看板

在【目录】对话框中的右侧默认提供的目录项只有两个，如果不够，可单击按钮+进行增加。

4. 新建画册

"PPT美化大师"还提供了画册功能，通过该功能可根据选择的模板快速生成PPT画册。其方法是：单击【美化大师】选项卡【新建】组中的【画册】按钮，打开【画册】对话框，在其中显示了提供的画册模板，如图 3-52 所示。然后选择需要的模板，在打开的对话框中根据模板幻灯片中的图片数量进行添加，添加完成后，单击【完成并插入PPT】按钮即可。

图 3-52

5. 根据输入的内容规划 PPT

在"PPT美化大师"中，除了可以新建幻灯片和目录页，还可以根据输入的内容规划PPT。其方法是：单击【美化大师】选项卡【新建】组中的【内容规划】按钮，打开【规划PPT内容】对话框，如图 3-53 所示。在其中输入PPT中包含的内容，单击【完成】按钮，"PPT美化大师"会根据输入的内容自动对PPT进行规划。

图 3-53

3.6.4 一键美化 PPT

"PPT美化大师"还提供了一键美化功能，可以对PPT背景、模板和图示等进行一键美化，快速制作出美观的PPT。例如，在"电话礼仪培训"演示文稿中使用"PPT美化大师"提供的一键美化功能对背

景和图示进行美化，具体操作步骤如下。

Step01 打开"素材文件\第3章\电话礼仪培训.pptx"文件，单击【美化大师】选项卡【美化】组中的【更换背景】按钮，如图 3-54 所示。

图 3-54

Step02 打开【背景模板】对话框，在其中显示了提供的背景模板，将鼠标指针移动到需要的背景模板上，单击出现的【套用至当前文档】按钮，如图 3-55 所示。

图 3-55

Step03 为当前的演示文稿应用选择的背景效果，如图 3-56 所示。

图 3-56

Step04 ❶选择第3张幻灯片；❷单击【美化大师】选项卡【美化】组中的【魔法图示】按钮，打开【图示魔法师】对话框，开始为幻灯片中的图示进行配置，如图 3-57 所示。

图 3-57

技术看板

不是所有幻灯片中的图示都能使用"PPT美化大师"提供的魔法图示功能进行一键替换的，该功能只支持标题+正文（有内容）版式或"PPT美化大师"生成的图示内容，而且图示都是随机配置的。

Step05 自动根据幻灯片中的图示配置相关类型的图示，效果如图 3-58 所示。

图 3-58

Step06 然后使用相同的方法一键魔法图示，效果如图 3-59 所示。

图 3-59

技能拓展——一键美化PPT模板

单击【美化大师】选项卡【美化】组中的【魔法换装】按钮，可以对PPT中的模板进行更换，模板都是随机的。

本章小结

本章主要讲解了PPT素材搜集、挑选、加工等相关知识，以及"PPT美化大师"的相关操作，通过本章的学习，相信读者能快速从网上搜集和挑选出符合幻灯片内容的素材。

第4章 用好模板，事半功倍

- ➜ 什么是高质量的PPT模板？
- ➜ 如何找到符合行业需要的模板？
- ➜ 找到模板后如何调整？
- ➜ 如果模板的细节不符合要求，如何快速修改？
- ➜ 如何设计当下流行的Low Poly风格背景？

利用PPT模板来快速设计幻灯片是大多数人都做过的事，可是制作出来的效果却千差万别。究其原因，是因为网络中模板的质量参差不齐。能否找到高质量，并且符合行业需求和主题内容的模板，会影响PPT的最终效果。找到合适的模板后，还需要制作者有正确修改模板的方向，才能真正有效地对模板进行利用。

本章将解决PPT模板利用的问题，告诉大家一个快速设计精美演示文稿的捷径。

4.1 模板使用的误区

对于PPT制作新手来说，要想在短时间内设计出形式与内涵并存的演示文稿是一件困难的事，在这种情况下，便可以充分利用网络中的各种资源，通过寻找模板，再简单加工后快速完成演示文稿的制作。但是这种看似快捷的方法也不是万无一失的，如果不假思索随便寻找模板，再胡乱套用，演示文稿的效果将大打折扣。

模板设计者的设计水平通常是参差不齐的，所以设计出来的模板效果也不一样。演示文稿的制作者只有明白使用模板设计文稿的误区，学会辨别优秀的PPT模板、正确地修改模板，才能让模板的使用效率达到最高。其中，认识到误区是最关键的一步。本节就来看看，有哪些模板使用的误区。

★重点 4.1.1 模板使用 = 修改文字

使用模板被不少人误认为只是简单地修改模板文字即可，完全不考虑该模板中的内容与文字是否相符。

修改模板文字，不能犯的错误是"文不对题"，即文字不符合主题。如图4-1所示，表面上看这是一张视觉效果还不错的幻灯片，但是细读文字却发现，文字内容说的是智能电视的市场规划，而图片是咖啡图片。可见这位幻灯片的制作者仅仅是看到模板好看，并没有考虑是否符合自己的主题。

图 4-1

上面所犯的错误比较初级，那么接下来的错误就是不少人会误入的雷区——不假思索地将文字填到图形中。

如图4-2所示，图形没有问题，文字好像也没有问题。但是细心的观众会发现，"第一季度""第二季度""第三季度"所对应的文字中有数字，并且数据关系是越来越大，而3个季度的背景图形的大小却是越来越小。

图 4-2

在PPT中，任何图形的存在都不是为了单纯的美观，图形的大小、颜色都有一定的意义，在这张模板中，图形的大小对应了重要程度和规格不同的内容。因此幻灯片的制作者应该调整背景圆形的大小，或者是调整文字的位置，将"第三季度"对应的文字与"第一季度"所对应的文字对换，符合图形的大小逻辑。

4.1.2　文字不需要布局

使用模板设计PPT，人们会关注图片、图形、图表的布局，却很少关注文字的布局，其实仔细观察，会发现优秀的PPT模板其文字都有布局讲究，文字的布局可以简单理解为画重点、会断句。

根据模板的版面设计需求，不同位置所放置的文字大小和数量都不同。修改模板不能简单地填充文字，而要充分考虑观众在阅读中对文字的阅读感受，贴心地调整文字布局，让观众以最轻松的方式读懂文字。

文字布局，首先忌讳没有重点，胡乱堆积文字让观众自己找重点；其次忌讳不会断句，让文字的分行显示打乱了字意。

如图4-3所示，幻灯片制作者找到了一张合适的模板，于是将文字填充上去，文字虽然不多，但是读起来很费劲。例如，"A"字母对应的文字中，"精华知识提供阅读"表达的完整的意思被一分为二，分成两行显示。同样地，"C"字母所对应的文字也有此弊端。

图 4-3

经过改善后，如图4-4所示，文字有了重点，并且保证每行文字都能表达完整的意思。为了断句合理，且排版美观，"A"字母所对应的文字有所删减。

图 4-4

4.1.3　好模板＝花哨＋复杂

幻灯片制作的初学者敢于选择颜色艳丽、内容元素复杂的模板，认为这种模板最能吸引观众的目光，获得好评。事实上，正是因为模板中复杂的元素是初学者未掌握的，所以导致初学者盲目使用。

最近几年的PPT比较流行"扁平风"，即将多余的效果去除，只留下最直白、最简单的表现。幻灯片毕竟不是动画片，目的不是让观众被复杂的图形元素吸引，而是高效地向观众传达信息，元素太花哨，反而喧宾夺主，影响核心信息的表达。

图4-5所示为比较典型的例子。很多初学者在寻找模板时，能找立体效果的图形绝不找平面的，能找有倾斜效果的绝不找正立的。这些复杂的图片效果恰恰影响了文字的阅读，如果将此模板换成平面的、无倾斜效果的背景图形，文字的信息传达将更高效。

图 4-5

4.2　下载模板的好去处

找到好的模板等于成功了一半，利用模板快速修改出精美的PPT，制作者就需要知道模板的下载途径。一般来说，只要制作者掌握网站和云盘两个途径就能满足模板的下载需求。

在网络资源中，模板的质量相差非常大，如果能选择到高质量的模板设计演示文稿，效果就会比较理想。

在找模板时，制作者首先需要知道有哪些高质量的PPT模板下载网站，不同网站中的模板各有什么特点；其次还可以了解一下如何在云盘和网页中搜寻模板的方法，以备不时之需。

★重点 4.2.1　优秀模板的下载网站

现在有许多专业的PPT设计网站，提供了不少优秀的模板供使用者免费下载，制作者可以在这些网站中寻找模板再下载使用。

1. 第1PPT

第1PPT网站提供了不同类型的PPT模板，这些模板的质量比较好，而且该网站的模板更新速度较快，受到很多PPT制作者的青睐，如图4-6所示。

图4-6

除了模板，PPT制作者还可以寻找高质量的图片素材和图示等，如图4-7所示。

图4-7

2. 优品PPT模板

优品PPT模板网站包含了不同种类的PPT模板，有动态PPT模板、总结汇报PPT模板等。不同种类的模板又进行了细分，十分丰富，如PPT图表模板下又分为柱形图模板、线形图模板等，如图4-8所示。

图4-8

3. 51PPT模板

在51PPT模板网站可以找到高质量的模板设计，并且在该网站中还提供了PPT设计时可能会用到的特效、插件，以及PPT教程，资源十分丰富。图4-9所示为51PPT模板的网站首页。

图4-9

4. PPTMind

PPTMind网站中有很多高质量的模板，但是数量和类型不多，并且需要付费购买，如图4-10所示。

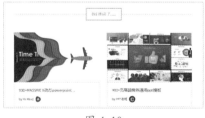

图4-10

5. PPTSTORE

PPTSTORE是一个以收费模板为主的网站，其中的模板质量偏高，且支持私人高端定制。如果对模板的要求比较高，又没时间去寻找优质模板，可以到PPTSTORE中去寻找或定制，如图4-11所示。

图4-11

6. 微软官方模板

微软官方提供了不同类型的PPT模板下载。这些模板的设计紧跟时代的潮流，更重要的是官方提供的模板会与最新的软件版本相匹配，让用户在新版本软件中便捷使用模板。图4-12所示为微软提供的PPT模板，用户可以选择【最新】或【最热】的模板类型进行查看下载。

图4-12

7. PRESENTATIONLOAD

PRESENTATIONLOAD是一个国外的模板网站，该网站中的模板设计风格与国内有不同之处。如果设计PPT的目的是给外国客户做汇报演讲，可以考虑该网站。要找不同的设计灵感，也可以在该网站中寻找模板。如图4-13所示，该网站有不同种类的模板。

图 4-13

4.2.2　云盘中搜索模板

云盘是互联网的存储工具，很多云盘用户会在自己的云盘中存储或分享一些PPT模板。要想在云盘中搜索PPT，就需要进入云盘搜索引擎，目前云盘的搜索引擎不止一个，PPT搜索常用的引擎有百度云搜索引擎、盘搜、文件百科等。下面讲解其中两个引擎的搜索方式。

1. 百度云搜索引擎

使用百度云搜索引擎，可以搜索到百度资源中的PPT模板，如

图 4-14 所示，进入搜索引擎，输入关键词进行搜索，就能匹配到相关的模板资源。

图 4-14

2. 盘搜

盘搜也是模板搜索的好去处，如图 4-15 所示，进入盘搜的首页，输入需要搜索的模板关键词进行搜索，十分方便。

图 4-15

4.2.3　网页中搜索模板

如果想用网页搜索PPT模板，也是可以的，但是要尽量将范围限定得小一点，如通过关键词来限定、通过文件类型来限定。例如，在百度文库中搜索PPT模板，输入关键词后，将文件类型选择为【PPT】即可，如图 4-16 所示。

图 4-16

4.3　挑选模板有妙招

现在可以提供PPT模板的网站数不胜数，网站中各类型的模板也层出不穷。制作者找到好的模板搜索网站还需要有一双慧眼，从众多的模板中找到最适合自己的那个模板。具体来说，制作者需结合PPT内容，从模板的风格、图片、布局等方面考虑，进行模板的挑选。

4.3.1　选模板也要跟着潮流走

不同时代有不同的流行元素，在挑选PPT模板时要充分考虑当下流行的PPT长宽比例、风格元素。

1. 长宽比例选择

现在很多投影仪、幕布、显示器都更改成16:9的显示比例了，更符合人眼的视觉习惯。因此除非确定播放演示文稿的显示屏是4:3，否则在挑选PPT模板时就要选择

16:9 的显示比例。

不少模板资源网站中都有模板显示比例的选择，图 4-17 所示的是PPTSTORE中的模板显示比例选择，选中【16:9】后，直接将显示比例过时的模板排除在外。

图 4-17

2. 风格选择

PPT的风格有多种，对风格把握不好的制作者可以根据当下比较流行的几种风格来选择模板。

➡ 极简风

由于生活节奏的加快，人们的压力越来越大，极简风PPT正好带给观众一种轻松愉快的感觉，成为当下比较流行的一种风格。极简风PPT的特点如图 4-18 所示。

极简风PPT模板适用于大多数类型的演讲汇报，简洁是当下流行的趋势。

图 4-18

在制作极简风PPT模板时，会尽量去除与核心内容无关的元素，只用最少的图形、图片、文字来表达这张幻灯片的精华内容，并用大量的留白让观众产生足够的想象空间。

为大众所知晓的苹果CEO乔布斯的发布会所用PPT就是极简风，没有华丽的元素，只有精练的文字，如图4-19所示。极简风是一种简洁但不简单的风格。

图 4-19

➥ 日式风

日式风PPT比极简风PPT的元素稍微多一点，但是同样追求界面简洁。图4-20所示为日式风PPT的特点。

日式风PPT模板适用于观众是日本客户时演讲，也适用于介绍简洁主义的生活用品、科技产品。

图 4-20

日式风PPT模板不会使用对比明显的配色，常常选用不同饱和度

的配色，如黑、白、灰三色搭配，呈现独特的美感，实现淡雅脱俗的效果。图4-21所示为日式风PPT模板。

图 4-21

➥ 复古风

复古风PPT模板属于经典不过时的模板，无论哪个时代，只要将复古的元素呈现出来，就很容易引起观众的共鸣。图4-22所示为复古风PPT的特点。

图 4-22

复古风PPT模板会选用一些与时光相关的元素进行搭配设计，也可以将复古元素与现代元素结合，形成轻复古的感觉。

复古风PPT模板适合用在与时光或设计相关的演讲汇报中，如百年老店的企业宣传、怀旧商品的销售演讲等。

图4-23所示为复古风PPT模板，模板的背景使用了怀旧感的颜色。

图 4-23

➥ 扁平风

受简洁主义的影响，PPT设计衍生出另一种简洁却十分有特色的模板——扁平风PPT模板。图4-24所示为扁平风PPT的特点。

图 4-24

在扁平风PPT模板中，尽量使用简单的色块来布局，色块不会使用任何立体三维效果。在整个页面中，无论是图片、文字还是图表都是平面展示的，非立体的。扁平风PPT是当下的一种时尚，适合用在多种场合，如科技公司的工作汇报、网络产品发布会等。

图4-25所示为扁平风PPT模板，页面中所有元素都是平面的，去除了一切效果添加。

图 4-25

4.3.2　花哨的模板要慎用

通过4.3.1节的介绍，不难发现当下流行的PPT风格倾向于简洁风。因此，花哨的模板，无论元素设计得再复杂巧妙，也要慎重选择。下面就来讲讲哪些花哨的模板一定不能用。

1. 颜色花哨

颜色花哨分为两种情况：一种是颜色搭配刺眼，影响了观众的视

觉感受；另一种是颜色搭配复杂，影响了主体信息的传递。

颜色搭配刺眼的模板类型有红＋绿配色的模板，背景为鲜红、亮绿、金黄的模板。

颜色搭配复杂的模板的特点是使用超过3种主色，整个页面颜色杂乱，让观众找不到重点。

图4-26所示为配色杂乱的PPT模板。过多的颜色会分散观众的注意力，让观众找不到内容表达的核心所在。

图 4-26

2. 图片花哨

图片花哨指的是图片的元素太多太复杂，影响了核心内容的表达。模板中影响最大的莫过于背景图片，其他图片都可以替换，背景图片替换可能导致模板风格整体变化。

带有这类图片的模板最好不要选用，如颜色太鲜艳、背景没有经过模糊或透明度处理且影响了文字显示，以及图片内容与主题内容无关的不要选用。

3. 图表花哨

很多设计者在下载模板时，会倾向于选择图表效果设计复杂的模板，其实使用图表的目的就是表现数据，在正确表达数据的前提下，图表应以简洁为主。

以下图表属于太花哨的图表：添加了太多的立体感效果；同一图表使用了多种配色；图表中作用相似的元素过多，如既有数据标签又有网格线。

4.3.3 根据行业选择模板

挑选模板，一定要选择与主题相关性大的模板，从而减少后期对模板的修改，提高幻灯片制作效率。一般来说，制作者需要从行业出发，寻找包含行业元素的模板，这些元素包括颜色、图标、图形等。

不同的行业有不同的色调，如医务行业与白色相关。不同的行业也有不同的标志，如计算机行业，找自带计算机图标、图片的模板比较合适；如财务行业，与数据相关，就需要找模板中数字元素、图表元素、表格元素较多的模板进行修改。下面来看一些典型的行业例子。

1. 科技/IT行业

科技行业或IT行业的PPT模板可以选用蓝色调，如深蓝色和浅蓝色。这是因为蓝色会让人联想到天空、大海，随之使人产生广阔无边、博大精深的心理感受，再加上蓝色让人平静，也代表着智慧。因此，在设计领域中，蓝色可以说是科技色，用在科技行业或IT行业中十分恰当。如图4-27所示，有的模板下载网站可以直接设定模板搜索的颜色，这里设定为"蓝色"后，就能快速找到科技感十足的模板了。

在科技/IT行业中，除了蓝色

是一种选择方向，在内容上还需要选择与时代、科技、进步概念相关的元素。例如，地球图片、科技商品图片等。有的PPT模板专门为行业设计了一个图片背景，这类模板也十分理想。

图 4-27

如图4-28所示，这套PPT模板的色调是深蓝色，背景是专门设计的具有艺术感的线条，象征着大数据的浩瀚，十分适合大数据行业的PPT设计。

图 4-28

2. 房地产行业

房地产行业的PPT模板选择要了解观众最关心的是什么。在房地产行业中，观众最关心的莫过于房子的质量、周边配套设施、未来规划、销量等数据。

要想表现房子的品质，就要选择严肃一点的主色调，如黑色、深蓝色。要添加周边配套设施、未来规划及销量内容，就需要通过"图片＋数据"的方式。因此选择的PPT模板要有图片展示页、数据展示页。如图4-29所示。

图 4-29

3. 设计/艺术行业

设计/艺术行业对PPT模板的选择要求更高，制作者应该选择配色有美感、元素有设计感的图表。

首先在配色上可以大胆一些、丰富一些、活泼鲜艳一些，例如，鲜红色为主色调，或者是经典的艺术配色如橙色+蓝色、黑色+黄色、灰色+玫红色。其次在内容元素的选择上，要有艺术行业的特色。例如，舞蹈行业可以选择带有跳舞者、流线型图形的模板。又如，绘画行业可以选择背景是插画的模板。图 4-30 所示为颜色丰富且具有艺术感的模板，颜色搭配适宜，给人很舒服的感觉。

图 4-30

4.3.4　模板的元素要全面、实用

在挑选模板时，不能仅从外观上考虑，还要结合内容分析模板是否实用。在PPT设计中，图片不合

适时，替换起来比较方便；但是图形和图表不合适时，设计者需要花较多的时间进行修改。图形主要用来表示内容之间的逻辑关系，图表则表示不同的数据，两者皆为PPT设计重点。下面讲解如何从内容逻辑和数据的角度来选择实用的模板。

1. 适合内容逻辑展现

在使用模板制作PPT前，制作者应该对要展现的内容列出提纲，做到心中有数，知道目标PPT中的内容有哪些逻辑关系。在寻找模板时，分析模板中的图形、图片元素的排列是否与内容逻辑相符。

图 4-31 所示为一个内容逻辑的简单呈现。该内容需要 3 部分PPT来呈现：第一部分的下属内容彼此间属于并列关系，一共有 3 个要点；第二部分的下属内容彼此间属于顺序关系，一共有 4 个要点；第三部分的下属内容彼此间属于并列关系，一共有 2 个要点。

根据这样的内容逻辑寻找模板，如图 4-32 所示的模板显然不符合需求，该模板中图形的主要逻辑关系是并列的，并且数量较多、过于密集，不适合表现 3 个要点或 2 个要点的并列关系，而且没有表现顺序关系的幻灯片模板。

图 4-31

图 4-32

而图 4-33 所示的模板就很适合图 4-31 所示的内容逻辑。在该模板中第 4 张幻灯片模板是 3 个图形呈并列方式排列，正好用来表现"高绩效团队建设"内容中的 3 个要点并列关系。第 5 张幻灯片模板适合表现 2 个要点并列关系，第 6 张幻灯片模板适合表现 4 个要点顺序关系的逻辑。

图 4-33

总而言之，模板中的图形、图形排列都具有内在逻辑关系，挑选模板时需要分析，这套模板中是否包含了内容的所有逻辑。

2. 图表是否全面

图表的制作是相对比较复杂的事，尤其是要设计出精美的图表。因此在挑选模板时，要选择图表类型足够丰富的模板，避免后期自己设计图表。尤其是财经类、工作汇报类演示文稿，制作者在挑选模板前，要列出需要表现的数据，为数据选定好模板。假设某工作汇报演示文稿需要用到柱形图、饼图、雷

达图，寻找模板时则要找同时包含这3种图表的模板。

4.3.5 统一性不高的模板不要选

模板最大的作用是帮助演示文稿制作者寻找到一套整体风格和谐的模板。一份模板是一个整体，模板的颜色要统一、风格也要统一。其核心要点如图4-34所示。

图 4-34

1. 颜色统一

模板的颜色统一是大多数PPT制作者都应该注意的事，但是制作者往往只会在幻灯片浏览模式下观察幻灯片的整体色调是否一致，容易忽视幻灯片页面中的内容颜色是否统一。一套配色统一的模板，页面中标题与正文、图形、图表配色，都是统一的。

例如，模板的配色是红+黑，但是标题文字有红有黑，正文也有红有黑，完全没有逻辑地乱选颜色，只管颜色是配套的就行。

也就是说，模板应当对不同类型的内容有颜色的定义，形成固定模式，而不是随心所欲地更换颜色。

2. 风格统一

模板的风格统一容易被制作者忽视，风格统一主要包括图片风格、图表风格、图形风格、文字风格统一。以图片为例，最好不要将卡通图片、实拍图片、漫画图片混合使用。图表和图表也是，要么统一设计成立体风格，要么统一设计成平面风格。文字则需要注意，标题文字与正文文字风格要固定，如标题不能前面几页是严肃型字体，后面几页是卡通型字体。

在图4-35所示的PPT模板中，第4张幻灯片的图形风格是立体的，而第3张、第5张、第6张幻灯片的图形风格是平面的，两者风格不统一，不够和谐。

图 4-35

4.4 模板也要微整形

挑选到合适的模板后，模板不一定完全符合演示文稿制作的需求，这时就需要制作者略懂一些模板的"整形"技巧，稍微改动一下模板的细节，使模板与主题完全配套，快速制作出一个精美且与内容高度吻合的演示文稿。

★重点 4.4.1 幻灯片的主题背景可以自定义

幻灯片的主题背景影响了整个演示文稿的风格，让观众产生不一样的情绪。在寻找模板的过程中，常常有这样的情况发生，模板的其他内容元素都符合需求，但是整体背景风格不够理想。

例如，航空行业需要制作一份相关的行业PPT进行演讲，找到了一份IT行业的模板，模板的背景是一张经过处理的计算机图片，如果背景图片能换成经过处理的飞机图片，这份模板就完全符合需求了。

如图4-36所示，模板从第3张幻灯片开始的内容页是红点图案背景，需要更换。

图 4-36

在更换模板主题背景时，制作者需要切换到【幻灯片母版】视图下，将鼠标指针移动到不同的版式上，显示出来的文字会说明这个版式被哪几张幻灯片使用了。如图4-37所示，文字显示这个版式被第4张、第6张、第7张、第9张幻灯片使用。

如果需要更换背景的幻灯片使用的是同一个版式，那么只需要更改一张幻灯片版式的背景即可；否则就需要找到对应幻灯片的版式分别进行修改。如果整套幻灯片的背景需要统一成一个格式，那么设置好一张幻灯片版式的背景后，选择

【全部应用】即可。

图 4-37

当确定好要修改背景的幻灯片版式后，打开【设置背景格式】任务窗格，如图 4-38 所示。在这里可以随意更改背景为【纯色填充】【渐变填充】等方式。如此便完成了幻灯片主题的更改。

图 4-38

4.4.2　学会修改或设计主题

幻灯片的主题是模板的组成元素，包括主题颜色、主题字体、主题效果及主题背景。通过设计主题可以快速调整演示文稿的风格，当然主题也可以应用到单一的幻灯片页面中。

调整主题的颜色可以快速改变演示文稿的配色方案；调整主题的字体，可以设定演示文稿的标题和正文的中英文字体样式，避免后期反复调整；调整主题的效果，可以

设置幻灯片中图形的阴影、反射、光面等效果样式。

在上面已经讲过如何设置主题背景，下面将讲解如何修改或设计主题的其他元素。

1. 修改主题

修改模板的主题，可以直接使用 Office 中提供的主题进行更换。如图 4-39 所示，单击【设计】选项卡下【主题】组中的其他按钮，在弹出的主题样式中选择一种即可。

图 4-39

如果想调整主题的颜色、字体、效果，就可以单击【变体】组中的其他按钮。如图 4-40 所示，从 Office 的颜色选项中选择一个配色方案。

图 4-40

2. 自定义设计主题

如果 Office 提供的主题样式都不能满足需求，那么制作者可以自定义设计模板中的主题，以达到最

理想的效果。

自定义主题颜色、字体、效果需要打开相应的对话框，如自定义主题颜色，则选择【变体】→【颜色】→【自定义颜色】选项，打开图 4-41 所示的【新建主题颜色】对话框，在该对话框中单独设计幻灯片不同元素的颜色，并命名保存。字体及效果的自定义设置方法相同，这里不再赘述。

图 4-41

★重点 4.4.3　修改模板的母版

优秀的模板通常有一个统一的版式和风格，如果幻灯片制作者对模板的母版设计不满意，可以自行修改，以达到实际需求。

在修改母版前，需要对母版和版式有一个清楚的认识和区分。图 4-42 所示为母版和版式的要点。总结一下，一份演示文稿至少有一个母版，母版控制着演示文稿整体的风格、背景等效果。一个母版下可以有多个版式，版式控制着单张幻灯片的内容布局。

例如，在一份演示文稿中只用

一个母版进行设计时，修改母版会同时影响演示文稿中的所有幻灯片。但是修改母版中的版式，只会影响运用了这个版式的一张或多张幻灯片。

图 4-42

1. 修改母版

当下载好模板时，可以进入【幻灯片母版】视图下，查看这份模板的母版有哪些幻灯片在使用，如图 4-43 所示。如果母版被所有幻灯片使用，那么制作者对幻灯片的背景不满意时，就可以直接修改母版背景，达到一次性调整所有幻灯片背景的效果。

图 4-44

2. 修改版式

版式针对的不是演示文稿的整体，而是部分幻灯片。所以修改或设计版式的目的在于让版式符合特定的内容。图 4-45 所示为该模板的【标题和内容】版式。如果制作者设计的内容页幻灯片中，都是左文右图表的固定形式，就可以修改这个版式，添加上【文本】和【图表】占位符，如图 4-46 所示。

图 4-45

图 4-46

4.4.4 设计标题页

模板中的标题页只需要进行文字、图片修改就能快速完成演示文

稿的标题页设计。无论是改变图片还是颜色，都要考虑修改结果是否与当前主题相符，颜色需不需要更改。

图 4-47 所示为模板中的标题页。因为图片不符合主题需求，所以更改了图片。图片更改后，还要考虑文字颜色与图片主题是否相符，所以将文字改成了粉红色，象征着爱情，如图 4-48 所示。

如果标题页的设计无法通过简单修改达到需求，那么制作者可以自己设计标题页。标题页的设计要点是：元素不要太多，可以用"一张大图+大号标题文字、底色+大号标题文字+简单的图形"的形式。

图 4-47

图 4-48

4.4.5 设计目录页

利用找到的模板设计目录页时，最常见的问题是模板目录页中的目录数量与实际需求不符，这时就要制作者稍微调整一下，方法和注意事项如下。

1. 目录数量多了/少了

模板中的目录数量比实际需求

如果制作者想在所有幻灯片页面的同一位置添加上企业的 LOGO，就可以在母版中进行添加。这样该母版下的所有版式都会自动添加上企业 LOGO，应用了这些版式的幻灯片页面就成功添加上了 LOGO，如图 4-44 所示。

图 4-43

多，就删减目录；比实际需求少，就增加目录。图4-49所示为模板中的目录页，而图4-50和图4-51所示分别为删减和增加目录数量后的效果。

图 4-49

图 4-50

图 4-51

2. 增减目录时的操作注意事项

增减模板中的目录，最大的注意事项是考虑目录增减后对页面布局的影响，是否能保持原模板的整齐、美观。毕竟模板中的目录增减后，会打破原来的布局。这时制作者要充分利用对齐功能。

➡ 删减目录最好删减中间的

如果要删减目录的数量，最好删减中间的目录。例如，要删减一个目录，则删减第2个、第3个、第4个都可以。如图4-52所示，

删减第5个标题。然后同时选中剩下的5个目录，执行【左对齐】→【纵向分布】命令，如图4-53所示。这样目录之间的距离就相等了且不会打破原有的布局。

图 4-52

图 4-53

➡ 增加目录可能需要调整布局

增加目录比删减目录更影响页面布局，增加目录后，制作者可以做的是：减小标题字号、缩小图形、调整布局。调整布局常用的方法是将垂直排列的标题改成倾斜排列，减少拥挤感。

例如，图4-54所示的目录，上面和下面都已经没有空间再增加一行目录了，强行增加会让页面看起来很不协调，正好页面左右两边有留白，那么可以灵活地将目录排列成倾斜的形式。

其方法是：以目录1和目录2为标准，分别代表所有目录最左边和最右边的距离，然后选中所有目录执行【横向分布】命令，命令如

图4-54所示，最后的效果如图4-51所示。

图 4-54

4.4.6　设计转场页、内容页

PPT的转场页作用在于帮助观众厘清思路，进入下一内容环节。例如，课件类型的PPT，如果课时较长，内容较多，就需要分为不同的小节，小节与小节之间专门做一页转场，提醒观众当前的课时进度与内容。

PPT的内容页是除封面页、尾页、目录页与转场页之外的页面，是演示文稿的主体，呈现了演讲者所讲解的重点核心内容。

转场页与内容页的核心要点如图4-55所示。

图 4-55

如图4-56所示，标有序号"02"和"03"的两张幻灯片就是转场页，提示观众下面即将分别进入第二个内容环节和第三个内容环节。转场页需要保持高度的页面统一性，除了序号和标题文字，其他的布局、元素都不要改变。对于设

计类、艺术类PPT，也可以将不同的转场页设计成不同的颜色，但是，布局元素同样保持相同。

内容页的页面统一性要求没有转场页严，根据内容的不同，制作

者可以自由选择图片、图表、文字、图形为不同的形式布局。但是同样需要保证基本元素，如标题、文字是统一的。

图 4-56

4.5 分享好工具：使用 image Triangulator 设计 PPT 低面背景

近年来，彩色多边形低面背景流行于各行各业的PPT设计中，这种风格称为低多边形风（Low Poly 风）。低多边形风的设计原则是利用少量的多边形表现出棱角分明的晶格化艺术风格，让图片整体看起来像折纸，极具抽象感、现代艺术感。这种极具艺术感的多边形风格如果用PS做则十分考验功底；但是如果用 image Triangulator 这款简单的软件就可以快速做出PPT的低面背景。

1. 认识image Triangulator的操作界面

image Triangulator 的操作界面十分简单，图 4-57 所示为各命令对应的中文名称。

图 4-57

2. 使用image Triangulator制作低多边形背景

虽然 image Triangulator 的操作界面很简单，但是需要实操一下方能明白各命令的具体作用。

使用 image Triangulator 之前需要准备一张图片素材，可以使用PPT设计一张渐变填充图片。如图 4-58 所示，将一张PPT设计成渐变填充。然后将这张幻灯片以动态GIF格式导出GIF图片，如图 4-59

所示，低多边形的素材图片就准备好了。

图 4-58

图 4-59

准备好素材图片后，可以单击 image Triangulator【Tools】界面的【CHOOSE AN IMAGE】按钮打开这张素材图片，图片打开后，保证显示设置这里的状态是【ORIGINAL】状态，即原图状态，如图 4-60 所示。

图 4-60

图片打开后，可以拖动鼠标在图片上描点，如图 4-61 所示。

如果想立刻知道每个描点的设计效果，可以按键盘上的【R】键，再描点，如图 4-62 所示。按照这样的方法，就能完成一张简单的低多边形背景图片设计。

图 4-61

图 4-62

如果设计的背景图片中有文字、图形等内容，描点就需要按照文字、图形的边来进行。如图 4-63

所示，对文字进行描点，需要顺着文字的边添加点。完成后的效果如图 4-64 所示。

图 4-63

图 4-64

本章小结

本章主要讲解了 PPT 的模板选择及模板修改方法，帮助 PPT 制作者快速通过模板完成高质量的演示文稿，提高演讲时信息的传达效率。

- ➥ 下载了很多素材和模板，但是做出来的PPT还是不好看，为什么？
- ➥ 别人的漂亮设计都是如何制作出来的？
- ➥ 常见的PPT版式布局就那些，来看看本章帮你归纳的那些效果吧，说不定你的设计灵感就有了。
- ➥ 我们不是专业的设计师，还是学点简单的条条框框吧，PPT排版需要遵循哪些原则？掌握哪些技巧？
- ➥ 文字、图片和图表在PPT排版中都有哪些注意事项？

PPT内容规划好以后，对PPT的设计很大程度上就是对页面进行排版。如果基础排版知识没有掌握好，PPT设计的审美也就无从谈起。本章将介绍一些关于排版的基础知识，包括点线面的构成、常见的PPT布局样式、PPT的排版原则和技巧等。这些知识非常实用，你在具体的PPT制作中只要做好知行合一，便可以收获一份漂亮的PPT。

5.1 PPT 布局基础知识

PPT不同于一般的办公文档，它不仅要求内容丰富，还需要融入更多的设计灵感才能发挥其较大的作用。布局是任何设计方案中都不可忽略的要点，PPT的设计同样如此。点、线、面是构成视觉空间的基本元素，是表现视觉形象的基本设计语言。PPT设计实际上就是要协调好三者的关系，因为不管是任何视觉形象或版式构成，都可以归纳为点、线和面。

5.1.1 点的构成

在几何学中点是没有大小，没有方向，仅有位置的，如图5-1所示。

图 5-1

在造型设计中点却是有形状、大小和位置之分的，就大小而言，越小的点作为点的感觉越强烈，如图5-2所示。

图 5-2

在PPT中，点是相对线和面而存在的视觉元素，一个单独而细小的形象就可以称为点。点是相对而言的，如一个汉字是由很多笔画组成的，但是在整个页面中，可以称为一个点，如图5-3所示的"01"。点也可以是PPT中相对微小单纯的视觉形象，如按钮、LOGO等。

图 5-3

1. 点的形态

点的形态众多，复杂的对象也可以看作一个点。点是视觉特征的焦点，是吸引人视线的中心位置。

点一般被认为是最小的并且是圆形的，但实际上，方形、三角形、梯形、不规则形等（见图5-4）自然界中的任何形态缩小到一定程度都能形成不同形态的点。

图 5-4

2. 点的视觉特征

点的基本属性是注目性，点能形成视觉中心，也是力的中心。也就是说，当画面中有一个点时，人们的视线就集中在这个点上，因为单独的点本身没有上、下、左、右的连续性，所以能够产生视觉中心的视觉效果。

当单个的点在画面中的位置不同时，产生的心理感受也是不同的。如图 5-5 所示，居中的点会有平静、集中感；点的位置偏上时会有不稳定感，形成自上而下的视觉流程；点的位置偏下时，画面会产生安定的感觉，但容易被人们忽略；点位于画面三分之二偏上的位置时，最容易吸引人们的观察力和注意力。

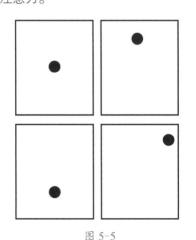

图 5-5

另外，当画面中点的数目和分布，以及多点的构成效果不同时，点的作用也不同。

如果画面中有两个大小不同的点，那么大的点首先会引起人们的注意，但视线会逐渐地从大的点移向小的点，最后集中到小的点上。这是因为点大到一定程度就具有面的性质，越大越空泛，越小的点积聚力越强，如图 5-6 所示。

当画面中有两个相同的点，并各自有它的位置时，它的张力作用就表现在连接这两个点的视线上，视觉心理上产生连续的效果，形成一条直线，如图 5-7 所示。

图 5-6　　　图 5-7

当画面中有 3 个散开的 3 个方向的点时，点的视觉效果就表现为一个三角形，这是一种视觉心理作用，如图 5-8 所示。

当画面中出现 3 个以上不规则排列的点时，画面就会显得很零乱，使人产生烦躁感，如图 5-9 所示。

图 5-8　　　图 5-9

当画面中出现若干个大小相同的点规律排列时，画面就会显得很平稳、安静并产生面的感觉，如图 5-10 所示。

由于点与点之间存在着张力，点

的靠近会形成线的感觉，人们平时画的虚线就是这种感觉，如图 5-11 所示。

图 5-10　　　图 5-11

3. 点的错视

点在不同的环境下会让人产生错误的视觉现象，也称这些现象为"点的错视"。常见的情况有如下几种。

图 5-12 所示为同一个图的反色效果，白色的点给人向前的感觉并且感觉较大，黑色的点则给人后退的感觉并且感觉较小。

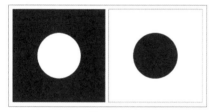

图 5-12

如果将两个一样大小的点进行不同的摆放，其中一个点的周围摆放的是小点，另一个点的周围摆放的是大点，如图 5-13 所示。这时人们可能会对原本两个相同的点产生大小不同的错觉。

相同的点在受到不同大小的夹角影响时，也会产生大小不同的感觉，如图 5-14 所示。

图 5-13　　　图 5-14

4. 点的构成方式

当页面中有一个点时，它能吸引人的视线。当有两个点时，人的视线就会在这两个点之间来回移动。当两个点错位排列时，视线呈曲线摆动状态。可见，利用点的大小、形状与距离的变化，便可以设计出有节奏韵律的页面。

➡ 不同大小、疏密的点混合排列，可以成为散点式的构成形式，如图 5-15 所示。

➡ 将大小一致的点按一定方向进行有规律的排列，就会给人的视觉留下一种由点的移动而产生线化的感觉，如图 5-16 所示。

图 5-15　　　　图 5-16

➡ 以由大到小的点按一定的轨迹、方向进行变化，就会产生一种优美的韵律感，如图 5-17 所示。

➡ 把点以大小不同的形式，进行有序的排列，就会产生点的面化感，如图 5-18 所示。

图 5-17　　　　图 5-18

➡ 将大小一致的点以相对的方向，逐渐重合，就会产生微妙的动态视觉，如图 5-19 所示。

➡ 不规则的点摆放在一起能形成活泼的视觉效果，如图 5-20 所示。

图 5-19　　　　图 5-20

5. 点的应用

点是构成 PPT 最基本的单位，在 PPT 设计中，经常需要制作者主观地加些点。如图 5-21 所示，在新闻的标题后加个 "NEW"，在每行文字的前面加个方形或圆形的点。

图 5-21

点起到使页面活泼生动的作用，使用得当，甚至可以有画龙点睛的效果。一个 PPT 往往需要由数量不等、形状各异的点来构成。点的形状、方向、大小、位置、聚集、发散，能够给人带来不同的心理感受。如图 5-22 所示，将水滴作为点的应用发挥得很好，使左侧的矢量图和右侧的文字得到更好地融合。

图 5-22

点还是各种形状的源泉，可以利用点组成各种各样的具象的和抽象的图形，通过点把空间概念、幻象透视空间表现得淋漓尽致。例如，利用点设计成功的 PPT，如图 5-23 所示。这样的运用在平面设计方面还有很多，大家可以多关注。

图 5-23

5.1.2　线的构成

点的连续排列构成线，点与点之间的距离越近，线的特性就越显著。线在页面中的作用在于表示方向、位置、长短、宽度、形状、质量和情绪等属性。

线在设计中变化万千，在设计中是不可缺少的元素。线除了具有本体形状，还有两端的形状。线的形状有垂直、水平、倾斜、几何弯曲、自由弯曲这几种形式，如图 5-24 所示。

图 5-24

1. 线的形态

线是分隔页面的主要元素之一，是决定页面现象的基本要素。从线的总体形状概括起来，线分为直线和曲线两大类。

➡ 直线：垂直线、水平线、斜线、折线、平行线、虚线、交叉线。

➡ 曲线：几何曲线（弧线、漩涡线、抛物线、圆）、自由曲线。

2. 线的视觉特征

线是具有情感的，不同的线有不同的感情性格，线有很强的心理暗示作用。

直线具有男性的特点，有力度、稳定。直线中的水平线给人平静、开阔、安逸的感受，使人联想到风平浪静的水面、远方的地平线；而垂直线则使人联想到树、电线杆、建筑物的柱子，有一种崇高、挺拔、严肃的感受；斜线则有一种速度感，让人感觉到动力、不安。直线还有粗细之分，粗直线有厚重、粗笨的感觉；细直线有一种尖锐、神经质的感觉。

曲线富有女性化的特征，具有丰满、柔软、优雅、浑然之感。其中，几何曲线是用圆规或其他工具绘制的具有对称和秩序的美、规整的美；自由曲线是徒手画的，是一种自由的延伸，是最好的情感抒发的手段。

技术看板

线最善于表现动和静，直线表现静，曲线表现动，曲折线则有不安定的感觉。将不同的线运用到页面设计中，会获得不同的效果。知道什么时候应该运用什么样的线条，可以充分表达所要体现的内容。

3. 线的错视

灵活地运用线的错视可使画面获得意想不到的效果。但有时则要进行必要调整，以避免错视所产生

的不良效果。

➡ 平行线在不同附加物的影响下，显得不平行，如图 5-25 所示。

➡ 直线在不同附加物的影响下呈弧线状，如图 5-26 所示。

图 5-25

图 5-26

➡ 同等长度的两条直线，由于它们两端的形状不同，感觉长短也不同，如图 5-27 所示。

➡ 同样长短的直线，竖直线感觉要比横直线长，如图 5-28 所示。

图 5-27

图 5-28

4. 线的构成方式

线的构成方式众多，不同的构成方式可以带给人不同的视觉

感受。

➡ 面化的线（等距的密集排列），如图 5-29 所示。

➡ 疏密变化的线（按不同距离排列）透视空间的视觉效果，如图 5-30 所示。

图 5-29　　　图 5-30

➡ 粗细变化空间，虚实空间的视觉效果，如图 5-31 所示。

➡ 错觉化的线（将原来较为规范的线条排列做一些切换变化），如图 5-32 所示。

图 5-31　　　图 5-32

➡ 立体化的线，整体效果如图 5-33 所示。

➡ 不规则的线，整体效果如图 5-34 所示。

图 5-33　　　图 5-34

5. 线的应用

线条的性质比较简单，本身并没有什么特别的意义。然而，将其运用到平面中的不同位置，不同组合，便可以起到不同的作用。线在平面构成中起着非常重要的作用，是设计版面时经常使用的设计

元素。

➡ 线的分隔作用

在PPT中，线用作分隔不同的设计元素的使用频率很高。可以用线勾勒出画面中模块内容的边界，强调板面的固有规律性，形成规矩、整齐的感觉。

图5-35所示为线在PPT封面页设计上的应用。

图 5-35

如图5-36所示，左上角为线在内容页标题中的应用，正中间的许多虚线为线在内容间的分隔应用。

图 5-36

➡ 线的引导作用

线还有一种作用，就是引导读者视线，增强元素之间的关联。图5-37所示为"企业宣传"演示文稿中机构发展历程的介绍界面。界面中的曲线明确告诉人们应该从左到右观看该页内容，线条中的节点即为各关键年份和重要事项的显示位置。

图 5-37

图5-38所示为"广告提案思路"演示文稿的宣传预热步骤。内容呈横向线型分布，观众一看就能非常清晰地了解各个环节的先后关系。页面中有横向直线，查看时人的目光移动会和平常手画线的方向一样，即从左到右。

图 5-38

➡ 线的连接作用

线最简单的作用还是将多个对象连接起来，如图5-39所示的图表中就用到了线的连接作用。当用线将不同的要素连接起来时，可以将其认为是一个整体，从而显得有条理。

图 5-39

例如，将分解图片、文字块等组合的旁边加上线，能让人理解它

们是有连续性的整体，从而显得有条理，如图5-40所示。

图 5-40

实际上，即使在整理排列同一个版面时，线一般都同时具有联系和分隔两种方法。例如，在图5-41所示的版式中，线既串联起各个零散的元素，还对彼此之间进行了分隔。

图 5-41

➡ 线的装饰作用

有些时候，人们只是为了让版面效果更美观，而添加些线进行调剂。图5-42所示为线在PPT封面中的装饰应用。

图 5-42

图5-43所示为线在幻灯片正文中起对称作用的应用。

图 5-43

➡ 变形线——框的各种作用

　　除了直线，还可以在PPT中使用框进行设计。图 5-44 所示为框的模块化作用。

图 5-44

　　用"框"可以更清晰地展示不同模块的内容。图 5-45 所示为框形成的对齐效果，很规整。

图 5-45

　　图 5-46 所示为用半框展示工作计划的各个重点，各个框作为独立模块与其他内容进行了有规律的对齐。

图 5-46

5.1.3　面的构成

　　面是无数点和线的组合。面有长度、宽度，没有厚度。

➡ 直线平行移动可形成方形面，如图 5-47 所示。

➡ 直线旋转移动可形成圆形面，如图 5-48 所示。

图 5-47　　　图 5-48

➡ 斜线平行移动可形成菱形面，如图 5-49 所示。

➡ 直线一端移动可形成扇形面，如图 5-50 所示。

图 5-49　　　图 5-50

1. 面的形态

　　点的密集排列构成面，点的距离越近，面的特性就越显著。从面的组成方式上大致可以将面分为直线形面和曲线形面。下面将分别进行介绍。

　　（1）直线形面。

➡ 几何直线形面：指有固定角度的形，如方形、三角形、菱形。

➡ 自由直线形面：不受角度限制的任意形。

　　（2）曲线形面。

➡ 几何曲线形面：指具有固定半径的曲线。

➡ 自由曲线形面：不具有几何秩序的曲线形。

➡ 偶然形面：特殊技法偶然得出。

2. 面的视觉特征

　　面具有一定的面积和质量，相比点和线来说占据的空间更多，因而视觉冲击力更大、更强烈。不同形态的面，在视觉上有着不同的作用和特征。下面分别进行讲解。

➡ 直线形面具有直线所表现的心理特征，有安定、秩序感，像男性的性格，如图 5-51 所示。

图 5-51

➡ 曲线形面有柔软、轻松、饱满，像女性的性格，如图 5-52 所示。

图 5-52

➥ 偶然形面，如水和油墨、混合墨泼洒产生的偶然形面等，比较自然生动，有人情味，如图5-53所示。

图 5-53

3. 面的错视

在生活中，人们常常会遇到各种面的错视。例如，将同样大小的两个圆垂直对齐排列（见图5-54），会感觉上面的圆要比下面的圆大一些。另外，人们还常常会觉得亮一些的面要比暗一些的面大。

图 5-54

所以，在书写汉字时通常人们会把上面的部分写得稍小一点，这样才能达到一种结构的和谐。例如，在书写美术字时也应注意上紧下松

的原则，还有像数字"8""3"及字母"B""S"，理论上来讲它们的上下部分应该是一样的比例，但为了使其看起来更加美观，下面的部分书写时要写得稍大一些，如图5-55所示。

图 5-55

用等距离的垂直线和水平线来组成两个正方形，如图5-56所示。它们的长宽感觉是不是不一样呢，水平线组成的正方形使人感觉稍高些；而垂直线组成的正方形则使人感觉稍微宽些。

图 5-56

4. 面的构成方式

面的构成方式众多，不同的构成方式可以带给人不同的视觉感受。常见的构成情况举例如下。

➥ 几何形面：常常用于表现规则、平稳、较为理性的视觉效果（等距密集排列），如图5-57所示。

➥ 自然形面：不同外形的物体以面的形式出现后，会给人更为生动的视觉效果，如图5-58所示。

图 5-57　　　图 5-58

➥ 有机形面：可以营造出柔和、自然、抽象的面的形态，如图5-59所示。

➥ 偶然形面：总是充满自由、活泼而富有哲理性，如图5-60所示。

图 5-59　　　图 5-60

➥ 人工造形面：具有较为理性的人文特点，如图5-61所示。

➥ 无机形面：主要是不规则的无固定的形态，这种形状具有动感、流动的视觉特征，如图5-62所示。

图 5-61　　　图 5-62

5. 面的应用

在PPT的视觉构成中，点、线、面既是最基本的造型元素，又是最重要的表现手段。在确定PPT主体形象的位置、动态时，点、线、面将是需要最先考虑的因素。只有合理地安排好点、线、面之间的关系，才能设计出具有最佳视觉效果的页面。

在图5-63中，幻灯片的亮点不是某一个点或某一条线，而是由多个点和多条线组成的整个页面。

图 5-63

图 5-64 所示为用色块展示不同的 PPT 内容模块效果，很规整。

图 5-64

图 5-65 所示为色块和色块进行搭配形成的 PPT 封面。

图 5-65

如图 5-66 所示，不规则色块与图形灵活搭配运用，形成独特的排版风格，在给整个画面增添活力的同时还不失高雅。

图 5-66

此外，还可以用不同形状的色块进行组合搭配，用于展示观点、案例、点缀，如图 5-67 所示。

图 5-67

5.1.4 点、线、面的综合应用

点、线、面综合应用的要点是以点、线、面三位一体，进行综合表现。在综合表现的过程中，要注意主次关系。例如，面作为整个背景呈现，加小部分的线综合画面，以点点缀，可以达到强调重点的作用，如图 5-68 所示。

图 5-68

例如，以线分隔主次，用点强调内容，以相同的面进行并列呈现，是常见的 PPT 内容的表现形式，如图 5-69 所示。

图 5-69

5.2 这些常见 PPT 版式能带来灵感

版式设计是 PPT 设计的重要组成部分，是视觉传达的重要手段。好的 PPT 布局可以清晰有效地传达信息，并能给观众一种身心愉悦的感觉，尽可能让观众从被动地接受 PPT 内容变为主动去挖掘。下面提供几种常见的 PPT 版式，希望你能从中汲取到布局的方法及灵感。

★重点 5.2.1 基本版式

版式设计就是在版面上将有限的视觉元素进行有机的排列组合，将理性思维个性化地表现出来，使用一种具有个人风格和艺术特色的视觉传送方式传达信息，同时产生感官上的美感。基本的版式设计就是满版、二分法和三分法，具体可以参考图 5-70 所示的效果。

图 5-70

1. 满版型

满版型版面以图像充满整版为效果，主要以图像为表达形式，视觉传达直观而强烈。文字配置在上下、左右或中部（边部和中心）的图像上，满版型设计给人大方、舒展的感觉，常用于设计 PPT 的封面

页，如图 5-71 所示。

图 5-71

满版型的 PPT 封面页一般从上到下的排列顺序为：图片/图表、标题、说明文、标志图形，如图 5-72 所示。自上而下符合人们认识的心理顺序和思维活动的逻辑顺序，能够产生良好的阅读效果。

图 5-72

2. 中轴型

中轴型将整个版面做水平方向或垂直方向排列，这是一种对称的构成形态。标题、图片、说明文字与标题图形放在轴心线或图形的两边，具有良好的平衡感。根据视觉流程的规律，在设计时要把诉求重点放在左上方或右下方。水平排列的版面，给人稳定、安静、平和与含蓄之感，如图 5-73 所示。

图 5-73

垂直排列的版面，给人强烈的动感，如图 5-74 所示。

图 5-74

3. 上下分隔型

上下分隔型将整个版面分成上下两部分。在上半部分或下半部分配置图片或色块（可以是单幅或多幅），另一部分则配置文字。图片部分感性而有活力；而文字则理性而静止。上下分隔型案例如图 5-75 所示。

图 5-75

4. 左右分隔型

左右分隔型将整个版面分隔为左右两部分，分别配置文字和图片。当左右两部分形成强弱对比时，会造成视觉心理的不平衡。这是视觉习惯（左右对称）上的问题，该分隔方式不如上下分隔型的视觉流程自然。左右分隔型案例如图 5-76 所示。

图 5-76

5. 斜置型

斜置型的幻灯片布局方式是指，在构图时，将主体形象或多幅图像或全部构成要素向右边或左边做适当的倾斜。斜置型可以使视线上下流动，造成版面强烈的动感和不稳定因素，引人注目。斜置型案例如图 5-77 所示。

图 5-77

5.2.2 其他版式

基本版式的布局整体上来讲比较适合严肃正规的应用场合，还有一些排版规律可以产生活泼、轻快的感觉。

1. 圆图型

将幻灯片进行圆图型布局时，应该以正圆或半圆构成版面的中心，在此基础上按照标准型顺序安排标题、说明文和标志图形，在视觉上非常引人注目。圆图型版式设计案例如图 5-78 所示。

图 5-78

2. 棋盘型

在安排这类版面时，需要将版面全部或部分分隔成若干等量的方块形态，方块与方块之间进行区分，再做棋盘型设计。棋盘型版式设计案例如图 5-79 所示。

图 5-79

3. 并置型

并置型布局是将相同或不同的图片做大小相同而位置不同的重复排列，并置构成的版面有比较、解说的意味，给予原本复杂喧闹的版面以秩序、安静、调和与节奏感。并置型版式设计案例如图 5-80 所示。

图 5-80

4. 散点型

在进行散点型布局时，需要将构成要素在版面上做不规则的排放，形成随意轻松的视觉效果。在布局时要注意统一气氛，进行色彩或图形的相似处理，避免杂乱无章。同时要突出主体，符合视觉流程的规律，这样方能取得最佳诉求效果。散点型版式设计案例如图 5-81 所示。

图 5-81

技术看板

除以上介绍的9种布局样式之外，PPT的布局还有很多，如曲线型、对称型、交叉型、重复型等。读者在制作PPT时可以充分发挥自己的想象，对所需展现的内容进行布局排列。

5.3 PPT 排版五大原则

掌握好PPT的版式设计原则，不仅能提高PPT的美观度，还能让内容的表现形式更加多样化。其最基本的原则还是让观众在享受美感的同时，接收制作者想要传达的信息。

5.3.1 功能性

功能性是PPT布局的最基本原则。版式设计的最终目的是使版面产生清晰的条理性，用悦目的组织来更好地突出主题，达到最佳诉求效果。常用的处理方法如下。

➡ 按照主从关系的顺序，放大主体形象视觉中心，以此表达主题思想。

➡ 将文案中的多种信息做整体编排设计，有助于主体形象的建立。

➡ 在主体形象四周增加空白量，使被强调的主体形象更加鲜明突出。

➡ 如果要表达的主题有多个，那么版式一定要符合内容。例如，有的内容之间是对比关系，有的是递进关系，有的是主次关系……关系不同，布局的形式也各不相同。在考虑布局的功能性时，可以多参考一下 PowerPoint 2021 中自带的 SmartArt 图形。

5.3.2 统一性

在版式设计过程中，形式与内容必须高度统一，如果版式设计脱离了主题，就像花瓶一样，徒有美丽的外表。

➡ 版式设计的前提：版式所追求的完美形式必须符合主题的思想内容。

➡ 形式和内容统一的基本方式：通过完美、新颖的形式来表达主题。

统一性原则表现在排版布局上一般是要求PPT中某些幻灯片的内容级别相同时，那么这些内容在每张幻灯片中都应该处在相对一致的位置。例如，一级标题在左上角，那么所有幻灯片中的一级标题都应该放在左上角。

在对幻灯片中的对象进行布局时，也要考虑到统一性，包括各对象之间的间距、长度、宽度等内容，尽量做到"横向同高，纵向同宽"。也就是说，将横向排列的对象设置为同一高度，纵向排列的对象设置为同一宽度。图5-82所示的两幅图片是凌乱版面和协调版面的对比，很明显第二个幻灯片更容易被人认可。

MS Office讲解体系

图 5-82

5.3.3　整体性

整体性其实也包含统一性，但整体性不仅强调内容的布局位置，还强调布局的风格。强化整体布局是将版面的各种编排要素在编排结构及色彩上做整体设计。

➡ 加强整体的结构组织和方向视觉秩序。例如，水平结构、垂直结构、斜向结构、曲线结构。如果幻灯片中的文字都是水平的，那么所有内容都应保持水平；如果是垂直的或有一定旋转的，那么所有内容都应保持垂直或旋转。

➡ 加强文案的集合性。将文案中的多种信息合成块状，使版面具有条理性。

➡ 加强展开页的整体性，无论是产品目录的展开版，还是跨页版，均为同一视线下展示。因此，加强整体性可获得更良好的视觉效果。

5.3.4　自然性

人的视觉习惯一般有这几种查看顺序：从左到右、从上到下、顺时针、Z字形。而在制作PPT时，这种视觉习惯很容易被人忽略，其实只要仔细一看，就会发现符合视觉习惯的布局和不符合视觉习惯的布局有很多区别。图5-83中的左图和图5-84中的左图两幅图片看起来非常别扭，图5-83中的右图和图5-84中的右图两幅图片则很自然。

图 5-83

图 5-84

5.3.5　艺术性

通俗一点讲，艺术性就是要让PPT的布局在实现其功能性的基础上尽可能做得漂亮。例如，图5-85所示的两张幻灯片介绍的内容其实都相同，但是通过图片背景、线条，以及字体、段落格式的设置，让幻灯片变得更加具有可观赏性。

图 5-85

5.4　文字的排版布局

文字是演示文稿的主体，演示文稿要展现的内容及要表达的思想主要是通过文字表达出来并让观众接受的。要想使PPT中的文字具有阅读性，就需要对文字的排版布局进行设计，使文字也能像图片一样具有观赏性。

5.4.1 文本字体选用的大原则

简洁、极简、扁平化（去掉多余的装饰，让信息本身作为核心凸显出来的设计理念）的风格符合当下大众的审美标准，在手机UI、网页设计、包装设计等诸多行业设计领域中这类风格都比较流行。在辅助演示中，这类简洁的PPT设计风格更成为一种时尚，也使PPT设计在字体选择上趋于简洁。图5-86所示为Nikon Z9发布会的PPT，整个PPT均采用简洁的字体。

图 5-86

1. 选无衬线字体，不选衬线字体

传统中文印刷中字体可分为衬线字体和无衬线字体两种。衬线字体是在字的笔画开始、结束的地方有额外的装饰，而且笔画的粗细会有所不同的一类字体，如宋体、Times New Roman。无衬线字体是没有这些额外的装饰，而且笔画的粗细差不多的一类字体，如微软雅黑、Arial。

在传统的印刷设计中，一般认为衬线字体的衬线能够增加阅读时对字符的视觉参照，相对于无衬线字体具有更好的可读性。因此正文的字体多选择衬线字体。无衬线字体被认为更轻松、具有艺术感，而多用于标题、较短的文字段、通俗读物中。

然而，作为投影播放的PPT中，无衬线字体由于粗细较为一致、无过细的笔锋、整饬干净，显示效果往往比衬线字体好，尤其在远距离观看状态下。因此，在设计PPT时，无论是标题还是正文都应尽量使用无衬线字体。图5-87所示为采用无衬线字体；图5-88所示为采用衬线字体。

图 5-87

图 5-88

2. 选拓展字体，不选预置字体

在安装系统或软件时，往往会提供一些预置的字体，如Windows 7系统自带的微软雅黑字体、Office 2016自带的等线字体等。由于这些系统、软件使用广泛，这些字体也比较普遍。因此在做设计时，使用这些预置的字体往往会显得比较普通，难以让人有眼前一亮的新鲜感。此时可以通过网络下载，拓展一些独特的、美观的字体，如图5-89所示。

图 5-89

5.4.2 6种经典字体搭配

为了让PPT更规范、美观，同一份PPT一般选择不超过3种字体（标题、正文不同的字体）搭配使用即可。下面是一些经典的字体搭配方案。

1. 微软雅黑（加粗）+微软雅黑（常规）

Windows系统自带的微软雅黑字体本身简洁、美观，作为一种无衬线字体，显示效果也非常不错。为了避免PPT文件复制到其他计算机播放时，出现因字体缺失导致的设计"走样"问题，标题采用微软雅黑加粗字体，正文采用微软雅黑常规字体的搭配方案也是不错的选择，如图5-90所示。

商务场合的PPT常用该方案。另外，在时间比较仓促，不想在字体上纠结时，也推荐采用该方案。

使用该方案需要对字号大小的美感有较好的把控能力，设计时应在不同的显示比例下多查看、调试，直至合适即可。

图 5-90

2. 方正粗雅宋简体+方正兰亭黑简体

这种字体搭配方案清晰、严整、明确，非常适合政府、事业单位公务汇报等较为严肃场合下使用的PPT，如图5-91所示。

图 5-91

3. 汉仪综艺体简+微软雅黑

这种字体搭配适合学术报告、论文、教学课件等类型的PPT使用，如图5-92所示右侧部分标题采用汉仪综艺体简，正文采用微软雅黑字体。既不失严谨，又不过于古板，简洁而清晰。

图 5-92

4. 方正兰亭黑体+Arial

在设计中添加英文，能有效提升时尚感、国际范。在一些中文杂志、平面广告看到的英文很多并非为外国人阅读而设置，甚至那些英文只是借助在线翻译器翻译的并不准确的英文。这种情况下，英文只是作为一种辅助设计感的装饰

而已。

PPT的设计也一样。Arial是Windows系统自带的一款不错的英文字体，它与方正兰亭黑体搭配，能够让PPT形成现代商务风格，间接展现公司的文化，如图5-93所示。

将英文字符的亮度调低一些（或增加透明度），与中文字符形成一定的区别，效果更好。

图 5-93

5. 文鼎习字体+方正兰亭黑体

该字体搭配方案适用于中国风类型的PPT，主次分明，文化韵味强烈。图5-94所示为某中医企业讲述企业文化的一张PPT幻灯片。

图 5-94

6. 方正胖娃简体+迷你简特细等线体

该字体搭配方案轻松、有趣，适用于儿童教育、漫画、卡通等轻松场合下的PPT。图5-95所示为儿童节学校组织家庭亲子活动的一张

PPT幻灯片。

图 5-95

技能拓展——粗细字体搭配

为了突出PPT中的重点内容，在为标题或正文段落选用字体时，也可选用粗细搭配，能快速地在文本段落中显示出重要内容，带来不一样的视觉效果。

5.4.3 大字号的妙用

在PPT中，为了使幻灯片中的重点内容突出，让人一眼能抓住重点，可以对重点内容使用大字号。大字号的使用通常是在正文段落中进行，而不是标题。将某段文字以大字号显示后一般还要配上颜色，以进行区分，这样所要表述的观点就能一目了然，快速帮助观众抓住要点。图5-96和图5-97所示分别为使用大字号区分重点内容前后的效果。

图 5-96

图 5-97

★重点 5.4.4 段落排版四字诀

有时候做PPT可能无法避免某张幻灯片上有大段文字的情况，为了让这样的页面阅读起来轻松、看起来美观，排版时应注意"齐""分""疏""散"。

→ 齐：指选择合适的对齐方式。一般情况下，在同一页面下应当保持对齐方式的统一，具体到每一段落内部的对齐方式，还应根据整个页面图、文、形状等混排情况选择对齐方式，使段落既符合逻辑又美观，如图5-98所示PPT内容为左对齐。

图 5-98

→ 分：指厘清内容的逻辑，将内容分解开来表现，将各段落分开，同一含义下的内容聚拢，以便观众理解。在PPT中，并列关系的内容可以用项目符号来自动分解，先后关系的内容可以用编号来自动分解。例如，图5-99所示为推广规划中的每一点有步骤的先后关系。

图 5-99

→ 疏：指疏扩段落行距，制造合适的留白，避免文字密密麻麻堆积带来的压迫感。PowerPoint 2021中有单倍行距、1.5倍行距、双倍行距、固定值、多倍行距等行距设置方式，不同的行距会带来不一样的视觉效果。

→ 散：指将原来的段落打散，在尊重内容逻辑的基础上，跳出Word的思维套路，以设计的思维对各个段落进行更为自由的排

版。例如，图5-100所示的正文内容即Word思维下的段落版式。图5-101所示为将原本一个文本框内的3段文字打散成3个文本框后的效果。

图 5-100

图 5-101

5.5 图片的排版布局

相对于长篇大论的文字，图片更有优势，但要想通过图片吸引观众的眼球，抓住观众的心，就必须注意图片在PPT中的排版布局，合理的排版布局可以提升PPT的整体效果。

★重点 5.5.1 巧妙裁剪图片

提到裁剪，很多人都知道这个功能，无非就是选择图片，然后单击【裁剪】按钮，即可一键式完成。但是，要想使图片发挥最大的用处，就需要根据图片的用途巧妙地裁剪图片。图5-102所示为按照原图大小制作的幻灯片效果，而图5-103所示为将图片裁剪放大并

删除图片不需要的部分后制作的幻灯片效果。相对于裁剪前的效果，裁剪后的图片视觉效果更具有冲击力。

图 5-102

图 5-103

一般情况下，图片默认是长方形的，但是有时候需要将图片裁剪成指定的形状，如圆形、三角形或六边形，以满足一些特殊的需要。图 5-104 所示为没有裁剪图片的效果，感觉图片与右上角的形状不搭，而且图片中的文字也看不清楚。

图 5-104

如图 5-105 所示，将幻灯片中的图片裁剪成了"流程图：多文档"形状，并对图片的效果进行了简单设置，使幻灯片中的图片和内容看起来更加直观。

图 5-105

★重点 5.5.2　图多不能乱

当一张幻灯片上有多幅图片时，最忌随意、凌乱。通过裁剪、对齐，让这些图片以同样的尺寸大小整齐地排列，页面干净、清爽，观众看起来更轻松。图 5-106 所示为采用经典九宫格排版方式。每一幅图片都是同样的大小，也可将其中一些图片替换为色块，做一些改变。

图 5-106

如图 5-107 所示，将图片裁剪为同样大小的圆形整齐排列，针对不同内容，也可裁剪为其他各种形状。

图 5-107

图 5-108 所示为图片与形状、线条的搭配，在整齐的基础上做出设计感。

图 5-108

但有时图片有主次、重要程度等方面的不同时，可以在确保页面规整的前提下，打破常规、均衡的结构，单独将某些图片放大来排版，如图 5-109 所示。

图 5-109

某些内容还可以巧借形状，将图片排得更有造型。例如，图 5-110 所示的是在电影胶片形状上排的 LOGO 图片。图片多的时候还可以让这些图片沿直线移动，展示所有图片。

图 5-110

如图 5-111 所示，图片沿着斜

向上方向呈阶梯排版，图片大小由中间向两边变小，呈现更具真实感的透视效果。

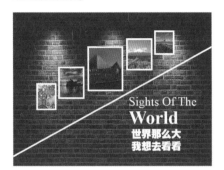

图 5-111

如图 5-112 所示，圆弧形图片排版以"相交"的方法将图片裁剪在圆弧上，在较正式场合、轻松的场合均可使用。

图 5-112

当一张幻灯片上图片非常多时，还可以参考照片墙的排版方式，将图片排出更多花样。例如，图 5-113 所示的心形排版，每幅图可等大，也可大小错落。能够表现出亲密、温馨的感觉。

图 5-113

5.5.3　一幅图当 N 幅用

当页面上仅有一幅图片时，为了增强页面的表现力，通过多次的图片裁剪、重新着色等，也能排出多幅图片的设计感。如图 5-114 所示，将猫咪图用平行四边形截成各自独立又相互联系的4幅图，既表现出局部的美，又不失整体"萌"感。

图 5-114

图 5-115 所示为从一幅完整的图片中截取多幅并列关系的局部图片共同排版。

图 5-115

图 5-116 所示为将一幅图片复制多份，分别设置不同的色调重新着色排版。

图 5-116

★重点 5.5.4　利用 SmartArt 图形排版

如果你不擅于排版，就用 SmartArt 图形吧。SmartArt 本身预置了各种形状、图片排版方式，只需要将形状全部或部分替换填充为图片，即可轻松将图片排出丰富多样的版式来，如图 5-117~图 5-119 所示。

图 5-117

图 5-118

图 5-119

5.6　图文混排的多种方案

图文混排是指将文字与图片混合排列，是PPT排版布局中极为重要的一项技术，它不仅影响PPT的美观度，还影响信息的传递。所以，合理的布局可以让PPT更出彩。

5.6.1　为文字添加蒙版

PPT中所说的蒙版是指半透明的模板，也就是将一个形状设置为无轮廓半透明状态，在PPT排版过程中经常使用。

在图文混排的PPT中，当需要突出显示文字内容时，就可以为文字添加蒙版。图 5-120 所示为没有为文字添加蒙版的效果；图 5-121 所示为为文字添加蒙版后的效果。

图 5-120

图 5-121

技术看板

蒙版并不局限于文字内容的多少，当幻灯片中的文字内容较多，且文字内容不宜阅读和查看时，也可为文字内容添加蒙版进行突出显示。

5.6.2　专门划出一块空间放置文字

当PPT页面中背景图片的颜色较丰富，在图片上放置的文字内容不能查看时，可以根据文字内容的多少将其置于不同的形状中，然后设置好文字和形状的效果，使形状、文字与图片完美地结合在一起。

当幻灯片中的文字内容较少时，可以采用在每个字下面添加色块的方式来使文字突出，也可以将所有文字放置在一个色块中进行显示，效果如图 5-122 所示。

图 5-122

当幻灯片中有大段文字时，可以用更大的色块遮盖图片上重要性稍次的部分进行排版，效果如图 5-123 所示。

图 5-123

5.6.3　虚化文字后面的图片

虚化图片是指将图片景深变

浅，凸显出图片上的文字或图片中的重要部分。图 5-124 所示为没有虚化图片的幻灯片效果；图 5-125 所示为虚化图片后的幻灯片效果。

图 5-124

图 5-125

除了可以使图片的整体进行虚化，还可以只虚化图片中不重要的部分，将重要的部分凸显出来，如图 5-126 所示。

图 5-126

★重点 5.6.4　为图片添加蒙版

在PPT页面中除了可以通过为文本添加蒙版突出内容，还可以为图片添加蒙版,以降低图片的明亮度,使图片整体效果没那么鲜艳。图 5-127 所示为没有为图片添加蒙版的效果。

图 5-128 所示为为图片添加蒙版后的效果,凸出了图片上的文字。

大小的蒙版,还可以根据需要只为图片中需要的部分添加蒙版,并且一幅图片可添加多个蒙版,如图 5-129 所示。

图 5-127

图 5-128

图片中除了可添加和图片相同

图 5-129

5.7 图表的排版布局

在 PPT 中表现数据内容时,经常会使用到表格和图表,表格和图表的排版布局也会影响 PPT 的美观度。所以,在对 PPT 进行排版布局时,还要注意表格和图表的排列。

5.7.1 表格中重要数据要强化

PPT 中每个表格体现的数据一般都较多,但在有限的时间内,观众能记忆的数据又比较有限,要想观众能快速记忆重要的数据,那么在制作表格时,一定要突出显示表格中的重要数据。在突出表格数据时,既可通过字体、字号、字体颜色来突出(见图 5-130);也可通过为表格添加底纹的方式来突出显示数据,如图 5-131 所示。

图 5-130

下的第一行)都要作为重点,通过大字号、大行距、设置与表格其他行对比强烈的背景色等设计来进行突出。突出头行,也是增强表格设计感的一种方式。图 5-132 所示为头行行高增大,以单一色彩突出的表格效果;图 5-133 所示为头行行高增大,以多种色彩突出的表格效果。

★重点 5.7.2 表格美化有诀窍

在 PPT 设计中,表格是一个很棘手的设计元素,因为有很多人在设计 PPT 其他页面时,设计得非常美观,但一遇到表格,就很难出彩。要想使表格页像其他页一样美观,不能只是简单地为表格应用自带的样式,还需要根据整个幻灯片的色彩搭配风格,更换线条粗细、背景色彩等,自行进行调整美化。下面介绍 4 种经典的表格美化方法。

1. 头行突出

表格最上面的一行称为头行。很多情况下,表格的头行(或头行

2. 行行区隔

当表格的行数较多时，为了便于查看，可对表格中的行设置两种色彩进行规范，相邻的行用不同的背景色，使行与行之间区别出来。若行数相对较少，且行高较大时，每行用不同的颜色也有不错的效果，但这需要较好的色彩驾驭能力。例如，图 5-134 所示的幻灯片中表格行数较多，头行以下的行采用灰色、乳白色两种颜色进行区别。

图 5-134

如图 5-135 所示，幻灯片中表格头行下每部分的行分别采用一种颜色。

图 5-135

3. 列列区别

当表格的目的在于表现表格各列信息的对比关系时，可对表格各列设置多种填充色（或同一色系下不同深浅度的多种颜色）。这样既便于查看列的信息，也实现了对表格的美化。某些情况下要单独突出某一列的信息，此时也可以单独将某一列（无论该列是否在表格边缘）

应用与其他各列对比强烈的填充色、放大字号等进行强化。图 5-136 所示为各列设置为不同的填充色。

图 5-136

4. 简化

当单元格中的内容相对较简单时，可取消内部的边框以简化表格，也能达到美化的效果。医疗表格、学术报告中的表格等数据类表格多用简化型表格，如图 5-137 所示。

图 5-137

5.7.3 图表美化的 3 个方向

要想使图表与表格一样既能准确表达要表达的内容，又给人以美好的视觉感受，那么可以通过 3 个方向来对图表进行美化。

1. 统一配色

根据整个PPT的色彩应用规范来设置PPT中所有图表的配色。配色统一能够增强图表的设计感，显得比较专业，如图 5-138 所示的同一份PPT的 4 张幻灯片都出自

Talkingdata，其中的图表配色都采用了蓝、绿、白、灰的搭配方式，与整个幻灯片的色彩搭配相协调。

图 5-138

2. 图形或图片填充

新手在做折线图时可能都会碰到这样一个问题：折线的连接点不明显。例如，图 5-139 所示幻灯片的数据来源于国家统计局，虽然幻灯片图表中添加了数据标签，但是某些位置的连接点到底在哪里不甚明确，如折线上 60~70 岁位置。

图 5-139

如何让这些连接点更明显一些？是通过添加形状的方式一个点一个点添加吗？当然不必这么麻烦。只需要画一个形状（如心形），然后复制这个形状至剪贴板，再选中折线上的所有连接点（单击一次其中的一个连接点），按【Ctrl+V】组合键粘贴，即可将这个形状设置为折线的连接点，效果如图 5-140 所示。这就是利用图形填充的方法来实现对图表的美化。

图 5-140

柱形图、条形图等其他各类图表都能以图形填充的方式来美化。例如，将图 5-141 所示的幻灯片（数据来源于新华网数据新闻）中的条形图中的柱形分别以不同颜色的三角形复制、粘贴，图形填充，即可得到图 5-142 所示的效果。

图 5-141

图 5-142

除了可以使用图形对图表进行填充，还可以使用图片对图表进行填充，使图表更形象，观众看到图表中的图片就能快速想到对应的产品等。图 5-143 所示为使用智能手环图片填充的图表效果。

图 5-143

3. 借图达意

在 PPT 中，很多类型的图表都有立体感的子类型，将这种立体感的图表结合具有真实感的图片来使用，巧妙将图片作为图表的背景使用，使图表场景化。这对于美化图表有时能够产生奇效，给人眼前一

亮之感。例如，图 5-144 所示的幻灯片（数据来源于腾讯大数据）在立体感的柱形图下添加一幅平放的手机图片，再对图表的立体柱稍微添加一点阴影效果，这样就将图表与图巧妙地结合起来了。

图 5-144

此外，还可以将图片直接与数据紧密结合起来，图即图表，图表即图，生动达意。例如，图 5-145 所示的幻灯片是由俄罗斯人 Anton Egorov 制作的，看起来十分有趣的农业图表作品。

图 5-145

5.8　分享好工具：使用 Islide Tools 让 PPT 排版变得更轻松

Islide Tools 是一款基于 PPT 的免费插件工具，该插件功能强大，简单易上手，提供了很多一键操作和批量操作功能，如一键更改 PPT 字体、一键更改 PPT 配色、批量处理 PPT 图片、一键排列幻灯片布局等，快速提升设计效率和专业性，让 PPT 设计变得更加简单。

1. 使用 Islide Tools 快速配色

Islide Tools 中提供了很多在线配色方案，选择需要的方案可以快速对幻灯片进行配色，使幻灯片中的配色更合理，这对于没有配色基础的 PPT 用户来说，非常实用和方便。例如，为"电话礼仪培训"演示文稿应用 Islide Tools 中提供的配色方案，具体操作步骤如下。

Step01 在计算机中安装 Islide Tools 插件，打开"素材文件\第 5 章\电话礼仪培训.pptx"文件，选择任意一张幻灯片，单击【Islide Tools】选项卡【设计】组中的【色彩库】按钮，如图 5-146 所示。

图 5-146

Step02 打开【色彩库】对话框，在对话框中将显示提供的在线配色方案，在需要的配色方案后面单击【应用到全部页面】按钮》，如图 5-147 所示。

图 5-147

Step03 单击【色彩库】对话框中的【关闭】按钮，关闭对话框，返回幻灯片编辑区，即可看到应用配色方案后的效果，如图 5-148 所示。

图 5-148

2. 一键统一字体和段落格式

Islide Tools 提供了一键统一功能，通过该功能可以快速对PPT中的字体格式和段落格式进行设置，提高排版效率。例如，在"员工礼仪培训"演示文稿中对字体和段落格式进行统一设置，具体操作步骤如下。

Step01 打开"素材文件\第5章\员工礼仪培训.pptx"文件，选择任意一张幻灯片，单击【Islide Tools】选项卡【设计】组中的【一键优化】下拉按钮，在下拉菜单中选择【统一字体】选项，如图 5-149 所示。

图 5-149

Step02 打开【统一字体】对话框，❶在【中文字体】下拉列表框中设置中文字体，这里设置为【汉仪综艺体简】；❷在【英文字体】下拉列

表框中设置英文字体，这里设置为【Arvo】；❸在下方选中【主题模式】单选按钮；❹单击【应用】按钮，如图 5-150 所示。

图 5-150

Step03 开始为演示文稿中的文本应用设置字体格式，应用完成后，在打开的提示对话框中单击【确定】按钮，❶在【一键优化】下拉列表中选择【统一段落】选项；❷在【行距】文本框中输入段落文本行与行之间的距离，如输入【1.50】；❸在【段前间距】文本框中输入段前间距，如输入【0.50】；❹其他保持默认设置，单击【应用】按钮，如图 5-151 所示。

图 5-151

Step04 开始为演示文稿中的文本应用设置段落格式，应用完成后，在打开的提示对话框中单击【确定】

按钮，然后关闭【统一段落】对话框，返回幻灯片编辑区，即可看到统一更改字体和段落格式后的效果，如图5-152所示。

图5-152

3. 快速复制和排列相同对象

当在幻灯片中需要多次使用同一个对象，并需要按一定的规律对这些对象进行排列时，可以通过Islide Tools提供的矩形复制和环形复制功能来快速实现。例如，在"工作总结"演示文稿中使用矩形复制和环形复制功能来排列形状，具体操作步骤如下。

Step01 打开"素材文件\第5章\工作总结.pptx"文件，❶选择第2张幻灯片，在其中绘制一个正圆，并对正圆的效果进行设置，然后选择正圆；❷选择【Islide Tools】选项卡【设计】组中的【矩阵布局】选项，如图5-153所示。

图5-153

Step02 打开【矩阵布局】对话框，❶拖动【横向数量】滑块，将【横向

数量】设置为【2】；❷拖动【纵向数量】滑块，将【纵向数量】设置为【3】；❸拖动【横向间距】滑块，将【横向间距】设置为【445.0】；❹其他保持默认设置，然后单击【应用】按钮，如图5-154所示。

图5-154

Step03 复制5个正圆，并按矩形的方式进行排列，然后将正圆中的文本修改为需要的文本，效果如图5-155所示。

图5-155

Step04 ❶选择第6张幻灯片；❷在其中绘制一个正圆，并对正圆的效果进行设置，然后选择正圆；❸选

择【Islide Tools】选项卡【设计】组中的【环形布局】选项，如图5-156所示。

图5-156

Step05 打开【环形布局】对话框，❶拖动【数量】滑块，将【数量】设置为【4】；❷拖动【布局半径】滑块，将【布局半径】设置为【116.0】；❸其他保持默认设置，然后单击【应用】按钮，如图5-157所示。

图5-157

Step06 复制4个正圆，并按环形的方式进行排列，效果如图5-158所示。

图 5-158

Step07 对复制的形状的填充色和形状中的文本进行修改，效果如图 5-159 所示。

图 5-159

本章小结

　　本章主要讲解了 PPT 的排版布局，以及 Islide Tools 插件的相关操作。通过本章的学习，相信读者能快速对 PPT 进行排版布局，制作出精美的 PPT。

第6章　给 PPT 配个好颜色

➥ PPT 的配色只是为了美观吗？

➥ 颜色对观众的心理会产生什么影响？

➥ 如何从实际出发，选择合适的配色？

➥ 配色有没有快速高效的公式？

➥ 一定不能犯的 PPT 配色禁忌有哪些？

如果说内容是PPT的灵魂，颜色就是PPT的生命。颜色对于PPT来说不仅是为了美观，还是一种内容，它可以向观众传达不同的信息，或者是强化信息的体现。要搭配出既不失美观又不失内涵的颜色，需要脚踏实地，了解颜色的基本知识，再根据配色"公式"、配色技巧，快速搭配出合理的幻灯片颜色。

6.1　色彩在 PPT 设计中的作用

对比PowerPoint软件不同时期的版本，会发现随着版本的更新，配色功能也有所改善。从PowerPoint 2013版本开始，有了颜色的吸管工具，可见颜色运用对PPT的重要性。PPT是一个演讲展示工具，颜色的运用不仅是为了美观，还为了信息的准确表达。

6.1.1　抓住眼球

使用颜色搭配让PPT页面美观，抓住观众的眼球，是颜色在PPT设计中的第一作用。

像与黑白电视相比彩色电视更吸引人一样，配色符合美学的PPT设计更能吸引观众的眼球。有的演讲内容可能比较枯燥，这个时候观众的注意力难免分散，幻灯片设计者也可以通过配色来增加演讲的趣味性，吸引观众的注意力。

如图 6-1 和图 6-2 所示，对比就会发现，配色合理的图 6-2 更有趣，更能引起观众的注意。

图 6-1

图 6-2

配色之所以会影响观众的注意力，是因为受文化的影响。不同的颜色对不同的人来说带有不同的感情色彩，通过合理的配色能调动观众心中的感情，引起共鸣，这是颜色之所以能抓住观众眼球的一大原因。

此外，颜色的饱和度、亮度参数的不同，对人的吸引程度也不同。从理论上说，纯度、饱和度、亮度越高的颜色越能吸引人。这就是为什么鲜艳的大红色会比淡淡的粉色更能引起关注的原因所在。很多广告文案、商品标志也会使用饱和度与亮度更高的颜色，如可口可乐使用了红色。这值得PPT设计者借鉴。

6.1.2　衬托主题

通过颜色搭配让PPT页面美观只是配色的一个功能，幻灯片制作者应该明白，幻灯片是一个传递信息的工具，颜色也是信息之一，颜色的存在绝不会是为了单纯的美观，更是为了衬托主题，增强幻灯片的表现力。

要想合理地衬托主题，配色有一个技巧，即从实际出发，思考现实生活中与事物相关的配色。例如，与企业和产品相关的幻灯片，就使用企业或产品的标志性配色。如果要用颜色的象征意义来带动观众的情绪，达到主题强化的效果，就要去思考在现实生活中，与这类情绪相关的事物是什么，又都是什么颜色的，如图6-3所示。

图 6-3

只有从实际出发，才能搭配出最能凸显主题的配色。例如，想要表现希望的主题，在实际生活中与希望相关的事物有新叶、嫩芽、春天，这些事物的颜色都是绿色。如果天马行空地想象，选用橘黄色系进行搭配，如何让观众联想到希望？

下面根据配色从实际出发举一些典型的例子。

1. 企业/产品相关的主题

PPT配色首先要考虑的就是PPT的内容是否与企业文化、产品营销相关。如果相关，最好从企业LOGO、产品经典配色方面入手，让PPT的配色与企业或产品配套，加强观众对企业或产品的印象。

可以做的是，列出企业或产品的主体色与次要色，将这种颜色搭配作为幻灯片元素的搭配色。例如，可口可乐的主体色是红色，次要色是白色，那么可口可乐公司的PPT宣传就可以设计成红底白字，与企业文化形成不错的配套。

2. 快乐或悲伤的主题

不同的颜色会让人产生不同情绪，如红色让中国人联想到喜庆、吉祥，黑色或蓝色代表悲伤。因此，根据幻灯片的主题是快乐或是悲伤，可以选择性地配色。

一般来说，表现快乐的颜色有红色、绿色、橙色；表现悲伤的颜色有黑色、灰色、蓝色。

3. 高贵典雅的主题

如果PPT的内容是宣传某种商品，且商品带有高贵典雅的特质，此时就可以选择一些带有高贵感的颜色。

首先可以使用紫色。在许多文化里，紫色就是皇室的颜色，同时紫色带有神秘浪漫的气息，用来表现高贵典雅再适合不过。

此外，也可以选用黑色。这是因为黑色降低了人们的情绪波动，且带有神秘气质。

4. 怀旧主题

对于怀旧主题的PPT可以选用灰色、棕色、咖啡色，这几种颜色带有时光感。

5. 温暖或冰冷的主题

销售电冰箱和取暖器的商家肯定不会选用相同的PPT配色，为了表现温度，幻灯片制作者可以选择与温度相关的颜色。

如果要表现温暖，那么可以选用红色、橙色这类暖色调颜色。如果要表现冰冷，那么可以选用蓝色

来衬托主题。

6.1.3 对比强调

颜色也是一种信息，除了能衬托主题，还能巧妙地运用颜色的深浅、色调有效地强调信息、区分信息。运用颜色来强调信息，主要有以下两个方面。

1. 强调演示文稿不同的内容

一份演示文稿，如果内容太多，就需要区分为不同的小节进行演讲，不同的小节就可以使用不同的颜色进行强调区分。同时幻灯片的内容可以分为封面页、目录页、转场页、内容页，为了避免观众混淆，并且强调当前页面的内容，可以设计不同的页面有不同的颜色。如图6-4所示，封面使用了红色充满整个幻灯片背景，而目录页使用了红色与灰色搭配组成背景，内容页则使用灰色。

图 6-4

2. 强调幻灯片中的信息

在单独的一张幻灯片中，配色还可以强调重点信息，可以使用的方法如下。

➡ 与背景色形成对比：幻灯片制作时，文字颜色一定要选用与背景色进行对比的颜色，以强调文字效果，方便观众阅读。其原则是深色背景配浅色文字，浅色背景

配深色文字。例如，黑色/红色的背景配白色的文字。

→ 强调元素间的不同：在设计PPT时，运用颜色有一个很重要的原则——如果要强调元素间的不同，一定要选用不同的颜色进行对比强调。如图6-5所示，在所传达的4个信息中，第2个信息的文字加粗显示，并且背景色与其他3个信息不同，很明显这是想表达第2个信息最重要。

图 6-5

既然不同的颜色可以表达不同的信息，如图6-6所示。设计者在配色前就需要好好思考，为元素配上不同的信息是否会引起观众的误

会。这一点值得强调，也是许多幻灯片设计者容易犯的错误，即追求了美观后影响了内涵表达。

图 6-6

6.2 色彩的基础知识

PPT设计离不开颜色设计，搭配出既美观又符合主题的颜色，不仅需要幻灯片制作者有一定的审美能力，还需要制作者懂得基础的色彩理论知识、色彩心理学及色彩搭配原则，才能将颜色运用得恰当合理。

6.2.1 色彩的分类

认识颜色的分类有助于PPT设计时快速选择符合实际需求的配色。颜色的分类是根据不同颜色在色相环中的角度来定义的。所谓色相，说通俗点，就是什么颜色，是不同色彩的区分标准，如红色、绿色、蓝色等。

色相环根据中间色相的数量，可以做成十色相环、十二色相环或二十四色相环。图6-7所示为十二色相环，而图6-8所示为二十四色相环。

图 6-8

在色相环中，颜色与颜色之间形成一定的角度，利用角度的大小可以判断两个颜色属于哪个分类的颜色，从而正确地选择配色。图6-9所示为不同角度的色彩分类。

颜色之间角度越小的则越相近、和谐性越强，对比越不明显。角度小的颜色适合用在对和谐性、统一性要求高的页面或页面元素中。

角度越大则统一性越差，对比强烈。角度大的颜色适合用来对比不同的内容，或者是分别用作背景色与文字颜色，从而较好地突出

图 6-7

文字。

图 6-9

6.2.2 色彩三要素

色彩有3个重要的属性，即色相、饱和度与明度，任何颜色效果都是由色彩的这3个要素综合而成的。PPT设计者需要了解色彩三要素的知识，形成良好的配色理论知识体系。

1. 色相

在前面说过,色相是颜色的首要特征,它是区分不同颜色的主要依据。

如图 6-10 所示,6 个杯子图形填充了不同的颜色,就可以说它们具有不同的色相。

图 6-10

2. 饱和度

颜色的饱和度表示颜色的鲜艳及深浅程度。饱和度也称为纯度,代表了颜色的鲜艳程度。简单的区分方法是:分析颜色中含有的灰色程度,灰色含得越多,饱和度越低。如图 6-11 所示,从左到右,杯子图形的饱和度越来越低。

通常情况下,饱和度越高的颜色就会越鲜艳,容易引起人的注意,让人兴奋;而饱和度越低的颜色越暗淡,给人一种平和的视觉感受。

饱和度越来越低

图 6-11

3. 亮度

颜色的亮度是指颜色的深浅和明暗变化程度,颜色的亮度是由反射光的强弱决定的。

颜色的亮度分为两种情况。一种是不同色相不同亮度。也就是说,每种颜色都有其对应的亮度。在色相环中,黄色的亮度最高,而蓝紫色

的亮度最低。另一种是同一种色相不同的亮度。颜色在加入黑色后亮度会降低,而加入白色后亮度会变高。

图 6-12 所示为同一色相的亮度变化。其中,第一行的杯子图形颜色为黑到灰白的明暗变化;而第二行的杯子图形颜色为绿色的明暗变化。

加入黑色　　　　加入白色
亮度降低　　　　亮度增加

图 6-12

在制作幻灯片时,可以通过设置 HSL 色系的参数值来调整颜色的色相、饱和度、亮度。如图 6-13 所示,打开 PowerPoint 2021 的【颜色】对话框,单击【颜色模式】右侧的下拉按钮,可以切换到【HSL】颜色模式下。调节【色调】【饱和度】【亮度】的参数值就可以得到不同色调、不同饱和度、不同亮度的颜色了。

图 6-13

利用【HSL】颜色模式调色有一个好处是:在设计幻灯片页面时,考虑到颜色的统一性,无论是图表还是页面设计,都会使用相似的颜色进行搭配,如橘黄色和土黄色。

要想得到搭配得当的相似色,可以设置颜色为不同的亮度和饱和度。

例如,图 6-14 所示的幻灯片页面,颜色搭配十分和谐,其实页面中的颜色都只是亮度不同而已。

图 6-14

快速得到搭配统一的颜色,还可以保持颜色的色调、亮度参数不变,但是改变颜色的饱和度参数。如图 6-15 所示,图表柱形的饱和度从左到右依次降低,整体配色十分统一。

图 6-15

6.2.3 色彩的心理效应

不同的颜色带给人不同的心理暗示,这就是为什么餐馆桌椅要设计成红色、婴儿房间要粉刷成蓝色或淡绿色的原因所在。红色让人产生激动的情绪,增加食欲;而蓝色和淡绿色让人心情轻松稳定。

PPT 配色同样要考虑不同颜色带给观众的心理感受,利用颜色效应增强表现效果。如果想让观众产生温暖、激动的心情,就要选用暖色调颜色搭配。如果想带给观众冷

静、严肃的心情，就要选用冷色调颜色搭配。下面是根据色彩心理学，常用到的一些搭配方法。

表现热情的配色如图6-16所示。

206, 26, 24　231, 219, 49　93, 18, 41

图 6-16

表现温柔的配色如图6-17所示。

224, 98, 98　240, 158, 102　254, 225, 155

图 6-17

表现强劲的配色如图6-18所示。

206, 26, 24　231, 219, 49　93, 18, 41

图 6-18

表现冷静、干练的配色如图6-19所示。

127, 140, 193　221, 206, 225　33, 71, 120

图 6-19

表现古典、高贵的配色如图6-20所示。

196, 141, 77　144, 148, 193　230, 198, 157

图 6-20

表现理性、科技的配色如图6-21所示。

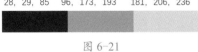

28, 29, 85　96, 173, 193　181, 206, 236

图 6-21

6.2.4　色彩的搭配原则

PPT的色彩搭配有一定的原则，需要制作者重视，依照这些原则配色可以保证大的配色方向不出问题。

1. 根据主题确定色调

PPT配色最基本的原则便是根据主题来确定色调，主题与演示文稿的内容相关，根据主题的不同，颜色所需要传递的信息也不同。例如，职场训练课件，其主题是严肃的，就要选用冷色调。又如，公益演讲，主题是希望，就要选用与希望相关的颜色，如绿色。

这里建议制作者去思考一下与这项主题相关的事物是什么，然后从事物身上提取颜色搭配。

例如，一份关于咖啡商品的宣传，可以从咖啡用品中提取颜色，如图6-22所示。

图 6-22

2. 确定主色和辅色

PPT配色需要确定一个主色调，控制观众视线的中心点，确定页面的重心。辅色的作用在于与主色相搭配，起到点缀作用，不至于让观众产生视觉疲劳。

确定主色和辅色的方法是：根据PPT的内容主题选择一个主要颜色，然后根据这个颜色，寻找与之搭配或是能形成对比的颜色。例如，一份主题是高贵奢侈品宣传的PPT，主色调是紫色，与紫色相搭配的颜色有红色、蓝色，与紫色形成对比的颜色有黄色、橙色。但是，演示文稿整体需要呈现出统一和谐感。因此，就不选用对比色，而是选用对比更小的红色。反之，如果演示文稿想要呈现冲击感，或者是强调页面中的元素，就可以选用对比更强烈的黄色与紫色搭配。

3. 一个PPT中的配色不超过4种

一个PPT中的配色最多不能超过4种，否则会显得杂乱无章，让人眼花缭乱。检查PPT颜色数量是否合理的方法是切换到幻灯片浏览视图下，观察页面中所用到的颜色。如图6-23所示，页面中的配色为粉红、粉蓝、泥色，再加上重点文字的颜色——白色，正好4种。

图 6-23

6.3　为PPT配色

在懂得基本的颜色理论知识后，就可以开始着手为PPT配色了，配色时需要注意一些色彩选择禁忌，避免色彩乱用，使用颜色面积搭配及背景颜色选择的技巧，方能保证幻灯片页面颜色恰当得体。

★重点 6.3.1 色彩选择注意事项

在给PPT配色时，有的颜色搭配纵然美观，却不符合观众的审美需要。因此在选择颜色时，制作者要站在观众的角度、行业的角度去考虑问题，分析色彩选择是否合理。

1. 注意观众的年龄

不同年龄段的观众有不同的颜色喜好，通常情况下，年龄越小的观众越喜欢鲜艳的配色，年龄越大的观众越喜欢严肃、深沉的配色。图6-24所示为不同年龄段观众对颜色的常见偏好。

图 6-24

在设计幻灯片时，根据观众年龄的不同，更换颜色后就可以快速得到不同风格。图6-25和图6-26所示分别为对年龄较大和年龄较小的观众看的幻灯片页面。

图 6-25

图 6-26

2. 注意行业的不同

不同行业有不同的代表颜色，在给PPT配色时要注意目标行业是什么。这是因为不少行业在长期发展的过程中，已经具有一定的象征色，只要看到这个颜色就能让观众联想到特定的行业，如红色会让人想到政府机关；黄色会让人想到金融行业。除此之外，颜色还会带给人不同的心理效应，制作者需要借助颜色来强化PPT的宣传效果。

图6-27所示为常见行业的颜色选择要点。

图 6-27

图6-28所示为一套党政机关的PPT模板，整体配色是红色+黄色。如果配色改成绿色+蓝色，就缺少了一些权威和正式的感觉。

图 6-28

6.3.2 色彩不能乱用

PPT颜色乱用轻则影响美观，重则影响内容意义的准确传达，甚至引起不必要的误会和矛盾。下面就来看一下PPT色彩不能乱用的典型情况。

1. 不同文化的禁忌色不能乱用

随着时代的发展、交通行业的发达，我们面对的客户各种各样。在这种情况下，播放PPT宣传推广企业或商品，就需要了解对方的文化特色，不要使用禁忌色作为PPT的色调。

以回族为例，白色是用于丧事的颜色，但是在西方文化中白色代表着圣洁，常常用在婚礼上。如果婚庆行业的婚礼策划者为回族客户制作了一份白色调的婚礼策划书PPT，想必会让这位回族客户感到十分不吉利。

以不同国家的禁忌色来看，在瑞典，蓝色和黄色是代表国家的颜色，具有权威性和不可冒犯性。这两种颜色是不允许用在商业上的，如果为瑞典客户制作了一份蓝色+黄色的商业计划书，瑞典客户可能会产生不悦的情绪。

由此可见，制作出一份让观众认可的PPT，不仅考验制作者的PPT设计技巧，还考验制作者对不同文化的充分理解。制作者可以将图6-29中的典型颜色禁忌熟记心中，避免错用颜色。

图 6-29

2. 不同意义的颜色不能乱

在一些特定的情况下，会用固定的颜色来代表不同的意义，如股票市场用红色来代表涨，绿色则代表跌。如果制作股票行业的PPT，反其道而行之，将绿色用来表示涨，就是典型的颜色乱用，会让人贻笑大方。下面就来看看哪些固定含义的颜色不能乱用。

图 6-30 所示为常见颜色的固定意义。PPT设计者在制作页面时，一定要从内容上考虑，看内容是否与特定的颜色相关，避免乱用。

图 6-30

在涉及股票行业时，一定要分清代表涨跌的颜色。在国际上是"绿涨红跌"，而在中国是"绿跌红

涨"。如图 6-31 所示，如果这张图用在国际股市中，使用饱和度越来越高的红色代表股票大涨，就是错误的用法。

图 6-31

在涉及预警层级时，需要区分不同颜色的预警程度，不要使用蓝色来代表最严重的预警程度。

在涉及报告类型时，要区分不同类型的报告的书皮颜色有什么不同。制作者可以绘制图书矢量图来表现报告，但是图书的颜色要根据报告的类型来定。

6.3.3 注意色彩的面积搭配

在设计PPT时，确定好主色调与辅色调，主色调占比面积大不一定能起到理想的视觉效果，这是因为颜色的饱和度不同，基调也就不同，会影响到观众对不同颜色的注意力，从而影响画面的平衡感。这里建议分析清楚主色与辅色的饱和度和基调再合理分配面积。

1. 主色与辅色基调不同

当主色与辅色基调不同时，就需要对比两种颜色的饱和度，以此来判断哪个颜色的面积应该更大，更适合作为主色。

主色与辅色面积相同：饱和度不同但是面积相同的两种颜色放在

一起，饱和度高的颜色更抢眼。如图 6-32 所示，左边的红色效果比右边的淡蓝色更吸引人。如果两者面积相同，是可以的。

倘若主色与辅色的饱和度相同，如图 6-33 所示，画面将显得更具平衡感。

图 6-32　　　　图 6-33

主色与辅色面积不同：主色面积大于辅色面积时，应当将饱和度较高的颜色作为主色，避免辅色喧宾夺主。对比图 6-34 和图 6-35，会发现当饱和度较低的颜色作为主色时，即使占了更大的面积，观众的注意力依然停留在饱和度更高的辅色上。因此，图 6-34 的搭配是合理的，图 6-35 的搭配就失去了平衡，不能有效突出重点。这时可以通过增加主色饱和度的方法来保持平衡，结果如图 6-36 所示。

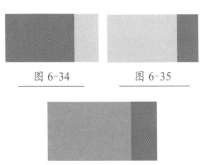

图 6-34　　　　图 6-35

图 6-36

2. 主色与辅色基调相同

当主色与辅色的饱和度相当、色调相差不大时，颜色的面积起到了决定性作用，面积更大的颜色就

是主色，更能吸引观众的注意力。

如图 6-37 和图 6-38 所示，是饱和度相同、色调都相近的颜色，颜色面积大的就是主角。而图 6-39 中，两者面积相同，则作用力相同。

图 6-37　　　　图 6-38

图 6-39

★重点 6.3.4　高效配色的"公式"

在为 PPT 配色时，有的制作者会发出这样的感叹：学习了这么多配色的知识，还是配不好色，有没有什么直接的公式，快速配出"高大上"的颜色？答案是肯定的。图 6-40 所示为 PPT 配色的公式思路。

图 6-40

1. 单色系配色的方法

配色"公式"中建议 PPT 新手或是对色彩搭配不敏感的人选择单色系配色法，这是因为单色系配色法中已经规定好辅色是黑、白、灰中的一种或多种了，制作者只需要另选一种主色调即可。

这里需要说明的是，由于黑、白、灰 3 种颜色并不抢眼，所选择的主色无论面积多大，都能让观众眼前一亮，起到主色的作用，因此这里不能死板地认为选择的主色面积一定要比黑、白、灰的面积更大。

建议选择的主色是饱和度高、稍微鲜艳一点的颜色，否则与黑、白、灰三色接近，整个页面看起来会没有亮点。

主色 + 黑 / 白 / 灰的单色系配色法之所以有效，是因为黑、白、灰 3 种颜色是百搭色，而且这 3 种颜色不容易引起观众的情绪波动，被称为"高档色"。

这里选择的主色不仅可以用在图形上，还可以用在重点文字的强调上。如图 6-41 所示，选择了主色（红色）+ 辅助色（黑色、白色、灰色），页面看起来十分有质感。

图 6-41

单色系配色法还可以仅将主色用在文字上，最大限度地强调文字内容，并且保证了页面的统一性，同时不失格调，如图 6-42 所示。

图 6-42

如果觉得单色系配色法太单调，那么可以灵活调整，通过使用主色与辅色的渐变色、改变主色与辅色的亮度和饱和度，得到更丰富的效果。如图 6-43 所示，背景使用了灰色的渐变，序号为"02"和"03"的色块使用了深灰色，与背景既是同一色系，又不失丰富感。

需要提醒的是，同一色系的不同饱和度颜色，还可以形成颜色渐渐加深的效果，适合用来表现内容信息的递进关系、顺序关系。

图 6-43

2. 多色系配色的方法

多色系配色法需要分析清楚页面想呈现的效果，如果是突出冲击感，想要配色丰富，可以选用对比或互补配色，其中互补色的冲击感比对比色更强。如果想要保持页面颜色统一，可以选用同类色和邻近色，其中邻近色的和谐度比同类色更高。

使用多色系配色法，最方便的方法是分析清楚所需要的效果，然后插入一张二十四色相环图到 PPT 页面中，直接使用吸管工具进行取色。

例如，页面需要冲击感最强的配色，就选用互补配色法。如图 6-44 所示，页面右下角的图形已经填充好颜色了，为了达到最强烈的对比效果，选用红色的互补色，即在二十四色相环上角度互为

180°左右的颜色，直接用吸管工具吸取即可。

图 6-44

6.4　常见的 PPT 配色技巧

PPT配色不仅涉及理论知识，还需要制作者懂得一些实操知识，灵活地根据演讲场合的实际情况配色，在配色时也可以合理运用软件提供的配色方案，顺利搭配出美观又能体现内容的配色。

6.4.1　根据演讲环境选择基准色

在给PPT配色时，要注意演讲环境不同，配色的基调也不同，一般来说原则如下。

非正式场合如娱乐场合、带有活泼性质的宣讲场合，宜使用鲜艳一点的颜色，如紫色、绿色等。

正式场合如工作汇报、政务部门宣讲，宜使用严肃正式的颜色，如黑色、白色、灰色、红色。

6.4.2　使用主题快速配色

在为PPT配色时，设计者可以通用PowerPoint系统开发的配色方案，快速完成或更换演示文稿配色。

在PowerPoint 2021的【设计】选项卡【变体】组中的【其他】下拉列表中，可以通过【颜色】的配色方案使用系统搭配好的颜色，或者是自定义配色。如图 6-45 所示，【Office】下面列出的颜色就是微软开发搭配好的颜色，不同的颜色有不同的风格，适合用在不同的场所。

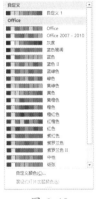

图 6-45

其中【Office】配色适合用在常规商务场所；【灰度】配色适合用在新闻类、严肃话题类场所；【红色】适合用在娱乐场所；【蓝绿色】适合用在教学场所。

图 6-46 和图 6-47 所示分别为运用【Office】和【红色】两种主题后出现的效果。

图 6-46

图 6-47

如果想自定义颜色，在【设计】选项卡【变体】组中单击【其他】按钮，在弹出的列表中选择【颜色】子列表中的【自定义颜色】选项，打开【新建主题颜色】对话框，如图 6-48 所示。在该对话框中可以看到每个主题方案都由 12 种颜色构成，这 12 种颜色决定了幻灯片页面中的文字、背景、图形等元素的颜色。当调整了颜色时，可以在【示例】区域查看效果，满意后再保存配色方案。

图 6-48

6.4.3 巧妙利用渐变色设计背景

配色并不单指不同的色块进行搭配,还包括渐变色搭配。合理利用渐变色,就算是深浅不同的同一色系都可以搭配出丰富的效果。渐变色常用在PPT的背景设计中,本节就来详细地讲解,如何利用渐变色设计出效果丰富的背景。

1. 确定好渐变的色调

设计渐变色背景,第一步是确定好渐变背景的色调。渐变背景的色调可以有两种:一种是同色相的渐变;另一种是不同色相之间的渐变。图6-49和图6-50所示分别为同色相渐变和不同色相渐变。前者使用得更普遍,后者需要考虑颜色的搭配问题,在二十四色相环中最好选择角度相差较小的颜色搭配形成渐变色,否则渐变效果会显得花哨、怪异。

图 6-49　　　　图 6-50

2. 确定好渐变的类型和方向

渐变效果之所以丰富多变,是因为益于颜色渐变的类型和方向。制作者需要充分理解渐变类型和方向的概念才能准确设计出理想的渐变效果。

渐变的类型指的是光线以什么样的形式照射到背景上,主要类型有以下3种。

(1)射线类型:光线以点光源的形式照射到背景上,产生两个光圈。射线类型可选的方向如图6-51所示。

图 6-51

(2)线性类型:光线以直线的形式照射到背景上,产生线性的渐变方式。线性类型可选的方向如图6-52所示。

图 6-52

(3)矩形类型:光线以矩形的形式照射到背景上,产生矩形状的渐变方式。矩形类型可选的方向如图6-53所示。

图 6-53

对于没有学习过光线知识的PPT设计者来说,可能难以理解各种渐变,但是设计者只需要在设计渐变时,回顾图6-51~图6-53所示的渐变类型,从中找出理想的渐变,就能快速选择出渐变的类型和方向。

3. 设置不同渐变光圈的颜色

以图6-50所示的渐变效果为例,设置渐变光圈。该渐变效果由两种颜色构成,只需要设置两个渐变光圈,分析渐变类型是"线性",方向是"线性向上",那么设置两个光圈的颜色如图6-54所示。

图 6-54

4. 技巧:如何快速复制精美的渐变配色

相信不少PPT制作者会在网页中不同的地方看到一些效果不错的配色方案,但是不知道渐变配色中不同颜色的数值,这时可以将图截取下来放到PPT中,分析图片中渐变的类型和方向,再利用吸管工具,快速复制到精美的渐变配色。

如图6-55所示,将图片放到幻灯片页面上方,分析渐变是由3种颜色组成的,调整好渐变的类型,用吸管工具依次为光圈取色。

图 6-55

6.4.4 使用强调色产生对比效果

幻灯片页面中的内容通常会有重点信息,这类信息需要通过对比才能引起观众更多的注意,最常用的方法就是使用强调色产生对比效果。这里的强调色可以是深浅色搭配强调、对比色强调、突出单种色强调。具体用法如下。

1. 深浅色强调

深浅色强调,顾名思义,就是利用颜色的深浅对比突出重要信息,这里颜色的深浅主要是指饱和度或亮度的大小。其方法是:将不需要强调的元素设置成较浅的颜色，重点元素设置成深色，从而得到突出强调。如图 6-56 所示，该图表中最显眼的是"丙"的数据，呈饱和度最高的黄色，得到了较好的强调。

图 6-56

2. 对比色强调

对比色强调是最常用的信息强调方法，利用对比色来突出显示图片、图形上的文字、某项内容信息。对比强调前面讲解得比较多，如苹果发布会 PPT 中，黑色背景＋白色文字，利用黑白对比，强调文字。

3. 突出单种色强调

内容强调方法还有一种是突出单种颜色的强调方法，具体操作方法是：将页面中其他元素全部设置成相同的颜色，需要强调的颜色再单独设置一种颜色，通过强烈的视觉差异强调颜色不同的内容信息。

如图 6-57 所示，将需要强调的元素单独设置成不同的颜色，也不失为一种有效的强调方式。

使用这种强调方式，需要注意的是，强调色的饱和度与亮度不能比其他颜色低，否则即使强调色进行了单独设置，但是颜色较黯淡，也起不到强调效果。最保险的做法是，强调色是高饱和度色，其他颜色饱和度较低。

图 6-57

6.4.5 利用秩序原理保持均衡

配色时常常遇到这样的情况，搭配出来的颜色杂乱不堪，毫无条理。这是因为配色没有遵循颜色本来的秩序。颜色的秩序包括色相秩序、亮度秩序、饱和度秩序。在无法掌握好配色的前提下，建议从颜色的秩序出发，搭配出符合秩序的颜色。

1. 色相秩序

色相是区分颜色的重要属性，色相的不同代表着颜色的不同。色相秩序适合用于多种颜色搭配时不失内在协调。

图 6-58 所示为 PowerPoint 2021 中的【颜色】对话框。观察这些颜色排序，从左到右依次是红、黄、绿、青、蓝、紫，这个顺序就是颜色的色相顺序。

图 6-58

知道了色相的顺序后，在配色时可以为幻灯片页面中的元素选择一定顺序色相，如选择红色、黄色、绿色为一组配色，或者是选择青色、蓝色、紫色为一组配色。

如图 6-59 所示，选择了红色、黄色、绿色 3 个色相顺序相连的颜色组成幻灯片页面的配色，整个页面就显得十分协调，这得力于颜色之间保证了内在秩序。

图 6-59

2. 亮度秩序

亮度秩序指的是幻灯片或幻灯片中的元素配色，是按照颜色不同的亮度值从大到小或从小到大的顺序进行搭配，呈现一定的规律性。如图 6-60 所示，这种配色方式的顺序性更强。

图 6-60

3. 饱和度秩序

饱和度秩序与亮度秩序相似，即按照颜色饱和度的不同从大到小或从小到大进行颜色搭配。

6.5 分享好工具：万能的配色神器 Color Cube

在为PPT配色时，常常出现这样的问题：某张图片的配色很好看，却分析不出具体的配色方案；PPT的吸管工具只能吸取工作界面的颜色，遇到计算机屏幕上的颜色却无计可施。这些问题都可以使用配色工具Color Cube一举解决，且快速、方便、高效。

Color Cube是一款安装方便、专门分析配色的工具，它可以轻松实现图片配色的分析、长网页截图、屏幕颜色吸取。

1.分析图片的配色方案

打开Color Cube的界面，添加一幅图片，单击右下方的【分析】按钮，就能快速分析出配色方案，方案以【蜂巢图】【色板】【色彩索引】3种方式呈现，如图6-61所示。

图 6-61

配色方案分析完成后，可以单击左上角的■图标，选择【配色快照】保存配色方案，如图6-62所示。

图 6-62

成功保存的配色方案如图6-63

所示。不仅有原图，还有根据这幅图分析出的配色。如此一来，就可以将这样的配色方案快速运用到自己的PPT中。

图 6-63

2.长网页截图

Color Cube的配色方案分析是基于图片的分析，如果想分析一个长网页中的配色怎么办？其方法是利用Color Cube中的长网页截图功能。如图6-64所示，复制网页的网址。

图 6-64

复制网址后，单击Color Cube中的三角形按钮■（见图6-65），表

示开始截取这个网址中的图片。如此一来，就可以成功将整个网页保存成一幅长图了。

图 6-65

3.屏幕取色

Color Cube可以方便地进行屏幕取色。其方法是：单击吸管工具按钮●，保证这个按钮是蓝色的，如图6-66所示。

图 6-66

此时，就可以将鼠标指针移动到屏幕的任意位置，稍等片刻就会显示出这个位置的颜色参数，单击该颜色参数就能以文本形式保存参数了，如图6-67所示。

图 6-67

本章小结

本章主要讲解了PPT设计时的配色问题，通过颜色的理论知识讲解过渡到配色的实操技能，帮助读者在设计PPT时快速搭配出美观又准确，且能表达内容意义的配色。

第**7**章 成功演讲PPT 要注意的细节

➜ 如何正确添加备注，防止演讲时忘词？

➜ 完成PPT制作后，如何检查播放效果？

➜ 更换计算机后，如何保证文稿中的字体、音视频正常显示？

➜ 文稿中的内容需要高度保密，应该怎么做？

➜ 如何掌握演讲技巧，进行一场说服力十足的演讲？

"行百里者半九十"，这句话用在PPT制作与PPT演讲中最为合适。完成PPT制作只成功了一半，要注意细节完成演讲，才能算一次成功的PPT设计。

在PPT放映过程中可能会出现无数的意外，对演示文稿进行放映检查、打包调试，为的就是将意外的可能性降到最低。毕竟在演讲过程中，一个小小的错误就可能酿造巨大的失误，如重要视频突然无法播放。本章将演讲时可能遇到的问题一一进行了剖析，并提供了解决办法，希望每位演讲者都能成功完成PPT放映。

7.1 准备演讲所需的材料

完美的PPT不能只从观众的角度出发，考虑观众需要看到什么，还应考虑演讲者在演讲时需要看到什么。此时备注和讲义的重要性便呈现出来了。备注和讲义能起到提醒作用，帮助演讲者按照预先设定的思路进行演讲，避免疏漏的出现。

7.1.1 使用备注

在演讲时，为了保证不忘记关键内容，并且按照预先设想的思路进行演讲，需要使用备注，记录下提醒内容。

1. 如何输入备注

要想输入备注文字，可以进入【备注页】视图，页面下方的文本编辑框中可以输入备注内容，如图7-1所示。

图 7-1

如果备注的内容不多，可以不用进入备注页视图，直接在普通视图中，找到对应的幻灯片，在下方的备注文本框中输入即可。如图7-2所示，单击下方的【备注】按钮，可以打开或关闭备注文本框。

图 7-2

2. 如何播放备注

输入备注内容后，在播放演示文稿时备注内容只有演讲者能看到，观众看不到。其操作方法是：当幻灯片进入播放状态时，在屏幕上右击，选择快捷菜单中的【显示演示者视图】选项，如图7-3所示。播放状态就切换成如图7-4所示的状态了，演讲者可以看到下一张幻灯片的内容是什么，也可以看到当前幻灯片的备注文字。

图 7-3

图 7-4

3. 如何写备注才有效

有关备注的操作比较简单，但是写出真正有用的备注需要用点心思。图 7-5 所示为很多演讲者的备注风格。

图 7-5

备注在很多人看来就是演讲的内容，其实这种备注会破坏演讲的效果。首先备注文字太多，演讲者必定需要花时间去阅读，影响演讲效率；其次演讲者在阅读备注时会不知不觉地念出来，让演讲变成"念书"，降低演讲效果。

有效的备注起到的作用应该是提醒，提醒的内容为：此张幻灯片所讲的内容是什么及内容的顺序；与幻灯片内容有关的专业术语（有的术语演讲者容易遗忘）。

7.1.2 使用讲义

与备注一样，讲义的作用同样是为演讲者提示演讲内容，只不过讲义可以以文档的形式存在，也可以单独打印出来，作为演讲时的提示演讲稿。讲义中每张幻灯片都搭配显示了该页面的备注内容，方便演讲者查看。

1. 设置讲义格式

进入【讲义母版】界面，可以调整讲义页面的方向、大小和幻灯片显示数量，如图 7-6 所示。一般来说，一页讲义设置 3~4 张幻灯片即可，数量太多会显示不清。

图 7-6

2. 输出或打印讲义

设置好讲义格式后，可以将讲义输出成文档。如图 7-7 所示，选择【文件】→【导出】→【创建讲义】选项，单击右边的【创建讲义】按钮。

图 7-7

此时会弹出【发送到 Microsoft Word】对话框，在该对话框中选择讲义中幻灯片与备注的位置，然后单击【确定】按钮，如图 7-8 所示。

图 7-8

讲义成功输出到 Word 文档中后，如图 7-9 所示，会按照之前设定的格式显示幻灯片与备注内容，方便演讲者演讲。

图 7-9

演讲者也可以将讲义打印出来，成为演讲提示稿，在演讲时以备不时之需。如图 7-10 所示，选择【文件】→【打印】选项，选择打印的形式为【讲义】，并选择讲义下面的一种版式，设置好后，可以在右边看到讲义打印预览，确认没有问题，就可以打印了。

图 7-10

7.2 演讲前一定要检查 PPT

当完成 PPT 制作后，一定要对 PPT 进行全面的检查，以保证播放时不出差错。检查时最好在播放状态下浏览一遍，看是否播放流畅。检查的事项包括字体、音频、视频等内容是否缺失，还应考虑版本兼容、PPT 加密及容量大小等问题。

7.2.1 记得用播放状态检查

PPT 制作好后，需要进入播放状态从头到尾完整检查一次整份演示文稿的放映是否顺畅无误。如图 7-11 所示，切换到【幻灯片放映】选项卡下，单击【从头开始】按钮，可以从第一张幻灯片开始播放。

图 7-11

单击【设置幻灯片放映】按钮可以打开如图 7-12 所示的对话框，设置幻灯片放映的格式。其中【演讲者放映（全屏幕）】是最常用的放映方式，在放映过程中会以全屏的形式显示幻灯片，演讲者还能控制幻灯片的播放。【观众自行浏览（窗口）】可以让幻灯片在标准窗口

中放映，并且在放映时可以通过滚动条来切换幻灯片页面。【在展台浏览（全屏幕）】是一种自动循环播放幻灯片的方式，在播放时荧光笔等功能都不能使用，适合在展会上不间断播放幻灯片给来来往往的观众看。

在【设置放映方式】对话框中还可以设置【绘图笔颜色】和【激光笔颜色】。

图 7-12

在播放状态下检查幻灯片，主要检查以下事项。

1. 检查页面内容是否显示完全

从头开始检查每张幻灯片的页面内容是否显示完全是最重要的检

查步骤。不同的人有不同的幻灯片制作习惯，有的制作者可能会用一张矩形图形作为背景，如果矩形的尺寸与幻灯片页面不符，超出页面，可能造成幻灯片内容在放映时不能显示完全的状况。图 7-13 所示为一张看起来没有问题的幻灯片。但是播放这张幻灯片，结果如图 7-14 所示，左边的部分内容没有显示完全，需要调整内容位置。

图 7-13

图 7-14

2. 检查动画逻辑是否合理

幻灯片的动画在很多人看来只是一个增加趣味性的花哨功能，其实不然，动画有自己的动画逻辑。在播放状态下检查幻灯片的内容动画，要站在观众的角度去思考，应该先看到什么内容，再看到什么内容。尤其是课件类型的PPT，教师往往会先抛出问题让学生思考后再给出答案，这时如果先出现的是答案，场面就比较尴尬了。

如图7-15所示，在这张幻灯片中，序号为1~6的动画内容可以同时出现，也可以按顺序依次出现。但是不能打乱顺序，如先出现"5"再出现"1"，这样会让观众摸不着头脑，同时干扰演讲者的思路。

图 7-15

3. 其他细节检查

除了内容显示是否完全、动画逻辑是否合理，还需要检查笔的颜色、音频/视频这样的一些细节，以确保幻灯片放映万无一失。

在幻灯片播放时，演讲者可以将鼠标指针变成绘图笔/激光笔，像粉笔一样添加内容，增加演讲效果。但是如果绘图笔/激光笔的颜色与幻灯片主色相近，笔迹将不够显眼，甚至难以分辨。在默认情况下，幻灯片中笔的颜色是红色的。如图7-16所示，红色的笔加上红色的背景，笔迹不清楚。

图 7-16

如果幻灯片中有音频和视频，还需要检查音频和视频的播放状态是否正常。在必要情况下，需要重新添加音频和视频。

★重点 7.2.2 别丢失字体、音频、视频

PPT演示文稿的制作计算机和播放计算机不一定是同一台，很多时候制作好的PPT需要复制到演讲所在场地的计算机中进行播放。这时PPT中的字体、音频和视频就可能会丢失。制作者首先需要保证字体、音频、视频正确保存并嵌入PPT中；其次为了保险起见，还可以换一台计算机播放PPT，看这些元素是否正常。

1. 将字体嵌入PPT中

PPT制作完成后，可以选择【文件】→【选项】选项，打开【PowerPoint选项】对话框，切换到【保存】页面，如图7-17所示。在该页面中选中【将字体嵌入文件】复选框，并单击【确定】按钮。这个操作可以保证PPT文件中的字体即使换了一台未安装该字体的计算机也能正常显示。需要注意的是，字体嵌入这里可以选择【仅嵌入演示文稿中使用的字符】或【嵌入所有字符】，前者只能保证幻灯片播放时字体不变形，能正常显示，后者则可以在其他计算机中编辑，在

保存体积上，前者自然小于后者。演讲者如果觉得后期还可能需要更改，那么可以选择后者。例如，出差演讲，演讲者可能在出差途中想到了需要更改的内容，从而进行文稿的编辑。

图 7-17

2. 将音频和视频打包到PPT中

在PowerPoint 2013版本后，如果需要插入音频和视频文件，只需直接插入即可。如图7-18所示，单击【插入】选项卡下的【媒体】下拉按钮，从中选择【音频】或【视频】下拉列表中的选项插入音乐文件或视频文件。

图 7-18

完成演示文稿的音频和视频插入后，为了保证更换计算机时PPT能顺利播放，最好进行文件打包，一次性打包好音频和视频文件。具体操作方法如下。

选择【文件】→【导出】选项，

再选择【将演示文稿打包成CD】选项，最后单击【打包成CD】按钮，如图7-19所示。

图 7-19

在【打包成CD】对话框中输入打包文件的名称，并单击【复制到文件夹】按钮，如图7-20所示。

图 7-20

完成打包的PPT文件如图7-21所示。将整个打包文件复制到另一台计算机中，再单击文件中扩展名为".pptx"的文件就能正常播放演示文稿了。

图 7-21

7.2.3 版本兼容是个大问题

使用PPT文件作为演讲稿，这样的情况并不少见：明明插入了音频和视频，换一台计算机却打不开；保存的时候没有出问题，换一台计算机却显示无法打开文件。这些问题很有可能是由于版本不兼容造成的。目前PPT常用的版本有PowerPoint 2003、PowerPoint 2007、PowerPoint 2010、PowerPoint 2013、PowerPoint 2016、PowerPoint 2019、PowerPoint 2021。通常情况下，安装了高版本的计算机可以打开低版本的PPT文件，但是安装了低版本的计算机则无法顺利打开高版本的PPT文件。例如，计算机中安装了PowerPoint 2007，但是PPT文件是使用PowerPoint 2013制作的，那么该计算机将无法顺利打开这份PPT文件；反之，如果计算机中安装了PowerPoint 2013，那么该计算机可以打开2013版本及之前所有版本的PPT文件。

要解决版本兼容问题，可以事先询问清楚演讲场地中的计算机中安装了哪个版本的PPT，如果是更低版本，就可以打开文件的【另存为】对话框，选择【PowerPoint 97-2003 演示文稿（*.ppt）】选项，如图7-22所示。

图 7-22

在选择将文件保存为更低版本的文件时，会弹出【Microsoft PowerPoint兼容性检查器】对话框，如图7-23所示，告知这份文件保存成版本更低的文件时会出现哪些兼容性问题。单击【继续】按钮就能成功将文件保存成更低版本的文件了。

图 7-23

在某些特殊情况下，如演讲场地的计算机中安装的是其他类型的播放软件，无法与Office软件兼容，怎么办？这种情况下可以将PPT导出为视频文件，只要计算机中有视频播放器就能顺利播放PPT。如图7-24所示，选择【文件】→【导出】→【创建视频】，设置好视频内容后，单击下方的【创建视频】按钮即可成功将PPT文件导出为视频文件。演讲者在播放视频文件时，可以通过暂停的方式来定格某一张幻灯片进行演讲。

图 7-24

7.2.4 加密、转换、瘦身PPT

完成PPT制作后，根据不同的

场合需要，演讲者可能需要对PPT文件进行加密、转换成PDF等格式，或者保存空间有限，需要对PPT文件进行瘦身，实现这些操作的方法如下。

1. 对PPT文件加密

当PPT文件涉及公司机密、国家信息等内容时，就需要对PPT文件进行加密，保护文件内容不泄露。对PPT文件进行加密的方法是：选择【文件】→【信息】选项，再单击【保护演示文件】下拉按钮，在下拉列表中选择【用密码进行加密】选项，如图7-25所示。

图 7-25

此时会打开【加密文档】对话框，输入密码并单击【确定】按钮就能成功加密文件了，如图7-26所示。加密后的文件要打开时，会弹出对话框要求输入密码方能进入文件进行浏览。

图 7-26

2. 将PPT文件转换成其他格式

PPT文件并非只能以固定的格式进行保存。演讲者可以将文件转换成PDF文件、图片发给他人。如图7-27所示，选择【文件】→【导出】选项，再选择【创建PDF/XPS

文档】，最后单击【创建PDF/XPS】按钮就能按照提示步骤将PPT文件转换成PDF文件了。

图 7-27

若要将PPT文件转换成图片，则需要选择【导出】界面中的【更改文件类型】选项，再选择图片的格式，如图7-28所示。

图 7-28

3. 给PPT文件瘦身

如果复制PPT文件的U盘空间有限，就需要给PPT文件瘦身。PPT文件在制作时，常常需要插入大量的图片，因此可以通过压缩图片来实现PPT"瘦身"的目的。如图7-29所示，打开PPT文件的【另存为】对话框，然后选择【工具】菜单中的【压缩图片】选项。

图 7-29

在弹出的【压缩图片】对话框中选中【删除图片的剪裁区域】复选框，并根据PPT的使用场所选择【分辨率】选项。如这里的PPT是用于演讲播放的，因此选择了330ppi的分辨率，选择好后，单击【确定】按钮就能完成文件的图片压缩了，如图7-30所示。

图 7-30

除了压缩图片，还可以通过减少无用母版及版式的方法来控制文件的大小。如图7-31所示，进入【幻灯片母版】视图，查看母版或版式的应用，对于没有应用在任何幻灯片中的母版或版式就可以进行删除操作。

图 7-31

7.3　成功演讲的要素

演讲是一门学问，幻灯片页面做得再精美，演讲效果也可能让观众失望。一场成功的演讲，是可以让观众信服的，可以将幻灯片页面中死板的文字变为声音，还需要演讲者随机应变，根据现场情况的不同改变演讲方式。

7.3.1　让观众信服

一场成功的演讲，是能说服观众、感染观众的演讲。让演讲变得有说服力，并非一个一蹴而就的过程。演讲者所演讲的内容首先应该满足的基本条件是让观众听懂；然后让观众产生兴趣；最后才是让观众信服。

1. 如何让观众听懂演讲

不少演讲者在讲台上夸夸其谈，台下观众却不知所云。要做到准确有效地表达信息，演讲者可以尝试以下做法。

➡ 说话同样有逻辑

在制作PPT时，演示文稿整体是有逻辑可言的，先讲什么再讲什么。不仅如此，每张幻灯片的内容也有逻辑关系。同样地，配合PPT播放时的演讲也要有逻辑，这里所指的逻辑不仅要与当前展示的PPT页面内容逻辑相符，还要保证这段话的内容逻辑是正常的。

这里建议演讲者在进行每一部分的演讲时，都从一个点出发，有条有理地延伸下去。例如，当前的PPT画面显示了一款家居产品的图片，演讲者想说明这款产品多么适合家居。那么这段话的内容逻辑可以如图7-32所示，首先抛出结论即这段话的核心点，再说明这款产品方便小巧，通过产品的尺寸大小和使用便捷来说明。说明完产品的方便小巧后，再说明产品经久耐用，具体表现在使用年限上。这段

话便是逻辑非常通畅的一段话。但是如果演讲者思路不清晰，一会儿在说产品的尺寸，一会儿又在说产品的使用年限，接着又跳回来说产品使用方便。这样的逻辑会让观众产生理解障碍。

图 7-32

➡ 化长句为短句

演讲者通常才思敏捷，口才卓越，这是优点，如果不注意就有可能变成缺点。将很长的句子通顺流利地说出来，对演讲者来说没有问题，问题在于观众能否快速接收这样的信息。建议演讲者将长句换成短句，一个短句说明一个事实即可。如图7-33所示，左边是一个长句，如果将该长句一次性说出，观众能记住的有效信息就会很少；但是若将该长句换成图7-33右边的3个短句，则每个短句都能被观众听得清楚且容易记忆。演讲者需要注意，演讲不等于文章写作，演讲最重要的是表达能力，而不是文采。

图 7-33

➡ 少用术语

有的演讲者会使用术语来表现自己的学识渊博，同时表现产品、公司的"高大上"。其实再高深的术语，如果观众听不懂，又有什么意义呢？演讲者应该少用术语，即使是再专业的知识也要琢磨如何用简单易懂的语言表达出来。就算特殊情况下要使用术语，也应该及时对术语进行解释。

演讲者可以到网站"中国知网"进行学习，该网站中呈现的内容是专业领域的内容，涉及天文地理、医学、数学等多个领域，如图7-34所示。但是，各个领域内容的共同点是，使用简单直白的语言将复杂高深的知识解释清楚。演讲者可以根据自己演讲的内容，找到相近的领域，去学习一下相关的文章是怎么组织语言的。

图 7-34

2. 如何让观众产生兴趣

当演讲者的演讲能让观众听懂后，接下来要做的就是让观众产生兴趣。可行的方法如下。

➡ 讲故事

会讲故事的人通常是天生的演讲者，故事永远最能吸引人的兴趣。这就是为什么很多演讲者会由故事开头，甚至让故事贯穿整个演讲。

演讲者可以在演讲最开始的时候讲一个故事,此时的幻灯片首页可以设计成一个故事图片,引起观众的好奇心。在演讲中途,观众产生疲劳情绪时再讲一个故事。

➡ 讲与观众相关的事

每个人最关心的事都是与自己有关的事,演讲者在演讲前应该做足功课,分析观众,找到与观众相关的点进行强化。例如,一个早教品牌的演讲,观众是家长,那么演讲的核心离不开孩子的教育成长问题。如果有条件,甚至可以专门做一份问卷调查,询问目标人群最关心孩子成长过程中的什么问题,演讲时专门针对这些问题进行说明。

3. 如何让观众信服

让演讲具有说服力,比较考验演讲者的个人气度。演讲者可以有意识地尝试用以下方法,增加演讲的说服力。

➡ 用事实说话

用事实说话,与幻灯片设计时用语精准是一个道理。例如,演讲者想说明自己的早教品牌如何成功,就不要将点落在虚处。所谓虚处,就是让观众听了依然难以想象的内容。如图7-35所示,左边的内容用的是空虚的语言描述,一直在说品牌如何成功,可惜观众听了还是不明白如何成功;但是换成右边的语言,观众顿时能感受到品牌的成功之处。如果这个时候演讲者能及时放映家长反馈的感谢信、孩子表现优秀的奖状等事物,就能将演讲的说服力再提升一个度。

图 7-35

➡ 少用不确定的词汇

在演讲中,要产生说服力,需要演讲者传达出确定的信息。因此,如"大概""或许""可能"这样的不确定词汇要少用。这种词汇表示演讲者自己都处于不确定状态,如何还能说服观众。

➡ 加入个人经历

有一句话是这么说的,观众是否产生信任取决于演讲者本人而非幻灯片页面。演讲者要让观众感觉到自己是一个真实的人,才能让观众产生信任感。因此这里有一个演讲技巧,演讲者在讲故事时可以加入个人经历,这会拉近演讲者与观众的距离。例如,一款植物药皂商品的宣传讲会上,演讲者可以说自己过去皮肤出现了什么问题,因为什么机缘偶然发现了这款植物药皂解决了多年的困扰。当然,前提是演讲者要真的有过这样的经历。

7.3.2 变文字为有声语言

演讲者在真正进行演讲前需要写一份演讲稿,但是演讲不等于将演讲稿一字不差地念出来,而是将文字变成有感情的语言,产生感染力。将文字变成声音,需要从以下几个方面来提高。

1. 语调

文字是平面的,而语言是立体的,语言的立体常常体现在语调方面。演讲者需要根据内容的不同,调整声音的高低起伏、抑扬顿挫,将感情贯穿在声音中。

2. 节奏

节奏太快的演讲会影响观众对信息的有效接收,节奏太慢的演讲又可能让观众产生困意。演讲者需要根据PPT内定的主题来定一个基本的节奏。例如,说明紧急情况的演讲,语言节奏可以是急促的、紧张的。宣传婴儿用品的演讲,节奏需要放慢,让观众在舒缓的语言中对产品产生信任。通常情况下,演讲者可以将节奏控制在5分钟内演说3张A4的演讲稿内容。

7.3.3 随机应变,临场发挥

计划不如变化,演讲过程常常出现这样或那样的异常状况,缺乏经验的演讲者就会自乱阵脚,甚至无法将演讲进行下去。下面针对演讲中出现的异常状况,列出一些解决办法。

1. 突然忘词怎么办

讲着讲着突然想不起接下来要讲什么,这个时候又不可能中止演讲。这时可以看一下幻灯片的备注,看是否有关键词提示。

如果备注没有提示,那么演讲者要先稳住自己的情绪,不能焦急,越焦急越会想不起接下来要讲的内容。在这个过程中,演讲者可以重复讲一下刚才说过的内容,不要让观众发现自己忘词。同时给自己一点缓冲时间,整理一下思路。

2. 说错话如何纠正

讲出去的话犹如泼出去的水，不可能再收回。因此对于说错的话，要么直接向观众承认错误，要么使用巧妙的方法自圆其说，方法如下。

➜ 错误影响不大，可以承认错误

如果说了一句影响不大的话，可以承认错误，如记错了某个故事的内容。如图 7-36 所示，左边是说错了的话，右边是进行纠正后的话，这种纠正后影响不大的话大可直接承认错误。

图 7-36

➜ 将错就错

在演讲时，如果说错了话，演讲者不妨将错就错，根据错误进行发挥，消除窘境。例如，某公司职业介绍会上，演讲者将小张的级别说错了，这时可以将错就错，继续说下去（见图 7-37），巧妙地自圆其说。

图 7-37

➜ 以正改错

在演讲时，演讲者可能由于情绪激动形成口误，演讲者如果直接承认错误，可能自尊会受到影响，这时可以在不知不觉的情况下改正错误。

如图 7-38 所示，在毕业演讲上老师说错了话，用了一个错误的词，但是老师接着说，不仅纠正了错误，还强调了要表达的意思。

图 7-38

3. 遇到观众责问怎么办

演讲过程中难免遇到一些较真的观众，发现错误，对演讲进行质疑。这时演讲者要沉住气，不能生气，更不能批评观众。

这种情况下，演讲者最好的做法是保持谦虚的态度表扬观众，并接着对观众的质疑进行解释。图 7-39 所示为一个典型的例子。当观众对产品产生质疑时，先肯定观众的做法，再巧妙地将观众的问题进行解释，为产品加分。

图 7-39

4. 其他意外情况

演讲过程中还有很多意外情况，这里无法一一列举，但是大多数意外情况都可以通过自嘲来缓解气氛。例如，演讲者在讲台上摔了一跤，可以说："你们太热情了，我都为你们倾倒了。"

7.4 适当利用环境与设备

小型、中型、大型会议的播放设备不同，演讲者需要根据不同环境做好准备工作，避免演讲过程中出现失误。尤其是大型会议，设备复杂，更需要演讲者重视。

7.4.1 小型的洽谈会议

小型的洽谈会议没有那么多专业播放设备，演讲者需要自行准备笔记本电脑。有的小型会议有投影幕布，有的没有。在没有投影幕布的情况下，可以使用演讲者准备的笔记本电脑或是掌上电脑播放演示文稿。

小型会议播放PPT，演讲者只需要保证自带的笔记本电脑播放无误即可。

7.4.2 中型会议

中型会议通常会有投影设备，演讲者需要提前询问清楚投影幕布的尺寸，根据幕布的尺寸来调整幻灯片的页面比例是 4:3 还是 16:9。

中型会议演讲前，演讲者要提前进场，看会议室的灯光环境效果，将幻灯片投影到幕布上，测试开几个灯时幻灯片显示效果最佳。

7.4.3 大型会议

大型会议会有投影仪、电动幕布、后台操作计算机、视频播放器等设备。演讲者需要提前入场，找专门负责设备管理的工作人员，请工作人员进行设备调试。设备调整好后，可以试播一下PPT文件，尤其是注意播放一下文件中的音频、视频内容，看是否正常。此外，还需要向工作人员请教如何在播放过程中调试设备、使用控制器。

7.5 不同场合下演示的技巧

在不同的场合演示不能一视同仁，演讲者要根据场合类型的不同，适当地调整演讲方式，让幻灯片的内容达到最佳传播效果。

7.5.1 一对一演讲

一对一演讲的场合有：单独向领导汇报工作情况、项目进展；销售面向单独的客户，通过播放幻灯片让客户理解产品；教育工作人员单独给一位学生授课。

一对一演讲不像一对多演讲那样有很多注意事项，一对一演讲更为轻松。演讲者可以不用穿得那么正式，也不用提高音量，用双方能听清的音量说话即可。

一对一演讲还有一个特点是，互动更为灵活，演讲者可以在演讲过程中随时询问对方是否有不明白的地方。

在一对一演讲时，演讲者可以将放映模式设置成【观众自行浏览（窗口）】的模式，让观众根据自己的节奏自行浏览幻灯片，同时演讲者在一旁进行说明。这样做的好处是让观众感受到更多的主动权。图7-40所示为幻灯片的自行浏览放映模式。观众只需要单击下面的切换按钮就能浏览不同页面的幻灯片内容了。

图 7-40

7.5.2 户外演讲

户外演讲由于场地宽阔，对音响效果和屏幕效果要求都比较高。演讲者应提前测试音响和屏幕，如果屏幕的播放效果不理想，演讲者可以将PPT文件打印成PDF文档或图片，发送给在座的观众，让观众即使看不清屏幕也知道幻灯片中的内容。

在户外演讲时，要声音洪亮，尽量让声音传播得更远。在演讲过程中，还可以邀请观众上台进行互动。

7.5.3 展会上演讲

展会持续的时间比较长，在展会上演讲时可以将幻灯片设置成循环播放的方式，让来来往往的观众都能看到幻灯片的内容。由于展会上的幻灯片是循环播放的，演讲者可以在做好幻灯片后进行预演，将要讲的内容精简，并熟记于心，好在展会上重复演讲。

7.6 演讲时要掌握的技巧

优秀的演讲者能在讲台上谈笑自如，其实他们不是天生就会这些演讲技能的，而是通过后天练习才练就一副好口才的。下面就来看看演讲时有哪些常用的技巧。

★重点 7.6.1 如何应对怯场

在演讲时怯场是演讲者最常遇到的困难。要想克服怯场情绪，需要从认识上、心理上做出改变，同时刻意练习，在演讲前做好充分的准备，就能克服怯场情绪。

1. 从认识上发生改变

演讲者产生紧张情绪，究其原因是把自己看得过重，担心演讲不好会丢面子，更怕在众人面前出丑。其实演讲者需要改变这样的认识，不要把面子看得那么重，以平常心去应对演讲。勇于在演讲前自嘲，开自己的玩笑，以获得轻松的心态。例如，在演讲开场时用这样的话作为开场白："我除了这张嘴会说两句话，就没有什么好带给大家的了，所以请各位看一看我耍嘴皮子吧。"

2. 不要太过于追求完美

如果演讲者是完美主义者，力求演讲的每个细节都完美，就会容易紧张，生怕自己出差错。其实越将结果看得重要，反而越容易在演讲过程中产生怯场心理。其实不要管演讲的效果如何，自己尽力去做了，就是胜利。抱着这样的心态，相信演讲者就会大大减少怯场心理。

3. 不放过任何练习机会

一位优秀的演讲者在日常生活中说话肯定也有过人之处，演讲的技巧与生活中大大小小的讲话是相通的。例如，在日常生活中，叙述一件事情，不同的人有不同的叙述方式，效果也不相同。有的人可以用逻辑连贯、简单直白的语言把事情说清楚，有的人却绕了一堆弯子，逻辑混乱，让听者最后也没有听明白说了什么。

因此，在日常生活中与人说话时，可以刻意练习如何叙述能让对方听得最清楚。在工作中进行汇报时，也是一次小型的演讲，如果工作汇报能以简单直白的方式汇报清楚，那么在正式的演讲会上，配合PPT文稿，也一定能做一位优秀的演讲者。

4. 演讲前做充足准备

演讲前不做充足的准备，自然心虚，担心自己讲不好，在演讲台上怯场也是自然而然的事。因此演讲者在演讲前，一定要做好充足的准备，检查好演示文稿放映无误，进行预演训练，写好备注或讲义，做到胸有成竹。准备充分，上台时就不会出现语无伦次的怯场情绪了。

7.6.2 扩展演讲空间

演讲者也不能保证演讲时完全按照事先准备好的内容进行演讲。根据时机场合的不同，演讲者可以自由发挥，扩展演讲空间。

例如，在一场儿童礼仪培训课堂上，一位小朋友因为邻座的小朋友撞了他，便生气地大闹。这时老师不可无视这种情况，需要根据现场情况扩展演讲空间。例如，讲两个朋友之间闹矛盾的故事，启发小朋友，让小朋友明白在遇到矛盾时该怎样礼貌化解。

扩展演讲空间不等于脱缰的野马随意发挥，而是建立在主线上，合情合理地扩展内容。要做到这一点，方法如下。

1. 熟悉主题和内容

演讲前一定要熟悉所演讲的主题和内容，有一个明确的中心思想。这样才能在扩展时不至于跑题，超出范围。如图7-41所示，一个主题为婴儿用品的演讲，可以扩展的方向是婴儿健康、孩子成长、婴儿安全，但是最好不要扩展到夫妻感情，否则就偏题了。

图 7-41

2. 搜集素材和资料

演讲时的即兴扩展没有经过事先的准备，可能质量不佳。要想随口就讲出有历史深意、有内涵的扩展内容，演讲者可以根据演讲的主题，事先搜集好相关的素材和资料，以备不时之需。图7-42所示为一场笔记本电脑的演讲会。演讲者可以事先搜集一下相关的资料，存在大脑中，这样就能在演讲需要时脱口而出。

图 7-42

7.6.3 演讲时的仪态技巧

演讲者的仪态直接影响到演讲的效果，仪态包括姿势、手势、表情等方面，以得体的仪态出现在观众面前，可以有效增加演讲的效果。

1. 躯干要求

演讲者整体的躯干形象应该是自然、放松的，却又笔直的。演讲者可以从图7-43所示的细节进行调整。

图 7-43

2. 眼神要求

演讲时的眼神至关重要，眼神的要点如图 7-44 所示。演讲者不要一直盯着 PPT 看，可以适当扫视观众，并从观众中寻找有肯定目光或点头表示同意的人，与之四目相视。既让观众感受到演讲者对他们的注意，也能让演讲者增强信心。

图 7-44

3. 表情要求

一场成功的演讲不能从头到尾都使用同一表情，更不能"垂头丧气"。表情要点如图 7-45 所示。面部表情首先要自然放松；其次要随内容变化，讲到严肃的内容时就使用严肃的表情。一般来说，演讲时应该多微笑，以平易近人的表情示人。

图 7-45

4. 手势要求

演讲时配合手势能大大提高演讲效果，手势的基本要求是动作自然，结合表达的内容做不同的手势。图 7-46 所示为演讲时双手可用的姿态。图 7-47 所示为手掌可以做的手势。不同的手势表达了不同的意义，演讲者可以在演讲前对着镜子练习，知道对应哪部分内容做哪个手势。

图 7-46

图 7-47

本章小结

本章主要讲解了 PPT 演讲播放时的问题，帮助演讲者未雨绸缪，将演讲时可能出现的问题扼杀在摇篮中。希望制作者引起重视，在 PPT 制作好后，认真演讲一次，做好充分准备。

使用 PowerPoint 制作演示文稿的主要目的是将需要传递的信息有效传递给观众，那么，通过怎样的方式传递给观众呢？需要根据内容选择使用不同的对象来进行传递。本篇将对 PowerPoint 2021 入门知识及相关操作等进行介绍。

第 8 章 PowerPoint 2021 入门知识

➥ PowerPoint 2021 工作界面由哪几部分组成？

➥ PowerPoint 2021 的视图模式有哪些？

➥ PowerPoint 2021 新增了哪些功能？

➥ 能不能对 PowerPoint 2021 的工作界面进行自定义？

➥ 如何操作 PowerPoint 个人账户？

本章将介绍 PowerPoint 2021 的一些基础知识和操作，如启动 PowerPoint 2021、认识 PowerPoint 2021 工作界面、了解 PowerPoint 2021 的新功能、优化 PowerPoint 2021 工作界面，以及对 PowerPoint 2021 个人账户进行设置等，为后面的操作奠定基础。

8.1 认识 PowerPoint 2021

要想使用 PowerPoint 2021 制作演示文稿，首先需要启动该软件，然后了解其工作界面各部分的作用及演示文稿的视图模式，这样操作 PowerPoint 2021 时才会得心应手。

8.1.1 启动与退出 PowerPoint 2021

在计算机中安装 Office 2021 的 PowerPoint 2021 组件后，就可以启动该软件进行使用。当不需要使用时，则可退出 PowerPoint 2021 程序。

1. 启动 PowerPoint 2021

启动 PowerPoint 2021 常用的方法有通过【开始】菜单启动和通过 PowerPoint 2021 快捷图标启动两种，其方法介绍如下。

（1）通过【开始】菜单启动。在计算机桌面左下角单击"开始"图标■，在弹出的菜单中选择【PowerPoint】选项（见图 8-1），即可打开 PowerPoint 2021 程序。进入启动界面，然后选择【空白演示文稿】选项，即可新建一个空白演示文稿，如图 8-2 所示。

图 8-1

图 8-2

（2）通过快捷图标启动。在计算机桌面上的 PowerPoint 2021 快捷图标上右击，在弹出的快捷菜单中选择【打开】命令（见图 8-3），即可打开 PowerPoint 2021，进入启动界面。

图 8-3

2. 退出 PowerPoint 2021

当不需要使用 PowerPoint 2021 制作和编辑演示文稿时，可以退出程序，以提高计算机的运行速度。其方法是：在 PowerPoint 2021 工作界面的标题栏右侧单击【关闭】按钮 ✕（见图 8-4），即可关闭当前演示文稿，并退出 PowerPoint 2021 程序。

图 8-4

★重点 8.1.2 认识 PowerPoint 2021 工作界面

PowerPoint 2021 工作界面包括快速访问工具栏、标题栏、功能区、幻灯片窗格、幻灯片编辑区、备注窗格、状态栏和滚动条等部分，如图 8-5 所示。

图 8-5

➡ 快速访问工具栏：位于 PowerPoint 2021 窗口的左上角，用于显示一些常用的工具按钮，默认包括【保存】按钮 🖫、【撤销】按钮 ↻、【恢复】按钮 ↺ 和【从头开始】按钮 🖵 等，单击相应的按钮可执行相应的操作。

➡ 标题栏：标题栏主要用于显示正在编辑的演示文稿名称及所使用的软件名，还包括登录、功能区显示选项、最小化、还原和关闭等按钮。

➡ 功能区：主要包含【文件】【开始】【插入】【设计】【切换】【动画】【幻灯片放映】【审阅】【视图】等选项卡，选择功能区中的任意选项卡，即可显示其按钮和命令。

➡ 幻灯片窗格：用于显示当前演示文稿的幻灯片。

➡ 幻灯片编辑区：主要用于显示或编辑幻灯片中的文本、图片和图形等内容，是 PowerPoint 2021 最主要的编辑区域。

➡ 备注窗格：用于为幻灯片添加备注内容，添加时将插入点定位在其中直接输入即可。

➡ 状态栏：位于工作界面最下方，用于显示当前演示文稿的幻灯片张数、使用语言、用于切换的演示文稿视图按钮和调整当前幻灯片编辑区显示比例的按钮等。

➡ 滚动条：分为水平和垂直滚动条两种，主要用于滚动显示页数较多的文档内容。按住滚动条上的滑块，上、下或左、右拖动鼠标，即可对演示文稿中的幻灯片进行浏览。

★重点 8.1.3 了解 PowerPoint 2021 演示文稿的视图模式

在 PowerPoint 2021 的【视图】选项卡下的【演示文稿视图】组中提供了普通视图、大纲视图、幻灯片浏览视图、备注页视图和阅读视图 5 种演示文稿视图模式，在编辑和浏览幻灯片的过程中，用户可以根据需要选择合适的视图模式。

1. 普通视图

普通视图是 PowerPoint 2021 默认的视图模式，该视图主要用于设计幻灯片的总体结构，以及编辑单张幻灯片中的内容，如图 8-6 所示。

图 8-6

2. 大纲视图

大纲视图与普通视图的布局差不多，但大纲视图中是以大纲形式显示幻灯片中的标题文本，主要用于查看、编辑幻灯片中的文字内容，如图 8-7 所示。

图 8-7

3. 幻灯片浏览视图

幻灯片浏览视图中显示了演示文稿的所有幻灯片的缩略图，在该视图模式下不能对幻灯片的内容进行编辑，但可以调整幻灯片的顺序，以及对幻灯片进行复制操作，如图 8-8 所示。

图 8-8

4. 备注页视图

备注页视图主要用于为幻灯片添加备注内容，如演讲者备注信息或解释说明信息等，如图 8-9 所示。

图 8-9

5. 阅读视图

阅读视图是以窗口的形式对演示文稿中的切换效果和动画进行放映，在放映过程中可以单击鼠标切换放映幻灯片，如图 8-10 所示。

图 8-10

8.2 了解 PowerPoint 2021 新功能

相对于 PowerPoint 2019 来说，PowerPoint 2021 新增了一些功能。这些功能包括图像集、支持更多媒体格式等。新功能可以帮助用户快速完成更多的工作。

★新功能 8.2.1 【图像集】功能

在 PowerPoint 2021 的【插入】选项卡【图片】下拉菜单中可以看到新增加了一项功能——【图像集】功能。现在很多 PPT 不仅要求条理清晰，还要讲究美观。PowerPoint 2021 新增这个功能后，就可以插入更多在线图标和图片，如图 8-11 所示。

图 8-11

这就是在 PowerPoint 2021 新增的库存影像、图示等的收藏媒体库，用户可以在搜索框中选择需要的图像进行使用。该功能可以协助用户更方便、快捷地美化 PPT。

★新功能 8.2.2 更多媒体格式

PowerPoint 2021 现在支持更多的媒体格式和更多高清晰度的内容。PowerPoint 2021 包括更多内置编解码器。因此，不用像以前一样安装其他软件协助办公，或者是选择特定媒体格式的内容进行插入。

在【插入】选项卡下单击【媒体】按钮，在弹出的下拉菜单中选择【视频】【音频】选项（见图 8-12），可以选择 PowerPoint 2021 现在支持的媒体格式进行插入。

图 8-12

8.3 优化 PowerPoint 2021 工作界面

不同的用户，使用 PowerPoint 2021 的要求和习惯有所不同。所以，用户在正式使用 PowerPoint 2021 进行办公之前，可以先打造一个适合自己的 PowerPoint 2021 工作环境，以便于对 PowerPoint 2021 进行操作。

★重点 8.3.1 实战：在快速访问工具栏中添加或删除快捷操作按钮

实例门类	软件功能

默认情况下，快速访问工具栏中只提供了【保存】【撤销】【恢复】【从头开始】4 个按钮，为了方便在编辑演示文稿时能快速实现常用的操作，用户可以根据需要将经常使用的按钮添加到快速访问工具栏中，将不常用的按钮从快速访问工具栏中删除。例如，将常用的【打开】和【另存为】按钮添加到快速访问工具栏中，然后将【从头开始】按钮从快速访问工具栏中删除，具体操作步骤如下。

Step01 ❶在 PowerPoint 2021 空白演示文稿的快速访问工具栏中单击【自定义快速访问工具栏】按钮，❷在弹出的下拉菜单中提供了常用的几个命令，选择需要添加到快速访问工具栏中的命令，如选择【打开】命令，如图 8-13 所示。

图 8-13

Step02 ❶即可将【打开】按钮添加到快速访问工具栏；❷单击【自定义快速访问工具栏】按钮，❸在弹出的下拉菜单中选择【其他命令】命令，如图 8-14 所示。

图 8-14

Step03 打开【PowerPoint选项】对话框，默认选择【快速访问工具栏】选项，❶在中间的【常用命令】列表框中选择需要的选项，如选择【版式】选项；❷单击【添加】按钮；❸将【另存为】选项添加到【自定义快速访问工具栏】列表框中，单击【确定】按钮，如图 8-15 所示。

图 8-15

Step04 ❶将【版式】按钮添加到快速访问工具栏；❷然后在【从头开始】按钮上右击，在弹出的快捷菜单中选择【从快速访问工具栏删除】命令，如图 8-16 所示。

图 8-16

Step05 即可从快速访问工具栏中删除【从头开始】按钮，如图 8-17 所示。

图 8-17

技能拓展——调整快速访问工具栏的位置

单击快速访问工具栏中的【自定义快速访问工具栏】按钮，在弹出的下拉菜单中选择【在功能区下方显示快速访问工具栏】命令，即可将快速访问工具栏移动到功能区的下方。

8.3.2 实战：将功能区中的按钮添加到快速访问工具栏中

实例门类	软件功能

对于功能区中比较常用的按钮，也可以将其添加到快速访问工具栏中，这样可以简化部分操作，提高工作效率。例如，将功能区的"图片"和"艺术字"按钮添加到快速访问工具栏中，具体操作步骤如下。

Step01 ❶在 PowerPoint 2021 工作界面中选择【插入】选项卡；❷在【图像】组中的【图片】按钮上右击，在弹出的快捷菜单中选择【添加到快速访问工具栏】命令，如图 8-18 所示。

图 8-18

Step02 ❶将【图片】按钮添加到快速访问工具栏中；❷在【文本】组中的【艺术字】按钮上右击，在弹出的快捷菜单中选择【添加到快速访问工具栏】命令，如图 8-19 所示。

图 8-19

Step03 将【艺术字】按钮添加到快速访问工具栏中，效果如图 8-20 所示。

图 8-20

8.3.3 实战：在选项卡中添加工作组

实例门类	软件功能

在使用 PowerPoint 2021 制作幻灯片的过程中，用户也可以根据自己的使用习惯，为经常使用的命令、按钮创建一个独立的选项卡或工作组，这样方便操作。例如，在

【开始】选项卡中创建一个【常用操作】组，具体操作步骤如下。

Step01 在 PowerPoint 2021 工作界面中选择【文件】选项卡，在打开的页面左侧选择【选项】命令，如图 8-21 所示。

图 8-21

Step02 ❶打开【PowerPoint 选项】对话框，在左侧选择【自定义功能区】选项；❷在右侧的【自定义功能区】列表框中选择工具组要添加到的具体位置，这里选择【开始】选项；❸单击【新建组】按钮，如图 8-22 所示。

图 8-22

技术看板

如果在【主选项卡】列表框中没有显示需要的选项卡，那么可以在【自定义功能区】下拉列表框中选择【所有选项卡】选项，此时在下方的列表框中将显示 PowerPoint 2021 提供的所有选项卡。

Step03 即可在【自定义功能区】列表

框中【开始】选项下【编辑】选项的下方添加【新建组（自定义）】选项，保持新建工作组的选择状态，单击【重命名】按钮，如图 8-23 所示。

图 8-23

技术看板

在【PowerPoint 选项】对话框中的【主选项卡】列表框右侧单击【上移】按钮 ▲，可向上移动所选组的位置；单击【下移】按钮 ▼，可向下移动所选组的位置。

Step04 ❶打开【重命名】对话框，在【符号】列表框中选择要作为新建工作组的符号标志；❷在【显示名称】文本框中输入新建组的名称，如输入【常用操作】；❸单击【确定】按钮，如图 8-24 所示。

图 8-24

Step05 ❶返回【PowerPoint 选项】对话框，在列表框中即可看到重命名组名称后的效果；❷将常用的命令添加到该组中；❸单击【确定】按钮，如图 8-25 所示。

图 8-25

Step06 返回 PowerPoint 2021 工作界面，在【开始】选项卡下的【常用操作】组中即可看到添加的一些命令，效果如图 8-26 所示。

图 8-26

技能拓展——在功能区中新建选项卡

如果需要在 PowerPoint 2021 工作界面的功能区中新建选项卡，可打开【PowerPoint 选项】对话框，在左侧选择【自定义功能区】选项，在右侧的【主选项卡】列表框中选择新建选项卡的位置，然后单击【新建选项卡】按钮，即可在所选选项卡下方添加一个新选项卡，然后以重命名新建组的方式重命名新建的选项卡。

8.3.4 实战：显示 / 隐藏功能区

实例门类	软件功能

PowerPoint 2021 提供了隐藏功能区的功能，当用户需要更多的

阅读空间，且不需要进行编辑操作时，可以将功能区隐藏，在需要应用功能区的相关命令或选项时，再将其显示出来。例如，将功能区隐藏，具体操作步骤如下。

Step01 ❶在PowerPoint 2021工作界面的标题栏中单击【功能区显示选项】按钮🔲；❷在弹出的下拉菜单中选择需要的隐藏或显示命令，如选择【自动隐藏功能区】命令，如图8-27所示。

图 8-27

技术看板

在【功能区显示选项】下拉菜单中选择【显示选项卡】命令，将显示选项卡，折叠功能区；若选择【显示选项卡和命令】命令，将显示选项卡和功能区。

Step02 即可隐藏功能区并切换到全屏阅读状态，如图8-28所示。要显示出功能区，可以将鼠标指针移动到窗口最上方，显示出标题栏，单击右侧的按钮···即可。

图 8-28

技能拓展——折叠/显示功能区

在功能区或选项卡中右击，在弹出的快捷菜单中选择【折叠功能区】命令，即可只显示选项卡，折叠功能区，若需要显示时，在选项卡上双击，即可将折叠的功能区显示出来。

8.3.5 显示/隐藏网格线

当幻灯片中的对象较多，且需要按一定规则整齐排列这些对象时，可通过网格线进行排列，它能轻松地将对象与其他对象或页面上

的特定区域对齐，排列对象时非常方便。默认情况下，PowerPoint 2021中的网格线是隐藏的，用户可以将其显示出来，不需要时再将其隐藏即可。其方法是：在PowerPoint 2021工作界面中选择【视图】选项卡，在【显示】组中选中【网格线】复选框，即可将网格线显示出来，效果如图8-29所示。当不需要网格线时，在【显示】组中取消选中【网格线】复选框即可。

图 8-29

技术看板

在幻灯片中按【Shift+F9】组合键也能将网格线显示出来，再次按【Shift+F9】组合键，则可将显示的网格线隐藏。

8.4 注册并登录Microsoft账户

在PowerPoint 2021中提供了用户账户功能，并且将Microsoft账户作为默认的个人账户，当登录Microsoft账户后，系统会自动将Office与此Microsoft账户相连，而且打开和保存的演示文稿都将保存到Microsoft账户中。当使用其他设备登录到Microsoft账户后，也能看到账户中存放的内容，对于跨设备使用非常方便。

PowerPoint 2021的部分功能，如OneDrive、共享等功能需要登录到Microsoft账户后才能使用。所以，在使用PowerPoint 2021制作幻灯片之前，可以先注册Microsoft账号，并登录到账户。这样便于后期的操作。注册和登录Microsoft账户的具体操作步骤如下。

Step01 在PowerPoint 2021工作界面中选择【文件】选项卡，❶在打开的页面左侧选择【账户】命令；❷在中间的【账户】栏中单击【登录】按钮，如图8-30所示。

图 8-30

Step02 ❶打开【登录】对话框，在文本框中输入电子邮箱地址或电话号码；❷单击【下一步】按钮，如图 8-31 所示。如果没有Office账户，可以单击【创建一个】链接进行账户注册。

图 8-31

Step03 在打开的对话框中，❶输入登录密码；❷单击【登录】按钮，如图 8-32 所示。

图 8-32

Step04 查看登录的账户。在进入幻灯片编辑界面时，可以在界面右上方看到成功登录的账户信息，如图 8-33 所示。

图 8-33

技能拓展——通过网页注册 Microsoft 账户

在注册Microsoft账户时，也可以通过网页直接注册，在浏览器中打开注册网址，在打开的页面中单击【没有账户？创建一个！】超链接，即可打开【创建 Microsoft 账户】页面，然后填写注册信息，单击【创建账户】按钮进行创建即可。

妙招技法

通过前面知识的学习，相信读者已经对 PowerPoint 2021 有了一个基本的认识。下面结合本章内容，介绍一些实用技巧。

技巧 01：调整幻灯片的显示比例

PowerPoint 2021 中默认会根据启动的软件窗口大小来调整幻灯片的显示比例，使刚好能完整地显示一张幻灯片的内容。当然，也可以通过调整显示比例来灵活设置，以便对幻灯片中的细节进行编辑。

将鼠标指针移动到PowerPoint 2021 工作界面状态栏中的滑块█上，按住鼠标左键不放，向左或向右拖动可快速调整幻灯片在窗口中的显示大小，如图 8-34 所示。

图 8-34

在按住【Ctrl】键的同时滚动鼠标滚轮，也可以快速调整窗口中幻灯片的显示比例。

另外，用户也可以在【视图】选项卡下的【显示比例】组中调整显示比例，单击【适应窗口大小】按钮，可以根据演示文稿的窗口大小灵活调整显示比例，这是最理想的显示方式。单击【显示比例】按钮，可以在打开的对话框中输入百分比的具体值，如图8-35所示。

图8-35

技巧02：如何让自定义的功能区快速恢复到默认状态

对PowerPoint 2021功能区添加了相应的选项卡或功能组后，如果需要让PowerPoint 2021功能区恢复到默认状态，那么可通过【PowerPoint选项】对话框来快速实现。例如，将添加【常用操作】组的功能区恢复到默认状态，具体操作步骤如下。

Step01 在PowerPoint 2021工作界面的功能区中右击，在弹出的快捷菜单中选择【自定义功能区】命令，如图8-36所示。

图8-36

Step02 打开【PowerPoint选项】对话框，默认选择【自定义功能区】选项，❶在右下方单击【重置】下拉按钮；❷在弹出的下拉菜单中选择【仅重置所选功能区选项卡】命令，如图8-37所示。

图8-37

Step03 单击【确定】按钮，返回PowerPoint 2021工作界面，即可看到功能区恢复到默认状态后的效果，如图8-38所示。

图8-38

技巧03：更改PowerPoint的Office主题

在PowerPoint 2021中提供了彩色、深灰色、白色和黑色4种Office主题，用户可以根据自己的需要或喜好来设置PowerPoint 2021的Office主题。例如，将PowerPoint 2021默认的彩色Office主题更改为深灰色，具体操作步骤如下。

Step01 选择【文件】选项卡，❶在打开的页面左侧选择【账户】命令；❷在【Office主题】下拉列表框中选择需要的主题选项，如选择【深灰色】选项，如图8-39所示。

图8-39

Step02 PowerPoint 2021的Office主题变成深灰色，效果如图8-40所示。

图8-40

更改了PowerPoint 2021的Office主题后，Office 2021其他组件的Office主题也将随之发生变化。

技巧04：隐藏功能区中不常用的选项卡

在使用PowerPoint 2021制作幻灯片的过程中，常用选项卡也就那么几个，对于不常用或不用的选项卡可以将其隐藏，不显示在功能区中，使PowerPoint 2021功能区更简洁，操作起来也更方便。例如，将功能区中的【审阅】选项卡和【加载项】选项卡隐藏，具体操作步骤如下。

Step 01 打开【PowerPoint选项】对话框，❶在左侧选择【自定义功能区】选项；❷在右侧的【自定义功能区】列表框中显示了PowerPoint所有的主选项卡，取消选中【审阅】和【加载项】复选框；❸单击【确定】按钮，如图8-41所示。

图8-41

Step 02 返回PowerPoint 2021工作界面，即可看到隐藏【审阅】和【加载项】选项卡后的效果，如图8-42所示。

图8-42

技能拓展——将隐藏的选项卡显示出来

对于隐藏的选项卡，当需要使用时，可在【PowerPoint选项】对话框中的【自定义功能区】列表框中选中未选中的复选框，然后单击【确定】按钮，即可将未显示的选项卡显示出来。

本章小结

通过本章知识的学习，相信读者已经认识和掌握了PowerPoint 2021的一些相关知识。本章在最后还讲解了一些PowerPoint 2021的操作技巧，以帮助读者更好地认识和使用PowerPoint 2021。

（左上角图标）第**9**章 演示文稿与幻灯片的基本操作

➡ 如何新建带内容的演示文稿？
➡ 你知道多少打开演示文稿的方法？
➡ 如何将演示文稿保存到OneDrive？
➡ 对于重要的演示文稿能不能设置密码保护？
➡ 幻灯片的哪些操作必须掌握？

　　本章将介绍幻灯片的基本操作和设计幻灯片及幻灯片母版的方法，以帮助用户设计出美观且具有吸引力的PPT。在学习过程中，还会得到以上问题的答案。

9.1　新建演示文稿

　　由于幻灯片是放置在演示文稿中的，因此，在使用PowerPoint 2021制作幻灯片之前，首先需要新建演示文稿。新建演示文稿包括新建空白演示文稿、根据在线模板新建演示文稿和根据主题新建演示文稿3种。下面分别进行介绍。

★重点 9.1.1　新建空白演示文稿

　　PowerPoint 2010版本以前，启动PowerPoint程序就能直接新建一个空白演示文稿，但从PowerPoint 2013版本开始，启动PowerPoint软件后，不会直接新建空白演示文稿，而是进入PowerPoint启动界面，只有选择【空白演示文稿】选项（见图9-1）后，才会新建一个名为【演示文稿1】的空白演示文稿，效果如图9-2所示。

图 9-2

9.1.2　根据在线模板新建演示文稿

　　PowerPoint 2021提供了一些在线模板和主题，用户可通过输入关键字搜索需要的模板，然后进行下载，创建带有内容的演示文稿。例如，创建一个与"项目"相关的演示文稿，具体操作步骤如下。

图 9-1

Step01 ❶启动PowerPoint 2021，选择【文件】选项卡，在【新建】界面右侧的搜索框中输入关键字【项目】；❷单击其后的【搜索】按钮🔍，如图9-3所示。

图 9-3

Step02 搜索相关的在线模板，搜索完成后，在打开的页面中显示搜索的结果，选择需要创建的演示文稿模板，如图9-4所示。

图 9-4

技术看板

通过搜索在线模板创建演示文稿时，必须要保证计算机正常连接网络，否则，将不能对在线模板进行下载。

Step03 在打开的界面中显示了该模板的相关信息，单击【创建】按钮，如图 9-5 所示。

图 9-5

Step04 对模板进行下载，下载完成后，即可创建带内容的演示文稿，效果如图 9-6 所示。

图 9-6

★重点 9.1.3　根据主题新建演示文稿

PowerPoint 2021 启动界面提供了一些主题，如果用户需要创建一个带色彩搭配和布局的演示文稿，那么可以通过提供的主题进行创建。例如，在 PowerPoint 2021 中创建一个【丝状】主题的演示文稿，具体操作步骤如下。

Step01 启动 PowerPoint 2021，在打开的启动界面右侧提供的主题中选择【丝状】选项，如图 9-7 所示。

图 9-7

Step02 在打开的界面中显示了该主题样式，❶选择需要的主题样式，如选择第 4 种样式；❷单击【创建】按钮，如图 9-8 所示。

图 9-8

Step03 对主题进行下载，下载完成后，即可创建该主题的演示文稿，效果如图 9-9 所示。

图 9-9

9.2　打开和关闭演示文稿

如果需要对计算机或 PowerPoint OneDrive（云服务）中已有的演示文稿进行编辑，那么要打开相关的演示文稿。当不需要操作时，还需要将其关闭。下面对打开和关闭演示文稿的操作进行讲解。

★重点 9.2.1 实战：打开计算机中保存的演示文稿

实例门类	软件功能

PowerPoint 2021 提供了打开功能，通过它可打开计算机中保存的所有演示文稿。例如，在 PowerPoint 2021 中打开"工作总结"演示文稿，具体操作步骤如下。

Step01 在 PowerPoint 2021 工作界面中选择【文件】选项卡，❶在打开的页面左侧选择【打开】命令；❷在中间选择演示文稿的大致位置，如单击【浏览】选项，如图 9-10 所示。

图 9-10

Step02 打开【打开】对话框，❶在地址栏中设置要打开演示文稿的保存位置，如"同步学习文件\素材文件\第9章"；❷选择需要打开的演示文稿，如选择【工作总结】选项；❸单击【打开】按钮，如图 9-11 所示。

图 9-11

技术看板

在计算机中找到需要打开的演示文稿，双击该演示文稿，即可快速打开该演示文稿。

Step03 即可打开选择的演示文稿，效果如图 9-12 所示。

图 9-12

技能拓展——打开最近打开过的演示文稿

在 PowerPoint 2021 工作界面中选择【文件】选项卡，在打开的页面左侧选择【打开】命令，在中间选择【最近】选项，在页面右侧则显示了最近打开过的演示文稿，选择需要打开的演示文稿，即可将其打开。

9.2.2 实战：打开 OneDrive 中的演示文稿

实例门类	软件功能

OneDrive 是 PowerPoint 2021 的一个云存储服务，通过它可存储、共享演示文稿。如果 OneDrive 中存储有演示文稿，当需要再次进行查看和编辑时，也可将其打开。例如，在 OneDrive 中打开"公司培训"演示文稿，具体操作步骤如下。

Step01 在新建的空白演示文稿中选择【文件】选项卡，❶在打开的页面左侧选择【打开】选项；❷在中间选择【OneDrive】选项；❸单击右侧的【登录】按钮，如图 9-13 所示。

图 9-13

Step02 打开【登录】对话框，❶在文本框中输入 PowerPoint 账户的电子邮箱地址；❷单击【下一步】按钮，如图 9-14 所示。

图 9-14

Step03 打开【输入密码】对话框，❶在文本框中输入电子邮箱地址对应的密码；❷单击【登录】按钮，如图 9-15 所示。

图 9-15

Step 04 登录到用户账户，在打开的页面右侧将显示OneDrive中保存的文件和文件夹，选择需要打开的文件【员工礼仪培训】选项，即可将选择的演示文稿打开，效果如图9-16所示。

图 9-16

9.2.3 关闭演示文稿

对演示文稿进行了各种编辑操作并保存后，如果确认不再对演示文稿进行任何操作，可将其关闭，以减少所占用的系统内存。关闭演示文稿的方法有以下几种。

➡ 在要关闭的演示文稿中单击标题栏右上角的【关闭】按钮⊠。

➡ 在要关闭的演示文稿中选择【文件】选项卡，然后在打开的页面中选择【关闭】命令。

➡ 在要关闭的演示文稿中按【Alt+F4】组合键。

在关闭演示文稿时，若没有对各种编辑操作进行保存，则执行关闭操作后，系统会弹出图9-17所示的提示对话框，提示是否对演示文稿所做的修改进行保存，此时可进行如下操作。

图 9-17

➡ 单击【保存】按钮，可保存当前演示文稿，同时关闭该演示文稿。

➡ 单击【不保存】按钮，将直接关闭演示文稿，且不会对当前演示文稿进行保存，即演示文稿中所做的更改都会被放弃。

➡ 单击【取消】按钮，将关闭该提示框并返回演示文稿，此时用户可根据实际需要进行相应的编辑。

技能拓展——使用图案对幻灯片背景进行填充

选择需要使用图案填充背景的幻灯片，在【设置背景格式】任务窗格中的【填充】栏中选中【图案填充】单选按钮，在【图案】栏中可选择需要的图案，然后对图案的前景色和背景色进行填充即可。

9.3 保存演示文稿

对于制作和编辑的演示文稿，要及时进行保存，以免丢失演示文稿中的内容。在PowerPoint 2021中保存演示文稿的方法很多，用户可以根据需要选择合适的方式进行保存。

★重点 9.3.1 直接保存演示文稿

如果是对计算机中已保存过的演示文稿进行保存，那么可直接执行【保存】命令，在原有的位置以原文件名进行保存。其方法是：对打开的演示文稿进行编辑后，单击快速访问工具栏中的【保存】按钮🖫，或者按【Ctrl+S】组合键，即可直接对演示文稿进行保存，保存后，演示文稿的保存位置和文件名不会发生任何变化。

技术看板

对于新建的演示文稿，执行保存操作后，会以"另存为演示文稿"方式进行保存，保存的具体方法在9.3.2节进行讲解。

★重点 9.3.2 实战：另存为"公司简介"演示文稿

实例门类	软件功能

如果需要将当前打开或编辑的演示文稿以其他名称保存到计算机

的其他位置，就需要执行【另存为】操作对其进行保存。例如，将"公司简介"演示文稿以"恒图公司简介"为名另存到计算机其他位置，具体操作步骤如下。

Step 01 打开"素材文件\第9章\公司简介.pptx"文件，选择【文件】选项卡，❶在打开的页面左侧选择【另存为】选项；❷在中间选择【浏览】选项，如图9-18所示。

图 9-18

❶打开【另存为】对话框，在地址栏中重新设置演示文稿的保存位置，如设置为"同步学习文件\结果文件\第9章"；❷在【文件名】文本框中输入保存的名称，这里更改为"恒图公司简介"；❸单击【保存】按钮，如图 9-19 所示。

图 9-19

技能拓展——更改演示文稿的保存类型

在另存为演示文稿时，默认是以 PowerPoint 2021 演示文稿类型进行保存的，如果要以其他类型进行保存，可在【另存为】对话框中设置保存位置和保存名称后，在【保存类型】下拉列表中选择需要的保存类型进行保存。

Step03 即可对演示文稿进行保存，保存完成后，自动返回 PowerPoint 2021 工作界面，即可看到演示文稿的文件名发生了变化，效果如图 9-20 所示。

图 9-20

9.4 保护演示文稿

对于一些重要的演示文稿，如果不希望其他用户查看或对演示文稿中的内容进行编辑，那么可对演示文稿进行保护。在 PowerPoint 2021 中，保护演示文稿的方式很多，既可设置密码保护，也可将演示文稿标记为最终状态或限制访问演示文稿中的内容。下面将对保护演示文稿的相关知识进行讲解。

★重点 9.4.1 实战：用密码保护"财务报告"演示文稿

实例门类	软件功能

如果不希望制作好的演示文稿内容被他人查看，那么可以对演示文稿设置密码保护。这样，只有输入正确的密码后，才能打开演示文稿进行查看和编辑。例如，为"财务报告"演示文稿设置密码保护，具体操作步骤如下。

Step01 打开"素材文件\第9章\财务报告.pptx"文件，选择【文件】选项卡，❶在打开的页面左侧选择【信息】命令；❷然后单击【保护演示文稿】下拉按钮；❸在弹出的下拉菜单中选择【用密码进行加密】命令，如图 9-21 所示。

图 9-21

Step02 ❶打开【加密文档】对话框，在【密码】文本框中输入设置的密码，如输入【0123456789】；❷单击【确定】按钮，如图 9-22 所示。

图 9-22

Step03 ❶打开【确认密码】对话框，在【重新输入密码】文本框中输入前面设置的密码【0123456789】；❷单击【确定】按钮，如图 9-23 所示。

图 9-23

重新输入的密码必须与前面设置的密码一致。

Step04 即可完成演示文稿的加密，保存并关闭演示文稿，再次打开演示文稿时，会打开【密码】对话框，①在【密码】文本框中输入正确的密码【0123456789】；②单击【确定】按钮后，才能打开该演示文稿，如图 9-24 所示。

图 9-24

技能拓展——取消演示文稿的密码保护

当不需要对演示文稿进行密码保护时，可以将其取消。其方法是：打开设置密码保护的演示文稿，选择【文件】选项卡，在打开的【信息】页面中单击【保护演示文稿】下拉按钮，在弹出的下拉菜单中选择【用密码进行加密】命令，打开【加密文档】对话框，在【密码】文本框中显示了设置的密码，删除密码，单击【确定】按钮，即可取消演示文稿的密码保护。

9.4.2 实战：将"财务报告"演示文稿标记为最终状态

实例门类	软件功能

标记为最终状态是指让他人知晓此演示文稿是最终版本，并将该演示文稿设置为只读模式，这样他人看到后就不会对演示文稿进行编辑。例如，将"财务报告"演示文稿标记为最终状态，具体操作步骤如下。

Step01 打开"素材文件\第 9 章\财务报告.pptx"文件，选择【文件】选项卡，①在打开的页面左侧选择【信息】命令；②单击【保护演示文稿】下拉按钮；③在弹出的下拉菜单中选择【标记为最终】命令，如图 9-25 所示。

图 9-25

技术看板

在【保护演示文稿】下拉菜单中还提供了【限制访问】和【添加数字签名】等保护命令，但通过这两种方式来保护演示文稿，操作起来会比较麻烦，用户可不选择使用。

Step02 在打开的提示对话框中提示"该演示文稿将标记为最终，然后保存。"，这里单击【确定】按钮，如图 9-26 所示。

图 9-26

Step03 再次打开提示对话框，单击【确定】按钮，如图 9-27 所示。

图 9-27

Step04 返回 PowerPoint 2021 工作界面，即可看到演示文稿标记为最终状态后的效果，如图 9-28 所示。

图 9-28

技术看板

若单击演示文稿提示信息中的【任意编辑】按钮，将取消标记为最终状态，恢复到普通状态，然后就可以对演示文稿进行编辑了。

9.5 检查和打印演示文稿

对于制作好的演示文稿，还需要对演示文稿进行检查，检查完成后，用户可根据需要对演示文稿进行打印或发布。

★重点 9.5.1 实战：检查演示文稿隐藏属性和个人信息

| 实例门类 | 软件功能 |

如果制作的演示文稿需要与客户或其他同事共享，那么最好检查演示文稿中是否存在隐藏信息和个人信息。例如，对"财务报告"演示文稿中隐藏的属性和个人信息进行检查，具体操作步骤如下。

Step01 打开"素材文件\第9章\财务报告.pptx"文件，选择【文件】选项卡，❶在打开的页面左侧选择【信息】命令，然后单击【检查问题】下拉按钮；❷在弹出的下拉菜单中选择【检查文档】命令，如图9-29所示。

图 9-29

技术看板

由于检查出来的文档属性和个人信息等删除后并不一定能恢复，因此，在执行检查操作时，最好通过原始演示文稿的副本来执行。

Step02 打开【文档检查器】对话框，保持默认设置，单击【检查】按钮，如图9-30所示。

图 9-30

Step03 开始对演示文稿进行检查，检查完成后，在【文档检查器】对话框中显示检查结果，检查出了隐藏属性和个人信息，单击【文档属性和个人信息】选项后的【全部删除】按钮，如图9-31所示。

图 9-31

技术看板

若单击【重新检查】按钮，则可重新对演示文稿进行检查。

Step04 删除检查出来的演示文稿的隐藏属性和个人信息，然后向下滚动对话框右侧的滚动条，单击【不可见的幻灯片内容】选项后的【全部删除】按钮，如图9-32所示。

图 9-32

Step05 删除不可见的幻灯片对象，然后单击【关闭】按钮，完成演示文稿的检查，如图9-33所示。

图 9-33

9.5.2 实战：检查"工作总结"演示文稿的兼容性

| 实例门类 | 软件功能 |

制作或编辑完演示文稿后，还可以通过检查演示文稿功能对当前演示文稿的兼容性进行检查。例如，对"工作总结"演示文稿的兼容性进行检查，具体操作步骤如下。

Step01 打开"素材文件\第9章\工作总结.pptx"文件，选择【文件】选项卡，❶在打开的页面左侧选择【信息】命令；❷然后单击【检查问题】下拉按钮；❸在弹出的下拉菜单中选择【检查兼容性】命令，如图9-34所示。

图 9-34

Step02 开始对演示文稿的兼容性进行检查，检查完成后，在打开的提示对话框中将显示演示文稿中各内容的兼容性，方便用户查看和解决，如图 9-35 所示。

图 9-35

技术看板

在兼容性提示对话框中选中【保存为 PowerPoint 97-2003 格式时检查兼容性】复选框，表示每次将演示文稿保存为 PowerPoint 97-2003 版本时，都会对演示文稿进行兼容性检查。

9.5.3 实战：将低版本演示文稿转换为高版本

| 实例门类 | 软件功能 |

在 PowerPoint 2021 中打开由 PowerPoint 较低版本创建的演示文稿时，会在标题栏中显示"[兼容模式]"字样。在兼容模式下编辑演示

文稿时，不能使用 PowerPoint 新版本中新增功能或增强功能，如果要使用这些功能，就必须将低版本的演示文稿转换成最新版本。例如，将低版本的"楼盘推广策划"演示文稿转换成高版本，具体操作步骤如下。

Step01 打开"素材文件\第 9 章\楼盘推广策划 .ppt"文件，选择【文件】选项卡，❶在打开的页面左侧选择【信息】命令；❷单击【转换】按钮，如图 9-36 所示。

图 9-36

Step02 打开【另存为】对话框，程序会自动将保存类型设置为高版本的保存类型，❶在地址栏中设置转换后演示文稿的保存位置；❷单击【保存】按钮，如图 9-37 所示。

图 9-37

Step03 此时，即可将低版本的演示文稿转换成高版本，并且在标题栏中将不会显示"兼容模式"字样，效果如图 9-38 所示。

图 9-38

★重点 9.5.4 预览并打印演示文稿

对于制作的演示文稿，除了可以对其进行放映，还可以将其打印到纸张上，以供放映时观众进行参考。在 PowerPoint 2021 中打印演示文稿的方法是：打开需要打印的演示文稿，选择【文件】选项卡，在打开的页面中选择【打印】命令，在页面中间设置打印参数，在页面右侧预览打印效果，确定无误后，再单击【打印】按钮进行打印即可，如图 9-39 所示。

图 9-39

【打印】页面中各打印参数的作用如下。

➡【打印】按钮：单击该按钮，可执行打印操作。

➡【份数】数值框：用于设置演示文稿打印的份数。

➡【打印机】下拉列表框：用于设置打印时，要使用的打印机。

- ➡【打印机属性】超链接：单击该超链接，可打开打印机属性对话框，在其中可对页面布局和打印质量等进行设置。
- ➡【打印全部幻灯片】下拉列表框：用于设置演示文稿要打印的范围，如打印全部幻灯片、打印所选幻灯片、打印当前幻灯片，以及自定义要打印的幻灯片等。
- ➡【幻灯片】文本框：用于设置自定义打印时，所要打印幻灯片的张数。
- ➡【整页幻灯片】文本框：用于设置幻灯片打印的版式，如一页一张幻灯片、一页多张幻灯片，以及以备注页版式打印或大纲版式打印等。
- ➡【调整】下拉列表框：用于设置打印幻灯片的排序方式。
- ➡【颜色】文本框：用于设置打印时幻灯片的颜色。
- ➡【编辑页眉和页脚】超链接：单击该超链接，可打开【页眉和页脚】对话框，在其中对幻灯片页眉和页脚进行设置。

技术看板

在【打印】页面右侧下方的文本框中显示当前的幻灯片张数，单击【下一页】按钮，可预览下一张幻灯片的打印效果，单击【上一页】按钮，可预览上一张幻灯片的打印效果。

★重点 9.5.5 打印部分演示文稿

在打印演示文稿时，可以仅打印需要的幻灯片页面。其方法是：在【打印】页面中，❶选择【自定义范围】选项；❷在下方的【幻灯片】文本框中输入需要打印的幻灯片编号，编号之间用英文逗号相隔，即可打印自定义编号的幻灯片页面，如图9-40所示。

图 9-40

★重点 9.5.6 高质量打印演示文稿

在打印演示文稿时，如果对打印的演示文稿有较高的质量要求，可以进行打印质量设置。其方法是：选择【文件】→【选项】选项，打开如图9-41所示的【PowerPoint选项】对话框，❶选择【高级】选项；❷在【打印】栏中选中【高质量】复选框；❸单击【确定】按钮，便完成了演示文稿的打印质量设置。

图 9-41

9.6 幻灯片的基本操作

幻灯片是演示文稿的主体，所以，要想使用PowerPoint 2021制作演示文稿，就必须掌握幻灯片的一些基本操作，如新建、移动、复制和删除等。下面将对幻灯片的基本操作进行讲解。

★重点 9.6.1 选择幻灯片

在演示文稿中，要想对幻灯片进行操作，首先需要选择幻灯片。选择幻灯片主要包括3种情况，分别是选择单张幻灯片、选择多张幻灯片和选择所有幻灯片。下面分别进行介绍。

1. 选择单张幻灯片

选择单张幻灯片的操作最为简单，用户只需在演示文稿界面左侧幻灯片窗格中单击需要的幻灯片，即可将其选中，如图9-42所示。

图 9-42

2. 选择多张幻灯片

选择多张幻灯片又分为选择多张连续的幻灯片和选择多张不连续的幻灯片两种，分别介绍如下。

➥ 选择多张不连续的幻灯片时，先按住【Ctrl】键不放，然后在幻灯片窗格中依次单击需要选择的幻灯片即可，如图9-43所示。

图 9-43

➥ 选择多张连续的幻灯片时，先选择第1张幻灯片，然后按住【Shift】键不放，在幻灯片窗格中单击最后一张幻灯片，即可选择这两张幻灯片之间的所有幻灯片，效果如图9-44所示。

图 9-44

3. 选择所有幻灯片

如果需要选择演示文稿中的所有幻灯片，可单击【开始】选项卡【编辑】组中的【选择】按钮，在弹出的下拉菜单中选择【全选】选项，

效果如图9-45所示，即可选择演示文稿中的所有幻灯片，效果如图9-46所示。

图 9-45

图 9-46

🎯 技术看板

在幻灯片编辑区中按【Ctrl+A】组合键，或者配合【Shift】键，也能快速选择演示文稿中的所有幻灯片。

★重点 9.6.2 实战：新建幻灯片

实例门类	软件功能

在制作和编辑演示文稿的过程中，如果演示文稿中的幻灯片不够，用户可以根据需要进行新建。在PowerPoint 2021中既可新建默认版式的幻灯片，也可新建指定版式的幻灯片。

1. 新建默认版式的幻灯片

新建默认版式的幻灯片是指根据上一张幻灯片的版式来决定新建幻灯片的版式，而不能自由决定新建幻灯片的版式。例如，在"公司简介"演示文稿中的不同版式幻灯片下各新建一张幻灯片，具体操作步骤如下。

Step01 打开"素材文件\第9章\公司简介.pptx"文件，❶选择第1张幻灯片；❷单击【开始】选项卡【幻灯片】组中的【新建幻灯片】按钮，如图9-47所示。

图 9-47

Step02 即可在第1张幻灯片下新建一张默认版式的幻灯片，如图9-48所示。

图 9-48

Step03 ❶选择第3张幻灯片；❷单击【开始】选项卡【幻灯片】组中的【新建幻灯片】按钮，如图9-49所示。

图 9-49

技术看板

在新建幻灯片时，在幻灯片窗格空白区域右击，在弹出的快捷菜单中选择【新建幻灯片】命令，也可在所选幻灯片下方新建一张默认版式的幻灯片。

Step04 即可在第 3 张幻灯片下方新建一张与第 3 张幻灯片相同版式的幻灯片，如图 9-50 所示。

图 9-50

技术看板

按【Enter】键或【Ctrl+M】组合键，也可在所选幻灯片下方新建一张默认版式的幻灯片。

2. 新建指定版式的幻灯片

在新建幻灯片时，也可新建带指定版式的幻灯片。例如，在"公司简介"演示文稿中新建多张不同版式的幻灯片，具体操作步骤如下。

Step01 打开"素材文件\第 9 章\公

司简介.pptx"文件，❶选择第 2 张幻灯片；❷单击【开始】选项卡【幻灯片】组中的【新建幻灯片】下拉按钮 ˅；❸在弹出的下拉列表中选择需要新建幻灯片的版式，如选择【仅标题】命令，如图 9-51 所示。

图 9-51

Step02 此时，即可在所选幻灯片下方新建一张只带标题的幻灯片，效果如图 9-52 所示。

图 9-52

Step03 ❶选择第 6 张幻灯片，单击【幻灯片】组中的【新建幻灯片】下拉按钮 ˅；❷在弹出的下拉列表中选择【比较】命令，如图 9-53 所示。

图 9-53

Step04 此时，即可在所选幻灯片下方新建一张"比较"版式的幻灯片，效果如图 9-54 所示。

图 9-54

技能拓展——删除幻灯片

对于演示文稿中多余的幻灯片，可将其删除。其方法是：在幻灯片窗格中选择需要删除的幻灯片，然后按【Delete】键或【Backspace】键即可。

★重点 9.6.3 实战：移动和复制幻灯片

实例门类	软件功能

当制作的幻灯片其位置不正确时，可以通过移动幻灯片的方法将其移动到合适位置；而对于制作结构与格式相同的幻灯片时，可以直接复制幻灯片，然后对其内容进行修改，以达到快速创建幻灯片的目的。例如，在"员工礼仪培训"演示文稿中移动第 8 张幻灯片的位置，然后通过复制第 1 张幻灯片来制作第 12 张幻灯片，具体操作步骤如下。

Step01 打开"素材文件\第 9 章\员工礼仪培训.pptx"文件，在幻灯片窗格中选择第 8 张幻灯片，将鼠标指针移动到所选幻灯片上，然后按住鼠标左键不放，将其拖动到第 10 张幻灯片下面，如图 9-55 所示。

图 9-55

Step②　释放鼠标，即可将原来的第8张幻灯片移动到第10张幻灯片下面，并变成第10张幻灯片，如图 9-56 所示。

图 9-56

技术看板

在拖动鼠标移动幻灯片的过程中，若按住【Ctrl】键，则可以复制幻灯片。

Step③　选择第1张幻灯片并右击，在弹出的快捷菜单中选择【复制】命令，如图 9-57 所示。

图 9-57

技术看板

选择需要复制的幻灯片后右击，在弹出的快捷菜单中选择【复制幻灯片】命令，即可直接在所选幻灯片下方粘贴复制的幻灯片。

Step④　在幻灯片窗格中需要粘贴幻灯片的位置单击，即可出现一条红线，表示幻灯片粘贴的位置，如图 9-58 所示。

图 9-58

Step⑤　在该位置右击，在弹出的快捷菜单中选择【保留源格式】命令，如图 9-59 所示。

图 9-59

Step⑥　即可将复制的幻灯片粘贴到该位置，然后对幻灯片中的内容进行修改即可，效果如图 9-60 所示。

技能拓展——通过快捷键实现移动和复制幻灯片操作

选择需要复制或移动的幻灯片，按【Ctrl+C】组合键复制幻灯片，或者按【Ctrl+X】组合键剪切幻灯片，在目标位置按【Ctrl+V】组合键，即可粘贴复制或剪切的幻灯片。

图 9-60

★**重点 9.6.4　实战：使用节管理幻灯片**

当演示文稿中的幻灯片较多时，为了厘清幻灯片的整体结构，可以使用 PowerPoint 2021 提供的节功能对幻灯片进行分组管理，具体操作步骤如下。

Step①　打开"素材文件\第9章\职场技能培训.pptx"文件，❶在打开的"职场技能培训"演示文稿幻灯片窗格的第1张幻灯片前面的空白区域单击，出现一条红线；❷单击【开始】选项卡【幻灯片】组中的【节】按钮；❸在弹出的下拉菜单中选择【新增节】命令，如图 9-61 所示。

图 9-61

技术看板

在幻灯片窗格选择某个幻灯片并右击，在弹出的快捷菜单中选择【新增节】命令，可在所选幻灯片上方添加一个节。

Step02 此时，红线处增加一个节，在节上右击，在弹出的快捷菜单中选择【重命名节】命令，如图9-62所示。

图 9-62

Step03 ❶打开【重命名节】对话框，在【节名称】文本框中输入节的名称，如输入【开场部分】；❷单击【重命名】按钮，如图9-63所示。

图 9-63

Step04 ❶此时，节的名称将发生变化，然后在第2张幻灯片后面单击，进行定位；❷单击【幻灯片】组中的【节】按钮；❸在弹出的下拉菜单

中选择【新增节】命令，如图9-64所示。

图 9-64

📖 技术看板

单击节标题前的◢按钮，可折叠节；单击▷按钮，可展开节。

Step05 即可新增一个节，并对节的名称进行命名，如图9-65所示。

图 9-65

Step06 此时已成功为这份演示文稿添加了两个节，单击节，对节进行折叠，可以将节内的幻灯片折叠起来，方便管理幻灯片，如图9-66所示。

图 9-66

⚙ 技能拓展——删除节

对于错误的节或不用的节，为了方便管理，可以将其删除。其方法是：在幻灯片窗格中选择需要删除的节并右击，在弹出的快捷菜单中选择【删除节】命令，可删除当前选择的节；若选择【删除所有节】命令，则会删除演示文稿中的所有节。

妙招技法

通过前面知识的学习，相信读者已经掌握了 PowerPoint 2021 演示文稿和幻灯片的基本操作了。下面结合本章内容，给大家介绍一些实用技巧。

技巧01：如何自动定时对演示文稿进行保存

在制作和编辑演示文稿的过程中，为避免因突然断电或死机等意外情况所造成的损失，要及时对演示文稿进行保存。在 PowerPoint

2021 中提供了自动保存功能，通过该功能可让程序自动在指定的时间间隔对演示文稿进行保存。这样，即使发生意外情况，重启 PowerPoint 2021 后还可恢复自动保存的内容。例如，将 PowerPoint 自

动保存间隔时间设置为 5 分钟，具体操作步骤如下。

Step01 在 PowerPoint 2021 工作界面中选择【文件】选项卡，在打开的页面左侧选择【选项】命令，如图9-67所示。

图 9-67

Step 02 打开【PowerPoint选项】对话框，❶在左侧选择【保存】选项；❷在右侧的【保存自动恢复信息时间间隔】数值框中输入需要设置的时间间隔，如输入【5】；❸单击【确定】按钮，如图 9-68 所示。

图 9-68

技术看板

如果计算机的内存比较小，那么在设置自动保存时间间隔时不能设置得太短；否则会影响计算机的运行速度。

技巧 02：快速新建一个与当前演示文稿完全相同的演示文稿

当需要对当前演示文稿进行其他操作，又想保留当前的演示文稿时，可以通过 PowerPoint 2021 提供的新建窗口功能新建一个与当前演示文稿完全相同的演示文稿。例如，新建一个与"工作总结"演示文稿完全相同的演示文稿，具体操作步

骤如下。

Step 01 打开"素材文件\第 9 章\工作总结.pptx"文件，单击【视图】选项卡【窗口】组中的【新建窗口】按钮，如图 9-69 所示。

图 9-69

Step 02 即可快速新建一个与当前演示文稿内容完全相同的演示文稿，只是会在当前打开的演示文稿和新建的演示文稿标题后添加序号，如"1""2"等，效果如图 9-70 所示。

图 9-70

技巧 03：演示文稿的其他打开方式

在 PowerPoint 2021 中打开演示文稿时，用户可以根据打开演示文稿的用途来选择打开的方式，如以只读方式打开、以副本方式打开、在受保护的视图中打开等。下面分别对这几种打开方式进行介绍。

1. 以只读方式打开

当只需要对演示文稿中的内容

进行查看，且不需要对演示文稿进行编辑时，则可以以只读的方式打开演示文稿。例如，以只读方式打开"工作总结"演示文稿，具体操作步骤如下。

Step 01 在 PowerPoint 2021 工作界面中选择【文件】选项卡，❶在打开的页面左侧选择【打开】命令；❷在中间选择【浏览】选项，如图 9-71 所示。

图 9-71

技术看板

在 PowerPoint 2021 工作界面中按【Ctrl+O】组合键也能打开【打开】页面。

Step 02 ❶打开【打开】对话框，在地址栏中设置要打开演示文稿的保存位置；❷然后选择需要打开的演示文稿【工作总结】；❸单击【打开】下拉按钮▼，在弹出的下拉菜单中选择【以只读方式打开】命令，如图 9-72 所示。

图 9-72

Step 03 即可打开该演示文稿，并在

标题栏中显示【只读】字样，效果如图9-73所示。

图9-73

技术看板

以只读方式打开演示文稿后，如果对演示文稿进行了编辑，那么不能保存到原演示文稿，只有另存为演示文稿才能进行保存。

2. 以副本方式打开

在以副本方式打开演示文稿时，会在原演示文稿的文件夹中创建一个完全相同的副本演示文稿，并会将其打开。例如，以副本方式打开"工作总结"演示文稿，具体操作步骤如下。

Step01 ❶在PowerPoint 2021工作界面中打开【打开】对话框，在地址栏中设置要打开演示文稿的保存位置；❷选择需要打开的演示文稿【工作总结】；❸单击【打开】下拉按钮▾，在弹出的下拉菜单中选择【以副本方式打开】命令，如图9-74所示。

图9-74

Step02 即可在原始演示文稿文件夹中创建一个与原始演示文稿相同的副本，效果如图9-75所示。

图9-75

Step03 同时打开创建的副本演示文稿，效果如图9-76所示。

图9-76

3. 在受保护的视图中打开

在受保护的视图中打开与将演示文稿标记为最终状态相似，不能直接对演示文稿进行编辑，但允许用户进入编辑状态。例如，在受保护的视图中打开"工作总结"演示文稿，具体操作步骤如下。

Step01 ❶在PowerPoint 2021工作界面中打开【打开】对话框，在地址栏中设置要打开演示文稿的保存位置；❷然后选择需要打开的演示文稿【副本(1)工作总结】；❸单击【打开】下拉按钮▾，在弹出的下拉菜单中选择【在受保护的视图中打开】命令，如图9-77所示。

图9-77

Step02 即可在受保护的视图中打开，效果如图9-78所示。单击【启用编辑】按钮，可进入演示文稿的编辑状态。

图9-78

技能拓展——打开并修复演示文稿

当需要打开的演示文稿被损坏，不能正常打开时，可以通过打开修复的方式进行修复。其方法是：在PowerPoint 2021工作界面中打开【打开】对话框，在地址栏中设置要打开演示文稿的保存位置，然后选择需要打开的演示文稿，单击【打开】下拉按钮▾，在弹出的下拉菜单中选择【打开并修复】命令，即可对演示文稿进行修复，并将其打开。

技巧04：快速切换到指定的演示文稿窗口

当同时打开多个演示文稿进行查看或编辑时，难免需要在多个演示文稿窗口之间进行切换，要想快速精确地切换到需要的演示文稿中，可通过 PowerPoint 2021 提供的切换窗口功能来实现。例如，快速切换到"员工礼仪培训"演示文稿窗口中，具体操作步骤如下。

Step01 打开多个演示文稿窗口，❶单击【视图】选项卡【窗口】组中的【切换窗口】按钮；❷在弹出的下拉菜单中显示了打开的所有演示文稿窗口，选择需要切换到的窗口选项，如选择【员工礼仪培训】命令，如图 9-79 所示。

图 9-79

Step02 即可快速切换到【员工礼仪培训】演示文稿窗口，如图 9-80 所示。

图 9-80

技巧05：重用（插入）幻灯片

在制作演示文稿的过程中，如果某张或多张幻灯片的内容、格式、整体效果等需要从其他一个或多个演示文稿中的幻灯片得到，那么可采用 PowerPoint 2021 提供的

重用幻灯片功能，快速将其他演示文稿中的幻灯片调用到该张幻灯片中。例如，在新建的演示文稿中重用"工作总结 PPT 模板"演示文稿中的所有幻灯片，具体操作步骤如下。

Step01 新建一个空白演示文稿，将其保存为【工作总结】，❶单击【开始】选项卡【幻灯片】组中的【新建幻灯片】下拉按钮 ∨；❷在弹出的菜单中选择【重用幻灯片】命令，如图 9-81 所示。

图 9-81

Step02 打开【重用幻灯片】任务窗格，单击【浏览】按钮，如图 9-82 所示。

图 9-82

Step03 ❶打开【浏览】对话框，在地址栏中选择演示文稿保存的位置；❷然后在中间的列表框中选择需要的演示文稿，如选择【工作总结 PPT 模板】；❸单击【打开】按钮，如图 9-83 所示。

图 9-83

Step04 返回幻灯片编辑区域，在【重用幻灯片】任务窗格的文本框中显示了演示文稿的保存路径，并在下方显示了演示文稿的所有幻灯片，如图 9-84 所示。

图 9-84

Step05 ❶选中任务窗格最下方的【保留源格式】复选框；❷在需要重用的幻灯片上右击，在弹出的快捷菜单中选择重用的内容，这里选择【插入所有幻灯片】命令，如图 9-85 所示。

图 9-85

技术看板

选中【保留源格式】复选框，表示重用所选幻灯片原来的格式，包括文本格式、背景格式等。

Step⑥ 即可将所有幻灯片插入该演示文稿中，包括幻灯片的背景、主题、格式、内容等，然后单击任务窗格右上角的【关闭】按钮，如图9-86所示。

图 9-86

Step⑦ 关闭任务窗格，然后将幻灯片中的内容进行删除和修改即可，效果如图9-87所示。

图 9-87

技能拓展——重用幻灯片主题

如果重用的幻灯片应用了主题，那么在【重用幻灯片】任务窗格中需要重用的幻灯片上右击，在弹出的快捷菜单中选择【将主题应用于所有幻灯片】或【将主题应用于选定幻灯片】命令，即可将幻灯片的主题应用到当前演示文稿的所有幻灯片或当前选定的幻灯片。

本章小结

通过本章知识的学习，相信读者已经掌握了演示文稿和幻灯片的一些基础操作，在实际应用过程中，要重点掌握新建演示文稿、打开演示文稿、保护演示文稿、新建幻灯片、移动和复制幻灯片、管理幻灯片等操作。本章在最后还讲解了一些演示文稿和幻灯片的操作技巧，以帮助用户更好地操作演示文稿和幻灯片。

第10章 幻灯片页面与外观设置

➡ 能不能自由设置幻灯片的大小？

➡ 可以使用图片填充幻灯片背景吗？

➡ 如何将当前演示文稿中的主题保存到计算机中？

➡ 如何将其他演示文稿中的主题应用到当前打开的演示文稿中？

本章将介绍如何设置幻灯片页面和外观的相关知识，以帮助用户快速设计出美观的幻灯片。在学习过程中，还会得到以上问题的答案。

10.1 幻灯片大小与版式设置

在添加幻灯片内容之前，用户可根据幻灯片的内容，对幻灯片的大小和版式进行相应的设置，使幻灯片能有效地传递信息。

10.1.1 应用内置幻灯片大小

PowerPoint 2021 中内置了标准（4:3）和宽屏（16:9）两种幻灯片大小，而宽屏（16:9）是 PowerPoint 2021 默认的幻灯片大小。当需要应用标准（4:3）幻灯片大小时，可在 PowerPoint 2021 工作界面的【设计】选项卡【自定义】组中单击【幻灯片大小】按钮，在弹出的下拉菜单中选择【标准（4:3）】命令即可，如图 10-1 所示。

图 10-1

★重点 10.1.2 实战：自定义"企业介绍"幻灯片大小

实例门类	软件功能

当内置的幻灯片大小不能满足需要时，用户可自定义幻灯片的大小。例如，自定义"企业介绍"演示文稿中的幻灯片大小，具体操作步骤如下。

Step(01) 打开"素材文件\第10章\企业介绍.pptx"文件，❶单击【设计】选项卡【自定义】组中的【幻灯片大小】按钮；❷在弹出的下拉菜单中选择【自定义幻灯片大小】命令即可，如图 10-2 所示。

图 10-2

Step(02) ❶打开【幻灯片大小】对话框，在【宽度】数值框中输入幻灯片宽度值，如输入【33 厘米】；❷在【高度】数值框中输入幻灯片高度值，如输入【19 厘米】；❸单击【确定】按钮，如图 10-3 所示。

图 10-3

💡 技术看板

在【幻灯片大小】对话框的【幻灯片编号起始值】数值框中可设置幻灯片窗格中幻灯片的起始值；在【幻灯片】栏中可设置演示文稿中幻灯片的方向；在【备注、讲义和大纲】栏中可设置备注、讲义和大纲幻灯片的方向。

Step③ 打开【Microsoft PowerPoint】对话框，提示是要最大化内容大小还是按比例缩小，这里选择【确保适合】选项，如图10-4所示。

图10-4

🔖 技术看板

如果是对制作好的幻灯片大小进行调整，那么设置大小后，将打开【Microsoft PowerPoint】对话框，单击【最大化】按钮，则会使幻灯片内容充满整个页面；单击【确保适合】按钮，则会按比例缩小幻灯片大小，以确保幻灯片中的内容能适应新幻灯片大小。

Step④ 即可将幻灯片调整到自定义的大小，效果如图10-5所示。

图10-5

★重点 10.1.3 实战：为"企业介绍"幻灯片重新选择版式

实例门类	软件功能

对于演示文稿中幻灯片的版式，用户也可以根据幻灯片中的内容对幻灯片版式进行更改，使灯片中内容的排版更合理。例如，对"企业介绍"演示文稿中部分幻灯片的版式进行修改，具体操作步骤如下。

Step① ❶在打开的"企业介绍"演示文稿中选择需要更改版式的幻灯片，如选择第12张幻灯片；❷单击【开始】选项卡【幻灯片】组中的【幻灯片版式】按钮囗；❸在弹出的下拉列表中选择需要的版式，如选择【1_标题和内容】命令，如图10-6所示。

图10-6

Step② 即可将所选版式应用于幻灯片，然后删除幻灯片中多余的占位符，效果如图10-7所示。

图10-7

Step③ ❶选择第14张幻灯片；❷单击【幻灯片】组中的【幻灯片版式】按钮囗；❸在弹出的下拉列表中选择【标题幻灯片】命令，如图10-8所示。

图10-8

Step④ 即可将所选版式应用于幻灯片，然后删除幻灯片中多余的占位符，并将【谢谢！】移动到黑色背景上，效果如图10-9所示。

图10-9

10.2 设置幻灯片背景格式

设置幻灯片背景格式是指将幻灯片默认的纯白色背景设置为其他填充效果，如纯色填充、渐变填充、图片或纹理填充、图案填充等，用户可根据自己的需求选择不同的填充效果，使幻灯片版面更美观。

第1篇

第2篇

第3篇

第4篇

★重点 10.2.1 实战：纯色填充"电话礼仪培训"幻灯片

实例门类	软件功能

纯色填充是指使用一种颜色对幻灯片背景进行填充。例如，对"电话礼仪培训"演示文稿的第2张幻灯片进行纯色填充，具体操作步骤如下。

Step01 打开"素材文件\第10章\电话礼仪培训.pptx"文件，❶选择第2张幻灯片；❷单击【设计】选项卡【自定义】组中的【设置背景格式】按钮，如图10-10所示。

图 10-10

Step02 打开【设置背景格式】任务窗格，❶在【填充】栏中保持选中【纯色填充】单选按钮，单击【填充颜色】下拉按钮；❷在弹出的列表中选择需要的填充颜色，如选择【水绿色，个性色5，淡色40%】选项，如图10-11所示。

图 10-11

技术看板

在幻灯片空白区域右击，在弹出的快捷菜单中选择【设置背景格式】命令，也可打开【设置背景格式】任务窗格。

Step03 即可将所选幻灯片的背景设置为水绿色，效果如图10-12所示。

图 10-12

技能拓展——为演示文稿中的所有幻灯片设置相同的填充效果

设置幻灯片背景填充颜色后，单击【设置背景格式】任务窗格下方的【全部应用】按钮，即可为演示文稿中的所有幻灯片应用设置的背景填充效果。

★重点 10.2.2 实战：渐变填充"电话礼仪培训"幻灯片

实例门类	软件功能

渐变填充是指使用两种或两种以上颜色进行的填充。例如，对"电话礼仪培训"演示文稿的第3~5张幻灯片进行渐变填充，具体操作步骤如下。

Step01 ❶在打开的"电话礼仪培训"演示文稿中选择第3~5张幻灯片；❷在【设置背景格式】任务窗格的【填充】栏中选中【渐变填充】单选按钮；❸在【渐变光圈】栏中选择第

二个渐变光圈；❹单击其后的【删除渐变光圈】按钮，如图10-13所示。

图 10-13

技术看板

选中【渐变填充】单选按钮后，在【预设渐变】下拉列表中可选择预设的渐变效果进行填充；在【类型】下拉列表中还可对渐变的类型进行设置；在【方向】下拉列表中可对渐变方向进行设置；在【角度】下拉列表中可对渐变角度进行设置。

Step02 即可删除第二个光圈，然后使用相同的方法删除第四个光圈，❶选择第二个光圈；❷单击【填充颜色】下拉按钮；❸在弹出的下拉列表中选择需要的颜色，如选择【橙色，个性色6】选项，如图10-14所示。

图 10-14

Step03 所选3张幻灯片的背景颜色将变成白色到黄色的渐变填充，效果如图10-15所示。

图 10-15

★重点 10.2.3 实战：图片或纹理填充"电话礼仪培训"幻灯片

实例门类	软件功能

除了可使用纯色和渐变色填充幻灯片背景，还可将适合的图片或 PowerPoint 2021 提供的纹理样式填充为幻灯片背景，使幻灯片效果更加丰富多彩。例如，对"电话礼仪培训"演示文稿的第 1 张幻灯片进行图片填充，具体操作步骤如下。

Step01 ❶在打开的"电话礼仪培训"演示文稿中选择第 1 张幻灯片；❷在【设置背景格式】任务窗格的【填充】栏中选中【图片或纹理填充】单选按钮；❸在【插入图片来自】栏中单击【插入】按钮，如图 10-16 所示。

图 10-16

技术看板

若单击【联机】按钮，打开【插入图片】对话框，在搜索框中输入要查找图片的关键字，单击【搜索】按钮，即可在线搜索相关图片，在搜索结果中选择需要的图片，单击【插入】按钮，即可将图片填充为幻灯片背景。

Step02 打开【插入图片】对话框，在窗口中选择需要插入的图片来源，如【来自文件】选项，如图 10-17 所示。

图 10-17

Step03 ❶打开【插入图片】对话框，在地址栏中设置图片所保存的位置；❷在窗口中选择需要插入的图片【电话背景】；❸单击【插入】按钮，如图 10-18 所示。

图 10-18

Step04 即可将选择的图片填充为幻灯片背景，效果如图 10-19 所示。

图 10-19

10.2.4 实战：图案填充"电话礼仪培训"幻灯片

实例门类	软件功能

除了可使用渐变色、图片、纹理等对幻灯片背景进行填充，还可使用图案进行填充。例如，对"电话礼仪培训"演示文稿的最后一张幻灯片进行图案填充，具体操作步骤如下。

Step01 ❶在打开的"电话礼仪培训"演示文稿中选择第 6 张幻灯片；❷在【设置背景格式】任务窗格的【填充】栏中选中【图案填充】单选按钮；❸在【图案】栏中选择需要的图案，如选择【棚架】选项，如图 10-20 所示。

图 10-20

Step02 即可将图案设置为选择的图案，❶单击【填充颜色】下拉按钮；❷在弹出的列表中选择需要的颜色，如选择【橙色，个性色6】选项，如图 10-21 所示。

图 10-21

可以设置图案前景填充色，还可以设置图案背景填充色。

Step**03** 即可使用设置的图案填充幻灯片背景，效果如图 10-22 所示。

图 10-22

10.3 为幻灯片应用主题

主题是为演示文稿提供的一套完整的格式集合，包括主题颜色、主题文字和相关主题效果等。通过应用主题，可以快速为演示文稿中的幻灯片设置风格统一的效果。

★重点 10.3.1 实战：为"会议简报"演示文稿应用内置主题

实例门类 软件功能

PowerPoint 2021 中提供了更多的主题，通过应用主题，可快速改变幻灯片的整体效果。例如，为"会议简报"演示文稿应用内置的主题，具体操作步骤如下。

Step**01** 打开"素材文件\第 10 章\会议简报.pptx"文件，❶选择【设计】选项卡；❷在【主题】组中单击【其他】按钮，在弹出的下拉列表中显示了提供的主题样式，选择需要的主题样式，如选择【视差】选项，如图 10-23 所示。

图 10-23

Step**02** 即可为演示文稿中的所有幻灯片应用选择的主题，效果如图 10-24 所示。

图 10-24

10.3.2 实战：更改"会议简报"演示文稿主题的变体

实例门类 软件功能

有些主题还提供了变体功能，使用该功能可以在应用主题效果后，对其中设计的变体进行更改，如背景颜色、形状样式上的变化等。例如，对"会议简报"演示文稿中主题的变体进行更改，具体操作步骤如下。

Step**01** 在打开的"会议简报"演示文稿中的【设计】选项卡【变体】组中的【其他】列表中选择需要的主题变体，如选择第 3 种，如图 10-25 所示。

图 10-25

Step02 即可将主题的变体更改为选择的变体，效果如图 10-26 所示。

图 10-26

10.3.3 实战：更改"会议简报"演示文稿主题的颜色

实例门类 软件功能

应用主题后，默认的主题颜色有时不能满足需要，此时可以根据需要对主题颜色进行更改。例如，对"会议简报"演示文稿中的主题颜色进行更改，具体操作步骤如下。

Step01 在打开的"会议简报"演示文稿中单击【设计】选项卡【变体】组中的【其他】按钮 ∨，❶在弹出的下拉菜单中选择【颜色】命令；❷在弹出的子菜单中选择需要的颜色，如选择【蓝绿色】命令，如图 10-27 所示。

图 10-27

技能拓展——自定义主题颜色

如果对提供的主题颜色不满意，可以在【颜色】子菜单中选择【自定义颜色】命令，在打开的【新建主题颜色】对话框中对主题颜色、主题颜色名称等进行设置，完成后单击【确定】按钮进行保存。

Step02 主题的颜色将更改为设置的颜色，效果如图 10-28 所示。

图 10-28

10.3.4 实战：更改"会议简报"演示文稿主题的字体

实例门类 软件功能

除了可对主题颜色进行更改，还可对主题应用的字体进行更改。例如，对"会议简报"演示文稿中的主题字体进行更改，具体操作步骤如下。

Step01 在打开的"会议简报"演示文

稿中单击【设计】选项卡【变体】组中的【其他】按钮 ∨，❶在弹出的下拉菜单中选择【字体】命令；❷在弹出的子菜单中选择需要的字体，如选择【微软雅黑黑体】命令，如图 10-29 所示。

图 10-29

Step02 主题的字体将更改为选择的字体，效果如图 10-30 所示。

图 10-30

10.3.5 实战：保存"会议简报"演示文稿的主题

实例门类 软件功能

对于自定义的主题，用户可以将其保存下来，以方便下次制作相同效果的幻灯片时使用。例如，将"会议简报"演示文稿中的主题保存到计算机中，具体操作步骤如下。

Step01 在打开的"会议简报"演示文稿中单击【设计】选项卡【主题】组中的【其他】按钮 ∨，在弹出的下拉列表中选择【保存当前主题】命令，如图 10-31 所示。

图 10-31

图 10-32

图 10-33

Step02 打开【保存当前主题】对话框，❶在【文件名】文本框中输入主题保存的名称，如输入【会议主题】；❷其他保持默认设置，单击【保存】按钮，如图 10-32 所示。

Step03 即可将当前主题保存到默认位置，然后在【主题】下拉列表中显示保存的主题，如图 10-33 所示。

技术看板

保存主题时，只有将主题保存到默认的计算机主题保存位置（C：\Users\Administrator\AppData\Roaming\Microsoft\Templates\DocumentThemes），保存后的主题才会在【主题】下拉列表中显示。

妙招技法

通过前面知识的学习，相信读者已经掌握了 PowerPoint 2021 幻灯片的基本操作了。下面结合本章内容介绍一些实用技巧。

技巧 01：使用纹理对幻灯片背景进行填充

在 PowerPoint 2021 中除了可使用渐变色、图片、图案等进行填充，还可使用纹理进行填充。例如，在"电话礼仪培训"演示文稿中使用纹理填充幻灯片背景，具体操作步骤如下。

Step01 打开"素材文件\第 10 章\电话礼仪培训.pptx"文件，❶选择第 1 张幻灯片；❷在编辑区幻灯片空白位置右击，在弹出的快捷菜单中选择【设置背景格式】命令，如图 10-34 所示。

图 10-34

Step02 ❶打开【设置背景格式】任务窗格，在【填充】栏中选中【图片或纹理填充】单选按钮；❷单击下方的【纹理】按钮，如图 10-35 所示。

图 10-35

Step03 在弹出的下拉列表中选择需要的纹理样式，如选择【花束】命令，如图 10-36 所示。

图 10-36

Step 04 即可将选择的纹理样式填充到选择的幻灯片中，单击【应用到全部】按钮，如图 10-37 所示。

图 10-37

Step 05 即可将该幻灯片中的背景效果应用到演示文稿的其他幻灯片中，效果如图 10-38 所示。

图 10-38

技巧 02：为同一演示文稿应用多种主题

为演示文稿应用主题时，默认会为所有幻灯片应用相同的主题，

但在制作一些大型的演示文稿时，为了对演示文稿中的幻灯片进行区分，有时需要为同一个演示文稿应用多个主题。例如，为"公司简介"演示文稿应用多个主题，具体操作步骤如下。

Step 01 打开"素材文件\第 10 章\公司简介.pptx"文件，❶选择第 1 张和第 2 张幻灯片；❷在【设计】选项卡【主题】组中的列表框中需要的主题上右击，在弹出的快捷菜单中选择【应用于选定幻灯片】命令，如图 10-39 所示。

图 10-39

Step 02 即可将主题应用于选择的第 1 张和第 2 张幻灯片中，效果如图 10-40 所示。

图 10-40

Step 03 ❶选择第 3~6 张幻灯片；❷在【设计】选项卡【主题】组中单击【其他】按钮▽，如图 10-41 所示。

图 10-41

Step 04 在弹出的下拉列表中需要的主题上右击，在弹出的快捷菜单中选择【应用于选定幻灯片】命令，如图 10-42 所示。

图 10-42

技术看板

在快捷菜单中选择【应用于相应幻灯片】命令，表示将该主题应用于与所选幻灯片主题相同的幻灯片中；【应用于所有幻灯片】命令，表示将该主题应用到演示文稿的所有幻灯片中。

Step 05 即可将主题应用于选择的多张幻灯片中，效果如图 10-43 所示。

图 10-43

Step⑥ ❶选择第7~12张幻灯片；❷在【设计】选项卡【主题】组中的列表框中需要的主题上右击，在弹出的快捷菜单中选择【应用于选定幻灯片】命令，如图10-44所示。

图 10-44

Step⑦ 即可将主题应用于选择的多张幻灯片中，效果如图10-45所示。

图 10-45

技能拓展——删除主题

对于【主题】列表框中不用的主题，可以将其删除，这样方便主题的选择。删除主题的方法是：在【主题】列表框中需要删除的主题上右击，在弹出的快捷菜单中选择【删除】命令，即可将所选主题删除。

技巧03：如何更改主题背景色

除了可对主题的变体、颜色和字体等进行更改，还可对主题的背景色进行更改，使主题更加符合幻灯片需要。例如，对"员工礼仪培训"演示文稿主题的背景色进行更改，具体操作步骤如下。

Step① 打开"素材文件\第10章\员工礼仪培训.pptx"文件，单击【设计】选项卡【变体】组中的【其他】按钮 ⌄，❶在弹出的下拉菜单中选择【背景样式】命令；❷在弹出的子菜单中选择需要的背景样式，如图10-46所示。

图 10-46

技术看板

若在【背景样式】子菜单中选择【设置背景格式】命令，可打开【设置背景格式】任务窗格，在其中可像设置普通幻灯片背景一样设置主题的背景效果。

Step② 即可将主题的背景色更改为选择的背景样式，效果如图10-47所示。

图 10-47

技巧04：自定义主题字体

当提供的主题字体不能满足需要时，用户可自定义一些主题字体，这样制作其他演示文稿时，也能使用自定义的主题字体。例如，在"会议简报"演示文稿中自定义主题的字体，具体操作步骤如下。

Step① 打开"素材文件\第10章\会议简报.pptx"文件，单击【设计】选项卡【变体】组中的【其他】按钮 ⌄，❶在弹出的下拉菜单中选择【字体】命令；❷在弹出的子菜单中选择【自定义字体】命令，如图10-48所示。

图 10-48

技术看板

在【变体】组中的【其他】下拉菜单中选择【效果】命令，在弹出的子菜单中提供主题中部分对象的外观效果，选择需要的效果，可将其应用到主题相应的对象中。

Step② 打开【新建主题字体】对话框，在【西文】栏中设置英文、数字等的标题字体和正文字体，❶这里将【标题字体（西文）】和【正文字体（西文）】分别设置为【Arial Black】和【Arial】字体；❷在【中文】栏中设置标题字体和正文字体，这里将【标题字体（中文）】和【正文字体（中文）】均设置为【微软雅黑】；❸在【名称】文本框中输入主题字体名称，如输入【自定义字体1】；❹单击【保存】按钮，如图10-49所示。

图 10-49

Step03 即可将新建的主题字体保存到主题的【字体】子菜单中，并将新建的主题应用到当前演示文稿的主题中，效果如图 10-50 所示。

图 10-50

技巧05：将其他演示文稿中的主题应用到当前演示文稿中

在设计幻灯片效果时，如果希望将其他演示文稿中的主题应用到当前演示文稿中，可通过 PowerPoint 2021 提供的浏览主题功能，快速将其他演示文稿中的主题应用到当前演示文稿中。例如，将

"沟通技巧培训"演示文稿中的主题应用到"员工礼仪培训"演示文稿中，具体操作步骤如下。

Step01 打开"素材文件\第 10 章\沟通技巧培训.pptx"文件，查看该演示文稿应用的主题，查看完后，单击标题栏中的【关闭】按钮关闭演示文稿，如图 10-51 所示。

图 10-51

Step02 打开"素材文件\第 10 章\员工礼仪培训.pptx"文件，在【设计】选项卡【主题】组中的下拉列表框中选择【浏览主题】选项，如图 10-52 所示。

图 10-52

Step03 ❶打开【选择主题或主题文档】对话框，在地址栏中设置演示文稿所保存的位置；❷在中间的列表框中选择需要的演示文稿，如选择【沟通技巧培训】选项；❸单击【应用】按钮，如图 10-53 所示。

图 10-53

Step04 即可将选择的演示文稿的主题应用到当前打开的演示文稿的所有幻灯片中，效果如图 10-54 所示。

图 10-54

本章小结

通过本章知识的学习，相信读者已经掌握了幻灯片大小、版式、背景格式、主题等相关知识和操作。本章在最后还讲解了一些背景设置和主题的相关知识，以帮助用户更好地设计幻灯片的外观效果。

第11章 统一规范的文本型幻灯片

➜ 在幻灯片中可以通过哪几种方式输入文本？
➜ 能不能对文字的字符间距和底纹效果进行设置？
➜ 幻灯片中文本的字体格式和段落格式如何设置？
➜ 如何使用艺术字突出文本内容？

文本是幻灯片传递信息的主要手段之一，本章将主要对幻灯片中文本的输入方法、文本的编辑、文本的格式设置和艺术字的使用等知识进行讲解，以使用户快速掌握制作文本型幻灯片的方法。

11.1 在幻灯片中输入文本

文本是演示文稿的主体，演示文稿要展现的内容及要表达的思想，主要是通过文字表达出来并让观众接受的，所以，在制作幻灯片时，首先需要做的就是在各张幻灯片中输入相应的文本内容。

★重点 11.1.1 实战：在标题占位符中输入文本

实例门类 软件功能

因为新建的幻灯片中都自带有占位符，所以，通过占位符输入文本是最常用，也是最简单的方法，而且通过占位符输入的文本具有一定的格式。例如，在新建的"红酒会宣传方案"演示文稿中，在第1张幻灯片的占位符中输入文本，具体操作步骤如下。

Step01 新建一个名为【红酒会宣传方案】的空白演示文稿，选择第1张幻灯片中的标题占位符，在该占位符上单击，即可将光标定位到占位符中，然后输入需要的文本【红酒会宣传方案】，如图11-1所示。

图 11-1

Step02 选择第1张幻灯片中的副标题占位符，在该占位符上单击，即可将光标定位到占位符中，然后输入需要的文本【中国酒业博览会】，效果如图11-2所示。

图 11-2

技术看板

幻灯片中的占位符分为标题占位符（单击此处添加标题/单击此处添加副标题）、内容占位符（单击此处添加文本）两种，而且在内容占位符中还提供了一些对象图标，单击相应的图标，可快速添加一些对象。

★重点 11.1.2 实战：通过文本框输入宣传口号文本

实例门类 软件功能

当幻灯片中的占位符不够或需要在幻灯片中的其他位置输入文本时，则可使用文本框。相对于占位符来说，使用文本框可灵活创建各种形式的文本，但要使用文本框输入文本，首先需要绘制文本框，然后才能在其中输入文本。例如，在"红酒会宣传方案"演示文稿的标题页幻灯片中绘制一个文本框，并在文本框中输入相应的文本，具体操作步骤如下。

Step①在打开的"红酒会宣传方案"演示文稿中单击【插入】选项卡【文本】组中的【文本框】按钮，如图11-3所示。

图 11-3

Step②此时鼠标指针变成↓形状，将鼠标指针移动到需要绘制文本框的位置，然后按住鼠标左键不放进行拖动，如图11-4所示。

图 11-4

技术看板

在绘制的文本框中，不仅可以输入文本，还可以插入图片、形状、表格等对象。

Step③拖动到合适位置释放鼠标，即可绘制一个横排文本框，并将光标定位到横排文本框中，然后输入需要的文本即可，效果如图11-5所示。

图 11-5

技能拓展——绘制竖排文本框

文本框有横排文本框和竖排文本框之分。在横排文本框中输入的文本以水平方式显示；而在竖排文本框中输入的文本则以垂直方式显示。当需要在幻灯片中输入垂直显示的文本时，则可绘制竖排文本框。其方法是：单击【插入】选项卡【文本】组中的【文本框】下拉按钮 ，在弹出的下拉菜单中选择【竖排文本框】命令，则可拖动鼠标在幻灯片中绘制竖排文本框，然后输入需要的文本即可。

★重点 11.1.3 实战：通过大纲窗格输入宣传要求文本

实例门类	软件功能

当幻灯片中需要输入的文本内容较多时，可通过大纲视图中的大纲窗格进行输入，这样方便查看和修改演示文稿中所有幻灯片中的文本内容。例如，在"红酒会宣传方案"演示文稿大纲视图的大纲窗格中输入文本，创建第2张幻灯片，具体操作步骤如下。

Step①在打开的"红酒会宣传方案"演示文稿中单击【视图】选项卡【演示文稿视图】组中的【大纲视图】按钮，如图11-6所示。

图 11-6

Step②进入大纲视图，将光标定位到左侧幻灯片大纲窗格的【中国酒业博览会】文本后面，如图11-7所示。

图 11-7

Step③按【Ctrl+Enter】组合键，即可新建一张幻灯片，将光标定位到新建的幻灯片后面，输入幻灯片标题，如图11-8所示。

图 11-8

技术看板

在幻灯片大纲窗格中输入文本后，在幻灯片编辑区的占位符中将显示对应的文本。

Step04 按【Enter】键，即可在第2张幻灯片下新建1张幻灯片，在第3张幻灯片的大纲窗格中输入内容，如图11-9所示。

图 11-9

Step05 按【Tab】键，降低一级，原来的第3张幻灯片的标题占位符将变成第2张幻灯片的内容占位符，

然后输入文本，效果如图11-10所示。

图 11-10

Step06 然后按【Enter】键进行分段，再按【Tab】键进行降级，然后继续输入幻灯片中需要的文本内容，效果如图11-11所示。

图 11-11

11.2 幻灯片文本的基本操作

在幻灯片中输入文本后，还可以根据需要对文本进行移动、复制、查找和替换等编辑操作，使幻灯片中显示的文本更精准。

11.2.1 选择文本

要对幻灯片中的文本进行编辑，首先需要选择文本。在幻灯片中，选择文本既可直接选择，也可通过占位符选择。

➡ 直接选择文本：在幻灯片中单击要选择区域的起始位置，按住鼠标左键不放向右或向下拖动，到结尾处释放鼠标，即可选择拖动过的文字内容，如图11-12所示。

图 11-12

➡ 通过占位符选择文本：将鼠标指针移动到幻灯片占位符的边框上，然后单击，即可选择该占位符，并表示选择了该占位符中的所有文本，如图11-13所示。

图 11-13

★重点 11.2.2 实战：在幻灯片中复制和移动文本

实例门类	软件功能

在对幻灯片中的文本进行编辑

时，当需要输入相同的文本时，可通过复制已有的文本来输入；当文本的位置放置错误时，可通过移动将文本放置到目标位置。

1. 复制文本

复制文本是指将文本从一个位置复制到另一个位置，或者从一张幻灯片复制到另一张幻灯片，甚至从一个演示文稿复制到另一个演示文稿，用于快速输入重复的内容。例如，在"广告招商说明"演示文稿中将第2张幻灯片中的"招商"文本复制到第4张幻灯片中，具体操作步骤如下。

Step01 打开"素材文件\第11章\广告招商说明.pptx"文件，❶选择第2张幻灯片中的【招商】标题文本；❷单击【开始】选项卡【剪贴板】组中的【复制】按钮复制文本，如图11-14所示。

图 11-14

Step02 ❶选择第4张幻灯片；❷将光标定位到标题占位符中；❸单击【开始】选项卡【剪贴板】组中的【粘贴】按钮，如图 11-15 所示。

图 11-15

Step03 即可将复制的文本粘贴到目标位置，然后在粘贴的文本后输入【热线】文本，效果如图 11-16 所示。

图 11-16

2. 移动文本

移动文本是指将文本从一个位置移动到另一个位置，或者从一张

幻灯片移动到另一张幻灯片，甚至从一个演示文稿移动到另一个演示文稿。例如，在"广告招商说明"演示文稿的第4张幻灯片中移动文本，具体操作步骤如下。

Step01 ❶在打开的"广告招商说明"演示文稿中选择第4张幻灯片；❷将光标定位到内容占位符中，然后输入需要的文本内容，如图 11-17 所示。

图 11-17

Step02 ❶选择第4张幻灯片内容占位符中的最后一段文本；❷单击【开始】选项卡【剪贴板】组中的【剪切】按钮 ✕ 剪切文本，如图 11-18 所示。

图 11-18

Step03 ❶将光标定位到【李先生】文本后，按【Enter】键分段，并将光标定位到该段落中；❷单击【开始】选项卡【剪贴板】组中的【粘贴】按钮，如图 11-19 所示。

图 11-19

Step04 即可将剪切的文本粘贴到目标位置，然后按【Backspace】键删除多余的空行，效果如图 11-20 所示。

图 11-20

> **技能拓展——通过快捷键复制和移动文本**
>
> 在复制或移动幻灯片文本内容时，也可以通过快捷键来实现。其方法是：选择需要复制或移动的文本，按【Ctrl+C】组合键复制文本，或者按【Ctrl+X】组合键剪切文本，然后在目标位置按【Ctrl+V】组合键，即可将复制或剪切的文本快速粘贴到目标位置。

★重点 11.2.3 实战：查找和替换公司名称文本

实例门类	软件功能

当需要对幻灯片中相同的内

容进行查看或修改时,可以使用查找功能快速定位到目标内容,然后使用替换功能对查找的内容进行替换,从而提高编辑文本的速度。

1. 查找文本

查找功能用于在幻灯片中快速找到指定的文本内容。例如,在"广告招商说明"演示文稿中查找公司名称,具体操作步骤如下。

Step01 ❶在打开的"广告招商说明"演示文稿中选择第1张幻灯片;❷单击【开始】选项卡【编辑】组中的【查找】按钮,如图11-21所示。

图 11-21

Step02 ❶打开【查找】对话框,在【查找内容】文本框中输入要查找的内容,如输入【灯煌广告有限责任公司】;❷单击【查找下一个】按钮,如图11-22所示。

图 11-22

Step03 ❶即可在演示文稿的幻灯片中进行查找,并自动选择查找到的

第一个结果;❷继续单击【查找下一个】按钮,如图11-23所示。

图 11-23

Step04 继续对需要查找的内容进行查找,并选择查找的结果,查找完成后单击【关闭】按钮关闭对话框,如图11-24所示。

图 11-24

2. 替换文本

替换文本是指将幻灯片中的指定文本替换为其他文本,或者将某种字体快速更改为其他字体,多用于批量更改文本内容。

当需要批量对幻灯片中多处相同的文本进行修改时,可以利用替换功能,快速将指定的文本替换成其他文本。例如,在"广告招商说明"演示文稿中将"灯煌广告有限责任公司"更改为"敦煌广告有限责任公司",具体操作步骤如下。

Step01 ❶在打开的"广告招商说明"演示文稿中选择第2张幻灯片;

❷单击【开始】选项卡【编辑】组中的【替换】按钮,如图11-25所示。

图 11-25

Step02 ❶打开【替换】对话框,在【查找内容】文本框中输入要查找的文本,如输入【灯煌广告有限责任公司】;❷在【替换为】文本框中输入替换后的文本,如输入【敦煌广告有限责任公司】;❸单击【全部替换】按钮,如图11-26所示。

图 11-26

🔧 技术看板

在【替换】对话框中输入查找和替换的内容,单击【查找下一个】按钮,可对内容进行查找,查找到第一处并确认要替换后,单击对话框中的【替换】按钮,即可只替换查找到的第一处内容。

Step03 即可执行全部替换操作,替换完成后,在打开的提示对话框中显示替换的处数,单击【确定】按钮,如图11-27所示。

图 11-27

Step**04** 返回【替换】对话框，单击【关闭】按钮，返回演示文稿窗口，其中可看到替换后的效果，如图 11-28 所示。

图 11-28

11.2.4 删除文本

在文本编辑过程中，对于输入错误或不再需要的文本内容，可以将其从幻灯片中删除。其方法是：在幻灯片中选择需要删除的文本，按【Backspace】键或【Delete】键即可。

11.2.5 撤销和恢复操作

在制作与编辑幻灯片的过程中，难免会进行一些错误的操作，使用 PowerPoint 2021 提供的撤销功能，可以快速恢复到错误之前的状态，而当撤销错误时，则可使用重复功能，快速恢复到撤销前的状态。撤销或恢复操作的方法是在快速访问工具栏中单击【撤销】按钮，则可撤销上一步操作；单击【恢复】按钮，则可恢复到上一步操作。如果需要撤销多步操作，可

单击【撤销】下拉按钮，在弹出的下拉菜单中显示了可撤销的步骤，选择需要撤销到哪一步操作对应的选项即可，如图 11-29 所示。

图 11-29

技能拓展——通过快捷键实现撤销和恢复操作

在编辑幻灯片的过程中，按【Ctrl+Z】组合键撤销上一步操作，按【Ctrl+Y】组合键恢复到上一步操作，多按几次组合键，则可撤销或恢复多步操作。

11.3 设置文本字体格式

在幻灯片中输入文本后，还需要对文本的字体格式进行设置，如字体、字号、字体颜色、字体效果、字符间距等，以使幻灯片中的文本更规范、文本重点内容更突出。

★重点 11.3.1 设置"工程招标方案"演示文稿中的字体格式

实例门类	软件功能

在制作幻灯片的过程中，为了突出幻灯片中的标题、副标题等重点内容，通常需要对文本的字体格式进行设置，如字体、字号、字形和字体颜色等。例如，在"工程招

标方案"演示文稿中设置文本的字体格式，具体操作步骤如下。

Step**01** 打开"素材文件\第 11 章\工程招标方案 .pptx"文件，❶选择第 1 张幻灯片；❷选择【招标方案】文本所在的占位符，单击【开始】选项卡【字体】组中的【字体】下拉按钮；❸在弹出的下拉列表中选择需要的字体，如选择【微软雅黑】选项，如图 11-30 所示。

图 11-30

【字体】下拉列表中显示的字体是已经安装在系统中的字体，如果需要使用没安装的字体，就需要下载安装后，才会显示在【字体】下拉列表中。

Step02 ❶占位符中的字体将变成所选的字体，单击【字体】组中的【字号】下拉按钮ⅴ；❷在弹出的下拉列表中选择需要的字号，如选择【48】选项，如图11-31所示。

图 11-31

Step03 保持占位符的选择状态，❶单击【字体】组中的【加粗】按钮B加粗文本；❷再单击【文字阴影】按钮S为占位符中的文本添加阴影效果，如图11-32所示。

图 11-32

Step04 ❶选择副标题占位符，将其字体设置为【微软雅黑】；❷字号设置为【28】；❸单击【字体】组中的【字体颜色】下拉按钮ⅴ；❹在弹出的下拉列表中选择需要的字体颜

色，如选择【标准色】栏中的【蓝色】命令，如图11-33所示。

图 11-33

Step05 ❶选择第2张幻灯片；❷选择【目录contents】文本，在【字体】组中将字体设置为【微软雅黑】；❸字号设置为【40】；❹单击【倾斜】按钮I倾斜文本，如图11-34所示。

图 11-34

Step06 ❶选择【contents】文本，单击【更改大小写】按钮Aa；❷在弹出的下拉菜单中选择需要的选项，如选择【句首字母大写】命令，如图11-35所示。

图 11-35

在【更改大小写】下拉菜单中选择【句首字母大写】命令，可将英文第一个单词的第一个字母大写；选择【小写】命令，可将英文单词的字母全部更改为小写；选择【大写】命令，可将英文单词的字母全部更改为大写；选择【每个单词首字母大写】命令，可将英文单词第一个字母更改为大写；选择【切换大小写】命令，可将英文单词大写字母更改为小写，小写字母更改为大写。

Step07 使用设置字体格式的方法，对演示文稿中其他幻灯片中文本的字体格式进行相应的设置，如图11-36所示。

图 11-36

技能拓展——通过【字体】对话框设置字体格式

除了通过【字体】组对幻灯片中的文本设置字体格式，还可单击【字体】组右下角的【字体】按钮⌐，在打开的【字体】对话框中的【字体】选项卡中对字体格式进行设置。

★重点 11.3.2 实战：设置"工程招标方案"演示文稿中的字符间距

实例门类	软件功能

当幻灯片中字符与字符之间的

间距太紧或太稀疏时，还可根据需要对字符间距进行设置，以使幻灯片中文本的排列更合适。例如，在"工程招标方案"演示文稿中设置文本的字符间距，具体操作步骤如下。

Step01 ❶在打开的"工程招标方案"演示文稿中选择第1张幻灯片中的【招标方案】；❷单击【字体】组中右下角的【字体】按钮，如图11-37所示。

图 11-37

Step02 ❶打开【字体】对话框，选择【字符间距】选项卡；❷在【间距】下拉列表框中选择需要的间距选项，如选择【加宽】选项，在【度量值】数值框中设置加宽的大小，如输入【3】；❸单击【确定】按钮，如图11-38所示。

图 11-38

技术看板

在【字符间距】选项卡中也可通

过在【为字体调整字间距】复选框后的数值框中输入间距值来设置字符之间的间距。

Step03 返回幻灯片编辑区，即可看到设置【招标方案】字符间距后的效果，如图11-39所示。

图 11-39

Step04 ❶选择第2张幻灯片；❷选择【目录contents】文本，单击【字体】组中的【字符间距】按钮；❸在弹出的下拉菜单中选择需要的间距命令，如选择【很松】命令，所选文本的字符间距将随之发生变化，如图11-40所示。

图 11-40

★重点 11.3.3 实战：设置"工程招标方案"演示文稿中的字符底纹

实例门类	软件功能

PowerPoint 2021 中提供了字符底纹功能，通过该功能可为幻灯片

中的文本添加底纹，以突出显示。例如，在"工程招标方案"演示文稿中设置字符底纹，具体操作步骤如下。

Step01 ❶在打开的"工程招标方案"演示文稿中选择第1张幻灯片中的【尚美雅筑】文本；❷单击【字体】组中的【文本突出显示颜色】下拉按钮；❸在弹出的下拉列表中选择需要的底纹颜色，如选择【青绿】选项，如图11-41所示。

图 11-41

Step02 即可为选择的文本添加所选的底纹，效果如图11-42所示。

图 11-42

Step03 ❶选择第9张幻灯片；❷选择需要添加底纹的文本，单击【字体】组中的【文本突出显示颜色】下拉按钮；❸在弹出的下拉列表中选择需要的底纹颜色，如选择【黄色】选项，即可为所选的文本添加黄色底纹，如图11-43所示。

图 11-43

11.4 设置文本段落格式

除了需要对幻灯片中文本的字体格式进行设置，还需要对文本的段落格式进行设置，包括对齐方式、段落缩进和间距、文字方向、项目符号和编号、分栏等，使各段落之间的层次结构更清晰。

★重点 11.4.1 实战：设置"市场拓展策划方案"演示文稿中的段落对齐方式

实例门类	软件功能

PowerPoint 2021 中提供了左对齐、居中、右对齐、分散对齐和两端对齐 5 种对齐方式，用户可以根据实际需要对幻灯片中的段落设置相应的对齐方式。例如，在"市场拓展策划方案"演示文稿中对段落的对齐方式进行设置，具体操作步骤如下。

Step01 打开"素材文件\第 11 章\市场拓展策划方案.pptx"文件，❶选择第 1 张幻灯片中的标题占位符；❷单击【开始】选项卡【段落】组中的【居中】按钮≡，如图 11-44 所示。

图 11-44

Step02 占位符中的文本将居中对齐于占位符中，效果如图 11-45 所示。

图 11-45

Step03 ❶选择副标题占位符；❷单击【开始】选项卡【段落】组中的【右对齐】按钮≡，如图 11-46 所示。

图 11-46

技术看板

在设置幻灯片中段落的对齐方式时，其参考的对象是占位符，也就是说，段落会基于占位符的某一个方向对齐。

Step04 使用前面的方法对演示文稿中其他幻灯片的段落设置不同的对齐方式，如图 11-47 所示。

图 11-47

★重点 11.4.2 实战：设置"市场拓展策划方案"演示文稿中的段落缩进和间距

实例门类	软件功能

在幻灯片中，为段落设置合适的缩进和间距，可以使段落的排列

更能符合阅读需要。

1. 设置段落缩进

在 PowerPoint 2021 中，段落缩进一般包括文本缩进、首行缩进和悬挂缩进 3 种。文本缩进是指占位符文本与占位符边框之间的距离；首行缩进是指对段落中文字的第一行的文字进行缩进；悬挂缩进是指对段落首行以外的行进行缩进。不同的缩进方式会带来不同的效果，所以，用户可根据实际情况来选择不同的缩进方式。例如，在"市场拓展策划方案"演示文稿中对段落进行文本缩进和首行缩进，具体操作步骤如下。

Step01 ❶在打开的"市场拓展策划方案.pptx"演示文稿中选择第 3 张幻灯片；❷选择内容占位符；❸单击【开始】选项卡【段落】组右下角的【段落】按钮⊡，如图 11-48 所示。

图 11-48

Step02 ❶打开【段落】对话框，在【缩进和间距】选项卡中的【文本之前】数值框中输入文本缩进值，如输入【0.5 厘米】；❷单击【确定】按钮，如图 11-49 所示。

图 11-49

Step03 幻灯片中所选占位符中左侧的文本将与占位符缩进一定的距离，效果如图 11-50 所示。

图 11-50

Step04 ❶保持占位符的选择状态，再次打开【段落】对话框，在【缩进和间距】选项卡中的【特殊】格式下拉列表框中选择【首行】缩进选项；❷在其后的【度量值】数值框中输入首行缩进值，如输入【1.5 厘米】；❸单击【确定】按钮，如图 11-51 所示。

图 11-51

技术看板

若在【特殊】格式下拉列表框中选择【悬挂】缩进选项，则可设置段落的悬挂缩进效果。悬挂缩进一般用于添加项目符号和编号的段落上。

Step05 返回幻灯片编辑区，即可看到占位符中每段文本的首行都缩进有一定的距离，效果如图 11-52 所示。

图 11-52

Step06 使用设置首行缩进的方法设置其他幻灯片中段落的首行缩进效果，如图 11-53 所示。

图 11-53

2. 设置段落间距

段落间距是指每个段落之间的间隔距离，分为段前间距和段后间距。段前间距是指与上一段落的间距。而段后间距是指与下一段落的间距。设置段落间距便于区分段落。

例如，在"市场拓展策划方案"演示文稿中对段落间距进行设置，具体操作步骤如下。

Step01 ❶在打开的"市场拓展策划方案.pptx"演示文稿中选择第3张幻灯片；❷选择内容占位符中的文本并右击，在弹出的快捷菜单中选择【段落】命令，如图11-54所示。

图 11-54

Step02 ❶打开【段落】对话框，在【缩进和间距】选项卡中的【段前】和【段后】数值框中分别输入段落间距值，这里均输入【6磅】；❷单击【确定】按钮，如图11-55所示。

图 11-55

Step03 返回幻灯片编辑区，即可看到设置段落间距后的效果，如图11-56所示。

图 11-56

Step04 使用前面设置段落间距的方法设置其他幻灯片中段落的间距，如图11-57所示。

图 11-57

3. 设置段落行距

段落行距是指相邻文字行之间的间隔距离。在设置段落行距时，可根据内容的多少来确定，并没有什么固定的行距大小，但也不能将段落间距和行距设置得过于拥挤或稀疏，这不利于观众对内容的阅读。例如，在"市场拓展策划方案"演示文稿中对段落行距进行设置，具体操作步骤如下。

Step01 ❶在打开的"市场拓展策划方案.pptx"演示文稿中选择第3张幻灯片；❷选择内容占位符；❸单击【开始】选项卡【段落】组中的【行距】按钮；❹在弹出的下拉菜单中选择需要的行距命令，如选择【1.5】命令，如图11-58所示。

图 11-58

Step02 即可将幻灯片中段落行距设置为选择的行距，效果如图11-59所示。

图 11-59

Step03 使用前面设置段落行距的方法设置其他幻灯片中段落的行距，如图11-60所示。

图 11-60

项卡中的【行距】下拉列表框中选择行距选项，在其后的数值框中设置行距的详细值，再单击【确定】按钮即可。

★重点 11.4.3　实战：为"市场拓展策划方案"演示文稿中的段落添加项目符号

实例门类	软件功能

项目符号是指段落前出现的符号。在幻灯片中，既可添加内置的项目符号，也可将图片和符号作为项目符号插入。例如，在"市场拓展策划方案"演示文稿中为段落添加内置的项目符号，具体操作步骤如下。

Step01 ❶在打开的"市场拓展策划方案.pptx"演示文稿中选择第4张幻灯片；❷选择内容占位符，单击【段落】组中的【项目符号】下拉按钮；❸在弹出的下拉列表中显示PowerPoint内置的项目符号样式，选择需要的样式，如选择【箭头项目符号】命令，如图11-61所示。

图 11-61

Step02 ❶选择第5张幻灯片；❷选择内容占位符，单击【段落】组中的【项目符号】下拉按钮；❸在弹出的下拉列表中选择【项目符号和编号】命令，如图11-62所示。

图 11-62

Step03 打开【项目符号和编号】对话框，在该对话框中单击【自定义】按钮，如图11-63所示。

图 11-63

Step04 ❶打开【符号】对话框，在【字体】下拉列表框中选择相应的字体选项，如选择【Wingdings】选项；❷在其下方的列表框中选择需要的符号；❸单击【确定】按钮，如图11-64所示。

图 11-64

不同的字体选项，提供的符号不同，所以，在【符号】对话框中选择不同的字体选项，符号列表框中显示的符号将会有所不同。

Step05 返回【项目符号和编号】对话框，在【项目符号】选项卡中的列表框中显示了添加的符号，在【颜色】下拉列表框中可对项目符号的颜色进行相应的设置，单击【确定】按钮，如图11-65所示。

图 11-65

在【项目符号和编号】对话框【项目符号】选项卡中的【大小】数值框中可对项目符号的大小进行设置；在【颜色】下拉列表框中可对项目符号的颜色进行相应的设置。

Step06 返回幻灯片编辑区，即可看到为段落添加的项目符号，效果如图11-66所示。

图 11-66

技能拓展——添加图片项目符号

在【项目符号和编号】对话框的【项目符号】选项卡中单击【图片】按钮，在打开的【插入图片】对话框中选择图片的来源。若选择本地计算机，则可将计算机中保存的图片插入作为项目符号；若选择网络搜索来获取，则可将网络中搜索的图片插入作为项目符号。

★重点 11.4.4 实战：为"市场拓展策划方案"演示文稿中的段落添加编号

实例门类	软件功能

除了可为段落添加项目符号，还可以为段落添加编号，以增强段落之间的逻辑性，提高幻灯片的可读性。例如，在"市场拓展策划方案"演示文稿中为段落添加需要的编号，具体操作步骤如下。

Step01 ❶在打开的"市场拓展策划方案.pptx"演示文稿中选择第3张幻灯片；❷选择内容占位符中需要添加编号的段落，单击【段落】组中的【编号】下拉按钮ˇ；❸在弹出的下拉列表中选择【项目符号和编号】命令，如图11-67所示。

图 11-67

Step02 ❶打开【项目符号和编号】对话框，在【编号】选项卡中的列表框中选择需要的编号样式；❷在【大小】数值框中输入编号的大小值，如输入【140】；❸单击【确定】按钮，如图11-68所示。

图 11-68

Step03 返回幻灯片编辑区，即可看到添加编号后的效果，如图11-69所示。

图 11-69

Step04 ❶选择第6张幻灯片；❷选择内容占位符中需要添加编号的段落，单击【段落】组中的【编号】下拉按钮ˇ；❸在弹出的下拉列表中选择需要的编号样式，如图11-70所示。

图 11-70

技术看板

由于选择添加编号的段落不是连续的，因此编号不能连续。

Step05 ❶选择占位符中添加编号的第二段；❷单击【段落】组中的【编号】下拉按钮ˇ；❸在弹出的下拉列表中选择【项目符号和编号】命令，如图11-71所示。

图 11-71

Step06 ❶打开【项目符号和编号】对话框，在【编号】选项卡中的【起始编号】数值框中输入编号的起始编号，这里输入【2】；❷单击【确定】按钮，如图11-72所示。

图 11-72

Step07 返回幻灯片编辑区，即可看到更改段落起始编号后的效果，如图11-73所示。

图 11-73

技能拓展——通过快捷菜单设置编号

除了可通过【段落】组为段落添加编号，还可通过右键快捷菜单进行添加。其方法是：在幻灯片中选择需要添加编号的段落，在其上右击，在弹出的快捷菜单中选择【编号】命令，在弹出的子菜单中选择需要的编号样式即可。

11.4.5 实战：设置"员工礼仪培训"演示文稿中的段落分栏

实例门类	软件功能

当幻灯片中的文本内容较多，

且需要将文本内容按照各项进行横向排列时，则需要将文本内容进行段落分栏。例如，在"员工礼仪培训"演示文稿中为段落进行分栏，具体操作步骤如下。

Step01 打开"素材文件\第11章\员工礼仪培训.pptx"文件，①选择第6张幻灯片；②选择内容占位符，单击【开始】选项卡【段落】组中的【分栏】按钮 ≡≡；③在弹出的下拉菜单中选择【更多分栏】命令，如图11-74所示。

图 11-74

技术看板

在【分栏】下拉菜单中显示了一些分栏项，用户也可直接选择分栏。

Step02 打开【栏】对话框，①在【数量】数值框中输入分栏的栏数，如输入【2】；②在【间距】数值框中输入栏与栏之间的间距，如输入【1.2厘米】；③单击【确定】按钮，如图11-75所示。

图 11-75

Step03 返回幻灯片编辑区，即可看到设置段落分栏后的效果，如图11-76所示。

图 11-76

11.5 使用艺术字突出显示标题文本

PowerPoint 2021 提供了艺术字功能，通过该功能可以快速制作出具有特殊效果的文本，艺术字常用于制作幻灯片的标题，能突出显示标题，吸引观众的注意力。

★重点 11.5.1 实战：在"年终工作总结"演示文稿中插入艺术字

实例门类	软件功能

艺术字能凸显出幻灯片中的重点内容，所以艺术字在幻灯片中经常被使用。例如，在"年终工作总结"演示文稿中插入艺术字，具体

操作步骤如下。

Step01 打开"素材文件\第11章\年终工作总结.pptx"文件，①选择第1张幻灯片；②单击【插入】选项卡【文本】组中的【艺术字】下拉按钮 ˅；③在弹出的下拉列表中选择需要的艺术字样式，如选择【填充：白色，文本色1；边框；黑色，背景色1；清晰阴影；蓝色，主题色5】命令，如图11-77所示。

图 11-77

Step02 即可在幻灯片中插入艺术字文本框,效果如图 11-78 所示。

图 11-78

Step03 ❶选择艺术字文本框中的文本,重新输入需要的内容,如输入【2021】;❷选择艺术字文本框,在【字体】组中将字号设置为【80】,效果如图 11-79 所示。

图 11-79

Step04 使用前面插入艺术字的方法,再在第 1 张幻灯片中插入【部门:销售部】艺术字,效果如图 11-80 所示。

图 11-80

技能拓展——更改艺术字样式

如果创建的艺术字样式不能满足需要,那么可选择艺术字。在【格式】选项卡【艺术字样式】组中单击【快速样式】按钮,在弹出的下拉菜单中重新选择需要的艺术字样式即可。

★重点 11.5.2 实战:设置"年终工作总结"演示文稿的艺术字文本填充

实例门类	软件功能

在幻灯片中插入艺术字后,还可根据需要对艺术字的文本填充效果进行设置。在 PowerPoint 2021 中既可以使用纯色填充艺术字文本,也可以使用图片、渐变色和纹理进行填充。例如,在"年终工作总结"演示文稿中对艺术字的文本填充效果进行渐变和纹理填充设置,具体操作步骤如下。

Step01 ❶在打开的"年终工作总结.pptx"演示文稿中选择第 1 张幻灯片中的【2021】艺术字;❷单击【形状格式】选项卡【艺术字样式】组中的【文本填充】下拉按钮 ✓;❸在弹出的下拉列表中选择需要的颜色,如选择【橙色】选项,如图 11-81 所示。

图 11-81

Step02 将艺术字填充为橙色,保持艺术字的选中状态,❶单击【艺术字样式】组中的【文本填充】下拉按钮 ✓;❷在弹出的下拉列表中选择【渐变】命令;❸在弹出的子菜单中选择需要的渐变效果,如选择【线性向右】命令,如图 11-82 所示。

图 11-82

技术看板

在设置艺术字文本的渐变填充时,如果需要设置某个颜色的渐变填充,那么需要先为艺术字设置相应的颜色,然后才能设置该颜色的渐变填充效果。

Step03 ❶选择【部门:销售部】艺术字;❷单击【形状格式】选项卡【艺术字样式】组中的【文本填充】下拉按钮 ✓;❸在弹出的下拉列表中选择【纹理】命令;❹在弹出的子菜单中选择需要的纹理效果,如选择【粉色面巾纸】命令,如图 11-83 所示。

图 11-83

Step04 返回幻灯片编辑区，即可看到设置文本填充后的效果，如图11-84所示。

图 11-84

★重点 11.5.3 实战：设置"年终工作总结"演示文稿的艺术字文本轮廓

实例门类	软件功能

除了可对艺术字文本填充效果进行设置，还可对艺术字文本轮廓填充效果进行设置。例如，在"年终工作总结"演示文稿中对艺术字的文本轮廓进行设置，具体操作步骤如下。

Step01 ❶在打开的"年终工作总结.pptx"演示文稿中选择第1张幻灯片中的【2021】艺术字；❷单击【形状格式】选项卡【艺术字样式】组中的【文本轮廓】下拉按钮˅；❸在弹出的下拉列表中选择需要的轮廓填充颜色，如选择【浅灰色，文字2，深色50%】选项，如图11-85所示。

图 11-85

技能拓展——取消艺术字文本轮廓

当不需要艺术字的文本轮廓时，可选择艺术字，单击【文本轮廓】下拉按钮˅，在弹出的下拉列表中选择【无轮廓】命令，即可取消艺术字的文本轮廓。

Step02 所选艺术字的文本轮廓将变成灰色，❶选择【部门：销售部】艺术字，单击【形状格式】选项卡【艺术字样式】组中的【文本轮廓】下拉按钮˅；❷在弹出的下拉列表中选择【深蓝】选项，如图11-86所示。

图 11-86

Step03 保持艺术字的选中状态，❶单击【艺术字样式】组中的【文本轮廓】下拉按钮˅；❷在弹出的下拉列表中选择【虚线】命令；❸在弹出的子菜单中选择需要的虚线样式，如图11-87所示。

图 11-87

技能拓展——设置艺术字文本轮廓的粗细

单击【文本轮廓】下拉按钮˅，在弹出的下拉列表中选择【粗细】命令，在弹出的子菜单中选择需要的轮廓粗细样式，即可将所选艺术字文本轮廓设置为所选的轮廓粗细。

Step04 即可将文本轮廓更改为选择的虚线，效果如图11-88所示。

图 11-88

★重点 11.5.4 实战：设置"年终工作总结"演示文稿的艺术字文本效果

实例门类	软件功能

在PowerPoint 2021中还提供了艺术字文本效果功能，通过该功能可使艺术字更具立体感，更具吸引力。例如，在"年终工作总结"演示文稿中设置艺术字的文本效果，具体操作步骤如下。

Step01 ❶在打开的"年终工作总结.pptx"演示文稿中选择第1张幻灯片中的【2021】艺术字；❷单击【形状格式】选项卡【艺术字样式】组中的【文本效果】按钮A；❸在弹出的下拉列表中选择需要的文本效果，如选择【棱台】命令；❹在弹出的子菜单中选择需要的棱台效果，如选择【圆形】命令，如图11-89所示。

图 11-89

Step02 即可将所选艺术字文本设置为选择的棱台效果,如图 11-90 所示。

图 11-90

技术看板

如果需要取消艺术字文本的某种效果,那么可在【文本效果】下拉列表中选择对应的效果,在弹出的子菜单中选择【无】命令即可。

Step03 保持艺术字的选中状态,❶单击【形状格式】选项卡【艺术字样式】组中的【文本效果】按钮 A;❷在弹出的下拉列表中选择【转换】命令;❸在弹出的子菜单中选择需要的转换效果,如选择【波形:上】命令,如图 11-91 所示。

图 11-91

Step04 返回幻灯片编辑区,即可看到为艺术字文本添加的转换效果,如图 11-92 所示。

图 11-92

Step05 ❶选择第 9 张幻灯片;❷选择【谢谢!】文本框,单击【艺术字样式】组中的【文本效果】按钮 A;❸在弹出的下拉列表中选择【阴影】命令;❹在弹出的子菜单中选择需要的阴影效果,如选择【透视:左上】命令,如图 11-93 所示。

图 11-93

Step06 ❶单击【艺术字样式】组中的【文本效果】按钮 A;❷在弹出的下拉列表中选择【发光】命令;❸在弹出的子菜单中选择需要的发光效果,如选择【发光:5 磅;橙色,主题色 2】命令,如图 11-94 所示。

图 11-94

Step07 返回幻灯片编辑区,即可看到为艺术字添加发光后的效果,如图 11-95 所示。

图 11-95

妙招技法

通过前面知识的学习,相信读者已经掌握文本型幻灯片的制作方法了。下面结合本章内容,给大家介绍一些实用技巧。

技巧01: 在幻灯片中快速插入需要的公式

在制作数学、物理和化学等教学培训课件时，经常会涉及公式的输入。在 PowerPoint 2021 中既可以通过键盘插入公式，也可以通过手写输入公式来实现。

1. 插入公式

PowerPoint 2021 内置了一些公式样式，当这些样式不能满足需要时，可以自行插入需要的公式。例如，在"数学课件"演示文稿中插入需要的公式，具体操作步骤如下。

Step01 打开"素材文件\第11章\数学课件.pptx"文件，❶选择第6张幻灯片；❷将光标定位到幻灯片内容占位符需要插入公式的位置；❸单击【插入】选项卡【符号】组中的【公式】按钮；❹在弹出的列表中选择【插入新公式】命令，如图11-96所示。

图 11-96

> **技术看板**
>
> 【公式】列表中内置了一些公式，如果需要插入的公式与内置的公式样式相同或相似，那么可直接选择内置的样式，再对其进行相应的修改即可。

Step02 即可在光标处插入【在此处键入公式】文本，激活【公式工具-公式】选项卡，❶单击【结构】组中的【分式】按钮；❷在弹出的下拉列表中选择需要的公式，如选择【分式（竖式）】命令，如图11-97所示。

图 11-97

Step03 即可插入分数，❶选择分母虚线框；❷单击【结构】组中的【上下标】按钮；❸在弹出的下拉列表中选择需要的上下标样式，如选择【x^2】命令，如图11-98所示。

图 11-98

Step04 ❶即可在分母处插入【x^2】，选择【x】，将其更改为【a】；❷选择分子虚线框；❸单击【结构】组中的【上下标】按钮；❹在弹出的下拉列表中选择【x^2】命令，如图11-99所示。

图 11-99

Step05 即可在分子处插入【x^2】，将光标定位到分数后，单击【结构】组中的【其他】按钮，在弹出的下拉列表框中选择【加号】选项，如图11-100所示。

图 11-100

Step06 即可在分数后插入加号，再使用前面插入公式的方法继续输入公式，效果如图11-101所示。

图 11-101

> **技术看板**
>
> 不同的公式有不同的组成结构，用户需要根据公式灵活插入需要的结构和符号。

2. 手写输入公式

PowerPoint 2021 提供了墨迹公式功能，通过该功能可手写输入需要的公式。例如，在"数学课件"演示文稿中通过墨迹公式功能手写输入公式，具体操作步骤如下。

Step01 ❶在打开的"数学课件.pptx"演示文稿中选择第7张幻灯片；❷将光标定位到【25】文本前，单击【插入】选项卡【符号】组中的【公式】按钮；❸在弹出的列表中选择【墨迹公式】命令，如图 11-102 所示。

图 11-102

Step02 打开【数学输入控件】对话框，将鼠标指针移动到对话框的【在此处写入数字】区域，此时鼠标指针将变成✚形状，然后在该区域拖动鼠标输入公式，并在对话框【在此处预览】中显示识别出的公式，如图 11-103 所示。

图 11-103

Step03 如果识别的公式有误，❶那么可单击【擦除】按钮；❷此时鼠标指针将变成✎形状，在书写错误的公式【4】上单击，清除【4】，如图 11-104 所示。

图 11-104

Step04 ❶再次单击【写入】按钮；❷在擦除的位置重新书写输入【y】，使预览区正确识别出，确认公式无误后；❸单击【插入】按钮，如图 11-105 所示。

图 11-105

Step05 即可将对话框中识别出的公式插入幻灯片相应的位置，效果如图 11-106 所示。

图 11-106

技巧 02：快速在幻灯片中插入特殊符号

在制作幻灯片的过程中，有时需要输入一些特殊符号，当这些符号无法通过键盘输入时，此时就需要通过插入符号功能插入需要的特殊符号。例如，在"红酒会宣传方案"演示文稿中插入特殊符号，具体操作步骤如下。

Step01 打开"素材文件\第 11 章\红酒会宣传方案.pptx"文件，❶选择第 1 张幻灯片；❷将光标定位到【享受】文本前，单击【插入】选项卡【符号】组中的【符号】按钮，如图 11-107 所示。

图 11-107

Step02 打开【符号】对话框，❶在【字体】下拉列表框中选择【Wingdings】选项；❷在符号列表框中选择需要的符号；❸单击【插入】按钮，如图 11-108 所示。

0

图 11-108

Step03 单击【关闭】按钮关闭对话框，返回幻灯片编辑区，即可看到插入的符号，效果如图 11-109 所示。

图 11-109

技巧 03：使用格式刷快速复制文本格式

在设置幻灯片中文本的格式时，如果需要为不同幻灯片中文本应用相同的格式，那么可以使用 PowerPoint 2021 提供的格式刷功能来快速复制格式，提高幻灯片编辑的效率。例如，在"年终工作总结"演示文稿中使用格式刷设置文本格式，具体操作步骤如下。

Step01 打开"素材文件\第 11 章\年终工作总结.pptx"文件，❶选择第

4 张幻灯片；❷选择【销售完成情况】文本，为文本添加阴影，并将文本颜色设置为橙色；❸双击【开始】选项卡【剪贴板】组中的【格式刷】按钮 复制格式，如图 11-110 所示。

图 11-110

false

技术看板

双击【格式刷】按钮 表示可以多次应用复制的格式，单击【格式刷】按钮 则只能应用一次复制的格式。

Step02 此时鼠标指针将变成 形状，❶选择第 5 张幻灯片；❷然后拖动鼠标选择需要应用复制格式的文本【销售完成图表分析】文本，如图 11-111 所示。

图 11-111

Step03 此时，选中的文本将应用复制的格式，效果如图 11-112 所示。

图 11-112

Step04 ❶选择第 6 张幻灯片；❷拖动鼠标选择【销量明细表】文本应用复制的格式，应用完成后；❸单击【格式刷】按钮 ，使鼠标指针恢复到正常状态，如图 11-113 所示。

图 11-113

技巧 04：设置幻灯片中文本的方向

PowerPoint 2021 中提供了设置文字方向功能，通过该功能可以根据需要对幻灯片中的文字方向进行设置。例如，在"工程招标方案"演示文稿中对文字方向进行设置，具体操作步骤如下。

Step01 打开"素材文件\第 11 章\工程招标方案.pptx"文件，❶选择第 1 张幻灯片中的【招标方案】文本；❷单击【开始】选项卡【段落】组中的【文字方向】下拉按钮 ；❸在弹

出的下拉列表中选择需要的文字方向命令，如选择【竖排】命令，如图 11-114 所示。

图 11-114

Step02 所选的文本将以竖排进行排列显示，效果如图 11-115 所示。

图 11-115

技巧 05：快速替换幻灯片中的字体格式

PowerPoint 2021 提供了替换字体功能，通过该功能可对幻灯片中指定的字体快速进行替换。例如，在"年终工作总结"演示文稿中使用替换字体功能将字体"等线 Light"替换成"方正宋黑简体"，具体操作步骤如下。

Step01 打开"素材文件\第 11 章\年终工作总结 .pptx"文件，❶选择第 3 张幻灯片；❷将光标定位到应用【等线 Light】字体的标题中，单击【开始】选项卡【编辑】组中的【替换】下拉按钮 ；❸在弹出的下拉列表中选择【替换字体】命令，如

图 11-116 所示。

图 11-116

Step02 打开【替换字体】对话框，在【替换】下拉列表框中显示了该演示文稿中应用的所有字体，选择需要替换的字体，如选择【等线 Light】选项，如图 11-117 所示。

图 11-117

Step03 在【替换为】下拉列表框中显示了系统安装的所有字体，选择需要替换成的字体，如选择【微软雅黑】选项，如图 11-118 所示。

图 11-118

Step04 单击【替换】按钮，如图 11-119 所示。

图 11-119

Step05 即可将演示文稿中所有应用【等线 Light】的字体替换成【微软雅黑】，效果如图 11-120 所示。

图 11-120

技术看板

在 PowerPoint 2021 中替换字体时需要注意，单字节字体不能替换成双字节字体。也就是说，英文字符字体不能替换成中文字符字体。

本章小结

通过本章知识的学习，相信读者已经掌握了制作文本型幻灯片的基本操作，如文本的输入、编辑，字体格式和段落格式的设置，以及艺术字的使用等。通过本章的学习，用户可以快速制作出文本型的演示文稿。本章在最后还讲解了一些幻灯片中文本的输入与编辑操作技巧，以帮助用户更好地制作幻灯片。

第一篇

第2篇

第3篇

第4篇

第

第12章 幻灯片中的图片

➜ 网络中搜索到的图片可以直接插入幻灯片中吗？

➜ 图片的位置和大小可以随意调整吗？

➜ 对于图片多余的部分应该怎么处理呢？

➜ 插入图片的颜色与幻灯片背景不搭配怎么办？

➜ 如何快速对齐幻灯片中的多张图片？

图片对于幻灯片来说非常重要，那么如何才能利用图片制作幻灯片呢？这就需要掌握图片的一些操作方法。本章将介绍制作图片型幻灯片的方法，并且在学习过程中可以找到以上问题的答案。

12.1 在幻灯片中插入图片

在幻灯片中既可以插入计算机中保存的图片，也可以插入联机图片和屏幕截图，用户可以根据实际需要来选择插入图片的方式。

★重点 12.1.1 在"着装礼仪培训 1"演示文稿中插入计算机中保存的图片

实例门类	软件功能

如果计算机中保存有制作幻灯片需要的图片，那么可以直接通过 PowerPoint 2021 提供的图片功能，快速将计算机中的图片插入幻灯片中。例如，在"着装礼仪培训 1"演示文稿中插入计算机中保存的图片，具体操作步骤如下。

Step01 打开"素材文件\第 12 章\着装礼仪\着装礼仪培训 1.pptx"文件，❶选择第 1 张幻灯片；❷单击【插入】选项卡【图像】组中的【图片】下拉按钮 ；❸在弹出的下拉列表中单击【此设备】选项，如图 12-1 所示。

图 12-1

📖 技术看板

如果是在幻灯片内容占位符中插入图片，那么可以直接在内容占位符中单击【图片】图标 ，也可以打开【插入图片】对话框。

Step02 打开【插入图片】对话框，❶在地址栏中设置图片保存的位置；❷在对话框中选择需要插入的图片，如选择【图片 2】选项；❸单击【插入】按钮，如图 12-2 所示。

图 12-2

Step03 返回幻灯片编辑区，即可看到插入的图片效果，如图 12-3 所示。

图 12-3

Step 04 使用前面插入图片的方法，在第4张、第6张和第8张幻灯片中分别插入需要的图片，效果如图12-4所示。

图 12-4

★新功能 12.1.2　实战：在"着装礼仪培训 1"演示文稿中插入【图像集】图片

实例门类	软件功能

在制作幻灯片时，如果计算机中没有存放合适的图片，可以通过 PowerPoint 2021 提供的【图像集】功能搜索并插入需要的图片。例如，在"着装礼仪培训 1"演示文稿中插入人像图片，具体操作步骤如下。

Step 01 ❶在打开的"着装礼仪培训 1"演示文稿中选择第 5 张幻灯片；❷单击【插入】选项卡【图像】组中的【图片】下拉按钮 ；❸在弹出的下拉列表中单击【图像集】选项，如图 12-5 所示。

图 12-5

Step 02 ❶打开【图像集】对话框，在类型栏中选择【人像抠图】选项；❷在搜索到的结果中，选择需要

的图片；❸单击【插入】按钮，如图 12-6 所示。

图 12-6

Step 03 返回幻灯片编辑区，即可看到插入联机图片的效果，如图 12-7 所示。

图 12-7

★重点 12.1.3　实战：在"着装礼仪培训 1"演示文稿中插入联机图片

实例门类	软件功能

在制作幻灯片时，如果计算机中没有存放合适的图片，可以通过联机的方式，从网络上直接搜索并插入需要的图片。例如，在"着装礼仪培训 1"演示文稿中插入首饰联机图片，具体操作步骤如下。

Step 01 ❶在打开的"着装礼仪培训 1"演示文稿中选择第 3 张幻灯片；❷单击【插入】选项卡【图像】组中的【图片】下拉按钮 ；❸在弹出的下拉列表中单击【联机图片】选项，如图 12-8 所示。

图 12-8

Step 02 在打开的对话框的搜索框中输入图片的关键字，如输入【首饰】，如图 12-9 所示。

图 12-9

Step 03 按【Enter】键就会进行搜索，❶在搜索到的结果中，选择需要的图片；❷单击【插入】按钮，如图 12-10 所示。

图 12-10

技术看板

如果搜索的结果中没有需要的图片，那么可在对话框的【Bing】文本框中重新输入关键字进行搜索。

Step 04 返回幻灯片编辑区，即可看到插入联机图片的效果，如图 12-11 所示。

图 12-11

★重点 12.1.4　实战：在"着装礼仪培训1"演示文稿中插入屏幕截图

实例门类	软件功能

PowerPoint 2021 提供了屏幕截图功能，通过该功能可将当前打开窗口中的图片或需要的部分截取下来，插入幻灯片中，非常方便。例如，在"着装礼仪培训1"演示文稿插入窗口中截取的图片，具体操作步骤如下。

Step01 ❶在打开的"着装礼仪培训1"演示文稿中选择第7张幻灯片；❷单击【插入】选项卡【图像】组中的【屏幕截图】下拉按钮 ∨；❸在弹出的下拉列表中选择【屏幕剪辑】命令，如图 12-12 所示。

图 12-12

技术看板

在【屏幕截图】下拉列表中的【可用的视窗】栏中显示了当前打开的活动窗口，如果需要插入窗口图，可直接选择相应的窗口选项插入幻灯片中。

Step02 此时当前打开的窗口将呈半透明状态显示，鼠标指针变成+形状，拖动鼠标选择需要截取的部分，所选部分将呈正常状态显示，如图 12-13 所示。

图 12-13

技术看板

在屏幕截图时，需要截取的窗口必须显示在计算机桌面上，这样才能截取。

Step03 截取完所需的部分，释放鼠标，即可将截取的部分插入幻灯片中，效果如图 12-14 所示。

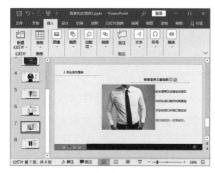

图 12-14

12.2　编辑幻灯片中的图片

对于插入幻灯片中的图片，可根据需要对其进行编辑，如调整图片大小和位置、裁剪图片、更改图片叠放顺序、旋转图片和对齐图片等，以使图片能排列在幻灯片中合适的位置。

★重点 12.2.1　实战：在"着装礼仪培训"演示文稿中调整图片的大小和位置

实例门类	软件功能

在幻灯片中插入图片后，图片的大小与图片本身的分辨率有关。为了更好地适应文字，必须对图片的大小和位置进行调整。例如，在"着装礼仪培训"演示文稿中对图片的大小和位置进行调整，具体操作步骤如下。

Step01 打开"素材文件\第12章\着装礼仪培训.pptx"文件，❶选择第3张幻灯片；❷再选择幻灯片中的图片；❸在【图片工具-图片格式】选项卡【大小】组中输入图片的高度值，如输入【8厘米】，如图 12-15 所示。

图 12-15

Step02 按【Enter】键确认，图片的宽度将随着图片的高度等比例缩放，效果如图 12-16 所示。

图 12-16

技术看板

通过【大小】组调整图片大小时，可只设置图片高度或宽度，这样可按比例调整图片大小，如果同时对高度和宽度进行设置，那么图片可能会变形。

Step03 将鼠标指针移动到图片上，按住鼠标左键不放进行拖动，拖动到合适位置后释放鼠标即可，如图 12-17 所示。

图 12-17

Step04 ❶选择第 4 张幻灯片；❷选择幻灯片中的图片，将鼠标指针移动到图片右上角的控制点上，当鼠标指针变成 形状时，按住鼠标左键不放，向左下角拖动鼠标，如图 12-18 所示。

图 12-18

技术看板

选择图片后，图片四周将出现 8 个控制点，将鼠标指针移动到图片 4 个角的控制点上进行拖动，可等比例调整图片的高度和宽度。若将鼠标指针移动到图片上下中间的控制点上拖动，则只能调整图片的高度；若将鼠标指针移动到图片左右中间的控制点上拖动，则只能调整图片的宽度。

Step05 拖动到合适大小后释放鼠标，然后将该图片移动到左侧的空白位置处，效果如图 12-19 所示。

图 12-19

Step06 使用前面调整图片大小和移动图片的方法对其他幻灯片中图片的大小和位置进行调整，效果如

图 12-20 所示。

图 12-20

12.2.2 实战：对"着装礼仪培训"演示文稿中的图片进行裁剪

| 实例门类 | 软件功能 |

对于插入幻灯片中的图片，如果只需要图片中的某部分内容，那么可使用PowerPoint 2021 提供的裁剪功能，将图片不需要的部分裁剪掉。例如，在"着装礼仪培训"演示文稿中对图片进行裁剪，具体操作步骤如下。

Step01 ❶在打开的"着装礼仪培训"演示文稿中选择第 3 张幻灯片中的图片；❷单击【图片工具-图片格式】选项卡【大小】组中的【裁剪】按钮，如图 12-21 所示。

图 12-21

Step02 此时图片四周将出现灰色的裁剪框，将鼠标指针移动到图片裁剪控制点上，按住鼠标左键不放向上拖动，可裁剪下方多余的部分，

如图 12-22 所示。

图 12-22

Step03 按住鼠标左键不放向左拖动，可裁剪右侧多余的部分，如图 12-23 所示。

图 12-23

Step04 拖动到合适位置后释放鼠标，完成后使用相同的方法对图片左侧需要裁剪的部分进行调整，如图 12-24 所示。

图 12-24

Step05 完成后，在幻灯片其他区域单击鼠标，即可完成图片的裁剪，效果如图 12-25 所示。

图 12-25

技术看板

裁剪完成后，如果发现将图片的重要部分裁剪掉了，那么可单击【裁剪】按钮，重新调整图片裁剪的区域。

Step06 选择第 6 张幻灯片，然后对幻灯片中的图片进行裁剪，如图 12-26 所示。

图 12-26

Step07 调整裁剪框后，退出图片的裁剪，效果如图 12-27 所示。

图 12-27

★重点 12.2.3 更改"婚庆用品展"演示文稿中图片的叠放顺序

实例门类	软件功能

当需要将插入的图片排列到某对象的下方或上方时，就需要对图片的叠放顺序进行调整。例如，在"婚庆用品展"演示文稿中对图片的叠放顺序进行调整，具体操作步骤如下。

Step01 打开"素材文件\第 12 章\婚庆用品展.pptx"文件，❶选择第 3 张幻灯片；❷选择幻灯片中左右两张图片，单击【图片工具-图片格式】选项卡【排列】组中的【上移一层】下拉按钮 ˇ；❸在弹出的下拉菜单中选择【置于顶层】命令，如图 12-28 所示。

图 12-28

Step02 即可将选择的两张图片直接排列到幻灯片最上方，效果如图 12-29 所示。

图 12-29

在【排列】组中单击【上移一层】按钮，可将选择的图片向上移动一层；单击【下移一层】按钮，可将选择的图片向下移动一层。

12.2.4 实战：对"婚庆用品展"演示文稿中的图片进行旋转

实例门类	软件功能

如果幻灯片中插入图片的方向不正确，或者需要将图片旋转到一定角度进行排列，那么可以通过 PowerPoint 2021 提供的旋转功能对图片进行相应的旋转。例如，在"婚庆用品展"演示文稿中对图片进行旋转，具体操作步骤如下。

Step01 ❶在打开的"婚庆用品展"演示文稿中选择第 4 张幻灯片；❷选择幻灯片最右侧的大图片，单击【图片工具-图片格式】选项卡【排列】组中的【旋转】按钮；❸在弹出的下拉菜单中选择需要的旋转命令，如选择【垂直翻转】命令，如图 12-30 所示。

图 12-30

通过旋转命令旋转图片时，有时并不能一次旋转到位，需要多次旋转才能达到需要的旋转效果。

Step02 此时，选择的图片将进行垂直翻转，效果如图 12-31 所示。

图 12-31

技能拓展——拖动鼠标进行旋转

选择图片，图片上方将出现一个控制点，将鼠标指针移动到该控制点上，当鼠标指针变成形状时，按住鼠标左键不放向左或向右拖动，可自由旋转图片。

12.2.5 实战：对"婚庆用品展"演示文稿中的图片进行对齐排列

实例门类	软件功能

当一张幻灯片中插入多幅图片，且需要使这几张图片按照一定规律进行排列时，可以使用 PowerPoint 2021 提供的对齐功能快速对齐图片。例如，对"婚庆用品展"演示文稿中的多张图片进行对齐排列，具体操作步骤如下。

Step01 ❶在打开的"婚庆用品展"演示文稿中选择第 3 张幻灯片；❷选择幻灯片中的 3 幅图片，单击【图片工具-图片格式】选项卡【排列】组中的【对齐】按钮；❸在弹出的下拉菜单中选择需要的对齐方式，如选择【底端对齐】命令，如图 12-32 所示。

图 12-32

Step02 选择的 3 张幻灯片将根据其中的一幅图片的底端进行对齐，效果如图 12-33 所示。

图 12-33

Step03 ❶选择第 4 张幻灯片；❷选择幻灯片中上方的两幅小图；❸单击【排列】组中的【对齐】按钮；❹在弹出的下拉菜单中选择【顶端对齐】命令，如图 12-34 所示。

图 12-34

技能拓展——组合多个对象

对齐排列图片后，为了方便对对齐的多张图片进行相同的操作，可将对齐的多张图片组合为一个对象。其方法是：选择需要组合的多张图片，单击【排列】组中的【组合】按钮，在弹出的下拉菜单中选择【组合】命令即可。

Step04 选择的两张图片将以顶端对齐的方式进行排列，❶然后选择幻灯片中左侧的两幅小图；❷单击【排列】组中的【对齐】按钮；❸在弹出的下拉菜单中选择【右对齐】命令，右对齐排列选择的图片，如图 12-35 所示。

图 12-35

Step05 使用前面的对齐排列方法，将幻灯片下方的两幅小图进行对齐，效果如图 12-36 所示。

图 12-36

Step06 使用相同的方法对其他幻灯片中的图片进行对齐操作，效果如图 12-37 所示。

图 12-37

12.3 美化幻灯片中的图片

对于插入幻灯片中的图片，其原来的图片颜色、亮度和效果可能并不能满足需要，这时就需要对图片进行各种美化操作，使图片效果更美观。

★重点 12.3.1 实战：更正"着装礼仪培训 2"演示文稿中图片的亮度 / 对比度

实例门类	软件功能

在幻灯片中插入图片后，还可以根据 PowerPoint 提供的更正功能对图片的亮度、对比度、锐化和柔化等效果进行调整，使图片显示效果更佳。例如，在"着装礼仪培训 2"演示文稿中对图片亮度和对比度进行调整，具体操作步骤如下。

Step01 打开"素材文件\第 12 章\着装礼仪培训 2.pptx"文件，❶选择第 1 张幻灯片中的图片，单击【图片工具-图片格式】选项卡【调整】组中的【校正】按钮；❷在弹出的下拉列表的【锐化/柔化】栏中选择需要的选项，如选择【锐化：25%】命令，如图 12-38 所示。

图 12-38

Step02 返回幻灯片编辑区，即可看到调整图片锐化后的效果，如图 12-39 所示。

图 12-39

Step03 ❶选择第 3 张幻灯片中的图片，单击【图片工具-图片格式】选项卡【调整】组中的【校正】按钮；❷在弹出的下拉列表的【亮度/对比度】栏中选择需要的选项，如选择【亮度：+20%　对比度：-20%】命令，如图 12-40 所示。

图 12-40

Step04 返回幻灯片编辑区，即可看到调整图片亮度和对比度后的效果，如图 12-41 所示。

图 12-41

★重点 12.3.2　实战：调整"水果与健康专题讲座"演示文稿中的图片颜色

实例门类	软件功能

除了可以对幻灯片中图片的亮度和对比度进行调整，还可以对图片的颜色进行调整，使图片颜色更符合需要。例如，对"水果与健康专题讲座"演示文稿中图片的颜色进行调整，具体操作步骤如下。

Step01 打开"素材文件\第 12 章\水果与健康专题讲座.pptx"文件，选择第 1 张幻灯片右侧上方的图片，❶单击【图片工具-图片格式】选

项卡【调整】组中的【颜色】按钮；❷在弹出的下拉列表的【颜色饱和度】栏中选择图片饱和度，如选择【饱和度：100%】命令，如图 12-42 所示。

图 12-42

Step02 即可看到调整所选图片饱和度后的效果，如图 12-43 所示。

图 12-43

Step03 选择第 1 张幻灯片左侧下方的图片，❶单击【图片工具-图片格式】选项卡【调整】组中的【颜色】按钮；❷在弹出的下拉列表的【色调】栏中选择图片的色调，如选择【色温：11200K】命令，如图 12-44 所示。

图 12-44

Step04 即可看到调整所选图片色调

后的效果，如图 12-45 所示。

图 12-45

Step05 选择第 2 张幻灯片中的图片，❶单击【图片工具-图片格式】选项卡【调整】组中的【颜色】按钮；❷在弹出的下拉列表的【重新着色】栏中可重新为图片着色，如选择【橙色，个性色 2 深色】命令，如图 12-46 所示。

图 12-46

Step06 即可看到为图片重新着色后的效果，如图 12-47 所示。

图 12-47

技术看板

在调整图片颜色时，可对同一张图片进行图片饱和度、色调和重新着色等进行设置。

Step07 使用调整图片颜色的方法，对其他幻灯片中图片的颜色进行相

应的调整，如图 12-48 所示。

图 12-48

★重点 12.3.3 实战：为"水果与健康专题讲座"演示文稿中的图片应用样式

实例门类	软件功能

PowerPoint 2021 中提供了多种图片样式，通过应用图片样式可快速提升图片的整体效果。例如，为"水果与健康专题讲座"演示文稿中的图片应用样式，具体操作步骤如下。

Step01 在打开的"水果与健康专题讲座.pptx"文件中选择第 1 张幻灯片左侧的两张图片，❶单击【图片工具-图片格式】选项卡【图片样式】组中的【快速样式】按钮；❷在弹出的下拉列表中选择需要的样式，如选择【简单框架，白色】命令，如图 12-49 所示。

图 12-49

Step02 即可为选择的图片应用选择的图片样式，效果如图 12-50 所示。

图 12-50

Step03 选择第 1 张幻灯片右侧上方的图片，❶单击【图片样式】组中的【快速样式】按钮；❷在弹出的下拉列表中选择【映像圆角矩形】命令，如图 12-51 所示。

图 12-51

Step04 使用前面为图片应用样式的方法，为其他幻灯片中需要应用样式的图片应用样式，如图 12-52 所示。

图 12-52

12.3.4 实战：为"婚庆用品展 1"演示文稿中的图片添加边框

实例门类	软件功能

当需要为图片添加边框时，可通过 PowerPoint 2021 中提供的图片边框功能，为图片添加需要的边框。例如，为"婚庆用品展 1"演示文稿中的图片添加需要的边框，具体操作步骤如下。

Step01 打开"素材文件\第 12 章\婚庆用品展 1.pptx"文件，❶选择第 5 张幻灯片；❷再选择幻灯片中的两张图片，单击【图片样式】组中的【图片边框】下拉按钮▼；❸在弹出的下拉列表中选择边框颜色，如选择【黑色，文字 1】，如图 12-53 所示。

图 12-53

Step02 即可为选择的图片添加黑色边框，效果如图 12-54 所示。

婚车布置

以鲜花、气球、卡通娃娃、红绸缎等装饰用品为主。

图 12-54

Step03 ❶保持幻灯片中两张图片的选中状态，单击【图片样式】组中的【图片边框】下拉按钮 ∨；❷在弹出的下拉列表中选择【粗细】命令；❸在弹出的子菜单中选择图片边框粗细，如选择【4.5 磅】命令，如图 12-55 所示。

图 12-55

12.3.5 实战：为"婚庆用品展 1"演示文稿中的图片添加图片效果

实例门类	软件功能

如果 PowerPoint 2021 提供的图片样式不能满足需要，那么可根据需要对图片添加阴影、映像、发光、柔化边缘、棱台和三维旋转等效果，使图片更具立体感。例如，为"婚庆用品展 1"演示文稿中的图片应用图片效果，具体操作步骤如下。

Step01 ❶在打开的"婚庆用品展 1"演示文稿中选择第 3 张幻灯片，❷选择幻灯片中的 3 张图片，单击【图片样式】组中的【图片效果】按钮 ❷；❸在弹出的下拉菜单中选择

需要的图片效果，如选择【映像】命令；❹在弹出的子菜单中选择需要的映像效果，如选择【紧密映像：接触】选项，如图 12-56 所示。

图 12-56

Step02 即可为选择的图片应用选择的映像效果，如图 12-57 所示。

床上用品

图 12-57

Step03 ❶选择第 4 张幻灯片；❷再选择幻灯片中的 4 张小图，单击【图片样式】组中的【图片效果】按钮 ❷；❸在弹出的下拉菜单中选择【预设】命令；❹在弹出的子菜单中选择需要的预设效果，如选择【预设 1】选项，如图 12-58 所示。

图 12-58

Step04 ❶选择幻灯片右侧的大图，单击【图片样式】组中的【图片效果】按钮 ❷；❷在弹出的下拉菜单

中选择【三维旋转】命令；❸在弹出的子菜单中选择需要的三维旋转效果，如选择【透视：极左极大】选项，如图 12-59 所示。

图 12-59

Step05 即可为选择的图片添加选择的三维旋转效果，如图 12-60 所示。

婚房布置

主要包括拉花、大红喜字、气球、婚房灯具、婚纱相册等用品。

图 12-60

Step06 ❶选择第 6 张幻灯片；❷选择幻灯片中的两张图片，单击【图片样式】组中的【图片效果】按钮 ❷；❸在弹出的下拉菜单中选择【发光】命令；❹在弹出的子菜单中选择需要的发光效果，如选择【发光：18 磅；橙色，主题色 2】选项，如图 12-61 所示。

图 12-61

Step07 即可为选择的图片添加选择的发光效果，如图 12-62 所示。

图 12-62

12.3.6 实战：为"婚庆用品展 2"演示文稿中的图片应用图片版式

实例门类	软件功能

在 PowerPoint 2021 中提供了图片版式功能，通过该功能可以快速将图片转化为带文本的 SmartArt 图形，以便于对图片进行说明。例如，为"婚庆用品展 2"演示文稿中的图片应用图片版式，具体操作步骤如下。

Step01 打开"素材文件\第 12 章\婚庆用品展 2.pptx"文件，❶选择第 3 张幻灯片；❷选择幻灯片中的 3 幅图片，单击【图片样式】组中的【图片版式】按钮；❸在弹出的下拉列表中选择需要的图片版式，如选择【蛇形图片半透明文本】选项，如图 12-63 所示。

图 12-63

Step02 即可为图片应用选择的图片

版式，将光标定位到第 1 幅图片中的半透明文本框中，然后输入需要的文本【卡通系列】，效果如图 12-64 所示。

图 12-64

Step03 使用相同的方法为其他两幅图片添加相应的文本，效果如图 12-65 所示。

图 12-65

12.3.7 实战：为"婚庆用品展 2"演示文稿中的图片应用图片艺术效果

实例门类	软件功能

在 PowerPoint 2021 中提供了图片的艺术效果样式，用户可以根据需要为图片应用相应的艺术效果，以增加图片的艺术感。例如，为"婚庆用品展 2"演示文稿中的图片应用艺术效果，具体操作步骤如下。

Step01 ❶在打开的"婚庆用品展 2.pptx"演示文稿中选择第 4 张幻灯片右侧的大图片；❷单击【图片工具-图片格式】选项卡【调整】组

中的【艺术效果】按钮；❸在弹出的下拉列表中选择需要的图片艺术效果，如选择【水彩海绵】选项，如图 12-66 所示。

图 12-66

Step02 即可为选择的图片应用选择的艺术效果，如图 12-67 所示。

图 12-67

Step03 ❶选择第 5 张幻灯片左侧的图片，单击【调整】组中的【艺术效果】按钮；❷在弹出的下拉列表中选择【十字图案蚀刻】选项，如图 12-68 所示。

图 12-68

Step04 为该幻灯片右侧的图片应用相同的艺术效果，如图 12-69 所示。

婚车布置

以鲜花、气球、卡通娃娃、红绸缎等装饰用品为主。

图 12-69

12.4　制作产品相册

当需要制作相册等图片型的演示文稿时，可以通过 PowerPoint 2021 提供的电子相册功能，快速将图片分配到演示文稿的每张幻灯片中，以提高制作幻灯片的效率。

★重点 12.4.1　实战：插入产品图片制作电子相册

实例门类	软件功能

通过 PowerPoint 2021 提供的电子相册功能，可以快速将多幅图片平均分配到演示文稿的幻灯片中，对于制作产品相册等图片型的幻灯片来说非常方便。例如，在 PowerPoint 中制作产品相册演示文稿，具体操作步骤如下。

Step01 在新建的空白演示文稿中单击【插入】选项卡【图像】组中的【相册】按钮，如图 12-70 所示。

图 12-70

Step02 打开【相册】对话框，单击【文件/磁盘】按钮，❶打开【插入图片】对话框，在地址栏中设置图片保存的位置；❷然后选择所有的图片；❸单击【插入】按钮，如图 12-71 所示。

图 12-71

Step03 返回【相册】对话框，❶在【相册中的图片】列表框中选择需要创建为相册的图片，这里选中所有图片对应的复选框；❷在【图片版式】下拉列表框中选择需要的相册版式，如选择【1 张图片】选项；❸在【相框形状】下拉列表框中选择需要的图片版式，如选择【圆角矩形】选项；❹单击【浏览】按钮，如图 12-72 所示。

图 12-72

Step04 ❶打开【选择主题】对话框，选择需要应用的幻灯片主题，如选择【Retrospect】选项；❷单击【选择】按钮，如图 12-73 所示。

图 12-73

Step05 返回【相册】对话框，单击【创建】按钮，即可创建一个新演示文稿，在其中显示了创建的相册效果，并将该演示文稿保存为"产品相册"，然后选择第 1 张幻灯片，对占位符中的文本和字体格式进行修改，效果如图 12-74 所示。

图 12-74

12.4.2 实战：编辑手机产品相册

实例门类	软件功能

　　如果对制作的相册版式、主题等不满意，用户还可以根据需要对其进行编辑。例如，在"产品相册"演示文稿中对相册的主题和文本框进行修改，具体操作步骤如下。

Step01 ❶在打开的"产品相册"演示文稿中单击【插入】选项卡【图像】组中的【相册】下拉按钮▼；❷在弹出的下拉菜单中选择【编辑相册】命令，如图 12-75 所示。

图 12-75

Step02 打开【编辑相册】对话框，❶在【图片选项】栏中选中【标题在所有图片下面】复选框；❷在【相框形状】下拉列表框中选择【复杂框架，黑色】选项；❸单击【主题】后的【浏览】按钮，如图 12-76 所示。

图 12-76

Step03 ❶打开【选择主题】对话框，选择需要应用的幻灯片主题，如选择【Ion】选项；❷单击【选择】按钮，如图 12-77 所示。

图 12-77

Step04 返回【编辑相册】对话框，单击【更新】按钮，即可更改相册的主题，并在每幅图片下面自动添加一个标题，效果如图 12-78 所示。

图 12-78

技能拓展——快速更改图片版式和相册主题

　　如果只需要更改相册的相框形状和主题，也可直接在【格式】选项卡【图片样式】组中设置图片的样式，在【设计】选项卡【主题】组中应用需要的主题。

妙招技法

　　通过前面知识的学习，相信读者已经掌握了在幻灯片中插入、编辑、美化图片，以及制作产品相册的基本操作了。下面结合本章内容，给大家介绍一些实用技巧。

技巧 01：快速将图片裁剪为需要的形状

　　通过 PowerPoint 2021 提供的裁剪功能，除了可以将图片多余的部分裁剪掉，还可将图片裁剪为任意需要的形状，使图片效果多样化。例如，在"楼盘推广策划"演示文稿中裁剪图片为形状，具体操作步骤如下。

Step01 打开"素材文件\第 12 章\楼盘推广策划.pptx"文件，❶选择第 2 张幻灯片；❷选择幻灯片中的图片，单击【图片工具-图片格式】选项卡【大小】组中的【裁剪】下拉

按钮 ∨；❸在弹出的下拉菜单中选择【裁剪为形状】命令；❹在弹出的子菜单中选择需要的形状，如选择【流程图：多文档】选项，如图12-79所示。

图 12-79

Step02 即可把图片裁剪为选择的形状，效果如图12-80所示。

图 12-80

技能拓展——按一定比例裁剪图片

在裁剪图片时，用户也可按一定比例进行裁剪，使裁剪后的图片更规整。其方法是：选择需要裁剪的图片，单击【大小】组中的【裁剪】下拉按钮 ∨，在弹出的下拉菜单中选择【纵横比】命令，在弹出的子菜单中选择裁剪比例，即可按选择的裁剪比例裁剪图片。

技巧 02：快速将纯色背景的图片设置为透明色

有时为了使幻灯片中的图片与

幻灯片背景或主题融合在一起，需要将图片背景设置为透明色。如果图片的背景色是纯色的，那么可以使用 PowerPoint 2021 提供的设置透明色功能将纯色图片背景设置为透明色。例如，在"手机上市宣传"演示文稿中将纯色背景的图片背景设置为透明色，具体操作步骤如下。

Step01 打开"素材文件\第12章\手机上市宣传.pptx"文件，❶选择第1张幻灯片中的手机图片；❷单击【图片工具-图片格式】选项卡【调整】组中的【颜色】按钮；❸在弹出的下拉菜单中选择【设置透明色】命令，如图12-81所示。

图 12-81

Step02 将鼠标指针移动到图片上，此时鼠标指针将变成 ◣ 形状，如图12-82所示。

图 12-82

Step03 在图片的背景上单击，即可删除图片的纯色背景，变成透明色效果，如图12-83所示。

图 12-83

技术看板

将图片背景设置为透明色后，有些图片周围会出现一些比较明显的白色齿轮，如果影响图片的整体效果，那么可为图片设置柔化边缘效果，将图片周围的白色齿轮淡化掉。

技巧 03：如何抠出图片中需要的部分

对于幻灯片中的图片，如果只需要图片中的某一部分，且不能通过裁剪功能来实现时，可以通过 PowerPoint 2021 提供的删除背景功能，不仅可以删除图片背景，还可以快速抠出图片中需要的部分。例如，在"手机上市宣传"演示文稿中抠出图片需要的部分，具体操作步骤如下。

Step01 ❶在打开的"手机上市宣传"演示文稿中选择第7张幻灯片；❷选择该幻灯片中的图片；❸单击【图片工具-图片格式】选项卡【调整】组中的【删除背景】按钮，如图12-84所示。

图 12-84

Step02 此时图片默认被删除的部分将变成紫红色，如果图片要保留的部分也变成了紫红色，那么需要单击【背景消除】选项卡【优化】组中的【标记要保留的区域】按钮，如图12-85所示。

图 12-85

Step03 此时，鼠标指针将变成✐形状，拖动鼠标在图片中需要保留的部分绘制线条，如图12-86所示。

图 12-86

技能拓展——标记要删除的区域

如果图片要删除的部分被保留了下来，那么可以单击【背景消除】选项卡【优化】组中的【标记要删除的区域】按钮，然后在图片中把要删除的部分绘制线条，即可标记出要删除的部分。

Step04 绘制线条的区域将以图片正常的颜色进行显示，继续在图片需要保留的区域绘制线条，使需要保留的区域完全显示出来，然后单

击【背景消除】选项卡【关闭】组中的【保留更改】按钮，如图12-87所示。

图 12-87

技术看板

若单击【背景消除】选项卡【关闭】组中的【放弃所有更改】按钮，将不会执行删除图片背景的操作，图片将保持原状不变。

Step05 返回幻灯片编辑区，即可看到抠图后的效果，如图12-88所示。

图 12-88

技巧 04：如何将幻灯片中的图片保存到计算机中

对于他人制作的演示文稿或网上下载的PPT模板中，如果有需要的图片，也可将其保存到自己的计算机中，以方便制作演示文稿时使用。例如，将"手机上市宣传"演示文稿中需要的图片保存到计算机中，具体操作步骤如下。

Step01 ❶在打开的"手机上市宣传"

演示文稿中选择第4张幻灯片；❷选择该幻灯片中的图片并右击，在弹出的快捷菜单中选择【另存为图片】命令，如图12-89所示。

图 12-89

Step02 ❶打开【另存为图片】对话框，在地址栏中设置图片的保存位置；❷在【文件名】文本框中输入图片保存的名称，如输入【夜拍】；❸单击【保存】按钮，即可保存图片，如图12-90所示。

图 12-90

Step03 在保存图片的文件夹中可看到该图片，效果如图12-91所示。

图 12-91

技巧05：快速对幻灯片中的图片进行更改

在制作幻灯片的过程中，如果需要将图片更改为其他图片，但更改的图片需要保留原始图片的效果时，那么可通过 PowerPoint 2021 提供的更改图片功能来实现。例如，对"婚庆用品展 2"演示文稿中的图片进行更改，具体操作步骤如下。

Step01 打开"素材文件\第 12 章\婚庆用品展 2.pptx"文件，❶选择第 4 张幻灯片中的【气球装饰】图片；❷右击选择的图片，从快捷菜单中选择【更改图片】选项；❸在弹出的级联菜单中选择图片位置，如选择【来自文件】选项，如图 12-92 所示。

图 12-92

Step02 ❶打开【插入图片】对话框，在地址栏中设置更改图片的保存位置；❷在对话框中选择需要插入的图片【气球装饰】；❸单击【插入】按钮，如图 12-93 所示。

图 12-93

Step03 返回幻灯片编辑区，即可看到将选择的图片更改为插入的图片，并且图片效果将保留原始图片的效果，如图 12-94 所示。

图 12-94

本章小结

通过本章知识的学习，相信读者已经掌握了在幻灯片中插入图片、编辑、美化图片的操作，以及制作产品相册的操作技能。在实际应用过程中，只要灵活应用就能制作出美观且具有立体感的图片，使图片效果能满足各种幻灯片的需要。本章在最后还讲解了图片的一些处理技巧，以帮助用户在幻灯片中合理地利用图片。

第13章 使用图标、形状和SmartArt图形美化幻灯片

➥ 在幻灯片中如何插入需要的图标？

➥ 如何绘制需要的形状？

➥ 对于绘制的形状可以进行哪些编辑？

➥ SmartArt图形的类型有哪些？

➥ 能不能将文本转化为SmartArt图形？

本章将主要对图标、形状和SmartArt图形的插入、编辑与美化操作进行讲解，使用户快速制作出图示化的幻灯片。

13.1 图标的使用

图标是PowerPoint 2021的一个重要功能，通过图标可以以符号的形式直观地传递信息。下面将对图标在幻灯片中的使用方法进行讲解。

★重点 13.1.1 实战：在"销售工作计划"演示文稿中插入图标

实例门类	软件功能

PowerPoint 2021中提供了如人物、技术和电子、通信、商业等多种类型的图标，用户可根据需要在幻灯片中插入所需的图标。例如，在"销售工作计划"演示文稿中插入需要的图标，具体操作步骤如下。

Step01 打开"素材文件\第13章\销售工作计划.pptx"文件，❶选择第3张幻灯片；❷单击【插入】选项卡【插图】组中的【图标】按钮，如图13-1所示。

图 13-1

技术看板

在使用PowerPoint 2021提供的图标功能时，需要计算机正常连接网络，这样才能搜索到提供的图标。

Step02 打开【插入图标】对话框，❶在中间选择需要图标的类型，如选择【分析】选项；❷在右侧的【分析】栏中选中图标对应的复选框，这里选中第一个图标对应的复选框；❸单击【插入】按钮，如图13-2所示。

图 13-2

技术看板

若在【插入图标】对话框中一次性选中多个图标对应的复选框，则单击【插入】按钮后，可同时对选中的多个图标进行下载，并同时插入幻灯片中。

Step03 开始下载图标，下载完成后将返回幻灯片编辑区，在其中可看到插入图标的效果，如图13-3所示。

图 13-3

Step04 使用前面插入图标的方法继续在该幻灯片中插入需要的图标，效果如图 13-4 所示。

图 13-4

★重点 13.1.2　实战：更改"销售工作计划"演示文稿中插入的图标

实例门类	软件功能

对于幻灯片中插入的图标，用户还可将其更改为其他图标或其他需要的图片。例如，在"销售工作计划"演示文稿中对插入的图标进行更改，具体操作步骤如下。

Step01 ❶在打开的"销售工作计划"演示文稿中选择幻灯片中的箭头图标；❷单击【图形格式】选项卡【更改】组中的【更改图形】按钮；❸在弹出的下拉菜单中选择【从图标】命令，如图 13-5 所示。

图 13-5

Step02 ❶打开【插入图标】对话框，在中间选择【通信】选项；❷在右侧的【通信】栏中选中图标对应的复选框；❸单击【插入】按钮，如图 13-6 所示。

图 13-6

Step03 即可开始下载图标，并更改图标，❶选择锁定图标；❷单击【图形格式】选项卡【更改】组中的【更改图形】按钮；❸在弹出的下拉菜单中选择【来自在线来源】命令，如图 13-7 所示。

图 13-7

Step04 打开【联机图片】对话框，在搜索框中输入关键字，如输入【箭头】，按【Enter】键，即可开始进行图片搜索，如图 13-8 所示。

图 13-8

Step05 将在对话框中显示根据关键

字搜索到的所有图片，选择需要的图片，插入幻灯片中，如图 13-9 所示。

图 13-9

Step06 返回幻灯片编辑区，即可看到将图标更改为图片后的效果，如图 13-10 所示。

图 13-10

> **技能拓展——将图标更改为计算机中保存的图片**
>
> 选择幻灯片中需要更改的图标，单击【图形格式】选项卡【更改】组中的【更改图形】按钮，在弹出的下拉菜单中选择【来自文件】命令，打开【插入图片】对话框，在其中选择需要的图片，单击【插入】按钮，即可将图标更改为图片。

★重点 13.1.3　实战：编辑"销售工作计划"演示文稿中的图标

实例门类	软件功能

对于幻灯片中插入的图标，还可根据需要对图标进行编辑和美化，使图标效果与幻灯片更贴切。例如，在"销售工作计划"演示文

稿中对图标和图片进行编辑和美化，具体操作步骤如下。

Step01 ❶在打开的"销售工作计划"演示文稿中选择第3张幻灯片中的箭头图片；❷单击【图片格式】选项卡【排列】组中的【旋转】按钮；❸在弹出的下拉菜单中选择【水平翻转】命令，如图13-11所示。

图 13-11

Step02 ❶选择幻灯片中的箭头图片；❷单击【图片格式】选项卡【调整】组中的【颜色】按钮；❸在弹出的下拉列表中选择【重新着色】栏中的【灰色，个性色3深色】选项，如图13-12所示。

图 13-12

Step03 选择幻灯片中的箭头图片，单击【图片格式】选项卡【调整】组中的【校正】按钮，在弹出的下拉列表中选择需要的样式，如选择【亮度：+20% 对比度：0%（正常）】选项，如图13-13所示。

图 13-13

Step04 即可更改图片颜色，使图片与图标颜色一样，效果如图13-14所示。

图 13-14

技能拓展——设置图标图形效果

对于幻灯片中的图标，也可像图片一样对图标的预设、阴影、映像、发光、柔化边缘、棱台和三维旋转等图形效果进行设置。其方法是：选择幻灯片中的图标，单击【图形格式】选项卡【图形样式】组中的【图形效果】按钮，在弹出的下拉菜单中选择需要的效果，再在其子菜单中选择对应的图形效果即可。

13.2 插入与编辑形状

PowerPoint 2021 中提供了形状功能，通过该功能不仅可以在幻灯片中插入或绘制一些规则或不规则的形状，还可以对绘制的形状进行编辑，使绘制的形状能符合各种需要。

★重点 13.2.1 实战：在"工作总结"演示文稿中绘制需要的形状

实例门类	软件功能

在制作幻灯片的过程中，经常会借助形状来灵活排列幻灯片内容，使幻灯片展现的内容更形象。PowerPoint 2021 中提供了矩形、线条、箭头等各种需要的形状，用户可选择需要的形状类型进行绘制。

例如，在"工作总结"演示文稿中绘制需要的形状，具体操作步骤如下。

Step01 打开"素材文件\第13章\工作总结.pptx"文件，❶选择第3张幻灯片；❷单击【插入】选项卡【插图】组中的【形状】按钮；❸在弹出的下拉列表中选择需要的形状，如选择【矩形】栏中的【矩形】选项，如图13-15所示。

图 13-15

Step02 此时，鼠标指针将变成+形状，将鼠标指针移动到幻灯片中需要绘制形状的位置，然后按住鼠标左键不放进行拖动，如图13-16所示。

图 13-16

技术看板

在绘制形状时，按住【Ctrl】键拖动绘制，可以鼠标指针位置作为图形的中心点，按住【Shift】键拖动，则可以绘制出中心对称的形状，如绘制正方形、正圆形和直线等。

Step03 拖动到合适位置后释放鼠标即可完成绘制，然后使用相同的方法继续在该幻灯片中绘制需要的矩形，效果如图13-17所示。

图 13-17

Step04 ❶选择第4张幻灯片；❷单击【插入】选项卡【插图】组中的【形状】按钮；❸在弹出的下拉列表中选择【基本形状】栏中的【椭圆】选项，如图13-18所示。

图 13-18

Step05 此时，鼠标指针将变成+形状，按住【Shift】键的同时拖动鼠标绘制正圆，绘制完成后，再在绘制的正圆上绘制一个小正圆，效果如图13-19所示。

图 13-19

Step06 正圆绘制完成后，按住【Shift】键在大正圆下方绘制一条直线，效果如图13-20所示。

图 13-20

Step07 选择绘制的两个正圆和直线，按住【Ctrl】键和【Shift】键不放，向下拖动，可垂直移动和复制选中的形状，效果如图13-21所示。

图 13-21

Step08 使用前面绘制形状的方法，在演示文稿的其他幻灯片中绘制需要的形状，效果如图13-22所示。

图 13-22

技术看板

在第7张幻灯片中绘制形状时，先绘制4个圆角矩形，然后在圆角矩形上半部分绘制一条直线，由于直线和圆角矩形的原色一样，因此直线看不清楚。

13.2.2 实战：对"工作总结"演示文稿中的形状进行编辑

| 实例门类 | 软件功能 |

对于绘制的形状，还可根据需要对其进行编辑，如在形状中输入需要的文本，调整形状的大小和位置、调整形状的叠放顺序等。例如，在"工作总结"演示文稿中的形状中输入相应的文本，并对输入的文本进行编辑，然后对形状的叠放顺序进行调整，具体操作步骤如下。

Step01 ❶在打开的"工作总结"演示文稿中选择第3张幻灯片中的图片中的第一个矩形；❷在选择的矩形上右击，在弹出的快捷菜单中选择【编辑文字】命令，如图13-23所示。

图 13-23

Step 02 ❶此时光标将定位到矩形中，输入需要的文字【01】；❷然后在【开始】选项卡【字体】组中将字号设置为【28】；❸单击【加粗】按钮 **B** 加粗文本，效果如图 13-24 所示。

图 13-24

📖 **技术看板**

在需要输入文本的形状上双击，也可将光标定位到形状中。

Step 03 ❶继续在左侧的小矩形中输入相应的文字，并对字体格式进行设置；❷然后选择右侧的 3 个长矩形；❸单击【形状格式】选项卡【排列】组中的【下移一层】下拉按钮 ﹀；❹在弹出的下拉菜单中选择【置于底层】命令，如图 13-25 所示。

图 13-25

Step 04 所选的形状将置于幻灯片其他对象的最底层，效果如图 13-26 所示。

图 13-26

Step 05 使用前面在形状中输入文本和设置形状叠放顺序的方法对其他幻灯片中的形状进行相应的编辑，效果如图 13-27 所示。

图 13-27

⚙ **技能拓展——更改形状**

如果用户对绘制的形状不满意，可将其更改为其他类型的形状。其方法是：选择需要更改的形状，单击【形状格式】选项卡【插入形状】组中的【编辑形状】按钮 🔲，在弹出的下拉菜

单中选择【更改形状】命令，在弹出的子菜单中选择需要的形状命令，即可将原形状更改为选择的形状。

★**重点 13.2.3　实战：对形状中的文本位置进行调整**

实例门类	软件功能

在形状中输入文字后，根据形状的大小、文字数量、文字大小等因素的不同，需要调整文字在形状中的位置，以便让文字与形状更贴切。调整形状中的文字位置，主要可以进行的操作有：调整文字在形状中的对齐方式，以及文字到形状上、下、左、右的距离。例如，在"工作总结"演示文稿中对形状进行旋转后，形状中的文字不再居中显示，需要调整形状中文字的位置，才能让文字清晰正确地显示，具体操作步骤如下。

Step 01 ❶在打开的"工作总结"演示文稿中切换到第 9 张幻灯片中；❷选中左边的三角形，输入文字【01】；❸在【字体】组中设置文字的字号、加粗格式和颜色，如图 13-28 所示。

图 13-28

Step 02 选中输入文字的形状并右击，在弹出的快捷菜单中选择【设置形

状格式】选项，如图13-29所示。

图 13-29

Step03 ❶在打开的【设置形状格式】任务窗格中切换到【文本选项】选项卡下；❷在【文本框】栏中【垂直对齐方式】列表框中选择文字的对齐方式为【中部对齐】方式，如图13-30所示。

图 13-30

Step04 在【文本选项】选项卡下【文本框】栏中单击【左边距】【右边距】【上边距】【下边距】的微调按钮，直到文字居于形状的中间位置，如图13-31所示。

图 13-31

Step05 用同样的方法，在其他形状

中输入文字，设置好文字的格式后，调整文字的对齐方式为【中部对齐】，并调整文字到形状四边的边距，效果如图13-32所示。

图 13-32

★重点13.2.4 在"工作总结"演示文稿中将多个形状合并为一个形状

实例门类	软件功能

对于一些复杂的形状或特殊的形状，如果PowerPoint中没有直接提供，那么也可通过PowerPoint 2021提供的合并形状功能，将两个或两个以上形状合并成一个新的形状。例如，在"工作总结"演示文稿中将两个正圆合并为一个形状，具体操作步骤如下。

Step01 ❶在打开的"工作总结"演示文稿中选择第4张幻灯片中重叠的两个正圆；❷单击【形状格式】选项卡【插入形状】组中的【合并】按钮；❸在弹出的下拉菜单中选择需要的合并命令，如选择【组合】命令，如图13-33所示。

图 13-33

【合并】下拉菜单中的【结合】命令表示将多个相互重叠或分离的形状结合生成一个新的形状；【组合】命令表示将多个相互重叠或分离的形状结合生成一个新的形状，但形状的重合部分将被剪除；【拆分】命令表示将多个形状重合或未重合的部分拆分为多个形状；【相交】命令表示将多个形状未重叠的部分剪除，重叠的部分将被保留；【剪除】命令表示将被剪除的形状覆盖或被其他对象覆盖的部分清除产生新的对象。

Step02 即可将选择的两个正圆合并为一个正圆，并且重合的部分将被裁剪掉，只保留未重合的部分，效果如图13-34所示。

图 13-34

Step03 使用相同的方法组合该幻灯片中其他重合的正圆，然后在组合的正圆中输入相应的文本，并对文本的字体格式进行相应的设置，效果如图13-35所示。

图 13-35

★重点 13.2.5 在"工作总结"演示文稿中编辑形状的顶点

实例门类	软件功能

PowerPoint 2021 中提供的是常规的简单形状，如果想得到更复杂的形状，可以在简单形状的基础上编辑形状顶点，实现形状变形。例如在"工作总结"演示文稿中将矩形通过顶点编辑，制作出波浪翻滚的形状，用波涛汹涌来展示未来一年的拼搏、上进精神，具体操作步骤如下。

Step01 ❶在打开的"工作总结"演示文稿中，切换到第 10 张幻灯片中；❷单击【插入】选项卡下的【形状】按钮；❸在弹出的下拉菜单中选择【矩形】形状，如图 13-36 所示。

图 13-36

Step02 ❶在幻灯片下方绘制一个矩形，并设置矩形的填充色；❷在【绘图工具-形状格式】选项卡下【大小】组中设置形状的【高度】和【宽度】参数，如图 13-37 所示。

图 13-37

Step03 ❶选中形状，单击【绘图工具-形状格式】选项卡下的【编辑形状】按钮；❷在弹出的下拉菜单中选择【编辑顶点】选项，如图 13-38 所示。

图 13-38

Step04 此时形状进入顶点编辑状态，可以看到矩形的 4 个角上分别有 4 个可编辑的顶点。在矩形上边线的中间右击，在弹出的快捷菜单中选择【添加顶点】选项，为形状添加一个可编辑的顶点，如图 13-39 所示。

图 13-39

技术看板

快捷菜单中的【添加顶点】命令表示为形状添加顶点；【开放路径】命令表示将原本闭合的路径断开；【关闭路径】命令表示将断开的路径闭合。

Step05 选中上面步骤中添加的顶点，往下移动，如图 13-40 所示。

图 13-40

Step06 选中形状左上角的顶点，往上移动顶点右边的手柄，让形状左上方出现波峰，如图 13-41 所示。

图 13-41

Step07 用同样的方法，选中形状右上角的顶点，往上移动顶点左边的手柄，让形状右上方出现波峰，注意左右两边的波峰对称，如图 13-42 所示。

图 13-42

技能拓展——退出编辑顶点

当不再需要编辑形状顶点时，可直接在幻灯片空白处单击，即可退出形状顶点的编辑状态。

Step08 ❶选中上面步骤中完成顶点编辑的形状，按【Ctrl+D】组合键复制一个形状，将这个形状移动到幻灯片上方备用；❷再次按【Ctrl+D】组合键复制一个形状，并将这个复制好的形状与之前的形状重叠（这里为了便于区分，设置了复制后形状的颜色为橙色），如图13-43所示。

图 13-43

Step09 ❶按住【Ctrl】键，依次选中复制前和复制后的形状；❷单击【绘图工具-形状格式】选项卡下的【合并形状】按钮；❸在弹出的下拉菜单中选择【剪除】命令，如图13-44所示。

图 13-44

Step10 完成形状剪除后，将幻灯片上方备用的形状移动到幻灯片下方，调整形状的位置，最终效果如图13-45所示。

图 13-45

13.3　美化绘制的形状

对绘制的形状进行编辑后，还可通过为形状应用样式，设置形状填充色、形状轮廓和形状效果等方式对形状进行美化，使形状更形象、效果更美观。

★重点 13.3.1　实战：为"工作总结"演示文稿中的形状应用内置样式

实例门类	软件功能

PowerPoint 2021 中提供了多种形状样式，用户可直接将其应用到形状中，快速对形状进行美化。例如，在"工作总结"演示文稿中为形状应用内置样式，具体操作步骤如下。

Step01 ❶在打开的"工作总结"演示文稿中选择第3张幻灯片；❷选择该幻灯片中的矩形，单击【形状格式】选项卡【形状样式】组中的【其他】按钮▽，在弹出的下拉列表中选择需要的形状样式，如选择【浅色1轮廓，彩色填充-橙色，强调颜色2】选项，如图13-46所示。

图 13-46

Step02 即可为形状应用选择的形状样式，效果如图13-47所示。

图 13-47

Step03 ❶选择第6张幻灯片；❷选择需要应用样式的形状，在【形状样式】下拉列表中选择【强烈效果-蓝色，强调颜色1】选项，如图13-48所示。

图 13-48

Step04 ❶选择第7张幻灯片；❷选择箭头形状，在【形状样式】下拉列表中选择【强烈效果-橙色，强调颜色2】选项，如图13-49所示。

图 13-49

技术看板

在【形状样式】下拉列表中选择【其他主题填充】选项，在弹出的子列表中也提供了几种颜色，用户可根据需要进行选择。

Step⑤ 选择幻灯片中的圆角矩形，在【形状样式】下拉列表中选择【中等效果-橙色，强调颜色2】选项，如图 13-50 所示。

图 13-50

★重点 13.3.2 实战：设置"工作总结"演示文稿中形状的填充色

实例门类	软件功能

由于形状样式中提供的颜色有限，因此用户可根据需要单独对形状的填充色进行设置。例如，在"工作总结"演示文稿中对形状的填充色进行设置，具体操作步骤如下。

Step①①在打开的"工作总结"演示文稿中选择第3张幻灯片左侧的小矩形；②单击【形状格式】选项卡【形状样式】组中的【形状填充】下拉按钮 ⌄；③在弹出的下拉列表中选择【取色器】命令，如图 13-51 所示。

图 13-51

Step② 此时鼠标指针将变成 形状，将鼠标指针移动到幻灯片中需要应用的颜色上，即可显示所吸取颜色的RGB颜色值，如图 13-52 所示。

图 13-52

Step③ 在颜色上单击，即可将吸取的颜色应用到选择的形状中，①选择幻灯片右侧的3个长矩形；②选择【取色器】命令，将鼠标指针移动到需要吸取的颜色上并单击，如图 13-53 所示。

图 13-53

Step④ 即可将吸取的颜色应用到选择的形状中，效果如图 13-54 所示。

图 13-54

Step⑤ ①选择第4张幻灯片；②选择幻灯片中的圆，单击【形状样式】组中的【形状填充】下拉按钮 ⌄；③在弹出的下拉列表中选择颜色，如选择【最近使用的颜色】栏中的【橙色】选项，即可将形状填充为选择的颜色，如图 13-55 所示。

图 13-55

技能拓展——使用其他方式填充形状

在【形状填充】下拉列表中选择【图片】命令，可使用计算机中保存的图片或网络中搜索到的图片进行填充；选择【渐变】命令，可使用提供的渐变色进行填充；选择【纹理】命令，可使用提供的纹理样式进行填充。

Step⑥ 使用前面填充颜色的方法对第6张和第7张幻灯片中的形状进行填充，并对第7张幻灯片中形状的字体颜色进行设置，效果如图 13-56 所示。

图 13-56

Step07 ❶选择第 8 张幻灯片中左侧的形状；❷单击【形状样式】组中的【形状填充】下拉按钮 ∨；❸在弹出的下拉列表中选择【无填充】命令，如图 13-57 所示。

图 13-57

Step08 即可取消形状的填充效果，然后对右侧的矩形形状进行填充，效果如图 13-58 所示。

图 13-58

★重点 13.3.3 实战：设置"工作总结"演示文稿中形状的轮廓

实例门类	软件功能

形状轮廓是指形状的边框，通过 PowerPoint 2021 提供的形状轮廓功能，不仅可以对形状轮廓的填充色进行设置，还可以对形状轮廓的线条样式、粗细等进行设置。例如，为"工作总结"演示文稿中的形状设置相应的轮廓，具体操作步骤如下。

Step01 ❶在打开的"工作总结"演示文稿中选择第 4 张幻灯片，再选择幻灯片中的圆；❷单击【形状格式】选项卡【形状样式】组中的【形状轮廓】下拉按钮 ∨；❸在弹出的下拉列表中选择【无轮廓】命令，即可取消圆的轮廓，如图 13-59 所示。

图 13-59

Step02 ❶选择幻灯片中的直线，单击【形状样式】组中的【形状轮廓】下拉按钮 ∨；❷在弹出的下拉列表中选择需要的颜色，如选择【最近使用的颜色】栏中的【深蓝】选项，如图 13-60 所示。

图 13-60

Step03 ❶保持直线的选中状态，单击【形状样式】组中的【形状轮廓】

下拉按钮 ∨；❷在弹出的下拉列表中选择【粗细】命令；❸在弹出的子菜单中选择线条粗细，如选择【3磅】选项，如图 13-61 所示。

图 13-61

Step04 ❶保持直线的选中状态，单击【形状样式】组中的【形状轮廓】下拉按钮 ∨；❷在弹出的下拉列表中选择【虚线】命令；❸在弹出的子菜单中选择线条样式，如选择【圆点】选项，如图 13-62 所示。

图 13-62

技术看板

在选择线条形状时，在【形状轮廓】下拉列表中选择【箭头】命令，在弹出的子菜单中提供了许多箭头样式，选择需要的样式，可将线条设置为箭头样式。

Step05 使用前面设置形状轮廓的方法设置其他幻灯片中形状的轮廓，效果如图 13-63 所示。

图 13-63

13.3.4 实战：设置"工作总结"演示文稿中形状的效果

实例门类	软件功能

除了可对形状的填充色和轮廓进行设置，还可对形状的效果，如预设、阴影、映像、发光、棱台等进行设置。例如，对"工作总结"演示文稿中形状的效果进行相应的设置，具体操作步骤如下。

Step01 ❶在打开的"工作总结"演示文稿中选择第 4 张幻灯片中的圆；❷单击【形状格式】选项卡【形状样式】组中的【形状效果】按钮；❸在弹出的下拉菜单中选择【预设】选项；❹在弹出的子菜单中选择【预设 2】选项，如图 13-64 所示。

图 13-64

Step02 即可将选择的预设效果应用到形状中，效果如图 13-65 所示。

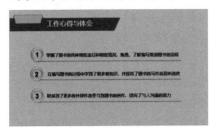

图 13-65

Step03 ❶选择第 7 张幻灯片中的圆角矩形，单击【形状格式】选项卡【形状样式】组中的【形状效果】按钮；❷在弹出的下拉菜单中选择【棱台】选项；❸在弹出的子菜单中选择【十字形】选项，应用到选择的形状中，如图 13-66 所示。

图 13-66

Step04 ❶选择第 8 张幻灯片右侧的矩形，单击【形状格式】选项卡【形状样式】组中的【形状效果】按钮；❷在弹出的下拉菜单中选择【阴影】选项；❸在弹出的子菜单中选择【偏移：右下】选项，如图 13-67 所示。

图 13-67

Step05 即可将选择的阴影效果应用到形状中，效果如图 13-68 所示。

图 13-68

13.4 SmartArt 图形的应用与编辑

PowerPoint 2021 中提供了 SmartArt 图形功能，通过 SmartArt 图形不仅可以非常直观地说明层级关系、附属关系、并列关系及循环关系等各种常见关系，而且制作出来的图形很美观，具有很强的立体感和画面感。

13.4.1 认识 SmartArt 图形类型

PowerPoint 2021 中 提 供 的 SmartArt图形类型包括列表、流程、循环、层次结构、关系、矩阵、棱锥图和图片等，不同类型的 SmartArt 图形表示了不同的关系。下面分别对SmartArt图形的类型进行介绍。

➡ 列表：通常用于显示无序信息。

➡ 流程：通常用于在流程或日程表中显示步骤。

➡ 循环：通常用于显示连续的流程。

➡ 层次结构：通常用于显示等级层次关系。

➡ 关系：通常用于描绘多个信息之间的关系。

➡ 矩阵：通常用于显示各部分如何与整体关联。

➡ 棱锥图：通常用于显示与顶部或底部最大部分的比例关系。

➡ 图片：通常用于居中显示以图片表示的构思，相关的构思显示在图片旁边。

★重点 13.4.2 实战：在"公司介绍"演示文稿中插入 SmartArt 图形

实例门类	软件功能

如果要使用SmartArt图形来直观展示信息，那么首先需要在幻灯片中插入合适的SmartArt图形类型。例如，在"公司介绍"演示文稿中插入合适的SmartArt图形，具体操作步骤如下。

Step01 打开"素材文件\第13章\公司介绍.pptx"文件，❶选择第5张幻灯片；❷单击【插入】选项卡【插图】组中的【SmartArt】按钮，如图 13-69 所示。

图 13-69

技术看板

在幻灯片内容占位符中单击插入【SmartArt】图形图标，也可以打开【选择SmartArt图形】对话框。

Step02 打开【选择SmartArt图形】对话框，❶在左侧选择所需SmartArt图形所属类型，如选择【循环】选项；❷在对话框中将显示该类型下的所有SmartArt图形，选择【射线循环】选项；❸单击【确定】按钮，如图 13-70 所示。

图 13-70

Step03 返回幻灯片编辑区，即可看到插入的 SmartArt 图形，效果如图 13-71 所示。

图 13-71

Step04 使用前面插入 SmartArt 图形的方法，在第 10 张幻灯片中插入需要的 SmartArt 图形，如图 13-72 所示。

图 13-72

13.4.3 实战：在"公司介绍"演示文稿中的 SmartArt 图形中输入文本

实例门类	软件功能

插入SmartArt图形后，还需要在SmartArt图形中输入需要的文本，以进行说明。例如，在"公司介绍"演示文稿中插入的SmartArt图形中输入文本，具体操作步骤如下。

Step01 ❶在打开的"公司介绍"演示文稿中选择第5张幻灯片中的SmartArt图形；❷单击【SmartArt设计】选项卡【创建图形】组中的【文本窗格】按钮，如图 13-73 所示。

图 13-73

Step 02 打开【在此处键入文字】窗格，在其中的各个项目符号后输入需要的文本，即可在 SmartArt 图形对应的形状中显示相应的文本，效果如图 13-74 所示。

图 13-74

Step 03 使用相同的输入文本的方法，在其他 SmartArt 图形中输入所需的文本，并将第 10 张幻灯片中的 SmartArt 图形调整到合适的大小，效果如图 13-75 所示。

图 13-75

★重点 13.4.4 **实战：添加与删除 SmartArt 图形中的形状**

实例门类	软件功能

如果 SmartArt 图形中默认的形状数量不能满足当前文本信息的需要，或者形状太多，那么可对其进行添加和删除操作。例如，在"公司介绍"演示文稿中对 SmartArt 图形中的形状进行添加或删除操作，具体操作步骤如下。

Step 01 ❶在打开的"公司介绍"演示文稿中选择第 5 张幻灯片；❷将光标定位到在【在此处键入文字】窗格中的【厦门】文本后，按【Enter】键新增一个项目符号，同时会在 SmartArt 图形中增加一个形状，如图 13-76 所示。

图 13-76

Step 02 在新增的项目符号后输入文本【天津】即可，效果如图 13-77 所示。

图 13-77

Step 03 ❶选择第 6 张幻灯片 SmartArt 图形中的【总经理】形状；❷单击【SmartArt 设计】选项卡【创建图形】组中的【添加形状】下拉按钮 ；❸在弹出的下拉菜单中选择形状添加的位置，如选择【在上方添加形状】命令，如图 13-78 所示。

图 13-78

Step 04 即可在所选形状上方添加一个同级别的形状，并输入文本【董事长】，❶然后选择【董事长】形状；❷单击【创建图形】组中的【添加形状】下拉按钮 ；❸在弹出的下拉菜单中选择【添加助理】命令，如图 13-79 所示。

图 13-79

Step 05 即可在所选形状下方左侧添加一个形状，并输入相应的文本，❶选择【分公司】形状；❷单击【创建图形】组中的【添加形状】下拉按钮 ；❸在弹出的下拉菜单中选择【在下方添加形状】命令，如图 13-80 所示。

图 13-80

Step06 即可在所选形状下方添加一个下一级别的形状，在形状中输入相应的文本，❶选择添加的形状；❷单击【创建图形】组中的【添加形状】下拉按钮 ∨；❸在弹出的下拉菜单中选择【在后面添加形状】命令，如图 13-81 所示。

图 13-81

Step07 即可在所选形状后面添加一个同一级别的形状，并输入文本，然后继续在 SmartArt 图形中添加需要的形状，并在添加的形状中输入相应的文本，效果如图 13-82 所示。

公司组织结构图

图 13-82

Step08 ❶选择第 9 张幻灯片；❷选择 SmartArt 图形中需要删除形状对应的文本框，如图 13-83 所示。

图 13-83

Step09 按【Delete】键，即可在删除文本框的同时删除 SmartArt 图形中的形状，效果如图 13-84 所示。

我们的目标

图 13-84

13.4.5 实战：更改 SmartArt 图形中形状的级别和布局

实例门类	软件功能

除了可在 SmartArt 图形中添加形状，还可对形状的级别和布局进行调整，使 SmartArt 图形中形状的

排列更合理。例如，在"公司介绍"演示文稿中对 SmartArt 图形中形状的级别和布局进行调整，具体操作步骤如下。

Step01 ❶在打开的"公司介绍"演示文稿中选择第 6 张幻灯片 SmartArt 图形中的【财务部】形状；❷单击【SmartArt 设计】选项卡【创建图形】组中的【降级】按钮，如图 13-85 所示。

图 13-85

Step02 选择的形状级别将下降一级，效果如图 13-86 所示。

公司组织结构图

图 13-86

Step03 ❶选择 SmartArt 图形中的【分公司】形状；❷单击【SmartArt 设计】选项卡【创建图形】组中的【布局】按钮 ᵇ；❸在弹出的下拉菜单中选择【两者】命令，如图 13-87 所示。

图 13-87

技术看板

并不是所有的 SmartArt 图形都能对其中的形状进行升级、降级或布局操作，只有部分类型的 SmartArt 图形才能进行此操作。

Step 04 所选形状下级的形状将居于该形状两侧分布排列，❶选择【总部】形状；❷单击【创建图形】组中的【布局】按钮；❸在弹出的下拉菜单中选择【两者】命令，如图 13-88 所示。

图 13-88

Step 05 所选形状下级的形状将居于该形状两侧分布排列，效果如图 13-89 所示。

图 13-89

技能拓展——移动 SmartArt 图形中的形状

如果需要对 SmartArt 图形中同级别的形状的位置进行调整，那么选择需要移动的形状，单击【设计】选项卡【创建图形】组中的【上移】按钮↑或【下移】按钮↓，可对形状进行上下移动。

13.4.6 实战：调整 SmartArt 图形中形状的位置

实例门类	软件功能

插入幻灯片中的 SmartArt 图形的结构较多时，可能显得拥挤，此时为了美观，需要调整 SmartArt 图形中不同部分的位置。调整方法是：选中 SmartArt 图形中需要调整的部分，然后按键盘上的方向键实现图形的上、下、左、右移动。例如，在"公司介绍"演示文稿中，第 6 页的公司结构图显得比较拥挤，现在调整图形位置，具体操作步骤如下。

Step 01 ❶在"公司介绍"演示文稿中切换到第 6 张幻灯片中；❷按住【Ctrl】键，同时选中左下方的 3 个形状，如图 13-90 所示。

图 13-90

Step 02 按键盘上向左的方向键，直到将这 3 个形状往左移动一段距离，如图 13-91 所示。

图 13-91

Step 03 按住【Ctrl】键，同时选中 SmartArt 图形中右下方的 3 个形状，按键盘上向右的方向键，将这 3 个形状往右移动一段距离，如图 13-92 所示。

图 13-92

Step 04 选中【总部】形状，按键盘上向右的方向键，将其向右移动一段距离，直到这个形状位于下面两排形状的中间位置处，如图 13-93 所示。

图 13-93

Step 05 选中【分公司】形状，按键盘上向左的方向键，将这个形状往左移动，直到这个形状位于下面两排形状的中间位置处，如图 13-94 所示。至此就完成了 SmartArt 图形中形状位置的调整，此时 SmartArt 图形不再拥挤。

图 13-94

13.4.7 实战：更改 SmartArt 图形中的图形形状

实例门类	软件功能

如果对插入幻灯片中的 SmartArt 图形中的形状不满意，可以进行形状更改。例如，在"公司介绍"演示文稿中，用 SmartArt 图形体现公司的组织结构，为了体现领导人与其他组织结构的不同，可以改变领导人所在图形的形状。同时可以调整其他图形的大小，让 SmartArt 图形更加平衡，具体操作步骤如下。

Step01 ❶选择"公司介绍"演示文稿中的第 6 张幻灯片；❷按住【Ctrl】键，同时选中【董事长】【董事长秘书】【总经理】【副总经理】4 个形状；❸单击【SmartArt 工具-格式】选项卡下的【更改形状】按钮；❹在弹出的下拉列表中选择【椭圆】形状，如图 13-95 所示。

图 13-95

Step02 此时选中的 4 个形状就会变成椭圆形状。保持选中 4 个形状不变，将鼠标指针移动到其中一个椭圆的右边，鼠标指针变成黑色十字形状时，按住鼠标左键不放，往右拖动，同时增加 4 个椭圆的宽度，如图 13-96 所示。

图 13-96

Step03 按住【Ctrl】键，同时选中【分公司】和【总部】形状，用同样的方法增加形状的宽度，如图 13-97 所示。

图 13-97

Step04 同时选中下面三排的矩形形状，增加形状的宽度，如图 13-98 所示。

图 13-98

Step05 此时就完成了 SmartArt 图形的形状更改和大小调整，效果如图 13-99 所示。

图 13-99

13.4.8 实战：更改 SmartArt 图形的版式

实例门类	软件功能

如果插入的 SmartArt 图形并不能展示出文本内容的关系，那么可以对 SmartArt 图形的版式进行更改，也就是对 SmartArt 图形的类型进行更改。例如，在"公司介绍"演示文稿中对第 10 张幻灯片中的 SmartArt 图形进行更改，具体操作步骤如下。

Step01 ❶在打开的"公司介绍"演示文稿中选择第 10 张幻灯片；❷选择该幻灯片中的 SmartArt 图形，单击【SmartArt 设计】选项卡【版式】组中的【更改布局】按钮，在弹出的下拉列表中显示了原 SmartArt 图形类型的样式，如选择【循环矩阵】命令，如图 13-100 所示。

图 13-100

在【更改布局】下拉列表中选择【其他布局】命令，可打开【选择SmartArt图形】对话框，在其中可重新选择需要的SmartArt图形。

Step 02 即可将原来的SmartArt图形

更改为选择的SmartArt图形，效果如图13-101所示。

图 13-101

13.5 美化 SmartArt 图形

对于幻灯片中插入的SmartArt图形，还可以通过应用SmartArt图形样式和更改SmartArt图形颜色来进行美化，使幻灯片中的SmartArt图形更美观。

★重点 13.5.1 实战：为 SmartArt 图形应用样式

实例门类	软件功能

PowerPoint 2021 中提供了很多SmartArt样式，通过应用样式可快速对SmartArt进行美化。例如，在"公司介绍"演示文稿中为SmartArt图形应用样式，具体操作步骤如下。

Step 01 ❶在打开的"公司介绍"演示文稿中选择第5张幻灯片；❷选择幻灯片中的SmartArt图形，单击【SmartArt设计】选项卡【SmartArt样式】组中的【快速样式】按钮；❸在弹出的下拉列表中选择需要的SmartArt样式，如选择【卡通】选项，如图13-102所示。

图 13-102

Step 02 即可看到应用SmartArt样式

后的效果，如图13-103所示。

图 13-103

Step 03 ❶选择第6张幻灯片中的SmartArt图形，单击【SmartArt样式】组中的【快速样式】按钮；❷在弹出的下拉列表中选择【中等效果】选项，效果如图13-104所示。

图 13-104

Step 04 ❶选择第10张幻灯片中的SmartArt图形，单击【SmartArt样式】组中的【快速样式】按钮；❷在弹出的下拉列表中选择【金属场景】选项，效果如图13-105所示。

图 13-105

13.5.2 实战：更改 SmartArt 图形的颜色

实例门类	软件功能

通过 PowerPoint 2021 提供的更改颜色功能，可快速对整个SmartArt图形的颜色进行更改。例如，在"公司介绍"演示文稿中对SmartArt图形的颜色进行更改，具体操作步骤如下。

Step 01 ❶在打开的"公司介绍"演示文稿中选择第5张幻灯片；❷选择幻灯片中的SmartArt图形，单击【SmartArt设计】选项卡【SmartArt样式】组中的【更改颜色】按钮；❸在弹出的下拉列表中选择需要的SmartArt样式，如选择【深色2填充】选项，如图13-106所示。

图 13-106

Step02 即可看到更改 SmartArt 图形颜色后的效果，如图 13-107 所示。

图 13-107

Step03 使用前面更改颜色的方法继续对其他 SmartArt 图形的颜色进行更改，效果如图 13-108 所示。

图 13-108

技能拓展——单独设置 SmartArt 图形中形状的效果

在 SmartArt 图形中选择需要设置的形状，在【SmartArt 格式】选项卡【形状样式】组中可以对 SmartArt 图形中形状的样式、填充效果、形状效果等进行设置。

妙招技法

通过前面知识的学习，相信读者已经掌握了在幻灯片中使用图标、形状和 SmartArt 图形的相关操作了。下面结合本章内容，给大家介绍一些实用技巧。

技巧 01：将文本转换为 SmartArt 图形

如果需要将幻灯片中结构清晰的文本制作成 SmartArt 图形，那么可通过 PowerPoint 2021 提供的转换为 SmartArt 功能，快速将幻灯片中结构清晰的文本转换为 SmartArt 图形。例如，在"公司介绍 1"演示文稿中的第 9 张幻灯片中将文本转换为 SmartArt 图形，具体操作步骤如下。

Step01 打开"素材文件\第 13 章\公司介绍 1.pptx"文件，❶选择第 9 张幻灯片；❷选择幻灯片中的内容占位符，单击【开始】选项卡【段落】组中的【转换为 SmartArt】按

钮 ；❸在弹出的下拉列表中选择【其他 SmartArt 图形】命令，如图 13-109 所示。

图 13-109

Step02 打开【选择 SmartArt 图形】对话框，❶在左侧选择【流程】选项；❷在对话框中间选择【向上箭头】选项；❸单击【确定】按钮，如图 13-110 所示。

图 13-110

Step03 即可将占位符中的文本转换为选择的 SmartArt 图形，效果如图 13-111 所示。

图 13-111

技巧 02：将 SmartArt 图形转换为文本

除了可以将文本转换为 SmartArt 图形，还可以将幻灯片中的 SmartArt 图形转换为文本或形状。例如，在"公司介绍 2"演示文稿中将 SmartArt 图形转换为文本，具体操作步骤如下。

Step01 ❶打开"素材文件\第 13 章\公司介绍 2.pptx"文件，选择第 9 张幻灯片；❷选择幻灯片中的 SmartArt 图形，单击【SmartArt 设计】选项卡【重置】组中的【转换】按钮；❸在弹出的下拉菜单中选择【转换为文本】命令，如图 13-112 所示。

图 13-112

Step02 即可将选择的 SmartArt 图形转换为文本内容，效果如图 13-113 所示。

> ### 我们的目标
> · 在过往几年中，经过我们的不断努力，各项目的销售额同比增长比例达到了 101% 至 120%。
>
> · 在未来几年中，我们相信公司各项目的销售额同比增长比例能够达到 121% 至 140%。

图 13-113

⚙ 技能拓展——将 SmartArt 图形转化为形状

在【转换】下拉菜单中选择【转换为形状】命令，即可将选择的

SmartArt 图形转换为形状，但转换为形状后，形状外观与 SmartArt 图形外观一致，只是说不能对其进行与 SmartArt 图形的相关操作。

技巧 03：重置 SmartArt 图形

如果对编辑和美化后的 SmartArt 图形效果不满意，那么可通过 PowerPoint 2021 提供的重置图形功能，使 SmartArt 图形的效果恢复到初始状态，也就是刚插入幻灯片中的效果，然后重置 SmartArt 图形的效果即可。例如，对"公司介绍 3"演示文稿中 SmartArt 图形执行重置图形操作，具体操作步骤如下。

Step01 打开"素材文件\第 13 章\公司介绍 3.pptx"文件，❶选择第 5 张幻灯片中的 SmartArt 图形；❷单击【SmartArt 设计】选项卡【重置】组中的【重置图形】按钮，如图 13-114 所示。

图 13-114

Step02 即可使选择的 SmartArt 图形恢复到初始状态，效果如图 13-115 所示。

图 13-115

技巧 04：调整 SmartArt 图形中的文本位置

在幻灯片中插入 SmartArt 图形后可以编辑图形形状中的文字，根据文字的数量及大小，可以调整文字在 SmartArt 图形形状中的位置，让图形更加美观。例如，在"楼盘推广策划"演示文稿中调整 SmartArt 图形形状中的文字位置，具体操作步骤如下。

Step01 ❶打开"素材文件\第 13 章\楼盘推广策划.pptx"文件，选择第 5 张幻灯片；❷选中幻灯片中 SmartArt 图形右上角的形状并右击，在弹出的快捷菜单中选择【设置形状格式】选项，如图 13-116 所示。

图 13-116

Step02 ❶在打开的【设置形状格式】任务窗格中，切换到【文本选项】选项卡；❷在【文本框】栏中的【垂直对齐方式】下拉列表中选择【中部居中】对齐方式，如图 13-117 所示。

图 13-117

Step 03 在【文本框】栏中调整【左边距】和【上边距】的距离参数,如图 13-118 所示。

图 13-118

Step 04 用同样的方法,完成SmartArt

图形左上角、左下角、右下角的形状中文字位置的调整,最终结果如图 13-119 所示。

图 13-119

本章小结

通过本章知识的学习,相信读者已经掌握了在幻灯片中使用图标、形状和SmartArt图形的相关操作,在实际应用过程中,只要灵活应用形状和SmartArt图形,就可以制作出各种精美的图示。本章在最后还讲解了形状和SmartArt图形的一些编辑技巧,以帮助用户快速制作出经过各种图形美化的幻灯片。

第14章 表格和图表让数据展示更形象

➜ 在幻灯片中可以通过哪些方式插入表格？

➜ 插入的表格能不能像Excel一样进行编辑？

➜ 不同类型的图表分别适用于哪些数据？

➜ 在幻灯片中如何创建需要的图表？

➜ 美观形象的信息图表是怎样做出来的？

在制作带数据内容的PPT时，要想使数据更具说服力，则需要使用表格和图表来展示数据。本章将对表格和图表在幻灯片中的使用方法进行讲解，以使用户快速制作出需要的数据型PPT。

14.1 在幻灯片中创建表格

当需要在幻灯片中展示大量数据时，最好使用表格，这样可以使数据显示更加规范。在PowerPoint 2021中插入表格的方法很多，用户可根据实际情况来选择表格的创建方式。

★重点 14.1.1 拖动鼠标选择行列数创建表格

在幻灯片中，如果要创建的表格行数和列数很规则，而且不超过10列8行，就可以通过在虚拟表格中拖动鼠标选择行列数的方法来创建。❶在需要创建表格的幻灯片中单击【插入】选项卡【表格】组中的【表格】按钮；❷在弹出的下拉列表中拖动鼠标选择【7×8 表格】，即可在幻灯片中创建一个7列8行的表格，如图14-1所示。

图 14-1

★重点 14.1.2 在"销售工作计划"演示文稿中指定行列数创建表格

实例门类	软件功能

当需要在幻灯片中插入超过10列8行的表格时，就不能通过拖动鼠标选择行列数的方法来创建了，此时就需要通过【插入表格】对话框来实现。例如，在"销售工作计划"演示文稿中的第4张幻灯片中插入9行5列的表格，具体操作步骤如下。

Step01 打开"素材文件\第14章\销售工作计划.pptx"文件，❶选择第4张幻灯片，单击【插入】选项卡【表格】组中的【表格】按钮；❷在弹出的下拉列表中选择【插入表格】命令，如图14-2所示。

图 14-2

Step02 ❶打开【插入表格】对话框，在【列数】数值框中输入要插入的列数，如输入【5】；❷在【行数】数值框中输入要插入的行数，如输入【9】；❸单击【确定】按钮，如图14-3所示。

图 14-3

Step03 返回幻灯片编辑区，即可看到插入的表格效果，如图14-4

所示。

图 14-4

★重点 14.1.3　实战：在"销售工作计划"演示文稿中手动绘制表格

| 实例门类 | 软件功能 |

手动绘制表格是指用画笔工具绘制表格的边线，可以很方便地在幻灯片中绘制出任意行数或列数的表格。例如，在"销售工作计划"演示文稿的第 6 张幻灯片中手动绘制出需要的表格，具体操作步骤如下。

Step01 ❶ 在打开的"销售工作计划"演示文稿中选择第 6 张幻灯片，单击【插入】选项卡【表格】组中的【表格】按钮；❷ 在弹出的下拉列表中选择【绘制表格】命令，如图 14-5 所示。

图 14-5

Step02 此时，鼠标指针变成 ∅ 形状，按住鼠标左键不放并拖动，在

鼠标经过的位置可以看到一个虚线框，该虚线框是表格的外边框，如图 14-6 所示。

图 14-6

Step03 拖动到合适位置后释放鼠标，即可绘制出表格外框，并且鼠标指针恢复到默认状态，然后单击【表设计】选项卡【绘制边框】组中的【绘制表格】按钮，如图 14-7 所示。

图 14-7

Step04 此时，鼠标指针变成 ∅ 形状，将鼠标指针移动到表格边框内部，横向拖动鼠标绘制表格的行线，如图 14-8 所示。

图 14-8

Step05 行线绘制完成后，在表格边框内部向下拖动鼠标，开始绘制表格的列线，如图 14-9 所示。

图 14-9

技能拓展——擦除边框

在绘制过程中，如果绘制错误，可单击【表设计】选项卡【绘制边框】组中的【橡皮擦】按钮，此时鼠标指针变成 ∅ 形状，将鼠标指针移动到需擦除的表格边框线上单击，即可擦除该边框线。

Step06 继续在表格内部向下拖动鼠标绘制其他列线，表格绘制完成后，单击【绘制边框】组中的【绘制表格】按钮，退出表格的绘制状态，使鼠标指针恢复到正常状态，如图 14-10 所示。

图 14-10

技术看板

在手动绘制表格内框线时，不能将鼠标指针移动到表格边框上进行绘制，只需要在表格边框内部横向或竖向拖动鼠标即可绘制行线或列线。

14.2 编辑插入的表格

在幻灯片中创建表格后，即可在表格中输入相应的数据，并对表格中的单元格进行相应的编辑，使制作的表格更便于查看。

14.2.1 实战：在"销售工作计划"演示文稿的表格中输入相应的文本

实例门类	软件功能

在幻灯片表格中输入文本的方法与在占位符中输入文本的方法类似，只需将文本插入点定位在表格的单元格内，再进行输入即可。例如，在"销售工作计划"演示文稿的表格中输入需要的文本数据，具体操作步骤如下。

Step 01 ❶在打开的"销售工作计划"演示文稿中选择第4张幻灯片；❷在表格的第一个单元格中单击，将光标定位到该单元格中，然后输入【产品名称】，如图14-11所示。

图 14-11

Step 02 使用相同的方法继续在表格中的其他单元格中输入相应的文本内容，效果如图14-12所示。

图 14-12

Step 03 选择第6张幻灯片，使用前面在表格中输入文本的方法，在该幻灯片的表格中输入相应的文本，效果如图14-13所示。

图 14-13

★重点 14.2.2 实战：在"销售工作计划"演示文稿的表格中添加和删除表格行/列

实例门类	软件功能

在幻灯片中制作表格的过程中，如果文档中插入表格的行数或列数不能满足需要时，用户可插入相应的行或列；相反，对于多余的行或列，也可将其删除。例如，在"销售工作计划"演示文稿中对表格的行列进行添加或删除，具体操作步骤如下。

Step 01 ❶在打开的"销售工作计划"演示文稿中选择第4张幻灯片；❷在表格中选择第2行；❸单击【布局】选项卡【行和列】组中的【删除】按钮；❹在弹出的下拉菜单中选择需要的删除命令，如选择【删除行】命令，如图14-14所示。

图 14-14

技术看板

在【删除】下拉菜单中若选择【删除列】命令，则可删除表格中选择的列；若选择【删除表格】命令，则会删除整个表格。

Step 02 即可将表格中选择的行删除，效果如图14-15所示。

图 14-15

Step 03 ❶在表格中选择最后几行空白行；❷单击【布局】选项卡【行和列】组中的【删除】按钮；❸在弹出的下拉菜单中选择【删除行】命令，如图14-16所示。

图 14-16

Step04 即可将表格中选择的多行删除，效果如图14-17所示。

图 14-17

Step05 ①选择第 6 张幻灯片；②将光标定位到表格最后一行的第一个单元格中；③单击【布局】选项卡【行和列】组中的【在下方插入】按钮，如图14-18所示。

图 14-18

Step06 即可在光标所在行的下方插入一行空白行，效果如图 14-19 所示。

图 14-19

技术看板

在【行和列】组中单击【在上方插入】按钮，可在所选单元格或所选行上方插入一行空白行；单击【在下方插入】按钮，可在所选单元格或所

选行下方插入一行空白行；单击【在左侧插入】按钮，可在所选单元格或所选列左侧插入一列；单击【在右侧插入】按钮，可在所选单元格或所选列右侧插入一列。

★重点 14.2.3 实战：调整"销售工作计划"演示文稿中表格的行高和列宽

实例门类	软件功能

在幻灯片中，当创建的表格行高和列宽不能满足需要时，用户可对表格的行高和列宽进行设置，使表格整体更规整。例如，在"销售工作计划"演示文稿中对表格的行高和列宽进行相应的设置，具体操作步骤如下。

Step01 ①在打开的"销售工作计划"演示文稿中选择第 4 张幻灯片；②选择表格中所有的行；③在【布局】选项卡【单元格大小】组中的【高度】数值框中输入表格需要的行高值，如输入【3 厘米】，如图14-20所示。

图 14-20

Step02 按【Enter】键确认，所选行将应用设置的行高值，保持所有行的选中状态，在【单元格大小】组中的【宽度】数值框中输入表格需要的列宽值，如输入【5.5 厘米】，如

图 14-21 所示。

图 14-21

Step03 按【Enter】键确认，所选行将应用设置的列宽值，效果如图14-22所示。

图 14-22

Step04 ①选择第 6 张幻灯片；②将鼠标指针移动到第 2 行和第 3 行的分隔线上，当鼠标指针变成╪形状时，按住鼠标左键不放，向上拖动，如图 14-23 所示。

图 14-23

Step05 拖动到合适位置后释放鼠标，即可调整行高，然后使用相同的方法继续对表格其他行的行高进行调整，如图 14-24 所示。

图 14-24

Step⑥ 将鼠标指针移动到表格第 1
列和第 2 列的分隔线上，当鼠标指
针变成┿形状时，按住鼠标左键不
放，向右拖动，如图 14-25 所示。

图 14-25

Step⑦ 拖动到合适位置后释放鼠标，
即可调整列宽，然后使用相同的方
法对表格其他列的列宽进行调整，
效果如图 14-26 所示。

技术看板

通过拖动鼠标调整行高和列宽
时，按住【Alt】键可实现微调。

图 14-26

**★重点 14.2.4 在"销售培训
课件"演示文稿中合并与拆分
单元格**

实例门类	软件功能

合并单元格是指将两个或两个

以上连续的单元格合并成一个大的
单元格；而拆分单元格是指将一个
单元格分解成多个单元格。在编辑
表格的过程中，为了更合理地表现
表格中的数据，经常需要对表格中
的单元格进行合并和拆分操作。例
如，在"销售培训课件"演示文稿
中对表格中的单元格进行合并与拆
分操作，具体操作步骤如下。

Step① 打开"素材文件\第 14 章\销
售培训课件.pptx"文件，❶选择第
11 张幻灯片；❷选择表格中需要合
并的单元格；❸单击【布局】选项卡
【合并】组中的【合并单元格】按钮，
如图 14-27 所示。

图 14-27

Step② 即可将选择的两个单元格合
并为一个单元格，效果如图 14-28
所示。

图 14-28

Step③ 使用相同的方法对表格中其
他需要合并的单元格进行合并操
作，❶然后选择需要拆分的单元格
【颜色包装】；❷单击【布局】选项卡
【合并】组中的【拆分单元格】按钮，

如图 14-29 所示。

图 14-29

Step④ 打开【拆分单元格】对话框，
❶在【列数】数值框中输入要拆分
的列数，如输入【2】；❷在【行数】
数值框中输入要拆分的行数，如
输入【1】；❸单击【确定】按钮，如
图 14-30 所示。

图 14-30

Step⑤ 即可将选择的单元格拆分为
两列，然后将【颜色】和【包装】文
本分别放置在拆分的两个单元格
中，效果如图 14-31 所示。

图 14-31

**技能拓展——通过快捷菜单
合并与拆分单元格**

选择需合并或拆分的单元格并
右击，在弹出的快捷菜单中选择【合
并单元格】或【拆分单元格】命令，
可执行单元格的合并或拆分操作。

14.3 美化表格

为了使表格的整体效果更加美观，还需要对表格内容的字体格式、对齐方式、表格样式、表格边框和底纹等进行设置，使表格能满足各种需要。

14.3.1 实战：设置"汽车销售业绩报告"演示文稿表格中文本的字体格式

实例门类	软件功能

设置表格中文本字体格式的方法与设置幻灯片中文本字体格式的方法相同，只需要选择相应的文本，再对其字体格式进行设置即可。例如，在"汽车销售业绩报告"演示文稿中设置表格中文本的字体格式，具体操作步骤如下。

Step01 打开"素材文件\第14章\汽车销售业绩报告.pptx"文件，❶选择第2张幻灯片表格中的所有文本；❷在【开始】选项卡【字体】组中将字体设置为【微软雅黑】；❸字号设置为【24】，如图14-32所示。

图 14-32

Step02 ❶选择表格第1行中的文本；❷单击【字体】组中的【加粗】按钮 B 加粗文本，效果如图14-33所示。

图 14-33

Step03 使用相同的方法对第3张幻灯片中表格中文本的字体格式进行相应的设置，如图14-34所示。

图 14-34

★重点 14.3.2 实战：设置"汽车销售业绩报告"演示文稿表格中文本的对齐方式

实例门类	软件功能

默认情况下，表格中的文本是靠单元格左上角对齐的，而在 PowerPoint 2021 中，提供了表格文本的多种对齐方式，如左对齐、居中对齐、右对齐、顶端对齐、垂直居中、底端对齐等，用户可以根据需要进行设置。例如，在"汽车销售业绩报告"演示文稿中对表格中文本的对齐方式进行设置，具体操作步骤如下。

Step01 ❶在打开的"汽车销售业绩报告"演示文稿中选择第2张幻灯片表格中的所有文本；❷单击【布局】选项卡【对齐方式】组中的【居中】按钮 ≡，如图14-35所示。

图 14-35

Step02 即可使表格中的文本居于单元格中间对齐，保持表格中文本的选中状态，单击【对齐方式】组中的【垂直居中】按钮 ⊟，如图14-36所示。

图 14-36

Step03 使表格中的文本垂直居中对齐于单元格中，效果如图14-37所示。

2021年计划完成销售额

地区	第一季度	第二季度	第三季度	第四季度
北京	3560万	3500万	3550万	3600万
上海	3540万	3500万	3540万	3600万
深圳	3500万	3480万	3520万	3580万
天津	3520万	3450万	3500万	3550万
四川	3500万	3450万	3480万	3520万

图 14-37

Step④ 使用相同的方法对第 3 张幻灯片表格中文本的对齐方式进行相应的设置，效果如图 14-38 所示。

图 14-38

技能拓展——设置表格中的文字方向

默认情况下，表格单元格中的文字方向是横排显示的，如果需要以其他方向显示单元格中的文本，可先选择需设置方向的文本，单击【布局】选项卡【对齐方式】组中的【文字方向】按钮，在弹出的下拉菜单中选择所需的文字方向命令即可。

★重点 14.3.3　实战：为"汽车销售业绩报告"演示文稿中的表格套用表格样式

实例门类	软件功能

PowerPoint 2021 中提供了丰富的表格样式，用户在美化表格的过程中，可以直接应用内置的表格样式快速完成表格的美化操作。例如，为"汽车销售业绩报告"演示文稿

中的表格套用表格样式，具体操作步骤如下。

Step① ❶在打开的"汽车销售业绩报告"演示文稿中选择第 2 张幻灯片；❷选择幻灯片中的表格，单击【表设计】选项卡【表格样式】组中的【其他】按钮▽，在弹出的下拉列表中选择需要的表格样式，如选择【中度样式 3-强调 1】选项，如图 14-39 所示。

图 14-39

Step② 即可将选择的样式应用到表格中，效果如图 14-40 所示。

2021年计划完成销售额

地区	第一季度	第二季度	第三季度	第四季度
北京	3560万	3500万	3550万	3600万
上海	3540万	3500万	3540万	3600万
深圳	3500万	3480万	3520万	3580万
天津	3520万	3450万	3500万	3550万
四川	3500万	3450万	3480万	3520万

图 14-40

Step③ 然后使用前面应用表格样式的方法为第 3 张幻灯片中的表格应用【中度样式 1-强调 1】表格样式，效果如图 14-41 所示。

图 14-41

技能拓展——清除表格样式

当不需要表格中的样式时，可以将其清除。其方法是：选择带样式的表格，单击【表设计】选项卡【表格样式】组中的【其他】按钮▽，在弹出的下拉列表中选择【清除表格样式】命令，则会清除表格中的所有样式。

★重点 14.3.4　实战：为"汽车销售业绩报告"演示文稿中的表格添加边框和底纹

实例门类	软件功能

当表格的边框和底纹颜色不能满足需要时，用户可根据PowerPoint 2021 中提供的表格边框和底纹功能，为表格添加需要的边框和底纹。例如，在"汽车销售业绩报告"演示文稿中为表格添加需要的边框和底纹，具体操作步骤如下。

Step① 在打开的"汽车销售业绩报告"演示文稿的第 2 张幻灯片中选择整个表格，❶单击【表设计】选项卡【表格样式】组中的【边框】下拉按钮∨；❷在弹出的下拉菜单中选择需要的边框，如选择【外侧框线】命令，如图 14-42 所示。

图 14-42

Step② 即可为表格外侧四周添加边框线，保持表格的选中状态，❶单击【表格样式】组中的【边框】下拉

按钮￩；❷在弹出的下拉菜单中选择【内部框线】命令，如图 14-43 所示。

图 14-43

Step03 即可为表格内部添加边框线，效果如图 14-44 所示。

图 14-44

Step04 选择第 3 张幻灯片中的表格，❶单击【表设计】选项卡【绘制边框】组中的【笔画粗细】下拉按钮￩；❷在弹出的下拉列表中选择边框的粗细，如选择【2.25 磅】选项，如图 14-45 所示。

图 14-45

Step05 ❶再单击【绘制边框】组中的【笔颜色】下拉按钮￩；❷在弹出的下拉列表中选择边框的颜色，如选择【最近使用的颜色】栏中的【青绿】选项，如图 14-46 所示。

图 14-46

技术看板

若在【绘制边框】组中单击【笔样式】下拉按钮￩，在弹出的下拉菜单中还可以对边框的样式进行设置。

Step06 保持表格的选择状态，❶单击【表格样式】组中的【边框】下拉按钮￩；❷在弹出的下拉菜单中选择【所有框线】命令，如图 14-47 所示。

图 14-47

Step07 即可为选择的表格边框设置边框粗细和边框颜色，效果如图 14-48 所示。

图 14-48

技能拓展——为表格绘制需要的边框

在【绘制边框】组中对【笔样式】【笔画粗细】和【笔颜色】进行设置后，此时鼠标指针将变成 ⌀ 形状时，在表格边框处拖动鼠标进行绘制，可绘制表格的边框。

Step08 ❶选择表格中第 1 列的第 2~6 个单元格；❷单击【表设计】选项卡【表格样式】组中的【底纹】下拉按钮￩；❸在弹出的下拉列表中选择需要的单元格底纹颜色，如选择【青绿，个性色 1，淡色 80%】选项，如图 14-49 所示。

图 14-49

Step09 即可为选择的单元格添加设置的底纹，效果如图 14-50 所示。

图 14-50

14.3.5 实战：在"销售工作计划"演示文稿中为表格设置效果

实例门类	软件功能

PowerPoint 2021 中还提供了一些表格效果，如单元格凹凸效果、

阴影和映像等，用户可根据需要为表格应用相应的效果，使表格看起来更有质感。例如，在"销售工作计划1"演示文稿中对表格的效果进行设置，具体操作步骤如下。

Step01 打开"素材文件\第14章\销售工作计划1.pptx"文件，❶选择第4张幻灯片；❷再选择幻灯片中的表格，单击【表设计】选项卡【表格样式】组中的【效果】按钮📝；❸在弹出的下拉菜单中选择【单元格凹凸效果】命令；❹在弹出的子菜单中选择需要的效果，如选择【凸起】选项，如图14-51所示。

图 14-51

Step02 即可为表格中的单元格应用凸起效果，如图14-52所示。

图 14-52

Step03 ❶选择第6张幻灯片；❷再选择幻灯片中的表格，单击【表格样式】组中的【效果】按钮📝；❸在弹

出的下拉菜单中选择【阴影】命令；❹在弹出的子菜单中选择需要的阴影效果，如选择【内部：中】选项，如图14-53所示。

图 14-53

Step04 即可为表格应用选择的阴影效果，如图14-54所示。

图 14-54

14.4 使用图表直观体现数据

图表是将表格中的数据以图形化的形式进行显示，通过图表可以更直观地体现表格中的数据，让枯燥的数据变形象，同时可快速分析出这些数据之间的关系和趋势。

14.4.1 了解图表类型

PowerPoint 2021中提供了17种类型的图表，不同类型的图表用于体现不同的数据，所以，用户在创建图表之前，首先要了解各图表类型适合体现哪类数据，这样才能选择合适的图表来体现数据。下面将对PowerPoint 2021中提供的图表类型进行介绍。

➡ 柱形图：用于显示一段时间内数据的变化或说明各项之间数据的比较情况，如图14-55所示。

图 14-55

➡ 折线图：用于显示一段时间的连续性数据，非常适合显示相等时间间隔（如月、季度或会计年度）数据的趋势，如图14-56所示。

图 14-56

➡ 饼图：用于显示一个数据系列中各项目与总和的比例，饼图中的数据点显示为整个饼图的百分比，如图14-57所示。

图 14-57

➤ 条形图：用于显示各项目之间数据的差异，它显示的数值是连续性的，如图 14-58 所示。

图 14-58

📎 技术看板

　　每种图表类型下还包括很多子类型。

➤ 面积图：可用于绘制随时间发生的变化量，引起人们对总值趋势的关注。通过显示所绘制的值的总和，面积图还可以显示部分与整体的关系，如图 14-59 所示。

图 14-59

➤ XY散点图：可以显示单个或多个数据系列中各数值之间的关系，或者将两组数字绘制为XY

坐标的一个系列散点图，两个坐标轴都显示数值，如图 14-60 所示。

图 14-60

➤ 股价图：用于将序列显示为一组带有最高价、最低价、收盘价和开盘价等值的标记的线条。这些值通过由Y轴度量的标记的高度来表示，类别标签显示在X轴上，蓝色柱状图是"成交量（手）"；图形分别表示开盘、盘高、盘低、收盘，如图 14-61 所示。

图 14-61

➤ 曲面图：当类别和数据系列都是数值，且希望得到两组数据间的最佳组合时，就可使用曲面图，如图 14-62 所示。

图 14-62

➤ 雷达图：用于比较各数据相对于中心点的数值变化，将多个数据

的特点以蜘蛛网的形式呈现，多使用于倾向分析和把握重点，如图 14-63 所示。

图 14-63

➤ 树状图：为矩形式树状结构图的简称，可以实现层次结构可视化的图表结构，方便用户轻松地发现不同系列之间、不同数据之间的大小关系，如图 14-64 所示。

图 14-64

➤ 旭日图：主要用于展示数据之间的层级和占比关系，环形从内向外，层级逐渐细分，如图 14-65 所示。

图 14-65

➦ 直方图：用于描绘测量值与平均值变化程度的一种条形图。借助分布的形状和分布的宽度（偏差），它可以帮助用户确定过程中问题的原因。在直方图中，频率由条形的面积表示而不是高度表示，如图 14-66 所示。

图 14-66

➦ 箱形图：又称为盒须图、盒式图或箱线图，是一种用作显示一组数据分散情况的统计图，如图 14-67 所示。

图 14-67

➦ 瀑布图：采用绝对值与相对值结合的方式，适用于表达数个特定数值之间的数量变化关系，如图 14-68 所示。

图 14-68

➦ 漏斗图：通常用于表示销售过程

的各个阶段，如图 14-69 所示。

图 14-69

➦ 组合图：将两种或更多图表类型组合在一起，让数据更容易理解，特别是数据变化范围较大时。由于采用了次坐标轴，因此这种图表更容易看懂，如图 14-70 所示。

图 14-70

★重点 14.4.2　实战：在"汽车销售业绩报告"演示文稿中创建图表

实例门类	软件功能

了解图表类型后，就可根据表格数据选择合适的图表进行创建。例如，在"汽车销售业绩报告"演示文稿中创建柱形图，具体操作步骤如下。

Step01 打开"素材文件\第 14 章\汽车销售业绩报告 .pptx"文件，❶选择第 4 张幻灯片；❷然后单击【插入】选项卡【插图】组中的【图表】按钮，如图 14-71 所示。

图 14-71

Step02 打开【插入图表】对话框，❶在左侧显示了提供的图表类型，选择需要的图表类型，如选择【柱形图】选项；❷在右侧选择【三维簇状柱形图】选项；❸单击【确定】按钮，如图 14-72 所示。

图 14-72

Step03 ❶打开【Microsoft PowerPoint 中的图表】对话框，在单元格中输入相应的图表数据；❷输入完成后单击右上角的【关闭】按钮×关闭对话框，如图 14-73 所示。

图 14-73

Step04 返回幻灯片编辑区，即可看到插入的图表，然后选择图表标题，将其更改为【实际完成销售额】，效果如图 14-74 所示。

图 14-74

14.4.3　实战：编辑图表数据

实例门类	软件功能

创建图表后，如果发现图表中的数据不正确，可以通过 PowerPoint 2021 提供的编辑数据功能对图表中的数据进行更改，使图表中的数据显示正确。例如，在"工作总结"演示文稿中对图表中的数据进行编辑，具体操作步骤如下。

Step 01 打开"素材文件\第 14 章\工作总结.pptx"文件，❶选择第 5 张幻灯片中的图表；❷单击【图表设计】选项卡【数据】组中的【编辑数据】按钮，如图 14-75 所示。

图 14-75

Step 02 打开【Microsoft PowerPoint 中的图表】对话框，在单元格中对错误的数据进行修改，效果如图 14-76 所示。

图 14-76

Step 03 修改完成后，关闭对话框，返回幻灯片编辑区，即可看到修改数据后的图表，效果如图 14-77 所示。

图 14-77

🔧 **技能拓展——选择数据源**

如果图表中提供的数据系列和水平轴标签不正确，那么可选择图表，单击【图表设计】选项卡【数据】组中的【选择数据】按钮，将同时打开【Microsoft PowerPoint 中的图表】对话框和【选择数据源】对话框，在该对话框中可对图表数据区域、图例项和水平分类轴等进行编辑。

14.4.4　实战：更改"工作总结"演示文稿中图表的类型

实例门类	软件功能

如果创建的图表不能直观地展现出数据，那么可更改为其他类型的图表对数据进行展示。例如，在"工作总结"演示文稿中将条形图更改为柱形图，具体操作步骤如下。

Step 01 ❶在打开的"工作总结"演示文稿中选择第 5 张幻灯片中的图表；❷单击【图表设计】选项卡【类型】组中的【更改图表类型】按钮，如图 14-78 所示。

图 14-78

Step 02 打开【更改图表类型】对话框，❶在左侧选择【柱形图】选项；❷在右侧选择【簇状柱形图】选项；❸单击【确定】按钮，如图 14-79 所示。

图 14-79

Step 03 返回幻灯片编辑区，即可看到更改图表类型后的效果，如图 14-80 所示。

图 14-80

需要对图表的布局进行修改时，可单击【图表设计】选项卡【图表布局】组中的【快速布局】按钮，在弹出的下拉列表中提供了多种图表布局样式，用户可根据需要进行选择。

★重点 14.4.5　实战：在"工作总结"演示文稿中的图表中添加需要的元素

| 实例门类 | 软件功能 |

默认创建的图表中包含的图表元素并不全面，当需要的图表元素没有在图表中显示时，则可通过 PowerPoint 2021 提供的添加图表元素功能添加需要的图表元素，将其显示在图表中。例如，在"工作总结"演示文稿中为图表添加需要的元素，具体操作步骤如下。

Step01 在打开的"工作总结"演示文稿中选择第 5 张幻灯片中的图表，❶单击【图表设计】选项卡【图表布局】组中的【添加图表元素】按钮；❷在弹出的下拉菜单中选择添加的元素，如选择【图表标题】命令；❸在弹出的子菜单中选择元素添加的位置，如选择【图表上方】命令，如图 14-81 所示。

图 14-81

Step02 即可在图表中的上方添加一个【图表标题】文本框，在该文本

框中输入需要的标题，如输入【图书销量分析】，并且在【字体】组中对图表标题的字体格式进行相应的设置，效果如图 14-82 所示。

图 14-82

Step03 ❶保持图表的选中状态，单击【图表布局】组中的【添加图表元素】按钮；❷在弹出的下拉菜单中选择【图例】命令；❸在弹出的子菜单中选择【右侧】命令，如图 14-83 所示。

图 14-83

Step04 即可将图例移动到图表右侧，❶单击【图表布局】组中的【添加图表元素】按钮；❷在弹出的下拉菜单中选择【数据标签】命令；❸在弹出的子菜单中选择【数据标签外】命令，即可为图表添加数据标签，如图 14-84 所示。

图 14-84

如果要为图表添加元素，那么最好在更改图表布局和应用图表样式后，再执行添加图表元素操作，因为不同的图表布局和图表样式自带的图表元素不一样。

14.4.6　实战：为"汽车销售业绩报告 2"演示文稿中的图表应用图表样式

| 实例门类 | 软件功能 |

PowerPoint 2021 中提供了多种图表样式，应用提供的样式可以快速对图表进行美化。例如，在"汽车销售业绩报告 2"演示文稿中为图表应用需要的样式，具体操作步骤如下。

Step01 打开"素材文件\第 14 章\汽车销售业绩报告 2.pptx"文件，选择第 4 张幻灯片中的图表，单击【图表设计】选项卡【图表样式】组中的【其他】按钮，在弹出的下拉列表中选择需要的图表样式，如选择【样式 3】选项，如图 14-85 所示。

图 14-85

Step02 即可为图表应用选择的图表样式，效果如图 14-86 所示。

图 14-86

14.4.7 实战：更改"汽车销售业绩报告 2"演示文稿中图表的颜色

实例门类	软件功能

除了可为图表应用样式，还可以对图表样式中应用的颜色进行更改。例如，在"汽车销售业绩报告 2"演示文稿中对图表的颜色进行更改，具体操作步骤如下。

Step01 在打开的"汽车销售业绩报告 2"演示文稿中选择第 4 张幻灯片中的图表，❶单击【图表样式】组中的【更改颜色】按钮；❷在弹出的下拉列表中选择需要的颜色，如选择【彩色调色板 3】选项，如图 14-87 所示。

图 14-87

Step02 即可将图表中数据条的颜色进行更改，效果如图 14-88 所示。

图 14-88

> **技术看板**
>
> 在使用更改颜色功能更改图表颜色时，只能对图表中数据条的颜色进行修改，不能对图表的背景颜色进行修改。

14.5 制作信息图表

在信息爆炸的时代，为了让信息传达的效率更高，让人们获取信息的成本更低，普通的图表已经不能满足需求。这时就需要使用信息图表，让数据变得更形象、更有趣。使用 PowerPoint 2021 制作信息图表，其秘诀在于"替换"，用素材图片或图形替换图表中的元素，实现图表可视化。

★重点 14.5.1 实战：在"市场调查报告"演示文稿中制作市场份额信息图表

在使用图表体现市场份额时，通常会选用饼图。为了让图表更形象，可以使用素材图片，对饼图的绘图区进行填充，然后调整图表的其他格式，从而制作出信息饼图。例如，在"市场调查报告"演示文稿中，用比萨饼图片填充饼图绘图区，能更形象地体现市场份额的概念，具体操作步骤如下。

Step01 ❶打开"素材文件\第 14 章\市场调查报告.pptx"文件，选择第 4 张幻灯片；❷单击【插入】选项卡【插图】组中的【图表】按钮，如图 14-89 所示。

图 14-89

Step02 ❶在打开的【插入图表】对话框中选择【饼图】类型；❷选择【饼图】选项；❸单击【确定】按钮，如图 14-90 所示。

图 14-90

Step03 单击【图表工具-设计】选项卡下的【编辑数据】按钮，在打开的【Microsoft PowerPoint 中的图表】对话框中输入饼图数据，❶选中 B1 单元格并右击；❷在弹出的快捷菜单中选择【排序】选项；❸选择级联菜单中的【降序】选项，如图14-91所示。

图14-91

Step04 此时【Microsoft PowerPoint中的图表】对话框中的数据按照从大到小的顺序进行排列。排序后可以让饼图的扇区在顺时针方向上从大到小排列，方便读数，单击【关闭】按钮，关闭对话框，如图14-92所示。

图14-92

Step05 在幻灯片中选中饼图的绘图区并右击，在弹出的快捷菜单中选择【设置绘图区格式】选项，如图14-93所示。

图14-93

Step06 ❶在打开的【设置绘图区格式】任务窗格中选择填充方式为

【图片或纹理填充】；❷单击【插入】按钮，如图14-94所示。

图14-94

Step07 在打开的【插入图片】对话框中选择【来自文件】选项，如图14-95所示。

图14-95

Step08 ❶在打开的【插入图片】对话框中选择"素材文件\第14章\比萨饼素材.png"文件；❷单击【插入】按钮，如图14-96所示。

图14-96

Step09 用素材图片填充饼图的绘图区后，不能立即看出效果，因为绘图区被饼图的扇区遮挡住了。选中饼图中的所有扇区，在【设置数据系列格式】任务窗格中将填充方式设置为【无填充】，如图14-97所示。

图14-97

Step10 ❶保持选中饼图的扇区，在【设置数据系列格式】任务窗格中的【边框】下选择边框填充方式为【实线】；❷选择线条颜色为【深蓝】；❸设置线条宽度为【2.25磅】，如图14-98所示。

图14-98

Step11 为了让比萨饼图的图片与饼图的扇区更好地重合，需要调整图片填充的位置，选中饼图的绘图区，在【设置绘图区格式】任务窗格中调整【向右偏移】参数，如图14-99所示。

图14-99

Step12 ❶单击饼图右上角的加号按钮；❷取消选中【图表标题】【数据标

签】和【图例】复选框，如图14-100所示。

图 14-100

Step13 ❶选中饼图，单击【图表工具-设计】选项卡下的【添加图表元素】下拉按钮；❷在弹出的下拉菜单中选择【数据标签】选项；❸在子菜单中选择【数据标注】选项，如图14-101所示。

图 14-101

Step14 选中添加在饼图中的数据标签并右击，在弹出的快捷菜单中选择【设置数据标签格式】选项，如图14-102所示。

图 14-102

技术看板

在制作信息饼图时，不可直接

将比萨饼素材图片插入幻灯片中，然后手动在素材图片上绘制线条，制作出饼图扇区。因为这样做的弊端是无法根据比例精准地划分扇区。

Step15 在【设置数据标签格式】任务窗格中的【数字】下设置标签的【类别】为【百分比】、【小数位数】为【2】，如图14-103所示。

图 14-103

Step16 选中饼图中的数据标签，在【开始】选项卡下设置标签的字体为【微软雅黑】、字号为【18】、字体颜色为【深蓝】，如图14-104所示。

图 14-104

Step17 此时就完成了市场份额信息图的制作，效果如图14-105所示。

图 14-105

★重点 14.5.2 实战：在"市场调查报告"演示文稿中制作销量信息图表

在制作信息图时，还可以使用图形素材替换图表中的元素。例如，在幻灯片中绘制形状，或者插入在线图标，这些都是可利用的素材。下面将在"市场调查报告"演示文稿中，通过使用在线插入的汽车图标替换柱形图中的柱形，从而制作出形象的汽车销量信息图，具体操作步骤如下。

Step01 ❶在打开的"市场调查报告.pptx"文件中切换到第5张幻灯片中；❷在幻灯片左边插入一个【簇状柱形图】图表，如图14-106所示。

图 14-106

Step02 单击【图表工具-设计】选项卡下的【编辑数据】按钮，在打开的【Microsoft PowerPoint中的图表】对话框中可以看到数据模板，选中C列和D列并右击，在弹出的快捷菜单中选择【删除】选项，删除多余的这两列数据，如图14-107所示。

图 14-107

图 14-112

技术看板

在删除图表原始数据时，如果不删除整行/列数据，图表中就可能出现空白的数据区域。

Step03 ❶在【Microsoft PowerPoint 中的图表】对话框中输入柱形图的数据；❷选中B1单元格并右击，在弹出的快捷菜单中选择【排序】选项；❸选择级联菜单中的【降序】选项，如图 14-108 所示。这是因为柱形图中经过排序的数据更方便对比数据大小。

Step06 为了保证图标填充柱形后，有更小的空白，需要将图标上下的空白区域进行裁剪。❶选中图标，单击【图形工具-格式】选项卡下的【裁剪】按钮，进入裁剪状态后，对图标上下空白区域进行裁剪；❷完成裁剪后，再次单击【裁剪】按钮，如图 14-111 所示。

Step08 ❶选中第 2 个图标；❷单击【图形工具-格式】选项卡下的【图形填充】按钮；❸选择【深蓝】填充色，如图 14-113 所示。用同样的方法，为后面 3 个图标填充不同的颜色。

图 14-108

图 14-111

图 14-113

Step04 此时幻灯片中的柱形图效果如图 14-109 所示。单击【插入】选项卡下的【图标】按钮。

技术看板

在使用图形或素材图片对图表进行填充时，图形或素材图片的大小影响到了填充效果。素材图片的尺寸越大，填充后的图表相应元素也越大。一般来说，应该保证素材图片的大小与图表需要填充的元素区域大致相同。

Step09 选中柱形图中的柱形并双击，打开【设置数据系列格式】任务窗格，调整【间隙宽度】的参数，让柱形变得更宽，方便在后面使用素材图标填充后，素材展示更清晰，如图 14-114 所示。

图 14-109

Step07 选中完成裁剪的图标，连续 4 次按【Ctrl+D】组合键，复制出 4 个图标，如图 14-112 所示。

图 14-114

Step05 ❶在打开的【插入图标】对话框中选择【交通工具】类型；❷选择第三个交通工具图标；❸单击【插入】按钮，如图 14-110 所示。

图 14-110

Step10 选中第 1 个素材图标，按【Ctrl+C】组合键复制素材，如图 14-115 所示。

图 14-115

Step⑪ 复制素材后，单独选中柱形图中的最左边的柱形，按【Ctrl+V】组合键粘贴素材，如图 14-116 所示。

图 14-116

Step⑫ 粘贴素材图标后，素材处于拉伸状态，需要调整填充方式。❶选中粘贴素材图标后的柱形，在【设置数据点格式】任务窗格中切换到【填充与线条】选项卡下；❷选择【层叠】的填充方式，如图 14-117所示，此时素材图标便层叠展示。

图 14-117

Step⑬ ❶用同样的方法，分别用不同颜色的图标填充柱形图中其他的柱形条；❷调整填充方式为【层叠】方式，如图 14-118 所示。

图 14-118

Step⑭ 为了让信息图更简洁一些，这里删除Y坐标轴。选中Y坐标轴并右击，选择【删除】选项，如图 14-119 所示。然后输入图表标题，设置标题、图例和X坐标轴的文字格式。

图 14-119

Step⑮ 没有Y坐标轴后，需要添加数据标签，以方便读数。❶选中图表，单击【图表工具-设计】选项卡下的【添加图表元素】按钮；❷在弹出的下拉菜单中选择【数据标签】

选项；❸选择【数据标签外】选项，如图 14-120 所示。

图 14-120

Step⑯ 设置数据标签的文字格式。至此完成了销量信息图的制作，效果如图 14-121 所示。

图 14-121

妙招技法

通过前面知识的学习，相信读者已经掌握了在幻灯片中使用表格和图表的操作方法。下面结合本章内容，给大家介绍一些实用技巧。

技巧 01：平均分布表格行或列

如果需要将表格中多行或多列的行高和列宽调整到相同的高度和宽度，那么可通过 PowerPoint 2021 提供的表格的分布行和分布列功能来快速实现。例如，在"销售工作计划2"演示文稿中平均分布表格的行高和列宽，具体操作步骤如下。

Step01 打开"素材文件\第 14 章\销售工作计划 2.pptx"文件，❶选择第 6 张幻灯片中的表格；❷单击【布局】选项卡【单元格大小】组中的【分布行】按钮，如图 14-122 所示。

图 14-122

Step02 此时，表格中所有行的行高将根据表格的高度平均分布，保持表格的选中状态，然后单击【布局】选项卡【单元格大小】组中的【分布列】按钮，如图 14-123 所示。

图 14-123

技术看板

如果只需要平均分布表格中的多行或多列，那么执行【分布行】或

【分布列】命令后，只会在所选行或列中平均分布高度或宽度，不会根据表格的高度和宽度来平均分布。

Step03 此时，表格中所有列的列宽将根据表格的宽度平均分布每列的宽度，效果如图 14-124 所示。

图 14-124

技巧 02：设置幻灯片中表格的尺寸

当幻灯片中表格的大小不能满足需要时，除了可采用调整图片、形状等对象时，拖动对象控制点调整表格大小，还可通过【表格尺寸】组有规则地调整表格大小。例如，在"销售工作计划 2"演示文稿中对表格的大小进行调整，具体操作步骤如下。

Step01 ❶在打开的"销售工作计划 2.pptx"演示文稿中选择第 4 张幻灯片；❷然后选择幻灯片中的表格，在【布局】选项卡【表格尺寸】组中的数值框中输入表格整体的高度，如输入【13.5 厘米】，如图 14-125 所示。

图 14-125

Step02 按【Enter】键即可调整表格的高度，保持表格的选中状态，在【布局】选项卡【表格尺寸】组中的【宽度】数值框中输入表格整体的宽度，如输入【24 厘米】，如图 14-126 所示。

图 14-126

Step03 按【Enter】键即可调整表格的宽度，效果如图 14-127 所示。

图 14-127

技术看板

若在【表格尺寸】组中选中【锁定纵横比】复选框，则设置表格的宽度或高度后，表格的高度值或宽度值也将随之发生变化。

技巧 03：快速为单元格添加斜线

在制作表格的过程中，当需要在同一个单元格中传递多个信息时，经常需要在单元格中添加斜线来进行区分。在 PowerPoint 2021 中既可以通过添加边框功能来实现，也可通过绘制表格功能来实现。例

如，在"汽车销售业绩报告3"演示文稿中为单元格添加一条斜线，具体操作步骤如下。

Step01 打开"素材文件\第14章\汽车销售业绩报告3.pptx"文件，①选择第2张幻灯片表格中的第1个单元格；②单击【表设计】选项卡【表格样式】组中的【边框】下拉按钮；③在弹出的下拉菜单中选择【斜下框线】命令，如图14-128所示。

图 14-128

Step02 即可为选择的单元格添加一条向右下的斜线，并在该单元格中输入其他文本，并对文本的位置进行调整，效果如图14-129所示。

图 14-129

Step03 选择第3张幻灯片中的表格，①单击【表设计】选项卡【绘制边框】组中的【笔画粗细】下拉按钮；②在弹出的下拉列表中选择【2.25磅】选项，如图14-130所示。

图 14-130

Step04 ①再单击【绘制边框】组中的【笔颜色】下拉按钮；②在弹出的下拉列表中选择【青绿，个性色1，淡色80%】选项，如图14-131所示。

图 14-131

Step05 此时鼠标指针将变成∅形状，在表格中的第1个单元格中拖动鼠标绘制一条斜线，如图14-132所示。

图 14-132

Step06 绘制完成后，在该单元格中输入其他文本，并对文本的位置进行调整，效果如图14-133所示。

图 14-133

技巧04：快速对图表各部分进行美化设置

除了可应用图表样式对幻灯片中的图表进行美化，还可根据需要单独对图表各部分进行美化设置。例如，在"工作总结1"演示文稿中对图表的图表区、绘图区、图例和坐标轴等部分进行设置，具体操作步骤如下。

Step01 打开"素材文件\第14章\工作总结1.pptx"文件，选择第5张幻灯片中的图表，在图表区上右击，在弹出的快捷菜单中选择【设置图表区域格式】命令，如图14-134所示。

图 14-134

Step02 打开【设置图表区格式】任务窗格，①在【填充】选项卡下选中【纯色填充】单选按钮；②然后单击【颜色】下拉按钮；③在弹出的列表中选择【最近使用的颜色】栏中的【青色】选项，如图14-135所示。

图 14-135

Step03 即可将图表区填充为选择的颜色，然后在【透明度】数值框中输入填充的透明度，这里输入【22%】，如图 14-136 所示。

图 14-136

Step04 ❶在【设置图表区格式】任务窗格中单击【图表选项】按钮；❷在弹出的下拉菜单中显示了所选图表的全部组成部分，选择需要设置的部分，如选择【绘图区】命令，如图 14-137 所示。

图 14-137

Step05 ❶在【填充】选项卡下选中【纯色填充】单选按钮；❷单击【颜

色】按钮，选择【绿色，个性色 6，淡色 60%】选项；❸在【透明度】数值框中输入【54%】，如图 14-138 所示。

图 14-138

Step06 ❶选择图表中的图例，将其填充色设置为【浅灰色，背景 2，深色 50%】；❷然后选择【图例选项】选项卡，如图 14-139 所示。

图 14-139

Step07 在该选项卡下可设置图例的位置，如选中【靠右】单选按钮，图例将移动到图表中的右侧，如图 14-140 所示。

图 14-140

Step08 ❶关闭任务窗格，选择图表中的纵坐标轴；❷在【字体】组中对纵坐标轴中的文本的字号和加粗效果进行设置，如图 14-141 所示。

图 14-141

Step09 使用相同的方法对横坐标轴和图例中文本的字号和加粗效果进行设置，效果如图 14-142 所示。

图 14-142

技巧 05：将图表保存为模板

对于制作好的图表，还可将其保存为模板，以后在制作同类型或相同效果的图表时，直接对图表中的数据进行加工后就能使用。例如，将"工作总结 2"演示文稿中的图表保存为模板，具体操作步骤如下。

Step01 打开"素材文件\第 14 章\工作总结 2.pptx"文件，选择第 5 张幻灯片中的图表，在其上右击，在弹出的快捷菜单中选择【另存为模板】命令，如图 14-143 所示。

图 14-143

Step02 打开【保存图表模板】对话框，❶在【文件名】文本框中输入保存的名称，保存位置保持默认设置；❷单击【保存】按钮，如图 14-144 所示。

图 14-144

Step03 即可将选择的图表保存为模板，并显示在【更改图表类型】对话框的【模板】选项卡中，如图 14-145 所示。

图 14-145

本章小结

在实际操作过程中，只要掌握了各图表类型的作用，就能快速选择合适的图表来直观地体现幻灯片中的数据。本章在最后还讲解了表格和图表的一些编辑技巧，以帮助读者合理使用表格和图表。

第3篇 PPT技能进阶篇

在 PowerPoint 中除了可使用不同的对象来展示内容，还可通过添加多媒体、链接、动画等效果，使静态的效果变得有声有色、更加生动。本篇将对 PowerPoint 2021 的高级功能进行讲解，目的是让用户能制作出有声有色、漂亮大气的幻灯片。

第15章 通过幻灯片母版统一幻灯片风格

➡ PowerPoint 2021 中提供了哪些母版视图？各母版视图的作用分别是什么？
➡ 在幻灯片母版中可以对哪些对象进行设置？
➡ 如何为每张幻灯片添加相同的页眉页脚？
➡ 幻灯片母版中多余的版式能不能删除？
➡ 在幻灯片母版中如何对幻灯片版式进行设计？

本章主要讲解如何通过幻灯片母版为演示文稿中的幻灯片设置统一的风格和效果，对于制作较多幻灯片的演示文稿来说，可以大大提高制作效率。

15.1 认识母版视图

PowerPoint 2021 中提供了幻灯片母版、讲义母版和备注母版，不同的母版其作用不一样，所以，要想通过母版视图来完成相关操作，就需要先认识各母版视图。

★重点 15.1.1 幻灯片母版

幻灯片母版是制作幻灯片过程中应用最多的母版，它相当于一种模板，能够存储幻灯片的所有信息，包括文本和对象在幻灯片上放置的位置、文本和对象的大小、文本样式、背景、颜色、主题、效果和动画等，如图15-1所示。当幻灯片母版发生变化时，其对应的幻灯片中的效果也将随之发生变化。

图 15-1

15.1.2 讲义母版

演示者在演示过程中如果要通过打印讲义纸稿快速了解每张幻灯片中的内容，就需要通过讲义母版对演示文稿中幻灯片在纸稿中的显示方式进行设置，包括每页纸上显示的幻灯片数量、排列方式及页眉和页脚等信息。图15-2所示为讲义母版。

图 15-2

15.1.3 备注母版

当需要在演示文稿中输入备注内容，且需要将备注内容打印出来时，则需要通过备注母版对备注内容、备注页方向、幻灯片大小及页眉、页脚信息等进行设置。图 15-3 所示为备注母版。

图 15-3

15.2 设置幻灯片母版中的对象

如果需要演示文稿中的所有幻灯片拥有相同的字体格式、段落格式、背景效果、页眉页脚、日期和时间等，那么通过幻灯片母版就能快速实现。

★重点 15.2.1 实战：在"可行性研究报告"演示文稿中设置幻灯片母版的背景格式

实例门类	软件功能

在幻灯片母版中设置背景格式的方法与在幻灯片中设置背景格式的方法基本相似，但在幻灯片母版中设置幻灯片背景格式时，首先需要进入幻灯片母版视图，然后才能对幻灯片母版进行操作。例如，在"可行性研究报告"演示文稿中对幻灯片母版的背景格式进行设置，具体操作步骤如下。

Step01 打开"素材文件\第15章\可行性研究报告.pptx"文件，单击【视图】选项卡【母版视图】组中的【幻灯片母版】按钮，如图 15-4 所示。

图 15-4

Step02 即可进入幻灯片母版视图，①选择幻灯片母版；②单击【幻灯片母版】选项卡【背景】组中的【背景样式】按钮；③在弹出的下拉列表中提供了几种背景样式，选择需要的背景样式，如选择【样式8】选项，如图 15-5 所示。

图 15-5

Step③ 即可为幻灯片母版中的所有版式添加相同的背景样式，效果如图 15-6 所示。

图 15-6

技术看板

如果【背景样式】下拉列表中没有需要的样式，那么可选择【设置背景格式】命令，打开【设置背景格式】任务窗格，在其中可设置幻灯片母版的背景格式为纯色填充、渐变填充、图片或纹理填充及图案填充等效果。

★重点 15.2.2 实战：设置"可行性研究报告"演示文稿中幻灯片母版占位符格式

实例门类	软件功能

若希望演示文稿中的所有幻灯片拥有相同的字体格式、段落格式等，可以通过幻灯片母版进行统一设置，这样可以提高演示文稿的制作效率。例如，在"可行性研究报告"演示文稿中通过幻灯片母版对占位符格式进行相应的设置，具体操作步骤如下。

Step① ❶在打开的"可行性研究报告"演示文稿幻灯片母版视图中选择幻灯片母版；❷再选择幻灯片母版中的标题占位符，在【开始】选项卡【字体】组中将字体设置为【微软雅黑】；❸单击【文字阴影】按钮 S；❹单击【字体颜色】下拉按钮；❺在弹出的下拉列表中选择【蓝色，个性色1，淡色60%】选项，如图 15-7 所示。

图 15-7

Step② ❶选择内容占位符，单击【字体】组中的【加粗】按钮 B 加粗文本；❷单击【段落】组中的【项目符号】下拉按钮；❸在弹出的下拉列表中选择需要的项目符号，如选择【选中标记项目符号】选项，如图 15-8 所示。

图 15-8

Step③ 即可将段落项目符号更改为选择的项目符号，保持内容占位符的选中状态，单击【段落】组中右下角的【段落】按钮，如图 15-9 所示。

图 15-9

Step④ 打开【段落】对话框，❶在【缩进和间距】选项卡【间距】栏中的【段前】数值框中输入【6磅】；❷在【行距】下拉列表框中选择【1.5 倍行距】选项；❸单击【确定】按钮，如图 15-10 所示。

图 15-10

Step⑤ 返回幻灯片母版编辑区，即可看到设置段前间距和行间距后的效果，如图 15-11 所示。

图 15-11

Step⑥ ❶在幻灯片母版视图中选择第 1 个幻灯片母版版式；❷在【字体】组中对副标题占位符的字体格式进行相应的设置；❸单击【幻灯片母版】选项卡【关闭】组中的【关闭母版视图】按钮，如图 15-12 所示。

图 15-12

Step07 关闭幻灯片母版视图，返回普通视图中，可看到演示文稿中所有幻灯片中的占位符中的格式都发生了变化，效果如图 15-13 所示。

图 15-13

15.2.3 实战：在"可行性研究报告"演示文稿中设置页眉和页脚

实例门类	软件功能

当需要在演示文稿的所有幻灯片中添加统一的日期、时间、编号、公司名称等页眉页脚信息时，可以通过幻灯片母版来快速实现。例如，在"可行性研究报告"演示文稿中通过幻灯片母版对页眉页脚进行设置，具体操作步骤如下。

Step01 ❶ 在打开的"可行性研究报告"演示文稿母版视图中选择幻灯片母版；❷ 单击【插入】选项卡【文本】组中的【页眉和页脚】按钮，如图 15-14 所示。

图 15-14

技术看板

在【文本】组中单击【幻灯片编号】按钮，也可打开【页眉和页脚】对话框。

Step02 打开【页眉和页脚】对话框，❶ 选中【日期和时间】复选框；❷ 选中【固定】单选按钮，在其下的文本框中将显示系统当前的日期和时间；❸ 选中【幻灯片编号】复选框和【页脚】复选框，在【页脚】复选框下方的文本框中输入页脚信息，如公司名称，再选中【标题幻灯片中不显示】复选框；❹ 单击【全部应用】按钮，如图 15-15 所示。

图 15-15

技术看板

在【页眉和页脚】对话框中选中【幻灯片编号】复选框，表示为幻灯片依次添加编号；选中【标题幻灯片中不显示】复选框，表示添加的日期、页脚和幻灯片编号等信息不在标题页幻灯片中显示。

Step03 即可为所有幻灯片添加设置的日期和编号，❶ 选择幻灯片母版中最下方的 3 个文本框；❷ 在【开始】选项卡【字体】组中将字号设置为【14】；❸ 单击【加粗】按钮 B 加粗文本，如图 15-16 所示。

图 15-16

Step04 返回幻灯片普通视图中，即可看到设置的页脚效果，如图 15-17 所示。

图 15-17

技能拓展——添加自动更新的日期和时间

如果希望幻灯片中添加的日期和时间随着当前计算机系统的日期和时间变化，那么可以在【页眉和页脚】对话框中选中【日期和时间】复选框，然后选中【自动更新】单选按钮，再在该单选按钮下方的下拉列表框中对日期格式等进行设置，完成后单击【应用】或【全部应用】按钮即可。

15.3 编辑幻灯片母版

对于幻灯片母版视图中的幻灯片母版和版式，还可以进行编辑，如插入幻灯片母版、插入版式、重命名版式、删除版式等，使幻灯片母版能满足演示文稿的编辑需要。

★重点 15.3.1 实战：在"产品销售计划书"演示文稿中插入幻灯片母版

实例门类	软件功能

在同一个演示文稿中可以应用多个幻灯片主题和模板，当需要通过幻灯片母版来为演示文稿添加多个主题时，需要插入幻灯片母版，然后对幻灯片母版进行编辑。例如，在"产品销售计划书"演示文稿的幻灯片母版视图中插入一个幻灯片母版，为演示文稿应用两种不同的主题，具体操作步骤如下。

Step01 打开"素材文件\第15章\产品销售计划书.pptx"文件，❶进入幻灯片母版视图，选择幻灯片母版；❷单击【幻灯片母版】选项卡【编辑母版】组中的【插入幻灯片母版】按钮，如图15-18所示。

图 15-18

Step02 即可在版式最后插入一个新幻灯片母版，❶选择插入的幻灯片母版；❷单击【背景】组中的【背景样式】按钮；❸在弹出的下拉列表中选择需要的背景样式，如图15-19所示。

图 15-19

Step03 即可将选择的背景样式应用于新建的幻灯片母版中，然后单击【关闭】组中的【关闭母版视图】按钮，如图15-20所示。

图 15-20

Step04 返回幻灯片普通视图中，❶选择第2张幻灯片；❷单击【开始】选项卡【新建幻灯片】组中的【版式】按钮；❸在弹出的下拉列表中显示了演示文稿中的所有幻灯片母版视图中的版式，选择【自定义设计方案】栏中的【空白】版式，如图15-21所示。

图 15-21

Step05 即可为幻灯片应用选择的版式，效果如图15-22所示。

图 15-22

15.3.2 实战：在"产品销售计划书"幻灯片母版视图中插入版式

实例门类	软件功能

在幻灯片母版视图中除了可插入幻灯片母版，还可在母版视图中插入版式，以便自定义新的版式。例如，继续上例操作，在"产品销售计划书"演示文稿的第一个幻灯片母版视图中插入自定义版式，具体操作步骤如下。

Step01 ❶在打开的"产品销售计划书"演示文稿的幻灯片母版视图中

的第一个幻灯片母版中选择第 3 个版式；❷单击【幻灯片母版】选项卡【编辑母版】组中的【插入版式】按钮，如图 15-23 所示。

图 15-23

Step02 即可在选择的版式下插入一个版式，然后对该版式进行设计，效果如图 15-24 所示。

图 15-24

Step03 返回幻灯片普通视图中，❶选择第 12 张幻灯片；❷单击【开始】选项卡【新建幻灯片】组中的【版式】按钮；❸在弹出的下拉列表中显示了插入的版式，选择【自定义版式】选项，如图 15-25 所示。

图 15-25

Step04 即可为幻灯片应用选择的版式，在页面中插入文本框输入文字，效果如图 15-26 所示。

图 15-26

15.3.3 实战：在"产品销售计划书"演示文稿中重命名幻灯片母版和版式

实例门类	软件功能

对于插入的幻灯片母版和版式，为了方便记忆或查找，可以为幻灯片母版和版式进行重命名。例如，为"产品销售计划书"演示文稿中插入的幻灯片母版和版式进行重命名，具体操作步骤如下。

Step01 ❶在打开的"产品销售计划书"演示文稿的幻灯片母版视图中选择第 2 个幻灯片母版；❷单击【幻灯片母版】选项卡【编辑母版】组中的【重命名】按钮，如图 15-27 所示。

图 15-27

Step02 打开【重命名版式】对话框，❶在【版式名称】文本框中输入幻灯片母版的名称，如输入【蓝色

背景】；❷单击【重命名】按钮，如图 15-28 所示。

图 15-28

Step03 即可将幻灯片母版的名称命名为更改的名称，将鼠标指针移动到幻灯片母版上，即可显示幻灯片母版的名称，以及应用的幻灯片，如图 15-29 所示。

图 15-29

Step04 ❶选择第一个幻灯片母版下的第 4 个版式；❷单击【幻灯片母版】选项卡【编辑母版】组中的【重命名】按钮，如图 15-30 所示。

图 15-30

Step05 打开【重命名版式】对话框，❶在【版式名称】文本框中输入版式名称，如输入【结束页】；❷单击【重命名】按钮，如图 15-31 所示。

图 15-31

Step06 完成版式的命名，返回幻灯片普通视图中，在【版式】下拉列表中可看到命名幻灯片母版和版式后的效果，如图 15-32 所示。

图 15-32

15.3.4 实战：在"产品销售计划书"演示文稿中删除多余的版式

实例门类	软件功能

当幻灯片母版视图中幻灯片母

版和幻灯片版式过多，且某些幻灯片母版或幻灯片版式无用时，可以将其删除，以方便对版式进行管理。例如，在"产品销售计划书"演示文稿的幻灯片母版视图中删除多余的版式，具体操作步骤如下。

Step01 ❶在打开的"产品销售计划书"演示文稿的幻灯片母版视图中选择幻灯片版式下的第3个版式；❷单击【幻灯片母版】选项卡【编辑母版】组中的【删除】按钮，如图 15-33 所示。

图 15-33

Step02 即可把选择的幻灯片版式删除，效果如图 15-34 所示。

图 15-34

Step03 使用相同的方法可以删除幻灯片母版视图中其他不需要的幻灯片版式，效果如图 15-35 所示。

图 15-35

15.4 设计幻灯片母版版式

在幻灯片母版中提供了 11 个幻灯片母版版式，如果想为演示文稿中的幻灯片应用不同的幻灯片版式，那么可分别对幻灯片母版版式进行设计，然后应用到相应的幻灯片中，这样可以丰富幻灯片样式，提高幻灯片的整体效果。

15.4.1 实战：设计"企业汇报模板"演示文稿的封面页

实例门类	软件功能

封面是整个演示文稿主题的体现，也是最先展现出来的幻灯片，所以，封面的设计非常重要。在幻

灯片母版中可根据实际需要添加形状、图标、文本等对象对封面进行自定义设计，使设计的封面效果更具吸引力。例如，在"企业汇报模板"演示文稿的幻灯片母版视图中通过添加图片、形状和艺术字来设计幻灯片封面版式，具体操作步骤

如下。

Step01 打开"素材文件\第 15 章\企业汇报模板.pptx"文件，❶进入幻灯片母版视图，选择标题幻灯片版式；❷单击【插入】选项卡【插图】组中的【形状】按钮；❸在弹出的下拉列表中选择【矩形】选项，如图 15-36 所示。

图 15-36

技术看板

在幻灯片母版视图中添加图片、形状、文本等对象的方法相同，但通过幻灯片母版添加的对象只能在幻灯片母版视图中进行各种编辑操作，不能在普通视图中进行操作。

Step02 拖动鼠标绘制一个矩形，并将形状置于底层，❶然后单击【形状格式】选项卡【形状样式】组中的【形状填充】下拉按钮✓；❷在弹出的下拉列表中选择【其他填充颜色】命令，如图 15-37 所示。

图 15-37

Step03 ❶打开【颜色】对话框，选择【自定义】选项卡；❷在【红色】【绿色】和【蓝色】数值框中分别输入颜色值，如输入【211】【57】和【45】；❸然后单击【确定】按钮，如图 15-38 所示。

图 15-38

Step04 即可将形状填充为设置的颜色，保持形状的选择状态，❶单击【形状样式】组中的【形状轮廓】下拉按钮✓；❷在弹出的下拉列表中选择【无轮廓】命令，取消形状轮廓，如图 15-39 所示。

图 15-39

Step05 保持形状的选择状态，❶单击【形状样式】组中的【形状效果】下拉按钮；❷在弹出的下拉列表中选择【阴影】选项，在弹出的子菜单中选择【偏移：右下】选项，如图 15-40 所示。

图 15-40

Step06 删除幻灯片版式中的占位符，单击【插入】选项卡【图像】组中的【图片】下拉按钮，选择【图像集】选项，❶打开【插入图片】对话框，在地址栏中设置插入图片保存的位置；❷然后选择需要插入的图片【箭头】；❸单击【插入】按钮，如图 15-41 所示。

图 15-41

Step07 即可在幻灯片中插入选择的图片，将图片调整到合适的大小，❶然后单击【插入】选项卡【文本】组中的【艺术字】按钮；❷在弹出的下拉列表中选择第一种艺术字样式，如图 15-42 所示。

图 15-42

Step08 在插入的艺术字文本框中输入文本【2021】，并在【开始】选项卡【字体】组中对艺术字的格式进行相应的设置，效果如图 15-43 所示。

第一篇

第2篇

第3篇

第4篇

图 15-43

Step⑨ 在幻灯片下方中间位置绘制一条直线，❶单击【形状样式】组中的【形状轮廓】下拉按钮 ✓；❷在弹出的下拉列表中选择【黑色，文字1，淡色25%】选项，如图 15-44 所示。

图 15-44

Step⑩ 即可将直线设置为黑色，然后退出幻灯片母版视图，返回普通视图中，在封面页中添加一些文本，以进行说明，效果如图 15-45 所示。

图 15-45

15.4.2 实战：设计"企业汇报模板"演示文稿的目录页

实例门类	软件功能

目录主要用于展示演示文稿内容的大纲，要想使制作的目录更醒

目，也可通过添加形状、图片等对象来丰富目录页。例如，继续上例操作，在"企业汇报模板"演示文稿母版视图中设计目录页版式，具体操作步骤如下。

Step① ❶在打开的"企业汇报模板"演示文稿的幻灯片母版视图中选择第2个版式；❷删除幻灯片中的标题和内容占位符，在幻灯片中绘制一个【流程图：终止】形状，单击【形状填充】下拉按钮 ✓；❸在弹出的下拉列表中选择【渐变】命令；❹在弹出的子菜单中选择【其他渐变】命令，如图 15-46 所示。

图 15-46

Step② 打开【设置形状格式】任务窗格，在【填充】下选中【渐变填充】单选按钮，❶单击【预设渐变】按钮；❷在弹出的下拉列表中选择【顶部聚光灯，个性色3】命令，如图 15-47 所示。

图 15-47

Step③ ❶单击【方向】按钮；❷在弹出的下拉列表中选择【从左上角】选项，如图 15-48 所示。

图 15-48

Step④ 在【渐变光圈】中删除第2个光圈，只保留两个光圈，❶然后选择第2个光圈；❷在【位置】数值框中输入【54%】；❸将选择的光圈向左移动，在【透明度】数值框中输入【75%】，调整颜色透明度，如图 15-49 所示。

图 15-49

Step⑤ 关闭【设置形状格式】任务窗格，❶然后选择形状，单击【形状效果】下拉按钮；❷在弹出的下拉列表中选择【柔化边缘】命令；❸在弹出的子菜单中选择【10磅】选项，如图 15-50 所示。

图 15-50

Step⑥ 单击【插入】选项卡【文本】

组中的【文本框】按钮，如图15-51所示。

图 15-51

Step07 在绘制的形状上拖动鼠标绘制一个文本框，在文本框中输入文本【CONTENTS 目录】，并在【字体】组中对文本的字体格式进行相应的设置，效果如图15-52所示。

图 15-52

Step08 在幻灯片中绘制一个正圆，并为其应用【强烈效果-蓝色，强调颜色1】形状样式，如图15-53所示。

图 15-53

Step09 ❶将形状的颜色填充为红色，单击【形状效果】下拉按钮；❷在弹出的下拉列表中选择【棱台】命令；

❸在弹出的子菜单中选择【十字形】选项，如图15-54所示。

图 15-54

Step10 在正圆中输入文本【01】，并对其字体格式进行设置，❶然后在正圆后绘制一条直线，将其形状轮廓设置为【浅灰色，背景2，淡色90%】；❷在【形状轮廓】下拉列表中选择【粗细】命令；❸在弹出的子菜单中选择【1.5磅】命令，如图15-55所示。

图 15-55

Step11 选择正圆和直线，对其进行复制，然后对复制的正圆中的文本进行相应的修改，效果如图15-56所示。

图 15-56

Step12 退出幻灯片母版视图，返回普通视图中，在目录页中添加一些文本，以进行补充说明，效果如图15-57所示。

图 15-57

15.4.3 实战：设计"企业汇报模板"演示文稿的过渡页

实例门类	软件功能

当演示文稿中的幻灯片内容分节较多时，可以通过过渡页进行过渡。例如，在"企业汇报模板"演示文稿的母版视图中设计过渡页，具体操作步骤如下。

Step01 ❶在打开的"企业汇报模板"演示文稿的幻灯片母版视图中选择第3个版式；❷删除幻灯片中的标题和内容占位符，然后绘制两条直线，将直线轮廓填充为【红色】，如图15-58所示。

图 15-58

Step02 ❶在两条线条左侧中间绘制一个六边形，选择绘制的六边形；❷在【形状填充】下拉列表中选择【图片】命令，如图15-59所示。

图 15-59

Step03 在打开的插入图片对话框中，选择【来自文件】选项，如图 15-60 所示。

图 15-60

Step04 ❶打开【插入图片】对话框，然后选择需要插入的图片【分析数据】；❷单击【插入】按钮，如图 15-61 所示。

图 15-61

Step05 即可使用插入的图片填充形状，然后对形状的轮廓进行设置，最后在六边形形状右侧绘制两个三角形和一个正圆，效果如图 15-62 所示。

图 15-62

Step06 对三角形和正圆形状的样式、填充效果和轮廓进行相应的设置，效果如图 15-63 所示。

图 15-63

Step07 退出幻灯片母版视图，返回普通视图中，新建一张幻灯片，为其应用过渡页版式，并在该幻灯片中添加一些文本，以进行补充说明，效果如图 15-64 所示。

图 15-64

🎯 **技术看板**

在幻灯片母版中设计版式时，对于需要修改的文本，最好在幻灯片普通视图中进行添加，这样在普通视图中方便修改。

15.4.4 实战：设计"企业汇报模板"演示文稿的内容页

实例门类	软件功能

内容页在整个演示文稿中占主体，为了方便查看，所有内容页幻灯片的布局、色调等最好统一，所以，通过幻灯片母版进行设置是最快捷的方法。例如，继续上例操作，在"企业汇报模板"演示文稿的母版视图中设计内容页，具体操作步骤如下。

Step01 ❶在打开的"企业汇报模板"演示文稿的幻灯片母版视图中选择第 4 个版式；❷删除标题和右侧的内容占位符，并将保留的内容占位符调整到合适大小；❸在内容占位符上方绘制一个矩形，并对其效果进行相应的设置，如图 15-65 示。

图 15-65

Step02 在矩形形状左侧上方绘制一个三角形，并将形状效果设置与矩形效果一样，效果如图 15-66 所示。

图 15-66

Step03 退出幻灯片母版视图，返回普通视图中，新建一张幻灯片，为其应用内容页版式，并在该幻灯片中添加一些文本，以进行补充说明，效果如图 15-67 所示。

图 15-67

15.4.5　实战：设计"企业汇报模板"演示文稿的尾页

实例门类	软件功能

尾页一般与封面页相互呼应，所以，在设计尾页时，可以在标题页的基础上进行更改即可。例如，继续上例操作，在"企业汇报模板"演示文稿的幻灯片视图中设计尾页，具体操作步骤如下。

Step01 在打开的"企业汇报模板"演示文稿的幻灯片母版视图中选择第5个版式，删除幻灯片中的标题和内容占位符，效果如图15-68所示。

图 15-68

Step02 复制标题页版式中的矩形、直线形状和箭头图片到尾页，并将箭头图片调整到合适大小，效果如图15-69所示。

图 15-69

Step03 退出幻灯片母版视图，返回普通视图中，新建一张幻灯片，为其应用尾页版式，并在该幻灯片中添加一些文本，以进行补充说明，如图15-70所示。

图 15-70

技术看板

在普通视图中也可根据需要自行设计幻灯片版式，但不会将设计的版式显示在【版式】下拉列表中，但通过幻灯片母版视图设计的版式会显示在【版式】下拉列表中。

妙招技法

通过前面知识的学习，相信读者已经掌握了幻灯片母版的操作方法了。下面结合本章内容，给大家介绍一些实用技巧。

技巧 01：设置讲义母版中每页显示的幻灯片数量

当需要将演示文稿中的幻灯片打印到纸张上时，可通过讲义母版对讲义页面中显示的幻灯片数量进行设置。例如，在"可行性研究报告1"演示文稿中对讲义页面中显示的幻灯片数量进行相应的设置，具体操作步骤如下。

Step01 打开"素材文件\第15章\可行性研究报告1.pptx"文件，单击【视图】选项卡【母版视图】组中的【讲义母版】按钮，如图15-71所示。

图 15-71

Step02 进入讲义母版视图，在讲义页面中显示了幻灯片数量，❶单击【讲义母版】选项卡【页面设置】组中的【每页幻灯片数量】按钮；❷在弹出的下拉菜单中选择需要的命令，如选择【2张幻灯片】命令，如图15-72所示。

图 15-72

Step03 查看效果，选择【2张幻灯片】命令后的效果如图15-73所示。

图 15-73

技巧 02：隐藏幻灯片母版中的图形对象

在幻灯片母版视图中的幻灯片母版中添加图形后，幻灯片视图中的所有版式都将会应用该图形，如果在设计幻灯片版式时，不需要幻灯片母版中的图形对象，那么可将其隐藏。例如，在"可行性研究报告 2"演示文稿中隐藏幻灯片母版中的图形对象，具体操作步骤如下。

Step01 打开"素材文件\第 15 章\可行性研究报告 2.pptx"文件，❶进入幻灯片母版视图，选择标题页幻灯片版式；❷选中【幻灯片母版】选项卡【背景】组中的【隐藏背景图形】复选框，如图 15-74 所示。

图 15-74

Step02 取消幻灯片母版中添加的背景图形，效果如图 15-75 所示。

图 15-75

技巧 03：在幻灯片母版版式中插入需要的占位符

在幻灯片母版视图中设计幻灯片版式时，如果当前版式中提供的占位符不能满足需要，那么可根据实际情况自行添加所需占位符。例如，在"企业汇报模板 1"演示文稿的母版视图中为版式添加需要的占位符，具体操作步骤如下。

Step01 打开"素材文件\第 15 章\企业汇报模板 1.pptx"文件，❶进入幻灯片母版视图，选择需要添加内容占位符的版式；❷单击【幻灯片母版】选项卡【母版版式】组中的【插入占位符】按钮；❸在弹出的下拉菜单中列出了各种类型的占位符，如选择【内容】命令，如图 15-76 所示。

图 15-76

Step02 此时，鼠标指针将变成十形

状，然后拖动鼠标在版式中进行绘制，如图 15-77 所示。

图 15-77

Step03 拖动到合适位置和大小后，释放鼠标，即可看到添加的内容占位符，效果如图 15-78 所示。

图 15-78

Step04 ❶选择需要添加图表占位符的版式；❷单击【母版版式】组中的【插入占位符】按钮；❸在弹出的下拉菜单中选择【图表】命令，如图 15-79 所示。

图 15-79

Step05 然后在幻灯片版式中拖动鼠标进行绘制，拖动到合适位置后，释放鼠标，即可看到添加的图表占位符，效果如图 15-80 所示。

图 15-80

技巧 04：添加带主题的幻灯片母版

当需要在母版视图中添加带主题的幻灯片母版时，可以在幻灯片母版视图中应用主题，就能快速进行添加。例如，在"企业汇报模板2"演示文稿的母版视图中添加带主题的幻灯片母版，具体操作步骤如下。

Step01 打开"素材文件\第 15 章\企业汇报模板 2.pptx"文件，❶ 在幻灯片母版视图中版式的最后面的空白区域单击，即可出现一条红线，表示定位到此处；❷ 单击【幻灯片母版】选项卡【编辑主题】组中的【主题】按钮；❸ 在弹出的下拉列表中选择【离子】主题，如图 15-81 所示。

图 15-81

Step02 即可添加一个带主题的幻灯片母版，效果如图 15-82 所示。

图 15-82

技巧 05：复制和移动幻灯片母版中的版式

在幻灯片母版中设计版式时，还可对母版中的版式进行复制和移动操作。例如，在"企业汇报模板 2"演示文稿的幻灯片母版视图中对版式进行复制和移动，具体操作步骤如下。

Step01 打开"素材文件\第 15 章\企业汇报模板 2.pptx"文件，❶ 在幻灯片母版视图中选择标题页幻灯片版式；❷ 在版式上右击，在弹出的快捷菜单中选择【复制版式】命令，如图 15-83 所示。

图 15-83

Step02 即可在所选版式下复制一个相同的版式，选择该版式并按住鼠标左键不放向下进行拖动，拖动到合适位置后释放鼠标，如图 15-84 所示。

图 15-84

Step03 将版式移动到红线下方，然后对版式效果进行更改即可，如图 15-85 所示。

图 15-85

本章小结

通过本章知识的学习，相信读者已经掌握了在幻灯片母版视图中进行的各种操作了，在设计幻灯片版式时，只要灵活应用 PowerPoint 2021 中的各种对象，就能设计出别具一格的版式效果。本章在最后还讲解了关于母版的一些编辑技巧，以帮助读者更好地编辑和设计各种母版。

第16章 多媒体让幻灯片绘声绘色

➡ 在幻灯片中能不能插入录制的声音？
➡ 插入的音频文件太大怎么办？
➡ 放映时能不能将音频图标隐藏？
➡ PowerPoint 2021 中支持哪些格式的多媒体文件？
➡ 如何在幻灯片中插入网络中的视频？

在幻灯片中插入音频和视频等多媒体文件，可以增强幻灯片的播放效果。如果想知道在幻灯片中如何添加多媒体文件或通过多媒体文件增加播放效果，就要认真学习并掌握本章的知识点。

16.1 在幻灯片中插入音频文件

PowerPoint 2021 中提供了音频功能，通过该功能可以快速在幻灯片中插入保存或录制的音频文件，以增强幻灯片放映的听觉效果。

16.1.1 PowerPoint 2021 支持的音频文件格式

PowerPoint 2021 不能支持所有的音频文件格式，所以在幻灯片中插入音频文件时，首先需要了解它支持的音频文件格式，这样才能有针对性地挑选音频文件。表 16-1 所示为 PowerPoint 2021 支持的音频文件格式。

表 16-1

音频文件格式	扩展名
ADTS 音频文件	.aac
AIFF 音频文件	.aiff
AU 音频文件	.au
MIDI 文件	.mid
MP3 音频文件	.mp3
MPEG-4 音频文件	.m4a、.mp4
Windows 音频文件	.wav
Windows Media Audio 文件	.wma

★重点 16.1.2 实战：在"公司介绍"演示文稿中插入计算机中保存的音频文件

实例门类	软件功能

当需要插入计算机中保存的音频文件时，可以通过 PowerPoint 2021 提供的 PC 上的音频功能快速插入。例如，在"公司介绍"演示文稿中插入音频文件，具体操作步骤如下。

Step01 打开"素材文件\第 16 章\公司介绍.pptx"文件，❶选择第 1 张幻灯片；❷单击【插入】选项卡【媒体】组中的【音频】按钮；❸在弹出的下拉菜单中选择【PC 上的音频】命令，如图 16-1 所示。

图 16-1

Step02 ❶打开【插入音频】对话框，在地址栏中设置插入音频保存的位置；❷选择需要插入的音频文件【安妮的仙境】；❸单击【插入】按钮，如图 16-2 所示。

图 16-2

Step③ 即可将选择的音频文件插入幻灯片中，并在幻灯片中显示音频文件的图标，如图16-3所示。

图 16-3

★重点 16.1.3 实战：在"益新家居"演示文稿中插入录制的音频

实例门类	软件功能

使用 PowerPoint 2021 提供的录制音频功能可以为演示文稿添加解说词，以帮助观众理解传递的信息。例如，在"益新家居"演示文稿中插入录制的音频，具体操作步骤如下。

Step① 打开"素材文件\第16章\益新家居.pptx"文件，❶选择第1张幻灯片；❷单击【插入】选项卡【媒体】组中的【音频】按钮；❸在弹出的下拉列表中选择【录制音频】命令，如图16-4所示。

图 16-4

技术看板

如果要录制音频，首先要保证计算机中安装了声卡和录制声音的设备，否则将不能进行录制。

Step② 打开【录制声音】对话框，❶在【名称】文本框中输入录制的音频名称，如输入【公司介绍】；❷然后单击◉按钮，如图16-5所示。

图 16-5

Step③ 开始录制声音，录制完成后，❶单击【录制声音】对话框中的□按钮暂停声音录制；❷单击【确定】按钮，如图16-6所示。

图 16-6

技术看板

在【录制声音】对话框中单击▷按钮，可对录制的音频进行试听。

Step④ 即可将录制的声音插入幻灯片中，选择音频图标，在出现的播放控制条上单击▶按钮，如图16-7所示。

益新家居
恰你的梦想家园

图 16-7

Step⑤ 即可开始播放录制的音频，如图16-8所示。

益新家居
恰你的梦想家园

图 16-8

技术看板

在音频图标下方出现的播放控制条上单击▶按钮，可向后移动0.25秒；单击◀按钮，可向前移动0.25秒；单击◀ッ按钮可调整播放的声音大小。

16.2 编辑音频对象

对于幻灯片中插入和录制的音频文件，还可以根据需要对音频长短、音频属性及音频图标的效果等进行编辑，使音频文件能体现演示文稿的整体效果。

16.2.1 实战：对"公司介绍1"演示文稿中的音频进行剪裁

实例门类	软件功能

如果插入幻灯片中的音频文件长短不能满足当前需要，那么可通过 PowerPoint 2021 提供的剪裁音频功能对音频文件进行剪辑。例如，对"公司介绍1"演示文稿中的音频文件进行剪辑，具体操作步骤如下。

Step01 打开"素材文件\第16章\公司介绍1.pptx"文件，❶选择第1张幻灯片中的音频图标；❷单击【播放】选项卡【编辑】组中的【剪裁音频】按钮，如图16-9所示。

图 16-9

Step02 打开【剪裁音频】对话框，将鼠标指针移动到图标上，当鼠标指针变成形状时，按住鼠标左键不放，向右拖动鼠标调整音频播放的开始时间，如图16-10所示。

图 16-10

Step03 ❶将鼠标指针移动到图标上，当鼠标指针变成形状时，按住鼠标左键不放，向左拖动鼠标调

整音频播放的结束时间；❷单击按钮，如图16-11所示。

图 16-11

Step04 开始对剪裁的音频进行试听，试听完成，确认不再剪裁后，单击【确定】按钮即可，如图16-12所示。

图 16-12

技术看板

剪裁音频时，在【剪裁音频】对话框的【开始时间】和【结束时间】数值框中可直接输入音频播放的开始时间和结束时间进行剪裁。

★重点 16.2.2 实战：设置"公司介绍1"演示文稿中音频的属性

实例门类	软件功能

在幻灯片中插入音频文件后，用户还可通过"播放"选项卡对音频文件的音量、播放时间、播放方式等属性进行设置。例如，在"公司介绍1"演示文稿中对音频属性进行设置，具体操作步骤如下。

Step01 ❶在打开的"公司介绍1"演示文稿中选择第1张幻灯片中的

音频图标；❷单击【播放】选项卡【音频选项】组中的【音量】按钮；❸在弹出的下拉菜单中选择播放的音量，如选择【中等】命令，如图16-13所示。

图 16-13

Step02 ❶单击【播放】选项卡【音频选项】组中【开始】右侧的下拉按钮∨；❷在弹出的下拉菜单中选择开始播放的时间，如选择【自动】命令，如图16-14所示。

图 16-14

技术看板

在【开始】下拉菜单中选择【自动】命令，表示放映幻灯片时自动播放音频；选择【单击时】命令，表示在放映幻灯片时，只有执行音频播放操作后，才会播放音频。

Step03 ❶在【音频选项】组中选中【跨幻灯片播放】和【循环播放，直到停止】复选框；❷选中【放映时隐藏】复选框，完成声音属性的设置，如图16-15所示。

图 16-15

技术看板

在【音频选项】组中选中【跨幻灯片播放】复选框，可在播放其他幻灯片时播放音频；选中【循环播放，直到停止】复选框，会循环播放音频；选中【放映时隐藏】复选框，表示放映时隐藏声音图标；选中【播放完毕返回开头】复选框，表示音频播放完后，将返回幻灯片中。

16.2.3 实战：设置"公司介绍 1"演示文稿中音频图标的效果

实例门类	软件功能

幻灯片中音频文件的图标拥有图片属性，所以对于音频图标，也可像图片一样，对其效果进行相应

的设置。例如，继续上例的操作，在"公司介绍 1"演示文稿中对音频图标的效果进行设置，具体操作步骤如下。

Step① ❶ 在打开的"公司介绍 1"演示文稿中选择第 1 张幻灯片中的音频图标；❷ 单击【音频格式】选项卡【调整】组中的【艺术效果】按钮；❸ 在弹出的下拉列表中选择【发光边缘】命令，如图 16-16 所示。

图 16-16

Step② 即可看到音频图标应用艺术效果样式，如图 16-17 所示。

图 16-17

Step③ ❶ 单击【音频格式】选项卡【图片样式】组中的【图片效果】按钮；❷ 在弹出的下拉菜单中选择【阴影】命令；❸ 在弹出的子菜单中选择【偏移：右下】命令，如图 16-18 所示。

图 16-18

Step④ 即可为音频图标添加阴影效果，如图 16-19 所示。

图 16-19

16.3 在幻灯片中插入视频文件

PowerPoint 2021 提供了视频功能，通过该功能，不仅可以在幻灯片中插入计算机中保存的视频文件，还可以在计算机连接网络的情况下，在幻灯片中插入网络中搜索到的视频文件，以增强幻灯片的播放效果。

16.3.1 PowerPoint 2021 支持的视频文件格式

要在幻灯片中插入视频文件，首先需要知道 PowerPoint 2021 所支持的视频文件格式，这样才能避免因视频文件格式不正确而无法

插入的情况发生。表 16-2 所示为 PowerPoint 2021 支持的视频文件格式。

表 16-2

视频文件格式	扩展名
Windows Media 文件	.asf
Windows 视频文件	.avi
QuickTime Movie 文件	.mov
MP4 视频文件	.mp4、.m4v
电影文件	.mpg
MPEG-2 TS 视频文件	.mpeg
Adobe Flash Media	.swf
Windows Media Video 文件	.wmv

★重点 16.3.2 实战：在"汽车宣传"演示文稿中插入计算机中保存的视频

实例门类	软件功能

如果计算机中保存了幻灯片需要的视频文件，就可以直接将其插入幻灯片中，以提高效率。例如，在"汽车宣传"演示文稿中插入计算机中保存的视频文件，具体操作步骤如下。

Step01 打开"素材文件\第 16 章\汽车宣传.pptx"文件，❶选择第 2 张幻灯片；❷单击【插入】选项卡【媒体】组中的【视频】按钮；❸在弹出的下拉菜单中选择【此设备】命令，如图 16-20 所示。

图 16-20

Step02 ❶打开【插入视频文件】对话框，在地址栏中设置计算机中视频保存的位置；❷选择需要插入的视频文件【汽车宣传片】；❸单击【插入】按钮，如图 16-21 所示。

图 16-21

Step03 即可将选择的视频文件插入幻灯片中，选择视频图标，单击出现的播放控制条中的▶按钮，如

图 16-22 所示。

图 16-22

Step04 即可对插入的视频文件进行播放，效果如图 16-23 所示。

图 16-23

> **技能拓展——插入网络中搜索到的视频**
>
> 在【插入视频】对话框【YouTube】文本框中输入要搜索视频文件的关键字，单击其后的【搜索】按钮，即可从 YouTube 网站中搜索与关键字相关的视频文件，并在打开的搜索结果对话框中显示搜索到的视频文件，选择需要插入的视频文件，单击【插入】按钮，即可将选择的视频文件插入幻灯片中。

16.4 编辑视频对象

对于插入幻灯片中的视频，还可对视频长短、视频播放属性、视频图标等进行设置，使视频中的内容能满足幻灯片的需要。

16.4.1 实战：对"汽车宣传 1"演示文稿中的视频进行剪辑

实例门类	软件功能

如果在幻灯片中插入的是保存在计算机中的视频，那么可以像音频一样进行剪裁。例如，在"汽车宣传 1"演示文稿中对视频进行剪裁，具体操作步骤如下。

Step01 打开"素材文件\第 16 章\汽车宣传 1.pptx"文件，❶选择第 2 张幻灯片中的视频图标；❷单击【播放】选项卡【编辑】组中的【剪裁视频】按钮，如图 16-24 所示。

图 16-24

Step02 打开【剪裁视频】对话框，❶在【开始时间】数值框中输入视频开始播放的时间，如输入【00：01.618】；❷在【结束时间】数值框中输入视频结束播放的时间，如输入【00：36.762】；❸单击【确定】按钮，如图 16-25 所示。

图 16-25

Step03 返回幻灯片编辑区，单击播放控制条中的▶按钮，即可对视频进行播放，效果如图 16-26 所示。

图 16-26

★重点 16.4.2　实战：对"汽车宣传 1"演示文稿中视频的播放属性进行设置

实例门类	软件功能

与音频一样，要使视频的播放与幻灯片放映相结合，还需要对视频的播放属性进行设置。例如，在"汽车宣传 1"演示文稿中对视频的播放属性进行设置，具体操作步骤如下。

Step01 在打开的"汽车宣传 1"演示文稿的第 2 张幻灯片中选择视频图标，❶单击【播放】选项卡【视频选项】组中的【音量】按钮；❷在弹出的下拉菜单中选择【中等】命令，如图 16-27 所示。

图 16-27

Step02 保持视频图标的选中状态，在【视频选项】组中选中【全屏播放】复选框，这样在放映幻灯片时，将全屏播放视频文件，如图 16-28 所示。

图 16-28

16.4.3　实战：在"汽车宣传 1"演示文稿中为视频添加书签

实例门类	软件功能

当幻灯片中的视频过长，且需要分段进行播放时，可以为视频添加书签。例如，继续上例操作，在"汽车宣传 1"演示文稿中为视频添加书签，具体操作步骤如下。

Step01 在打开的"汽车宣传 1"演示文稿中选择第 2 张幻灯片中的视频图标，❶单击播放控制条中的▶按钮，对视频进行播放，播放到需要分段的位置时，单击▌▌按钮暂停；❷单击【播放】选项卡【书签】组中的【添加书签】按钮，如图 16-29 所示。

图 16-29

Step02 即可在视频暂停处添加一个黄色圆圈，它表示添加的书签，如图 16-30 所示。

图 16-30

Step03 使用前面添加标签的方法继续为视频添加其他标签，效果如图 16-31 所示。

图 16-31

16.4.4 实战：设置"汽车宣传 1"演示文稿中的视频图标

实例门类	软件功能

对于幻灯片中的视频图标，还可通过更改视频图标形状、应用视频样式、设置视频效果等操作对视频图标进行美化。例如，继续上例操作，在"汽车宣传 1"演示文稿中对视频图标进行美化，具体操作步骤如下。

Step01 在打开的"汽车宣传 1"演示文稿的第 2 张幻灯片中选择视频图标，❶单击【视频格式】选项卡【视频样式】组中的【视频样式】按钮；❷在弹出的下拉列表中选择需要的视频样式，如选择【简单框架，白色】命令，即可为视频图标应用选择样式，如图 16-32 所示。

图 16-32

Step02 ❶单击【视频样式】组中的【视频形状】按钮；❷在弹出的下拉列表中选择需要的视频形状，如选择【矩形：圆角】命令，如图 16-33 所示。

图 16-33

Step03 即可将视频图标更改为圆角矩形形状，❶单击【视频样式】组中的【视频效果】按钮；❷在弹出的下拉列表中选择【阴影】命令；❸在弹出的子菜单中选择【偏移：左下】命令，如图 16-34 所示。

图 16-34

Step04 即可为视频图标添加阴影效果，如图 16-35 所示。

图 16-35

妙招技法

通过前面知识的学习，相信读者已经掌握了在幻灯片中插入和编辑多媒体文件的方法。下面结合本章内容，给大家介绍一些实用技巧。

技巧 01：为音频添加书签

如果需要将幻灯片中的音频进行分段播放，那么可通过 PowerPoint 2021 提供的添加书签功能对音频进行分段。例如，在"公司介绍 2"演示文稿中通过添加书签功能为音频分段，具体操作步骤如下。

Step01 打开"素材文件\第 16 章\公司介绍 2.pptx"文件，❶选择第 1 张幻灯片中的音频图标；❷单击播放控制条中的▶按钮，对音频进行播放，播放到需要分段的位置时，单击Ⅱ按钮暂停；❸单击【播放】选项卡【书签】组中的【添加书签】按钮，如图 16-36 所示。

图 16-36

Step02 即可在音频暂停处添加一个黄色圆圈，它表示添加的书签，效果如图 16-37 所示。

图 16-37

Step03 使用前面添加标签的方法继续为音频添加其他书签，效果如图 16-38 所示。

图 16-38

技能拓展——删除标签

当不需要书签或添加的书签位置错误时，可将其删除。其方法是在音频播放控制条上选中需要删除的书签，再单击【书签】组中的【删除书签】按钮，即可将选择的书签删除。

技巧 02：为音频添加淡入和淡出效果

淡入是指音频开始播放时逐步进入的效果；而淡出则是指音频播放结束后逐步退出的效果，当需要为音频添加淡入和淡出效果时，可通过 PowerPoint 2021 提供的淡入和淡出功能来实现。例如，在"公司介绍 3"演示文稿中为音频添加淡入和淡出效果，具体操作步骤如下。

Step01 打开"素材文件\第 16 章\公司介绍 3.pptx"文件，❶选择第 1 张幻灯片中的音频图标；❷在【播放】选项卡【编辑】组中的【渐强】数值框中输入淡入时间，如输入【00.50】，如图 16-39 所示。

图 16-39

Step02 按【Enter】键确认，然后在【渐弱】数值框中输入音频淡出时间，如输入【00.25】，再按【Enter】键确认即可，如图 16-40 所示。

图 16-40

技巧 03：在幻灯片中插入屏幕录制

屏幕录制是 PowerPoint 2021 的一个新功能，通过该功能可将正在进行的操作、播放的视频和正在播放的音频录制下来，并插入幻灯片中。例如，在"汽车宣传 2"演示文稿中插入录制的视频，具体操作步骤如下。

Step01 先打开需要录制的视频文件，再打开"素材文件\第 16 章\汽车宣传 2.pptx"文件，❶选择第 2 张幻灯片；❷单击【插入】选项卡【媒体】组中的【屏幕录制】按钮，如图 16-41 所示。

图 16-41

Step02 切换计算机屏幕，在打开的屏幕录制对话框中单击【选择区域】按钮，如图 16-42 所示。

图 16-42

Step03 此时鼠标指针将变成┼形状，然后拖动鼠标在屏幕中绘制录制的区域，如图 16-43 所示。

图 16-43

Step04 录制区域绘制完成后，单击录制区域中视频的播放按钮，对视频进行播放，然后单击屏幕录制对话框中的【录制】按钮，如图 16-44 所示。

图 16-44

Step05 即可开始对屏幕中播放的视频进行录制，如图 16-45 所示。

图 16-45

Step06 录制完成后，按【Windows+Shift+Q】组合键停止录制，即可将录制的视频插入幻灯片中，并切换到 PowerPoint 窗口，在幻灯片中可以看到录制的视频，如图 16-46 所示。

图 16-46

技术看板

默认情况下，录制视频时会自动录制视频的声音，如果不想录制视频的声音，那么可以在执行屏幕录制操作后，在屏幕录制对话框中单击【音频】按钮，取消声音的录制。

技巧 04：将喜欢的图片设置为视频图标封面

在幻灯片中插入视频后，其视频图标上的画面将显示视频中的第一个场景，为了让幻灯片整体效果更加美观，可以将视频图标的显示画面更改为其他图片。例如，将"汽车宣传 3"演示文稿中的视频图标画面更改为计算机中保存的图片，具体操作步骤如下。

Step01 打开"素材文件\第 16 章\汽车宣传 3.pptx"文件，❶选择第 2 张幻灯片中的视频图标；❷单击【视频格式】选项卡【调整】组中的【海报框架】按钮；❸在弹出的下拉菜单中选择【文件中的图像】命令，如图 16-47 所示。

图 16-47

Step02 在打开的【插入图片】对话框中单击【来自文件】按钮，如图 16-48 所示。

图 16-48

Step03 在打开的对话框中单击【浏览】按钮，❶打开【插入图片】对话框，在地址栏中选择图片保存的位置；❷然后选择需要插入的图片【车】；❸单击【插入】按钮，如图 16-49 所示。

图 16-49

Step04 即可将插入的图片设置为视频图标的显示画面，如图 16-50 所示。

图 16-50

技巧 05：将视频图标的显示画面更改为视频中的某一帧画面

除了可以将计算机中保存的图片设置为视频图标的显示画面，还可将视频当前播放的画面设置为视频图标的显示画面。例如，将"汽车宣传 4"演示文稿中视频的显示画面设置为视频中某一帧的画面，具体操作步骤如下。

Step① 打开"素材文件\第 16 章\汽车宣传 4.pptx"文件，选择第 2 张幻灯片中的视频图标，❶单击▶按钮播放视频，播放到需要的画面时，单击‖按钮暂停播放；❷单击【视频格式】选项卡【调整】组中的【海报框架】按钮；❸在弹出的下拉菜单中选择【当前帧】命令，如图 16-51 所示。

图 16-51

Step② 即可将当前画面标记为视频图标的显示画面，如图 16-52 所示。

图 16-52

技能拓展——重置视频显示画面

如果对设置的视频显示画面不满意，那么单击【视频格式】选项卡【调整】组中的【海报框架】按钮，在弹出的下拉菜单中选择【重置】命令，即可使视频图标的显示画面恢复到未设置前的状态。

本章小结

通过本章知识的学习，相信读者已经掌握了在幻灯片中添加音频和视频等多媒体文件的操作方法，在实际操作过程中，只要合理运用相关的知识，就能快速增强幻灯片的视觉效果。本章在最后还讲解了音频和视频的一些编辑技巧，以帮助用户制作出效果更好的多媒体文件。

第17章 实现幻灯片交互和缩放定位

➤ 在幻灯片中能不能实现单击某对象跳转到另一对象或另一幻灯片中呢？

➤ 如何为超链接添加说明文字？

➤ 动作按钮和动作是不是一样的？

➤ 超链接的颜色能不能进行修改？

➤ PowerPoint 2021 提供的缩放定位功能有什么作用？

通常在网页中单击某个文本或图片就能跳转到另一网页中，其实，在PPT中这一功能也能轻松实现。本章对PPT 的交互功能进行讲解，运用交互功能即可快速跳转到目标位置。

17.1 为幻灯片对象添加超链接

在放映演示文稿的过程中，当需要从一张幻灯片跳转到另一张幻灯片中查看相应内容，或者为了更好地说明幻灯片内容，需要借助其他文件时，可以通过为幻灯片中的对象添加超链接来实现。在幻灯片中用作超链接的对象，既可以是一段文本，也可以是一张图片。

★重点 17.1.1 实战：在"旅游信息化"演示文稿中将幻灯片对象链接至另一张幻灯片

实例门类	软件功能

链接到另一张幻灯片是超链接中最常用的功能，通过幻灯片彼此的链接，能实现放映时的随意跳转，使演讲者更好地控制演讲节奏。例如，在"旅游信息化"演示文稿中将对第 2 张幻灯片中的文本内容分别链接到对应的幻灯片，具体操作步骤如下。

Step01 打开"素材文件\第 17 章\旅游信息化.pptx"文件，❶选择第 2 张幻灯片；❷然后选择【旅游信息化的概念】文本；❸单击【插入】选项卡【链接】组中的【链接】按钮，如图 17-1 所示。

图 17-1

Step02 打开【插入超链接】对话框，❶在【链接到】列表框中选择链接的位置，如选择【本文档中的位置】选项；❷在【请选择文档中的位置】列表框中显示了当前演示文稿的所有幻灯片，选择需要链接的幻灯片，如选择【3.幻灯片 3】选项；❸在【幻灯片预览】区域中即可显示链接的幻灯片效果，确认无误后单击【确定】按钮，如图 17-2 所示。

图 17-2

技术看板

选择需要添加超链接的对象后，按【Ctrl+K】组合键，也能打开【插入超链接】对话框。

Step03 返回幻灯片编辑区，即可看到添加超链接的文本颜色发生了变化，而且还为文本添加了下划线，效果如图 17-3 所示。

图 17-3

Step 04 使用相同的方法，继续为幻灯片中其他需要添加超链接的文本添加超链接，效果如图 17-4 所示。

图 17-4

Step 05 在放映幻灯片的过程中，若单击添加超链接的文本，如单击【旅游信息化发展背景】文本，如图 17-5 所示。

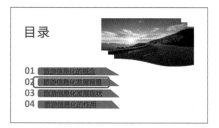

图 17-5

Step 06 即可快速跳转到链接的幻灯片中，并对其进行放映，效果如图 17-6 所示。

旅游信息化发展背景

01 传统旅游商业模式遇信息服务瓶颈

02 现代旅游业发展依赖信息网络

03 打造旅游强国离不开信息化支撑

图 17-6

技术看板

添加超链接后，只有在演示文稿放映过程中才能通过添加的超链接进行跳转。

★重点 17.1.2 实战：在"旅游信息化"演示文稿中将幻灯片对象链接到其他文件

| 实例门类 | 软件功能 |

用户可以在选择的对象上添加超链接，链接到文件或其他演示文稿中的幻灯片，这样在演讲过程中，就可以直接查看与演示文稿内容相关的其他资料。例如，继续上例操作，在"旅游信息化"演示文稿中链接至 Word 文件，具体操作步骤如下。

Step 01 ❶ 在打开的"旅游信息化"演示文稿中选择第 3 张幻灯片中的【《旅游信息化的范畴及概念》】文本；❷ 单击【插入】选项卡【链接】组中的【链接】按钮，如图 17-7 所示。

图 17-7

Step 02 打开【插入超链接】对话框，❶ 在【链接到】列表框中选择【现有文件或网页】选项；❷ 在【查找范围】下拉列表框中选择链接文件所在的文件夹；❸ 在文件夹中选择需要链接到的目标文件，如选择【旅游信息化的范畴及概念】文件；

---

❹ 单击【确定】按钮，如图 17-8 所示。

图 17-8

Step 03 为文本添加超链接后，将鼠标指针移动到添加超链接的文本上，按住【Ctrl】键不放，单击超链接文本，如图 17-9 所示。

图 17-9

Step 04 系统会自动启动 Word 程序，并显示文件内容，如图 17-10 所示。

图 17-10

技术看板

查看超链接的链接效果后，添加的超链接文本的颜色和下划线颜色将发生变化。

17.1.3　实战：将"旅游信息化"演示文稿中的文本对象链接到网站

实例门类	软件功能

在放映幻灯片的过程中，当需要通过网站查询某些信息时，可以为幻灯片相应的对象添加指向网站的超链接，这样在放映幻灯片时可以直接打开网页，省去很多不必要的操作。例如，继续上例操作，在"旅游信息化"演示文稿中为幻灯片文本添加指向网站的超链接，具体操作步骤如下。

Step① ❶在打开的"旅游信息化"演示文稿中选择第7张幻灯片中的【百度搜索】文本；❷单击【插入】选项卡【链接】组中的【链接】按钮，如图17-11所示。

图 17-11

Step② 打开【插入超链接】对话框，❶在【链接到】列表框中选择【现有文件或网页】选项；❷在【地址】下拉列表框中输入链接到的网址，如输入【http://wenku.baidu.com/view/fd904806b52acfc789ebc95b.html?re=view】；❸单击【确定】按钮，如图17-12所示。

图 17-12

技术看板

如果要链接到浏览过的网址，那么可在【插入超链接】对话框中选择【浏览过的网页】选项，在右侧的列表框中将显示最近浏览过的网址，选择需要链接的网址，单击【确定】按钮进行链接即可。

Step③ 返回幻灯片编辑区，将鼠标指针移动到添加超链接的文本上，即可看到链接的网址，如图17-13所示。

图 17-13

17.1.4　实战：将"旅游信息化"演示文稿中的文本对象链接到电子邮件

实例门类	软件功能

当把演示文稿发布到网站或复制给他人时，如果需要与观众保持互动，可以在演示文稿中添加一个链接到作者电子邮箱的超链接。例如，继续上例操作，在"旅游信息

化"演示文稿中将幻灯片中的文本链接到电子邮件，具体操作步骤如下。

Step① ❶在打开的"旅游信息化"演示文稿中选择第8张幻灯片中的【欢迎大家发来邮件进行交流】文本；❷单击【插入】选项卡【链接】组中的【链接】按钮，如图17-14所示。

图 17-14

Step② 打开【插入超链接】对话框，❶在【链接到】列表框中选择【电子邮件地址】选项；❷在【电子邮件地址】文本框中输入链接的电子邮件地址，如输入【mailto:WXRPKYM@outlook.com】；❸单击【确定】按钮，如图17-15所示。

图 17-15

技术看板

在【链接到】列表框中选择【新建文档】选项，可新建一个文档，并链接到新建的文档中。

Step03 即可将选择的文本链接到电子邮件地址，在放映演示文稿时单击添加超链接的文本，如图17-16所示。

图17-16

Step04 系统会自动启动Outlook程序，并且自动填入"收件人"信息，用户只需再输入电子邮件主题和内容即可发送。

17.2　编辑幻灯片中的超链接

编辑幻灯片中的超链接，包括为超链接添加提示文字、更改超链接文本的颜色、删除超链接等。下面对编辑超链接的相关知识进行讲解。

17.2.1　实战：为"旅游信息化"演示文稿中的超链接添加说明性文字

| 实例门类 | 软件功能 |

如果演示文稿中设置的超链接较多，为了能够分辨出每个超链接所链接到的目标位置，可以为超链接添加说明文字，即设置屏幕提示。例如，继续上例操作，对"旅游信息化"演示文稿中的部分超链接添加说明文字，具体操作步骤如下。

Step01 ❶在打开的"旅游信息化"演示文稿中选择第3张幻灯片中的【《旅游信息化的范畴及概念》】文本；❷单击【插入】选项卡【链接】组中的【链接】按钮，如图17-17所示。

图17-17

Step02 打开【编辑超链接】对话框，❶单击【屏幕提示】按钮；❷打开【设置超链接屏幕提示】对话框，在【屏幕提示文字】文本框中输入需要提示的文本，如输入【了解更多旅游信息化的知识】文本；❸单击【确定】按钮，如图17-18所示。

图17-18

Step03 返回【编辑超链接】对话框，单击【确定】按钮，即可为选择的超链接文本添加屏幕提示文字，效果如图17-19所示。

图17-19

Step04 选择第7张幻灯片中的【百度搜索】文本，打开【编辑超链接】对话框，❶单击【屏幕提示】按钮；

❷打开【设置超链接屏幕提示】对话框，在【屏幕提示文字】文本框中输入【我国旅游信息化发展现状、问题与对策】文本；❸单击【确定】按钮，如图17-20所示。

图17-20

Step05 返回【编辑超链接】对话框，单击【确定】按钮，即可为选择的超链接文本添加屏幕提示文字，效果如图17-21所示。

图17-21

★重点 17.2.2 实战：对"旅游信息化"演示文稿中的超链接对象进行修改

实例门类	软件功能

对于插入的超链接，如果链接的对象或位置不正确，还可以对其进行修改。例如，继续上例操作，在"旅游信息化"演示文稿中对第8张幻灯片链接的电子邮件地址进行修改，具体操作步骤如下。

Step01 ❶在打开的"旅游信息化"演示文稿中选择第8张幻灯片中已添加超链接的文本；❷单击【插入】选项卡【链接】组中的【链接】按钮，如图17-22所示。

图 17-22

Step02 打开【编辑超链接】对话框，❶在【链接到】列表框中选择【电子邮件地址】选项；❷在【电子邮件地址】文本框中将电子邮件地址修改为【mailto: WTXRP@outlook.com】；❸单击【确定】按钮，如图17-23所示。

图 17-23

Step03 返回幻灯片编辑区，即可看到修改电子邮件地址后的效果，如图17-24所示。

图 17-24

17.2.3 实战：对"旅游信息化"演示文稿中超链接的颜色进行设置

实例门类	软件功能

幻灯片中的文本设置超链接和查看超链接后，超链接的颜色是不一样的，如果默认的超链接颜色与幻灯片主题色不搭配，或者不便于文字的查看时，可以对超链接的颜色进行修改。例如，继续上例操作，在"旅游信息化"演示文稿中对超链接的颜色进行相应的修改，具体操作步骤如下。

Step01 ❶在打开的"旅游信息化"演示文稿中选择任意一张幻灯片，如选择第2张幻灯片；❷在【设计】选项卡【变体】组的下拉列表中选择【颜色】选项；❸在弹出的子列表中选择【自定义颜色】选项，如图17-25所示。

图 17-25

Step02 ❶打开【新建主题颜色】对话框，在【超链接】颜色下拉列表框中选择超链接的颜色，如选择【橙色，个性色6】选项；❷在【已访问的超链接】颜色下拉列表框中选择已访问的超链接颜色，如选择【深红】选项；❸单击【保存】按钮，如图17-26所示。

图 17-26

Step03 返回幻灯片编辑区，即可看到更改超链接和已访问的超链接颜色后的效果，如图17-27所示。

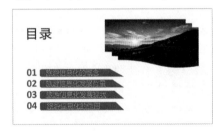

图 17-27

17.2.4 删除超链接

实例门类	软件功能

当不需要幻灯片中添加的超链接时，可以将其删除。其方法是：在幻灯片中选择已添加超链接的对象，打开【编辑超链接】对话框，单击【删除链接】按钮，如图17-28所示，即可删除超链接。

图 17-28

17.3 在幻灯片中添加动作按钮和动作

在幻灯片中除了可通过超链接实现交互，还可通过动作按钮和动作实现幻灯片与幻灯片之间的跳转。下面对动作按钮和动作的相关知识进行讲解。

★重点 17.3.1 实战：在"销售工作计划"演示文稿中绘制动作按钮

动作按钮是一些被理解为用于转到下一张、上一张、最后一张等的按钮，在放映幻灯片时，通过这些按钮也可实现幻灯片之间的跳转。例如，在"销售工作计划"演示文稿的第 2 张幻灯片中添加 4 个动作按钮，具体操作步骤如下。

Step01 打开"素材文件\第 17 章\销售工作计划.pptx"文件，❶选择第 2 张幻灯片；❷单击【插入】选项卡【插图】组中的【形状】按钮；❸在弹出的下拉列表的【动作按钮】区域中选择需要的动作按钮，如选择【动作按钮：后退或前一项】选项，如图 17-29 所示。

图 17-29

Step02 此时鼠标指针变成+形状，在需要绘制动作按钮的位置拖动鼠标绘制即可，如图 17-30 所示。

图 17-30

Step03 绘制完成后，释放鼠标，即可自动打开【操作设置】对话框，在其中对链接位置进行设置，这里保持默认设置，单击【确定】按钮，如图 17-31 所示。

图 17-31

Step04 返回幻灯片编辑区，使用前面绘制动作按钮的方法再绘制【动作按钮：前进或下一项】【动作按钮：转到开头】和【动作按钮：转到结尾】动作按钮，效果如图 17-32 所示。

图 17-32

Step05 进入幻灯片放映状态，单击动作按钮，如单击【动作按钮：转到开头】按钮，如图 17-33 所示。

图 17-33

Step06 即可快速跳转到首页幻灯片进行放映，效果如图 17-34 所示。

图 17-34

17.3.2 实战：对"销售工作计划"演示文稿中绘制的动作按钮进行设置

实例门类	软件功能

对于幻灯片中绘制的动作按钮，还可对其大小、对齐及效果等进行设置，使绘制的动作按钮更加美观。例如，继续上例操作，在"销售工作计划"演示文稿中对绘制的动作按钮进行设置，具体操作步骤如下。

Step 01 ❶ 在打开的"销售工作计划"演示文稿的第 2 张幻灯片中选择绘制的 4 个动作按钮；❷ 在【形状格式】选项卡【大小】组中的【高度】数值框中输入动作按钮的高度，如输入【1.4 厘米】，按【Enter】键，所选动作按钮的高度将随之变化，如图 17-35 所示。

图 17-35

Step 02 保持动作按钮的选中状态，在【形状格式】选项卡【大小】组中的【宽度】数值框中输入动作按钮的宽度，如输入【1.6 厘米】，按【Enter】键，所选动作按钮的宽度将随之发生变化，如图 17-36 所示。

图 17-36

Step 03 保持动作按钮的选中状态，❶ 单击【形状格式】选项卡【排列】组中的【对齐】按钮；❷ 在弹出的下拉菜单中选择【底端对齐】命令，如图 17-37 所示。

图 17-37

Step 04 使选择的动作按钮对齐，然后对动作按钮之间的间距进行调整，完成后选择动作按钮，在【形状格式】选项卡【形状样式】组中的下拉列表框中选择【浅色 1 轮廓，彩色填充-灰色，强调颜色 3】选项，如图 17-38 所示。

图 17-38

技术看板

如果需要为演示文稿中的每张幻灯片都添加相同的动作按钮，则可通过幻灯片母版进行设置。其方法是：进入【幻灯片母版】视图，选择幻灯片母版，然后绘制相应的动作按钮，并对其动作进行设置，完成后退出【幻灯片母版】视图即可。若要删除通过幻灯片母版添加的动作按钮，就必须进入幻灯片母版中进行删除。

17.3.3 实战：为"销售工作计划"演示文稿中的文本添加动作

实例门类	软件功能

PowerPoint 2021 中还提供了动作功能，通过该功能可为所选对象提供鼠标单击或鼠标悬停时要执行的操作，实现对象与幻灯片或对象与对象之间的交互，以方便演讲者对幻灯片进行切换。例如，继续上例操作，在"销售工作计划"演示文稿的第 2 张幻灯片中为部分文本添加动作，具体操作步骤如下。

Step 01 ❶ 在打开的"销售工作计划"

演示文稿的第2张幻灯片中选择【2021年总体工作目标】文本；❷单击【插入】选项卡【链接】组中的【动作】按钮，如图17-39所示。

图 17-39

Step02 ❶打开【操作设置】对话框，在【单击鼠标】选项卡中选中【超链接到】单选按钮；❷在下方的下拉列表框中选择链接的对象，如选择【幻灯片】选项，如图17-40所示。

图 17-40

Step03 ❶打开【超链接到幻灯片】对话框，在【幻灯片标题】列表框中选择【3.幻灯片3】选项；❷单击【确定】按钮，如图17-41所示。

图 17-41

Step04 返回【操作设置】对话框，单击【确定】按钮，返回幻灯片编辑区，即可看到为选择文本添加的动作，添加动作后的文本改变了颜色，如图17-42所示。

图 17-42

Step05 使用前面添加动作的方法，继续为第2张幻灯片中其他需要添加动作的文本添加动作，效果如图17-43所示。

图 17-43

17.4 缩放定位幻灯片

缩放定位是指跳转到特定幻灯片和分区进行演示，包括摘要缩放定位、节缩放定位和幻灯片缩放定位3种，下面分别进行介绍。

★重点 17.4.1 实战：在"年终工作总结"演示文稿中插入摘要缩放定位

实例门类	软件功能

摘要缩放定位是针对整个演示文稿而言的，可以将选择的节或幻灯片生成一个"目录"，这样在演示时，可以使用缩放从一个页面跳转到另一个页面进行放映。例如，在

"年终工作总结"演示文稿中创建摘要，然后按摘要缩放幻灯片，具体操作步骤如下。

Step01 打开"素材文件\第17章\年终工作总结.pptx"文件，❶选择第2张幻灯片；❷单击【插入】选项卡【链接】组中的【缩放定位】按钮；❸在弹出的下拉菜单中选择【摘要缩放定位】命令，如图17-44所示。

图 17-44

Step02 打开【插入摘要缩放定位】对

话框，❶在列表框中选择需要创建
为摘要的幻灯片，这里选择每个部
分的首张幻灯片；❷单击【插入】按
钮，如图 17-45 所示。

图 17-45

技术看板

如果演示文稿是分节的，那么
执行【摘要缩放定位】命令后，在
【插入摘要缩放定位】对话框的列表
框中将自动选择每节的首张幻灯片。

Step03 即可在选择的幻灯片下方创
建一张摘要页幻灯片，并默认按摘
要页进行分节管理，然后在摘要
页幻灯片的标题占位符中输入标
题，这里输入【摘要】，如图 17-46
所示。

图 17-46

Step04 放映幻灯片时，单击摘要页
中某节的幻灯片缩略图，如单击
第一个幻灯片缩略图，如图 17-47
所示。

图 17-47

Step05 即可放大单击的幻灯片，并开
始放映该节的幻灯片，如图 17-48
所示。

图 17-48

Step06 演示完节中的幻灯片后，
将自动缩放到摘要页，效果如
图 17-49 所示。

图 17-49

★重点 17.4.2 实战：在"年终工作总结 1"演示文稿中插入节缩放定位

实例门类	软件功能

如果演示文稿中创建有节，那
么可以通过节缩放定位创建指向某
个节的链接，这样在演示时，选择
该链接就可以快速跳转到该节中的
幻灯片进行放映，但插入节缩放定
位时，不会插入新幻灯片，而是插
入当前选择的幻灯片中。例如，在
"年终工作总结 1"演示文稿中插入
节缩放定位，具体操作步骤如下。

Step01 打开"素材文件\第 17 章\年
终工作总结 1.pptx"文件，❶选择
第 3 张幻灯片；❷单击【插入】选
项卡【链接】组中的【缩放定位】按
钮；❸在弹出的下拉菜单中选择
【节缩放定位】命令，如图 17-50
所示。

图 17-50

Step02 打开【插入节缩放定位】对
话框，❶在列表框中选择要插入的
一个或多个节，这里选择第 2 节和
第 4 节；❷单击【插入】按钮，如
图 17-51 所示。

图 17-51

Step03 即可在选择的幻灯片中插入选择的节缩略图，并像调整图片一样将节缩略图调整到合适的大小和位置，效果如图 17-52 所示。

图 17-52

Step04 放映幻灯片时，单击某节的幻灯片缩略图，如单击第4节的缩略图，如图 17-53 所示。

图 17-53

Step05 即可放大演示该节中的幻灯片，演示完成后将返回放置节缩略图的幻灯片中，如图 17-54 所示。

图 17-54

技术看板

若演示文稿中没有节，则节缩放功能不能使用。

★重点 17.4.3 实战：在"年终工作总结 2"演示文稿中插入幻灯片缩放定位

实例门类	软件功能

幻灯片缩放定位是指在演示文稿中创建某个指向幻灯片的链接，并且在放映时只能按幻灯片顺序放大演示，演示完成返回当前幻灯片。例如，在"年终工作总结 2"演示文稿中插入幻灯片缩放定位，具体操作步骤如下。

Step01 打开"素材文件\第 17 章\年终工作总结 2.pptx"文件，❶选择第 2 张幻灯片；❷单击【插入】选项卡【链接】组中的【缩放定位】按钮；❸在弹出的下拉菜单中选择【幻灯片缩放定位】命令，如图 17-55 所示。

图 17-55

Step02 打开【插入幻灯片缩放定位】对话框，❶在列表框中选择要插入的一张或多张幻灯片；❷单击【插入】按钮，如图 17-56 所示。

图 17-56

Step03 即可在选择的幻灯片中插入选择的幻灯片缩略图，将幻灯片缩略图调整到合适的大小和位置，如图 17-57 所示。

图 17-57

Step04 放映幻灯片时，单击某张幻灯片的缩略图，如单击第 5 张幻灯片的缩略图，如图 17-58 所示。

图 17-58

Step05 即可放大演示该幻灯片，该幻灯片放映完后，继续按顺序放映该幻灯片后的幻灯片，放映结束后，返回幻灯片缩略图中，如图 17-59 所示。

图 17-59

妙招技法

通过前面知识的学习，相信读者已经掌握了在幻灯片中插入超链接、动作按钮和动作，以及缩放定位幻灯片的方法。下面结合本章内容，给大家介绍一些实用技巧。

技巧 01：快速打开超链接内容进行查看

通过 PowerPoint 2021 提供的打开链接功能，无须放映幻灯片，就能查看超链接内容。例如，对"销售工作计划"演示文稿第 2 张幻灯片中添加的超链接进行查看，具体操作步骤如下。

Step 01 打开"素材文件\第 17 章\销售工作计划 .pptx"文件，选择第 2 张幻灯片，❶选择添加超链接的文本并右击；❷在弹出的快捷菜单中选择【打开链接】命令，如图 17-60 所示。

图 17-60

Step 02 即可跳转到文本链接的幻灯片中，如图 17-61 所示。

图 17-61

Step 03 返回第 2 张幻灯片中，即可看到打开链接的文本颜色和下划线颜色已变成了紫色，效果如图 17-62 所示。

图 17-62

🔖 **技术看板**

虽然访问后超链接的颜色将发生变化，但关闭演示文稿并重新启动后，已访问的超链接颜色将恢复到未访问时的颜色。

技巧 02：为动作添加需要的声音

为了在放映幻灯片时突出添加的动作，可以为动作添加声音。例如，在"销售工作计划 2"演示文稿中为添加的动作添加需要的声音，具体操作步骤如下。

Step 01 打开"素材文件\第 17 章\销售工作计划 2.pptx"文件，❶选择第 2 张幻灯片中添加动作的文本；❷在【插入】选项卡【链接】组中单击【动作】按钮，如图 17-63 所示。

图 17-63

Step 02 打开【操作设置】对话框，❶选中【播放声音】复选框；❷在其下方的下拉列表框中选择需要的动作声音，如选择【单击】选项；❸单击【确定】按钮，如图 17-64 所示，即可为动作添加声音，并为幻灯片中的其他动作添加相同的声音。

图 17-64

技巧 03：添加鼠标悬停动作

鼠标悬停动作是指鼠标指针在对象上停留的动作。在 PowerPoint 2021 中为对象添加鼠标悬停动作的方法与添加鼠标单击动作的方法基本相同。例如，在"销售工作计划3"演示文稿中为文本添加鼠标悬停动作，具体操作步骤如下。

Step01 先打开需要录制的视频，再打开"素材文件\第17章\销售工作计划3.pptx"文件，❶选择第2张幻灯片中需要添加动作的文本；❷单击【插入】选项卡【链接】组中的【动作】按钮，如图17-65所示。

图 17-65

Step02 ❶打开【操作设置】对话框，选择【鼠标悬停】选项卡；❷选中【超链接到】单选按钮；❸在其下方的下拉列表框中选择链接到的幻灯片；❹单击【确定】按钮，如图17-66所示。

图 17-66

如果要删除幻灯片中添加的动作，那么在【操作设置】对话框中选中【无动作】单选按钮，即可删除添加的动作。

Step03 即可为所选文本添加鼠标悬停动作，继续为其他需要添加动作的文本添加鼠标悬停动作，如图17-67所示。这样在放映时，将鼠标指针移动到添加动作的文本上，即可跳转到链接的幻灯片中。

图 17-67

技巧04：编辑摘要

对于插入的摘要缩放幻灯片，用户还可以根据需要在摘要缩放定位中添加或删除节。例如，在"年终工作总结3"演示文稿的摘要缩放定位幻灯片中对摘要进行编辑，具体操作步骤如下。

Step01 打开"素材文件\第17章\年终工作总结3.pptx"文件，❶选择第3张幻灯片中的摘要文本框；❷单击【缩放】选项卡【缩放定位选项】组中的【编辑摘要缩放定位】按钮，如图17-68所示。

图 17-68

🎯 技术看板

幻灯片缩放图右下角显示了该节包含的幻灯片具体有哪几张。

Step02 打开【编辑摘要缩放定位】对话框，❶在列表框中选中第1节对应的复选框，其他保持默认不变；❷单击【更新】按钮，如图17-69所示。

图 17-69

Step03 即可对摘要幻灯片中的摘要进行更新，效果如图17-70所示。

图 17-70

当摘要页中有多余的摘要时，可选择该摘要缩略图，按【Delete】键将其删除。

技巧05：设置缩放选项

设置缩放定位幻灯片后，用户还可以根据需要对幻灯片缩放选项进行设置，如缩放时间、幻灯片缩放图像等。例如，在"年终工作总结4"演示文稿中设置幻灯片缩放选项，具体操作步骤如下。

Step01 打开"素材文件\第17章\年终工作总结 4.pptx"文件，❶选择第 3 张幻灯片缩放定位中的第 1 张幻灯片；❷单击【缩放】选项卡【缩放定位选项】组中的【更改图像】按钮；❸在弹出的下拉菜单中选择【更改图像】命令，如图 17-71 所示。

图 17-71

Step02 在打开的【插入图片】对话框中选择【来自文件】选项，如图 17-72 所示。

图 17-72

Step03 在打开的对话框中单击【浏览】按钮，❶打开【插入图片】对话框，在地址栏中选择图片所保存的位置；❷然后选择需要插入的图片【背景】；❸单击【插入】按钮，如图 17-73 所示。

图 17-73

Step04 即可将选择的图片作为幻灯片缩放定位的封面，选择缩放定位文本框，取消选中【缩放定位切换】复选框，如图 17-74 所示。

图 17-74

Step05 取消幻灯片缩放定位的缩放切换，这样在放映幻灯片时，单击幻灯片缩放，如图 17-75 所示，即可直接切换到需要放映的幻灯片中。

图 17-75

技能拓展——设置缩放切换的时间

缩放切换是指在进行缩放定位时，幻灯片将以缩放的形式进行切换。如果在【缩放定位选项】组中选中【缩放定位切换】复选框，那么在【持续时间】数值框中可设置缩放切换的时间。

本章小结

通过本章知识的学习，相信读者已经掌握了在演示文稿中实现跳转和缩放定位的操作方法，在实际操作过程中，灵活应用缩放定位幻灯片功能，可使演示文稿的层次和结构更加清晰。本章在最后还讲解了超链接、添加鼠标悬停动作和编辑摘要的一些技巧，以帮助用户更好地实现幻灯片对象与幻灯片或幻灯片与幻灯片之间的交互和快速定位。

第18章 动画使幻灯片活灵活现

➜ 能不能为同一个对象添加多个动画效果？

➜ 对于添加的路径动画，能不能对路径的长短进行调整？

➜ 为什么幻灯片中动画的播放顺序不正确？

➜ 如何让动画之间的播放更流畅？

➜ 当需要为不同幻灯片中的对象应用相同的动画效果时，如何设置更快捷？

　　如果想让幻灯片中的对象动起来，只需为幻灯片和幻灯片中的对象添加动画效果即可。本章将对幻灯片切换动画、幻灯片对象动画的添加与设置等进行讲解。

18.1 为幻灯片添加切换动画

　　切换动画是指幻灯片与幻灯片之间进行切换的一种动画效果，使上一张幻灯片与下一张幻灯片之间的切换更自然。

★重点 18.1.1 实战：在"手机上市宣传"演示文稿中为幻灯片添加切换动画

实例门类	软件功能

　　PowerPoint 2021 中提供了很多幻灯片切换动画效果，用户可以将需要的切换动画添加到幻灯片中，使幻灯片之间的切换更自然。例如，在"手机上市宣传"演示文稿中为幻灯片添加切换动画，具体操作步骤如下。

Step01 打开"素材文件\第18章\手机上市宣传.pptx"文件，❶选择第1张幻灯片，单击【切换】选项卡【切换到此幻灯片】组中的【切换效果】按钮；❷在弹出的下拉列表中选择需要的切换动画效果，如选择【擦除】命令，如图18-1所示。

图 18-1

技术看板

　　幻灯片切换动画分为细微型、华丽型和动态内容3类，其中，华丽型切换动画的效果更加绚丽。

Step02 即可为幻灯片添加选择的切换效果，并在幻灯片窗格中的幻灯片编号下添加★图标，单击【切换】选项卡【预览】组中的【预览】按钮，如图18-2所示。

图 18-2

Step03 即可对添加的切换动画效果进行播放预览，如图18-3所示。

图 18-3

Step04 使用相同的方法为其他幻灯

片添加需要的切换动画，如图 18-4 所示。

图 18-4

技能拓展——快速为每张幻灯片添加相同的切换动画效果

如果需要为演示文稿中的所有幻灯片添加相同的页面切换效果，那么可先为演示文稿的第 1 张幻灯片添加切换效果，然后单击【切换】选项卡【计时】组中的【全部应用】按钮，即可将第 1 张幻灯片的切换效果应用到演示文稿的其他幻灯片中。

18.1.2 实战：对"手机上市宣传"演示文稿中的幻灯片切换效果进行设置

实例门类	软件功能

为幻灯片添加切换动画后，用户还可根据实际需要对其切换效果进行相应的设置。例如，继续上例操作，在"手机上市宣传"演示文稿中对幻灯片切换动画的切换效果进行设置，具体操作步骤如下。

Step⓪① ❶在打开的"手机上市宣传"演示文稿中选择第 1 张幻灯片；❷单击【切换】选项卡【切换到此幻灯片】组中的【效果选项】按钮；❸在弹出的下拉菜单中选择需要的切换效果，如选择【自左侧】命令，

如图 18-5 所示。

图 18-5

Step⓪② 此时，该幻灯片的切换动画方向将发生变化，❶然后选择第 2 张幻灯片；❷单击【切换】选项卡【切换到此幻灯片】组中的【效果选项】按钮；❸在弹出的下拉菜单中选择【中央向上下展开】命令，完成动画效果设置，如图 18-6 所示。

图 18-6

技术看板

不同的幻灯片切换动画，其提供的切换效果是不相同的。

★重点 18.1.3 实战：设置幻灯片的切换时间和切换方式

实例门类	软件功能

对于为幻灯片添加的切换动画效果，用户可以根据实际情况对幻灯片的切换时间和切换方式进行设置，以使幻灯片之间的切换更流畅。例如，继续上例操作，在"手

机上市宣传"演示文稿中对幻灯片的切换时间和切换方式进行设置，具体操作步骤如下。

Step⓪① ❶在打开的"手机上市宣传"演示文稿中选择第 1 张幻灯片；❷在【切换】选项卡【计时】组中的【持续时间】数值框中输入幻灯片切换的时间，如输入【01.50】，如图 18-7 所示。

图 18-7

Step⓪② ❶在【计时】组中取消选中【设置自动换片时间】复选框；❷然后单击【切换】选项卡【预览】组中的【预览】按钮，如图 18-8 所示。

图 18-8

技术看板

若在【切换】选项卡【计时】组中选中【设置自动换片时间】复选框，在其后的数值框中输入自动换片的时间，那么在进行幻灯片切换时，即可根据设置的换片时间进行自动切换。

Step⓪③ 即可对幻灯片的页面切换动

画效果进行播放，如图18-9所示。

图 18-9

18.1.4　实战：在"手机上市宣传"演示文稿中设置幻灯片切换声音

实例门类	软件功能

为了使幻灯片放映时更加生动，可以在幻灯片切换动画播放的同时添加声音。PowerPoint 2021 中预设了爆炸、抽气、风声等多种声音，用户可根据幻灯片的内容和页面切换动画效果选择适当的声音。

例如，继续上例操作，在"手机上市宣传"演示文稿中对幻灯片的切换声音进行设置，具体操作步骤如下。

Step01 ❶在打开的"手机上市宣传"演示文稿中选择第 1 张幻灯片；❷在【切换】选项卡【计时】组中单击【声音】下拉按钮▾；❸在弹出的下拉列表中选择需要的声音，如选择【风铃】命令，如图18-10所示。

图 18-10

Step02 即可为幻灯片添加选择的切换声音，❶选择第 8 张幻灯片；❷在【切换】选项卡【计时】组中单击【声音】下拉按钮▾；❸在弹出的下拉列表中选择【鼓掌】命令，如图 18-11 所示。

图 18-11

技能拓展——将计算机中保存的声音添加为切换声音

选择幻灯片，单击【计时】组中的【声音】下拉按钮▾，在弹出的下拉列表中选择【其他声音】命令，打开【添加音频】对话框，在其中选择音频文件，单击【插入】按钮，即可将选择的音频设置为幻灯片切换的声音。

18.2　为幻灯片对象添加内置动画

PowerPoint 2021 中内置了多种动画效果，用户可根据实际情况为幻灯片中的对象添加单个或多个动画，使幻灯片更具吸引力。

★重点 18.2.1　了解动画的分类

PowerPoint 2021 提供了进入动画、强调动画、退出动画及动作路径动画 4 种类型的动画效果，每种动画效果下又包含了多种相关的动画，不同的动画效果能带来不一样的效果。

1. 进入动画

进入动画是指对象进入幻灯片的动作效果，可以实现多种对象从无到有、陆续展现的动画效果，主要包括出现、飞入、切入、缩放、回旋、中心旋转等，如图 18-12 所示。

图 18-12

247

2. 强调动画

强调动画是指对象从初始状态变化到另一个状态，再回到初始状态的效果。它主要用于对象已出现在屏幕上，需要以动态的方式作为提醒的视觉效果情况，常用在需要特别说明或强调突出的内容上，主要包括脉冲、跷跷板、补色、陀螺旋、波浪形等动画效果，如图 18-13 所示。

图 18-13

3. 退出动画

退出动画是指让对象从有到无、逐渐消失的一种动画效果，它实现了幻灯片切换的连贯过渡，是不可或缺的动画效果，主要包括擦除、飞出、切出、向外溶解、层叠等，如图 18-14 所示。

图 18-14

4. 动作路径动画

动作路径动画是指让对象按照绘制的路径运动的一种高级动画效果，可以实现动画的灵活变化，主要包括八边形、菱形、六边形、漏斗、衰减波等动画效果，如图 18-15 所示。

图 18-15

18.2.2 实战：为"工作总结"演示文稿中的对象添加单个动画效果

实例门类	软件功能

添加单个动画效果是指为幻灯片中的每个对象只添加一种动画效果。例如，在"工作总结"演示文稿中为幻灯片中的对象添加单个合适的动画效果，具体操作步骤如下。

Step01 打开"素材文件\第 18 章\工作总结.pptx"文件，❶选择第 1 张幻灯片中的【2021】文本，单击【动画】选项卡【动画】组中的【动画样式】按钮；❷在弹出的下拉列表中选择需要的动画效果，如选择【进入】选项区域中的【翻转式由远及近】命令，如图 18-16 所示。

图 18-16

技术看板

若在【动画样式】下拉列表中选择【更多进入效果】命令，可打开【更改进入效果】对话框，在其中提供了更多进入动画效果，用户可根据需要进行选择。

Step02 即可为文本添加选择进入动画效果，然后选择标题文本，❶单击【动画】组中的【动画样式】按钮；❷在弹出的下拉列表中选择【进入】选项区域中的【缩放】命令，如图 18-17 所示。

图 18-17

Step03 即可为文本添加选择的强调动画，然后选择人物图标，❶单击【动画】组中的【动画样式】按钮；❷在弹出的下拉列表中选择【退出】选项区域中的【消失】命令，如图 18-18 所示。

图 18-18

Step04 即可为人物图标添加选择的退出动画效果,然后选择【汇报人:李甜】文本,❶单击【动画】组中的【动画样式】按钮;❷在弹出的下拉列表中选择【动作路径】选项区域中的【直线】命令,如图 18-19 所示。

图 18-19

Step05 即可为选择的对象添加动作路径动画效果,单击【动画】选项卡【预览】组中的【预览】按钮,如图 18-20 所示。

图 18-20

果后,会在对象前面显示动画序号,如 1、2 等,它表示动画播放的顺序。

Step06 即可对所选幻灯片中对象的动画效果进行播放,如图 18-21 和图 18-22 所示。

图 18-21

图 18-22

★重点 18.2.3 实战:在"工作总结"演示文稿中为同一个对象添加多个动画效果

实例门类	软件功能

PowerPoint 2021 提供了高级动画功能,通过该功能可为幻灯片中的同一个对象添加多个动画效果。例如,继续上例操作,在"工作总结"演示文稿的幻灯片中为同一个对象添加多个动画效果,具体操作步骤如下。

Step01 在打开的"工作总结"演示文稿的第 1 张幻灯片中选择标题占位符,❶单击【动画】选项卡【高级动画】组中的【添加动画】按钮;❷在弹出的下拉列表中选择需要的动画效果,如选择【强调】选项区域中的【画笔颜色】命令,如图 18-23 所示。

图 18-23

Step02 即可为标题文本添加第 1 个动画效果,然后选择标题文本,❶单击【动画】选项卡【高级动画】组中的【添加动画】按钮;❷在弹出的下拉列表中选择【进入】选项区域中的【擦除】命令,如图 18-24 所示。

图 18-24

Step03 即可为标题文本添加第 2 个动画效果,如图 18-25 所示。

图 18-25

图 18-26

Step04 使用前面添加单个和多个动画效果的方法，为其他幻灯片中需要添加动画效果的对象添加需要的动画效果，如图 18-26 所示。

18.3 添加自定义路径动画

当 PowerPoint 2021 中内置的动画不能满足需要时，用户也可以为幻灯片中的对象添加自定义的路径动画，并且可以对动作路径的长短、方向等进行调整，使路径动画能满足需要。

★重点 18.3.1 实战：在"工作总结"演示文稿中为对象绘制动作路径

实例门类	软件功能

如果要为幻灯片中的对象添加自定义的路径动画，那么首先需要根据动画的运动来绘制动画的运动轨迹。例如，继续上例操作，在"工作总结"演示文稿中为第5张和第6张幻灯片中的部分对象绘制动作路径，具体操作步骤如下。

Step01 在打开的"工作总结"演示文稿中选择第5张幻灯片中的图表，❶单击【动画】选项卡【动画】组中的【动画样式】按钮；❷在弹出的下拉列表中选择【动作路径】选项区域中的【自定义路径】命令，如图 18-27 所示。

图 18-27

Step02 此时鼠标指针变成+形状，在需要绘制动作路径的开始处拖动鼠标绘制动作路径，如图 18-28 所示。

图 18-28

Step03 绘制到合适位置后双击，即可完成路径的绘制，如图 18-29 所示。

图 18-29

Step04 选择第6张幻灯片中的【01】形状，为其绘制一条自定义的动作路径，效果如图 18-30 所示。

图 18-30

Step**05** 使用前面绘制动作路径的方法，为幻灯片中的其他形状绘制动作路径，效果如图 18-31 所示。

图 18-31

18.3.2 实战：在"工作总结"演示文稿中调整动画路径长短

实例门类	软件功能

绘制的动作路径就是动画运动的轨迹，但动画的路径长短并不是固定的，用户可以根据实际情况对绘制的路径长短进行调整。例如，继续上例操作，在"工作总结"演示文稿中对绘制的路径长短进行调整，具体操作步骤如下。

Step**01** 在打开的"工作总结"演示文稿中选择第 5 张幻灯片中绘制的动作路径，此时动作路径四周将显示控制点，将鼠标指针移动到任意控制点上，这里将鼠标指针移动到右上角的控制点上，鼠标指针将变成形状，如图 18-32 所示。

图 18-32

Step**02** 按住鼠标左键不放，向右上角拖动鼠标，拖动到合适位置后释放鼠标，即可查看到调整动作路径后的效果，如图 18-33 所示。

图 18-33

Step**03** 选择第 6 张幻灯片上方的两条动作路径，将鼠标指针移动到右上角的控制点上，按住鼠标左键不放进行拖动，如图 18-34 所示。

图 18-34

Step**04** 拖动到合适位置后释放鼠标，即可调整动作路径的长短，效果如图 18-35 所示。

图 18-35

18.3.3 实战：对"工作总结"演示文稿中动作路径的顶点进行编辑

实例门类	软件功能

对于路径动画，不仅可对其长短进行调整，还可对路径动画的顶点进行编辑，使动画的运动轨迹随意改变。例如，继续上例操作，对"工作总结"演示文稿中动作路径的顶点进行编辑，具体操作步骤如下。

Step**01** ❶在打开的"工作总结"演示文稿中选择第 6 张幻灯片下方左侧的动作路径；❷在其上右击，在弹出的快捷菜单中选择【编辑顶点】命令，如图 18-36 所示。

图 18-36

Step**02** 此时在动作路径中将显示路径的所有顶点，选中需要删除的顶点并右击，在弹出的快捷菜单中选择【删除顶点】命令，如图 18-37 所示。

图 18-37

Step03 即可删除选中的顶点，如图 18-38 所示。

图 18-38

Step04 选择右边的动作路径，退出【03】动作路径的编辑状态，编辑【04】动作路径，选择动作路径中需要移动的顶点，然后拖动鼠标移动顶点位置，即可改变动作路径，如图 18-39 所示。

图 18-39

技术看板

编辑动作路径顶点的方法与编辑形状顶点的方法基本相同。

Step05 拖动到合适位置后释放鼠标，然后在需要删除的顶点上右击，在弹出的快捷菜单中选择【删除顶点】命令，如图 18-40 所示。

图 18-40

Step06 即可删除顶点，然后使用相同的方法继续删除不需要的顶点，在动作路径需要添加顶点的位置右击，在弹出的快捷菜单中选择【添加顶点】命令，如图 18-41 所示。

图 18-41

Step07 即可在动作路径上添加一个顶点，对添加的顶点进行拖动，将其调整到合适位置，然后在空白处单击，即可退出顶点的编辑状态，效果如图 18-42 所示。

图 18-42

18.4 编辑幻灯片对象动画

为幻灯片中的对象添加动画效果后，还需要对动画的动画效果选项、播放顺序及动画的计时等进行设置，使幻灯片对象中各动画的衔接更自然、播放更流畅。

18.4.1 实战：在"工作总结"演示文稿中设置幻灯片对象的动画效果选项

实例门类	软件功能

与设置幻灯片切换效果一样，

为幻灯片对象添加动画后，用户还可以根据需要对动画的效果进行设置。例如，继续上例操作，在"工作总结"演示文稿中对幻灯片对象的动画效果进行设置，具体操作步骤如下。

Step01 ❶在打开的"工作总结"演示文稿中选择第 1 张幻灯片；❷然后选择【汇报人：李甜】文本框；❸单击【动画】选项卡【动画】组中的【效果选项】按钮；❹在弹出的下拉列表中选择需要的动画效果，如选择【右】命令，如图 18-43 所示。

图 18-43

技术看板

【动画】组中的【效果选项】按钮并不是固定的，它是根据动画效果的变化而变化的。

Step02 此时，动作路径的路径方向发生变化，并对动作路径的长短进行相应的调整，效果如图 18-44 所示。

图 18-44

Step03 ❶选择第 2 张幻灯片中所有添加动画的对象；❷单击【动画】选项卡【动画】组中的【效果选项】按钮；❸在弹出的下拉列表中选择【自左侧】命令，如图 18-45 所示。

图 18-45

Step04 动画效果将自左侧进入，效果如图 18-46 所示。使用同样的方法，可对其他幻灯片中的动画效果进行设置。

图 18-46

★重点 18.4.2 实战：调整"工作总结"演示文稿中动画的播放顺序

实例门类	软件功能

默认情况下，幻灯片中对象的播放顺序是根据动画添加的先后顺序来决定的，但为了使各动画能衔接起来，还需要对动画的播放顺序进行调整。例如，继续上例操作，在"工作总结"演示文稿中对幻灯片对象的动画播放顺序进行相应的调整，具体操作步骤如下。

Step01 ❶在打开的"工作总结"演示文稿中选择第 1 张幻灯片；❷单击【动画】选项卡【高级动画】组中的【动画窗格】按钮，如图 18-47 所示。

图 18-47

Step02 ❶打开【动画窗格】任务窗格，在其中选择需要调整顺序的动

画效果选项，如选择【文本框 22】选项；❷按住鼠标左键不放向上拖动，将其拖动到第 2 个动画效果选项后，如图 18-48 所示。

图 18-48

Step03 ❶待出现红色直线连接符时释放鼠标，即可将所选动画效果选项移动到直线连接符处；❷然后选择第 5 个动画效果选项；❸按住鼠标左键不放向上拖动，如图 18-49 所示。

图 18-49

Step04 拖动到合适位置后释放鼠标，即可将所选动画效果选项移动到目标位置，效果如图 18-50 所示。

图 18-50

Step05 选择第2张幻灯片，❶在【动画窗格】任务窗格中选择【矩形8：01】动画效果选项；❷单击⬆按钮，如图18-51所示。

图 18-51

Step06 即可将选择的动画效果选项向前移动一步，❶然后选择【矩形9：工作心得与体会】动画效果选项；❷单击⬇按钮，如图18-52所示。

图 18-52

Step07 即可将所选择的动画效果选项向后移动一步，使用前面移动效果选项的方法继续对该张幻灯片或其他幻灯片中的动画效果选项的位置进行调整，效果如图18-53所示。

图 18-53

技能拓展——通过【计时】组调整动画播放顺序

在【动画窗格】任务窗格中选择需要调整顺序的动画效果选项，单击【动画】选项卡【计时】组中的【向前移动】按钮⬆，可将动画效果选项向前移动一步；单击【向后移动】按钮⬇，可将动画效果选项向后移动一步。

★重点 18.4.3 实战：在"工作总结"演示文稿中设置动画计时

实例门类	软件功能

为幻灯片对象添加动画后，还需要对动画计时进行设置，如动画播放方式、持续时间、延迟时间等，使幻灯片中的动画衔接更自然，播放更流畅。例如，继续上例操作，对"工作总结"演示文稿中动画的计时进行设置，具体操作步骤如下。

Step01 ❶在打开的"工作总结"演示文稿中选择第1张幻灯片；❷在【动画窗格】任务窗格中选择第2~6个动画效果选项；❸单击【动画】选项卡【计时】组中的【开始】下拉按钮；❹在弹出的下拉列表框中选择开始播放选项，如选择【上一动画之后】选项，如图18-54所示。

图 18-54

技术看板

【计时】组中的【开始】下拉列表框中的【单击时】选项，表示单击鼠标后，才开始播放动画；【与上一动画同时】选项，表示当前动画与上一动画同时开始播放；【上一动画之后】选项，表示上一动画播放完成后，才开始进行播放。

Step02 ❶在【动画窗格】任务窗格中选择第2~5个动画效果选项；❷在【动画】选项卡【计时】组中的【延迟】数值框中输入动画的延迟播放时间，如输入【01.00】，如图18-55所示。

图 18-55

Step03 即可更改动画的播放时间，❶然后选择第3个和第5个动画效果选项；❷在【动画】选项卡【计时】组中的【延迟】数值框中输入动画的延迟播放时间，如输入【00.50】，如图18-56所示。

图 18-56

Step04 ❶选择第2张幻灯片，在【动画窗格】任务窗格中选择需要设置动画计时的动画效果选项；❷在【计时】组中的【开始】下拉列表框中选择【与上一动画同时】选项；❸在【延迟】数值框中输入【00.25】，如图18-57所示。

图 18-57

Step⑤ 在【动画窗格】任务窗格中选择带文本内容的动画效果选项并右击，在弹出的快捷菜单中选择【计时】命令，如图18-58所示。

图 18-58

Step⑥ ❶打开【飞入】对话框，默认选择【计时】选项卡，在【开始】下拉列表框中选择动画开始播放时间，如选择【与上一动画同时】选项；❷在【延迟】数值框中输入延迟播放时间，如输入【0.5】；❸在【期间】下拉列表框中选择动画持续播放的时间，如选择【中速（2秒）】选项；❹单击【确定】按钮，如图18-59所示。

图 18-59

Step⑦ 使用相同的方法对其他幻灯片中动画效果的计时进行相应的设置，如图18-60所示。

图 18-60

18.5 使用触发器触发动画

　　使用触发器是指通过单击一个对象，触发另一个对象或动画的发生。在幻灯片中，触发器既可以是图片、图形、按钮，也可以是一个段落或文本框。下面将对触发器的使用进行讲解。

★重点 18.5.1 实战：在"工作总结1"演示文稿中添加触发器

实例门类	软件功能

　　只要在幻灯片中包含动画、视频或音频，就可通过PowerPoint 2021中提供的触发器功能，触发其他对象的发生。例如，在"工作总结1"演示文稿的第7张幻灯片中使用触发器来触发对象的发生，具体操作步骤如下。

Step① 打开"素材文件\第18章\工作总结1.pptx"文件，❶选择第7张幻灯片中需要添加触发器的文本框；❷单击【高级动画】组中的【触发】按钮；❸在弹出的下拉列表中选择【通过单击】选项；❹在弹出的子列表中选择需要单击的对象，如选择【Text Box 9】选项，如图 18-61 所示。

图 18-61

技术看板

要为对象添加触发器（除视频和音频文件外），首先需要为对象添加动画效果，然后才能激活触发器功能。

Step02 即可在所选文本框前面添加一个触发器，效果如图 18-62 所示。

图 18-62

Step03 ❶选择第 2 个需要添加触发器的文本框，单击【高级动画】组中的【触发】按钮；❷在弹出的下拉列表中选择【通过单击】选项；❸在弹出的子列表中选择【Text Box 10】选项，如图 18-63 所示。

图 18-63

Step04 使用相同的方法为幻灯片中其他需要添加触发器的文本框添加触发器，效果如图 18-64 所示。

图 18-64

技能拓展——通过动画对话框添加触发器

在幻灯片中为需要添加触发器的对象添加动画效果后，在【动画窗格】任务窗格的动画效果选项上右击，在弹出的快捷菜单中选择【计时】命令，打开动画对话框，在【计时】选项卡中单击【触发器】按钮，展开触发器面板，选中【单击下拉对象时启动效果】单选按钮，在其后的下拉列表框中选择对象，单击【确定】按钮即可。

18.5.2 实战：在"工作总结 1"演示文稿中预览触发器效果

实例门类	软件功能

对于幻灯片中添加的触发器，

在放映幻灯片的过程中，可对其触发效果进行预览。例如，继续上例操作，在"工作总结 1"演示文稿中预览触发器效果，具体操作步骤如下。

Step01 在"工作总结 1"演示文稿中放映到第 7 张幻灯片时，将鼠标指针移动到【工作质量】文本上，然后在其上单击，如图 18-65 所示。

图 18-65

Step02 即可弹出直线下方的文本，如图 18-66 所示。

图 18-66

Step03 将鼠标指针移动到【创新】文本上，然后在其上单击，即可弹出直线下方的文本，效果如图 18-67 所示。

图 18-67

技能拓展——取消添加的触发效果

在幻灯片中选择已添加触发器

的对象，单击【高级动画】组中的【触发】按钮，在弹出的下拉列表中选择【通过单击】选项，在弹出的子列表中取消选择触发的对象即可。

妙招技法

通过前面知识的学习，相信读者已经掌握了为幻灯片和幻灯片对象添加动画效果的方法。下面结合本章内容，给大家介绍一些实用技巧。

技巧01：使用动画刷快速复制动画

如果要幻灯片中的其他对象或其他幻灯片中的对象应用相同的动画效果，可通过动画刷复制动画，使对象快速拥有相同的动画效果。例如，在"工作总结2"演示文稿中使用动画刷复制动画，具体操作步骤如下。

Step01 打开"素材文件\第18章\工作总结2.pptx"文件，❶选择第1张幻灯片已设置好动画效果的标题占位符；❷单击【动画】选项卡【高级动画】组中的【动画刷】按钮，如图18-68所示。

图 18-68

Step02 此时鼠标指针变成 形状，将鼠标指针移动到需要应用复制的动画效果的对象上，如图18-69所示。

图 18-69

Step03 即可为文本应用复制的动画效果，如图18-70所示。

技术看板

选择已设置好动画效果的对象后，按【Alt+Shift+C】组合键，也可对对象的动画效果进行复制。

图 18-70

技巧02：通过拖动时间轴调整动画计时

【动画窗格】任务窗格中每个动画效果选项后都有一个颜色块，也就是时间轴，颜色块的长短决定动画播放的时间。因此，通过拖动时间轴也可以调整动画的开始时间和结束时间。例如，在"公司片头动画"演示文稿中通过时间轴调整动画计时，具体操作步骤如下。

Step01 打开"素材文件\第18章\公司片头动画.pptx"文件，打开【动画窗格】任务窗格，在动画效果选项后面显示的颜色块就是时间轴，将鼠标指针移动到第1个动画效果选项的时间轴上，即可显示该动画的开始时间和结束时间，如图18-71所示。

图 18-71

Step02 将鼠标指针移动到需要调整结束时间的时间轴上，当鼠标指针变成 形状时，按住鼠标左键不放向右拖动，如图18-72所示。

图 18-72

Step03 拖动时会显示结束时间，拖动到合适时间后释放鼠标，然后将鼠标指针移动到第2个时间轴上，当鼠标指针变成█形状时，按住鼠标左键不放向右拖动，拖动到开始时间为【4.0s】时释放鼠标，如图18-73所示。

图 18-73

Step04 将鼠标指针移动到第3个动画效果的时间轴上，拖动鼠标调整动画的开始时间和结束时间，如图18-74所示。

图 18-74

Step05 使用前面调整时间轴的方法调整其他动画效果选项的时间轴，效果如图18-75所示。

图 18-75

Step06 选择除第1个动画效果选项外的所有动画效果选项，将其开始时间设置为【上一动画之后】，如图18-76所示。

图 18-76

🎬 技术看板

不同类型的动画效果，其时间轴会以不同的颜色进行显示。

Step07 此时，【动画窗格】任务窗格中动画效果选项中的时间轴将根据设置的开始时间变化，效果如图18-77所示。

图 18-77

⚙️ 技能拓展——隐藏动画效果选项后的时间轴

默认情况下，在【动画窗格】任务窗格中会显示动画效果选项的时间轴，如果不想在动画效果选项后显示时间轴，那么可在动画窗格的任意一个动画效果选项上右击，在弹出的快捷菜单中选择【隐藏高级日程表】命令，即可将所有动画效果选项的时间轴隐藏。

技巧03：快速删除幻灯片中的动画

当需要删除幻灯片中对象的动画效果时，可以通过【动画窗格】任务窗格快速删除。其方法是在【动画窗格】任务窗格中选择需要删除的多个或一个动画效果选项，并在其上右击，在弹出的快捷菜单中选择【删除】命令，如图18-78所示，或者按【Delete】键，即可删除选择的动画效果。

图 18-78

技巧04：为动画添加播放声音

在 PowerPoint 2021 中，除了可以为幻灯片切换动画添加声音，还可为幻灯片对象的动画添加播放声音。例如，在"工作总结3"演示文稿中为第9张幻灯片中的动画效果添加播放声音，具体操作步骤如下。

Step01 打开"素材文件\第18章\工作总结3.pptx"文件，❶选择第9张幻灯片；❷在【动画窗格】任务窗格中选择所有的动画效果选项，在其上右击；❸在弹出的快捷菜单中选择【效果选项】命令，如图18-79所示。

图 18-79

Step02 打开【翻转式由远及近】对话框，默认选择【效果】选项卡，❶单击【声音】下拉按钮；❷在弹出的下拉列表框中选择需要的声音选项，如选择【鼓掌】选项；❸然后单击【确定】按钮，即可为动画添加播放声音，如图 18-80 所示。

图 18-80

技巧 05：设置动画播放后的效果

除了可以对动画的播放声音进行设置，还可以对动画播放后的效果进行设置。例如，继续上例操作，对"工作总结 3"演示文稿中部分文本动画播放后的效果进行设置，具体操作步骤如下。

Step01 ❶在打开的"工作总结 3"演示文稿中选择第 3 张幻灯片；❷在

【动画窗格】任务窗格中选择相应的动画效果选项，在其上右击，在弹出的快捷菜单中选择【效果选项】命令，如图 18-81 所示。

图 18-81

Step02 打开【擦除】对话框，默认选择【效果】选项卡，❶单击【动画播放后】下拉按钮；❷在弹出的下拉列表框中选择动画播放后的效果，如选择【紫色】选项；❸然后单击【确定】按钮，如图 18-82 所示。

图 18-82

Step03 返回幻灯片编辑区，对动画效果进行预览，待文字动画播放完成后，文字的颜色将变成设置的紫色，效果如图 18-83 所示。

图 18-83

Step04 使用相同的方法将第 4 张幻灯片文本动画播放后的文字颜色设置为橙色，效果如图 18-84 所示。

图 18-84

技巧 06：一键删除所有动画

在为演示文稿添加了切换动画和幻灯片页面动画后，如果需要快速删除这些动画，需要分别进行切换动画和页面动画的删除。例如，在"工作总结 4"演示文稿中进行动画删除，具体操作步骤如下。

Step01 打开"素材文件\第 18 章\工作总结 4.pptx"文件，选中第 1 张幻灯片，在【切换】选项卡下的【切换效果】组中可以看到这张幻灯片应用了【平滑】切换动画，如图 18-85 所示。

图 18-85

Step02 选中第 2 张幻灯片，在【切换】选项卡下可以看到这张幻灯片应用了【插入】切换动画，如图 18-86 所示。使用同样的方法，可以看到这份演示文稿中的每张幻灯片均应用了切换动画。

图 18-86

Step03 选中第1张幻灯片，在【切换】选项卡下选择切换效果为【无】，如图 18-87 所示。

图 18-87

Step04 单击【切换】选项卡下的【应用到全部】按钮，如图 18-88 所示。

图 18-88

Step05 此时所有幻灯片均应用上了【无】切换效果，即删除了所有幻灯片的切换动画。选中第2张幻灯片，在【切换】选项卡中可以看到切换效果变为【无】，如图 18-89 所示。

图 18-89

Step06 若要删除页面对象的动画，则需要选中幻灯片中的所有动画进行删除。❶选中第4张幻灯片；❷单击【动画】选项卡下的【动画窗格】按钮；❸在打开的【动画窗格】任务

窗格中，选中第1个动画效果，然后按住【Shift】键，选中最后一个动画效果，此时就选中了所有动画效果，在其上右击，在弹出的快捷菜单中选择【删除】选项，如图 18-90 所示。

图 18-90

Step07 此时第4张幻灯片中的所有动画均被删除，如图 18-91 所示。用同样的方法可以删除其他幻灯片中的所有动画。

图 18-91

本章小结

通过本章知识的学习，相信读者已经掌握了为幻灯片和幻灯片对象添加动画的相关操作，在实际应用过程中，合理运用动画可以提升幻灯片的整体放映效果，使幻灯片更具视觉冲击力。本章在最后还讲解了添加动画的一些设置技巧，以便快速为幻灯片中的对象添加合适的动画效果。

第19章　放映、输出 PPT 技巧

- ➜ 放映演示文稿前应该做哪些准备？
- ➜ 能不能指定放映演示文稿中的部分幻灯片？
- ➜ 如何有效控制演示文稿的放映过程？
- ➜ 能不能让其他人查看演示文稿的放映过程？
- ➜ 演示文稿可以导出为哪些文件？

为了让幻灯片中添加的多媒体文件、链接、动画等在放映幻灯片时能显示出更好的效果，做好幻灯片的放映准备是必不可少的。本章将对放映前应做的准备、放映过程中的控制，以及导出等相关知识进行讲解，让读者轻松搞定幻灯片的整个放映流程。

19.1　做好放映前的准备

为了查看演示文稿的整体效果，制作完演示文稿后还需要进行放映，但为了满足不同的放映场合，在放映之前，还需要做一些准备工作。

★重点 19.1.1　实战：在"楼盘项目介绍"演示文稿中设置幻灯片放映类型

实例门类	软件功能

演示文稿的放映类型主要有演讲者放映、观众自行浏览和在展台浏览 3 种，用户可以根据放映场所来选择放映类型。例如，在"楼盘项目介绍"演示文稿中设置放映类型，具体操作步骤如下。

Step01 打开"素材文件\第 19 章\楼盘项目介绍 .pptx"文件，单击【幻灯片放映】选项卡【设置】组中的【设置幻灯片放映】按钮，如图 19-1所示。

图 19-1

图 19-2

Step02 ❶打开【设置放映方式】对话框，在【放映类型】选项区域中选择放映类型，如选中【观众自行浏览（窗口）】单选按钮；❷在【放映选项】选项区域中选中【循环放映，按 ESC 键终止】复选框；❸单击【确定】按钮，如图 19-2 所示。

🔖 技术看板

在【设置放映方式】对话框中除了可对放映类型进行设置，在【放映选项】选项区域中可指定放映时的声音文件、解说或动画在演示文稿中的运行方式等；在【放映幻灯片】选项区域中可对放映幻灯片的数量进行设置，如放映全部幻灯片、放映连续几张幻灯片或自定义放映指定的任意几张幻灯片；在【推进幻灯片】选项区域中可对幻灯片动画的切换方式进行设置。

Step⑩ 此时，幻灯片将以窗口的形式进行放映，效果如图 19-3 所示。

图 19-3

19.1.2 实战：在"楼盘项目介绍"演示文稿中隐藏不需要放映的幻灯片

实例门类	软件功能

对于演示文稿中不需要放映的幻灯片，在放映之前可先将其隐藏，待需要放映时再将其显示出来。例如，继续上例操作，在"楼盘项目介绍"演示文稿中隐藏不需要放映的幻灯片，具体操作步骤如下。

Step⑪ ❶在打开的"楼盘项目介绍"演示文稿中选择第 3 张幻灯片；❷单击【幻灯片放映】选项卡【设置】组中的【隐藏幻灯片】按钮，如图 19-4 所示。

图 19-4

Step⑫ 即可在幻灯片窗格中所选幻灯片的序号上添加斜线【\】，表示

隐藏该幻灯片，并且在放映幻灯片时不会放映，如图 19-5 所示。

图 19-5

🔖 技术看板

在幻灯片窗格中选择需要隐藏的幻灯片并右击，在弹出的快捷菜单中选择【隐藏幻灯片】命令，也可隐藏。

Step⑬ 使用前面隐藏幻灯片的方法隐藏演示文稿中其他不需要放映的幻灯片，效果如图 19-6 所示。

图 19-6

⚙ 技能拓展——显示隐藏的幻灯片

如果需要将隐藏的幻灯片显示出来，那么首先选择隐藏的幻灯片，再次单击【幻灯片放映】选项卡【设置】组中的【隐藏幻灯片】按钮，即可取消幻灯片的隐藏。

★重点 19.1.3 实战：通过排练计时记录演示文稿的放映时间

实例门类	软件功能

如果希望演示文稿按照规定的时间进行自动播放，那么可通过 PowerPoint 2021 提供的排练计时功能记录每张幻灯片放映的时间。例如，继续上例操作，在"楼盘项目介绍"演示文稿中使用排练计时，具体操作步骤如下。

Step⑪ 在"楼盘项目介绍"演示文稿中单击【幻灯片放映】选项卡【设置】组中的【排练计时】按钮，如图 19-7 所示。

图 19-7

Step⑫ 进入演示文稿放映状态，并打开【录制】窗格记录第 1 张幻灯片的播放时间，如图 19-8 所示。

图 19-8

🔖 技术看板

若在排练计时过程中出现错误，可以单击【录制】窗格中的【重复】按钮↻，重新开始当前幻灯片的录

制；单击【暂停】按钮 ❚❚，可以暂停当前排练计时的录制。

Step03 第1张幻灯片录制完成后，在其上单击，进入第2张幻灯片进行录制，效果如图19-9所示。

图 19-9

技术看板

对于隐藏的幻灯片，将不能对其进行排练计时。

Step04 继续在录制完的幻灯片上单击，即可进行下一张幻灯片的录制，直至录制完最后一张幻灯片的播放时间后，按【Esc】键，打开提示对话框，在其中显示了录制的总时间，单击【是】按钮进行保存，如图19-10所示。

图 19-10

Step05 返回幻灯片编辑区，单击【视图】选项卡【演示文稿视图】组中的【幻灯片浏览】按钮，如图19-11所示。

图 19-11

Step06 进入幻灯片浏览视图，在每张幻灯片下方将显示录制的时间，如图19-12所示。

图 19-12

技术看板

设置了排练计时后，只有在【设置放映方式】对话框中选中【如果出现计时，则使用它】单选按钮，才能在播放时自动放映演示文稿。

19.1.4 实战：录制"楼盘项目介绍1"幻灯片演示

实例门类	软件功能

如果需要为演示文稿添加旁白或墨迹标注，那么可以通过PowerPoint 2021提供的录制幻灯片演示功能对演示文稿的放映过程进行录制，以便更好地播放。例如，在"楼盘项目介绍1"演示文稿中录制幻灯片演示，具体操作步骤如下。

Step01 ❶ 在打开的"楼盘项目介绍1"演示文稿中选择第1张幻灯片；❷ 单击【幻灯片放映】选项卡【设置】组中的【录制】下拉按钮 ✓；❸ 在弹出的下拉菜单中选择需要的录制命令，如选择【从当前幻灯片开始】命令，如图19-13所示。

图 19-13

技术看板

若在【录制】下拉菜单中选择【从头开始】命令，不管当前选择的是哪张幻灯片，都会从第1张幻灯片开始进行录制。

Step02 打开演示窗口，在左侧显示了当前选择的幻灯片，也就是要开始录制的幻灯片，在右侧显示了下一张要录制的幻灯片，单击【开始录制】按钮 ⭕，如图19-14所示。

图 19-14

Step03 开始放映第1张幻灯片，并对其播放时间进行录制，效果如图19-15所示。

图 19-15

Step04 第 1 张幻灯片录制完成后，可单击【进入下一张幻灯片】按钮，如图 19-16 所示。

图 19-16

Step05 即可对下一张幻灯片进行播放，并在窗口左上方显示该幻灯片放映的时间和总录制的时间，效果如图 19-17 所示。

图 19-17

Step06 该张幻灯片录制完成后，继续对其他幻灯片进行录制，当录制完第 5 张幻灯片后，在窗口中单击幻灯片播放区下方的【笔】按钮，如图 19-18 所示。

图 19-18

Step07 此时鼠标变成 ✛ 形状，在需要添加墨迹的文本下方拖动鼠标，为文本添加墨迹标记，以突出显示文本，如图 19-19 所示。

图 19-19

🔧 技术看板

录制演示过程中，默认的笔颜色为红色，如果需要更改笔的颜色，那么单击【笔】按钮 后，再单击其后需要颜色对应的色块，即可更改笔的颜色。

Step08 继续录制未完成的幻灯片，录制完成后，单击窗口左上角的【停止录制】按钮，如图 19-20 所示。

图 19-20

Step09 即可暂停录制，然后单击窗口右上角的【关闭】按钮，关闭录制演示窗口，返回普通视图，再切换到幻灯片浏览视图中，即可看到每张幻灯片录制的时间，效果如图 19-21 所示。

图 19-21

19.2 开始放映幻灯片

做好演示文稿的放映准备后，即可对演示文稿进行放映。在 PowerPoint 2021 中，放映演示文稿的方法包括从头开始放映、从当前幻灯片开始放映和自定义幻灯片放映等，用户可根据实际情况选择放映方法。

★重点 19.2.1 实战：在"楼盘项目介绍"演示文稿中从头开始放映幻灯片

实例门类	软件功能

从头开始放映是指从演示文稿的第1张幻灯片开始进行放映。例如，在"楼盘项目介绍"演示文稿中从头开始放映幻灯片，具体操作步骤如下。

Step01 打开"素材文件\第19章\楼盘项目介绍.pptx"文件，单击【幻灯片放映】选项卡【开始放映幻灯片】组中的【从头开始】按钮，如图19-22所示。

图 19-22

Step02 即可进入幻灯片放映状态，并从演示文稿的第1张幻灯片开始进行全屏放映，效果如图19-23所示。

图 19-23

Step03 第1张幻灯片放映完成后，在其上单击，即可进入第2张幻灯片的放映状态，效果如图19-24所示。

图 19-24

技术看板

在演示文稿放映过程中，如果动画的开始方式设置为【单击时】，那么单击鼠标后，才会播放下一个动画。

Step04 继续对其他幻灯片进行放映，放映完成后，即可进入黑屏状态，并提示【放映结束，单击鼠标退出】信息，如图19-25所示。然后单击鼠标，即可退出幻灯片放映状态，返回普通视图中。

图 19-25

技术看板

按【Esc】键也能退出幻灯片放映。

19.2.2 实战：从当前幻灯片开始进行放映

实例门类	软件功能

从当前幻灯片开始放映是指从演示文稿当前选择的幻灯片开始进行放映。例如，在"楼盘项目介绍"演示文稿中从当前选择的幻灯片开

始进行放映，具体操作步骤如下。

Step01 打开"素材文件\第19章\楼盘项目介绍.pptx"文件，❶选择需要放映的幻灯片，如选择第4张幻灯片；❷单击【幻灯片放映】选项卡【开始放映幻灯片】组中的【从当前幻灯片开始】按钮，如图19-26所示。

图 19-26

Step02 进入幻灯片放映状态，并从选择的第4张幻灯片开始进行放映，如图19-27所示。

图 19-27

★重点 19.2.3 实战：在"年终工作总结"演示文稿中指定要放映的幻灯片

实例门类	软件功能

放映幻灯片时，用户也可根据需要指定演示文稿中要放映的幻灯片。例如，在"年终工作总结"演示文稿中指定要放映的幻灯片，具体操作步骤如下。

Step01 打开"素材文件\第19章\年终工作总结.pptx"文件，❶单击

【幻灯片放映】选项卡【开始放映幻灯片】组中的【自定义幻灯片放映】按钮；❷在弹出的下拉菜单中选择【自定义放映】命令，如图 19-28 所示。

图 19-28

Step❷ 打开【自定义放映】对话框，单击【新建】按钮，如图 19-29 所示。

图 19-29

Step❸ 打开【定义自定义放映】对话框，❶在【幻灯片放映名称】文本框中输入放映名称，如输入【主要内容】；❷在【在演示文稿中的幻灯片】列表框中选中需要放映幻灯片

前面的复选框；❸单击【添加】按钮，如图 19-30 所示。

图 19-30

Step❹ 即可将选择的幻灯片添加到【在自定义放映中的幻灯片】列表框中，单击【确定】按钮，如图 19-31 所示。

图 19-31

Step❺ 返回【自定义放映】对话框，在其中显示了自定义放映幻灯片的名称，单击【放映】按钮，如图 19-32 所示。

图 19-32

技术看板

在【自定义放映】对话框中单击【编辑】按钮，可对幻灯片放映名称、需要放映的幻灯片等进行设置；单击【删除】按钮，可删除要自定义放映的幻灯片。

Step❻ 即可对指定的幻灯片进行放映，效果如图 19-33 所示。

图 19-33

技术看板

指定要放映的幻灯片后，在【自定义幻灯片放映】下拉菜单中显示了自定义放映的幻灯片名称，选择该名称，即可进行放映。

19.3 有效控制演示文稿的放映过程

在放映演示文稿的过程中，要想有效传递幻灯片中的信息，演讲者对放映过程的控制就非常重要。下面对演示文稿放映过程中的一些控制手段进行讲解。

★重点 19.3.1 实战：在放映过程中快速跳转到指定的幻灯片

实例门类	软件功能

在放映幻灯片的过程中，如果

不按顺序进行放映，那么可通过右键菜单快速跳转到指定的幻灯片进行放映。例如，在"年终工作总结"演示文稿中快速跳转到指定的幻灯片进行放映，具体操作步骤如下。

Step❶ 打开"素材文件\第 19 章\年终工作总结.pptx"文件，进入幻灯片放映状态，在放映的幻灯片上右击，在弹出的快捷菜单中选择【下一张】命令，如图 19-34 所示。

图 19-34

Step02 即可放映下一张幻灯片，在该幻灯片上右击，在弹出的快捷菜单中选择【查看所有幻灯片】命令，如图 19-35 所示。

图 19-35

Step03 在打开的页面中显示了演示文稿中的所有幻灯片，单击需要查看的幻灯片，如单击第 9 张幻灯片，如图 19-36 所示。

图 19-36

Step04 即可切换到第 9 张幻灯片，并对其进行放映，效果如图 19-37 所示。

图 19-37

★重点 19.3.2　实战：在"销售工作计划"演示文稿中为幻灯片的重要内容添加标注

实例门类	软件功能

除了在录制演示过程中可为重点内容添加标注，在放映过程中也可为幻灯片中的重点内容添加标注。例如，在"销售工作计划"演示文稿的放映状态下为幻灯片中的重要内容添加标注，具体操作步骤如下。

Step01 打开"素材文件\第 19 章\销售工作计划 .pptx"文件，开始放映幻灯片，❶放映到需要标注重点的幻灯片上右击，在弹出的快捷菜单中选择【指针选项】命令；❷在弹出的子菜单中选择【荧光笔】命令，如图 19-38 所示。

图 19-38

📋 技术看板

在【指针选项】子菜单中选择【笔】命令，可使用笔对幻灯片中的重点内容进行标注。

Step02 ❶再在该幻灯片上右击，在弹出的快捷菜单中选择【指针选项】命令；❷在弹出的子菜单中选择【墨迹颜色】命令；❸再在弹出的下一级菜单中选择荧光笔需要的颜色，如选择【紫色】命令，如图 19-39 所示。

图 19-39

Step03 此时，鼠标指针变成▌形状，然后拖动鼠标对需要标注的文本进行标注，效果如图 19-40 所示。

图 19-40

Step04 继续在该幻灯片中拖动鼠标标注重点内容，❶标注完成后，在其上右击，在弹出的快捷菜单中选择【指针选项】命令；❷在弹出的子菜单中选择【荧光笔】命令，如图 19-41 所示。

图 19-41

Step05 即可使鼠标指针恢复到正常状态，然后单击继续进行放映，放映完成后单击，可打开【Microsoft PowerPoint】对话框，提示是否保留墨迹注释，这里单击【保留】按钮，如图 19-42 所示。

图 19-42

Step06 即可对标注墨迹进行保存，返回普通视图中，也可看到保存的标注墨迹，如图 19-43 所示。

图 19-43

技能拓展——删除幻灯片中的标注墨迹

当不需要幻灯片中的标注墨迹时，可将其删除。其方法是在普通视图中选择幻灯片中的标注墨迹，按【Delete】键，即可删除。

19.3.3 实战：在"销售工作计划"演示文稿中使用演示者视图进行放映

实例门类	软件功能

PowerPoint 2021 中还提供了演示者视图功能，通过该功能可以在一个监视器上全屏放映幻灯片，在另一个监视器左侧显示正在放映的幻灯片、计时器和一些简单操作按钮，而在显示器右侧显示下一张幻灯片和演示者备注。例如，在"销售工作计划"演示文稿中使用演示者视图进行放映，具体操作步骤如下。

Step01 打开"素材文件\第 19 章\销售工作计划.pptx"文件，从头开始放映幻灯片，在第 1 张幻灯片上右击，在弹出的快捷菜单中选择【显示演示者视图】命令，如图 19-44 所示。

图 19-44

Step02 打开演示者视图窗口，如图 19-45 所示。

图 19-45

Step03 在幻灯片放映区域单击，可切换到下一张幻灯片进行放映。在放映到需要放大显示的幻灯片时，单击【放大】按钮🔍，如图 19-46 所示。

图 19-46

Step04 此时鼠标指针变成🔍形状，并自带一个半透明框，将鼠标指针移动到放映的幻灯片上，将半透明框移动到需要放大查看的内容上，

如图 19-47 所示。

图 19-47

Step05 单击鼠标，即可放大显示半透明框中的内容，效果如图 19-48 所示。

图 19-48

Step06 将鼠标指针移动到放映的幻灯片上，鼠标指针变成🖐形状，按住鼠标左键不放，拖动放映的幻灯片，可调整放大显示的区域，效果如图 19-49 所示。

图 19-49

Step07 查看完成后，再次单击【放大】按钮🔍，使幻灯片恢复到正常大小，继续对其他幻灯片进行放映，放映完成后，将显示黑屏，再次单击鼠标，即可退出演示者视图，如图 19-50 所示。

图 19-50

19.4 打包和导出演示文稿

制作好的演示文稿往往需要在不同的情况下进行放映或查看，所需要的文件格式也不一定相同，因此需要根据不同使用情况合理地导出幻灯片文件。在 PowerPoint 2021 中，用户可以将制作好的演示文稿输出为多种形式，如将幻灯片进行打包、保存为图形文件、幻灯片大纲、视频文件等。

★重点 19.4.1 实战：打包"楼盘项目介绍"演示文稿

实例门类	软件功能

打包演示文稿是指将演示文稿打包到一个文件夹中，包括演示文稿和一些必要的数据文件（如链接文件），以便在没有安装 PowerPoint 2021 的计算机中进行观看。例如，对"楼盘项目介绍"演示文稿进行打包，具体操作步骤如下。

Step01 打开"素材文件\第 19 章\楼盘项目介绍.pptx"文件，选择【文件】选项卡，❶在打开的页面左侧选择【导出】选项；❷在中间选择导出的类型，如选择【将演示文稿打包成 CD】选项；❸在页面右侧单击【打包成 CD】按钮，如图 19-51 所示。

图 19-51

Step02 打开【打包成 CD】对话框，单击【复制到文件夹】按钮，如图 19-52 所示。

图 19-52

Step03 打开【复制到文件夹】对话框，❶在【文件夹名称】文本框中输入文件夹名称，如输入【楼盘项目介绍】；❷单击【浏览】按钮，如图 19-53 所示。

图 19-53

Step04 打开【选择位置】对话框，❶在地址栏中设置演示文稿打包后保存的位置；❷然后单击【选择】按钮，如图 19-54 所示。

图 19-54

Step05 返回【复制到文件夹】对话框，在【位置】文本框中显示打包后的保存位置，单击【确定】按钮，如图 19-55 所示。

图 19-55

Step06 打开提示对话框，提示用户是否选择打包演示文稿中的所有链接文件，这里单击【是】按钮，如图 19-56 所示。

图 19-56

Step07 开始打包演示文稿，打包完成后将自动打开保存的文件夹，在其中可查看打包的文件，如图 19-57 所示。

图 19-57

技术看板

若计算机中安装了刻录机，则可将演示文稿打包到 CD 中。其方法是准备一张空白光盘，打开【打包成 CD】对话框，单击【复制到 CD】按钮即可。

★重点 19.4.2 实战：将"楼盘项目介绍"演示文稿导出为视频文件

实例门类	软件功能

如果需要在视频播放器上播放演示文稿，或者在没有安装 PowerPoint 2021 软件的计算机上播放，可以将演示文稿导出为视频文件，这样既可以播放幻灯片中的动画效果，又可以保护幻灯片中的内容不被他人修改。例如，将"楼盘项目介绍"演示文稿导出为视频文件，具体操作步骤如下。

Step01 打开"素材文件\第 19 章\楼盘项目介绍.pptx"文件，选择【文件】选项卡，❶在打开的页面左侧选择【导出】选项；❷在中间选择导出的类型，如选择【创建视频】选项；❸单击右侧的【创建视频】按钮，如图 19-58 所示。

图 19-58

Step02 打开【另存为】对话框，❶在地址栏中设置视频保存的位置；❷其他保持默认设置，单击【保存】按钮，如图 19-59 所示。

图 19-59

技术看板

如果需要将演示文稿导出为其他视频格式，那么可在【另存为】对话框的【保存类型】下拉菜单中选择需要的视频格式选项。

Step03 开始制作视频文件，并在 PowerPoint 2021 工作界面的状态栏中显示导出进度，如图 19-60 所示。

图 19-60

Step04 导出完成后，即可使用视频播放器将其打开，预览演示文稿的播放效果，如图 19-61 所示。

图 19-61

技能拓展——设置幻灯片导出为视频的秒数

默认情况下，将幻灯片导出为视频后，每张幻灯片播放的时间为 5 秒，用户可以根据幻灯片中动画的多少来设置幻灯片播放的时间。其方法是在演示文稿的导出页面中间选择【创建视频】选项后，在页面右侧的【放映每张幻灯片的秒数】数值框中输入幻灯片播放的时间，然后单击【创建视频】按钮进行创建。

19.4.3 实战：将"楼盘项目介绍"演示文稿导出为 PDF 文件

实例门类	软件功能

在 PowerPoint 2021 中，也可将演示文稿导出为 PDF 文件，这样就不能对演示文稿中的内容进行修改了。例如，将"楼盘项目介绍"演

示文稿导出为PDF文件，具体操作步骤如下。

Step01 打开"素材文件\第19章\楼盘项目介绍.pptx"文件，选择【文件】选项卡，❶在打开的页面左侧选择【导出】选项；❷在中间选择导出的类型，如选择【创建PDF/XPS文档】选项；❸单击右侧的【创建PDF/XPS】按钮，如图19-62所示。

图 19-62

Step02 打开【发布为PDF或XPS】对话框，❶在地址栏中设置发布后文件的保存位置；❷单击【发布】按钮，如图19-63所示。

图 19-63

Step03 开始制作PDF文件，并在PowerPoint 2021工作界面的状态栏中显示导出进度，如图19-64所示。

图 19-64

Step04 发布完成后，即可打开发布的PDF文件，效果如图19-65所示。

图 19-65

技能拓展——设置发布选项

在【发布为PDF或XPS】对话框中，单击【选项】按钮，打开【选项】对话框，在其中可对发布的范围、发布选项、发布内容等进行相应的设置。

19.4.4 实战：将"汽车宣传"演示文稿中的幻灯片导出为图片

实例门类	软件功能

有时为了宣传和展示需要，需将演示文稿中的多张幻灯片（包含背景）导出，此时，可以通过导出为图片功能将演示文稿中的幻灯片导出为图片。例如，将"汽车宣传"演示文稿中的幻灯片导出为图片，具体操作步骤如下。

Step01 打开"素材文件\第19章\汽车宣传.pptx"文件，选择【文件】选项卡，❶在打开的页面左侧选择【导出】选项；❷在中间选择【更改文件类型】选项；❸在页面右侧的【图片文件类型】选项区域中选择导出的图片格式，如选择【JPEG文件交换格式】选项；❹单击【另存为】按钮，如图19-66所示。

图 19-66

技术看板

在演示文稿的【导出】→【更改文件类型】页面右侧的【演示文稿类型】选项区域中还提供了模板、PowerPoint放映等多种类型，用户也可选择需要的演示文稿类型进行导出。

Step02 打开【另存为】对话框，❶在地址栏中设置导出的位置；❷其他保持默认设置，单击【保存】按钮，如图19-67所示。

图 19-67

Step03 打开【Microsoft PowerPoint】对话框，提示用户"您希望导出哪些幻灯片？"，这里单击【所有幻灯片】按钮，如图19-68所示。

图 19-68

技术看板

若在【Microsoft PowerPoint】对话框中单击【仅当前幻灯片】按钮，则只将演示文稿中选择的幻灯片导出为图片。

Step④ 在打开的提示对话框中单击【确定】按钮，即可将演示文稿中的所有幻灯片导出为图片，效果如图 19-69 所示。

图 19-69

妙招技法

通过前面知识的学习，相信读者已经掌握了放映和输出幻灯片的基本操作。下面结合本章内容，给大家介绍一些实用技巧。

技巧01：快速清除幻灯片中的排练计时和旁白

当不需要使用幻灯片中录制的排练计时和旁白时，可将其删除，以免放映幻灯片时放映旁白或使用排练计时进行放映。例如，清除"楼盘项目介绍 2"演示文稿中的排练计时和旁白，具体操作步骤如下。

Step① 打开"素材文件\第 19 章\楼盘项目介绍 2.pptx"文件，❶进入幻灯片浏览视图中，单击【幻灯片放映】选项卡【设置】组中的【录制】下拉按钮 ❑；❷在弹出的下拉菜单中选择【清除】命令；❸在弹出的子菜单中选择所需的清除命令，如选择【清除所有幻灯片中的计时】命令，如图 19-70 所示。

图 19-70

Step② 即可清除演示文稿中所有幻灯片中的计时，❶选择第 5 张幻灯片；❷单击【幻灯片放映】选项卡【设置】组中的【录制】下拉按钮 ❑；❸在弹出的下拉菜单中选择【清除】命令；❹在弹出的子菜单中选择【清除当前幻灯片中的旁白】命令，如图 19-71 所示。

图 19-71

Step③ 即可清除所选幻灯片中的旁白，效果如图 19-72 所示。

图 19-72

技巧02：使用快捷键，让放映更加方便

在放映演示文稿的过程中，为了使放映变得更加简单和高效，可以通过 PowerPoint 2021 提供的幻灯片放映快捷键来实现。如果不知道放映的快捷键，那么可在幻灯片全屏放映状态下按【F1】键，打开【幻灯片放映帮助】对话框，其中显示了放映过程中需要用到的快捷键，如图 19-73 所示。

图 19-73

本章小结

通过本章知识的学习，相信读者已经掌握了演示文稿放映和导出等相关知识，要想有效控制演示文稿的放映过程，就需要演讲者合理地进行操作。本章在最后还介绍了放映的一些技巧，以帮助用户高效地放映幻灯片。

第20章 PPT 与其他软件的协同高效办公

➡ 能不能在幻灯片中插入Word文档?

➡ 如何将Word中复制的文本快速分配到每张幻灯片中?

➡ 在幻灯片中如何插入Excel电子表格?

➡ 能不能将Excel中的图表导入幻灯片中?

演示文稿一般用于讲解和展示各种工作内容和成果,在制作和输出幻灯片时,常常还会与其他的一些办公软件协作。本章将对PowerPoint与Word、Excel软件的协同使用进行讲解,以提高办公效率。

20.1 PowerPoint 与 Word 的协同办公

Word用于制作各类办公文档,当PowerPoint中需要输入Word中的文本时,就需要PowerPoint与Word进行协同办公,以避免重复输入的错误,从而提高工作效率。

★重点 20.1.1 实战:在"旅游信息化"演示文稿中插入Word文档

实例门类	软件功能

在制作某些特殊幻灯片时,如果需要输入的是某个Word文件中的内容,并且内容很多,为了节省时间,可以直接将Word文档插入幻灯片中,这样还能避免输入时出现错误。例如,在"旅游信息化"演示文稿的第3张幻灯片中插入Word文档,具体操作步骤如下。

Step01 打开"素材文件\第20章\旅游信息化.pptx"文件,❶选择第3张幻灯片;❷单击【插入】选项卡【文本】组中的【对象】按钮,如图20-1所示。

图 20-1

Step02 ❶打开【插入对象】对话框,选中【由文件创建】单选按钮;❷单击【浏览】按钮,如图20-2所示。

图 20-2

Step03 ❶打开【浏览】对话框,在地址栏中选择Word文档保存的位置;❷然后选择需要插入的文档,如选择【旅游信息化的范畴及概念】文档;❸单击【确定】按钮,如图20-3所示。

图 20-3

Step04 返回【插入对象】对话框,在【文件】文本框中显示了Word文档的保存路径,单击【确定】按钮,如图20-4所示。

图 20-4

Step05 返回幻灯片编辑区，即可查看到插入的 Word 文档效果，如图 20-5 所示。

图 20-5

20.1.2　实战：在"旅游信息化1"演示文稿中插入 Word 工作区

实例门类	软件功能

当需要在幻灯片中插入与 Word 版式相同的文本时，可以直接在幻灯片中插入 Word 工作区，进行文本内容的输入与设置。例如，打开新的素材文件，在"旅游信息化1"演示文稿的第 3 张幻灯片中插入 Word 工作区，然后在其中输入相应的文本，并对文本的格式进行设置，具体操作步骤如下。

Step01 打开"素材文件\第 20 章\旅游信息化 1.pptx"文件，❶选择第 3 张幻灯片；❷单击【插入】选项卡【文本】组中的【对象】按钮，如图 20-6 所示。

图 20-6

Step02 ❶打开【插入对象】对话框，选中【新建】单选按钮；❷在【对象类型】列表框中选择需要的对象类型，如选择【Microsoft Word Document】选项；❸单击【确定】按钮，如图 20-7 所示。

图 20-7

Step03 此时，PowerPoint 窗口中会出现一个 Word 的编辑窗口，并且在幻灯片编辑区出现 Word 工作区，在其中输入需要的文本，如图 20-8 所示。

图 20-8

Step04 ❶选择输入的文本，在 Word 编辑窗口中单击【开始】选项卡【字体】组中的【文本效果和版式】按钮；❷在弹出的下拉列表中选择需要的文本效果，如选择第 1 种，如图 20-9 所示。

图 20-9

Step05 即可为文本应用选择的样式，❶单击【字体】组中的【字号】下拉按钮；❷在弹出的下拉列表中选择需要的字号，如选择【三号】选项，如图 20-10 所示。

图 20-10

Step06 即可查看到在 Word 编辑窗口中设置文本格式后的效果，如图 20-11 所示。

图 20-11

Step07 在幻灯片空白区域单击，退出 Word 编辑窗口，返回 PowerPoint 窗口中，在幻灯片编辑区可查看到设置的文本效果，如图 20-12 所示。

图 20-12

技术看板

在 Word 编辑窗口中编辑文本的方法与在 Word 中编辑文本的方法相同。

★重点 20.1.3 实战：将 Word 文档导入幻灯片中演示

实例门类	软件功能

当需要将 Word 文档内容以幻灯片的方式进行演示时，可以将 Word 文件导入幻灯片。这样，用户既能在 Word 中设置文字效果，又能在 PowerPoint 中设置播放效果。例如，将"员工礼仪培训内容" Word 文档导入新建的演示文稿中，具体操作步骤如下。

Step01 打开"素材文件 \ 第 20 章 \ 员工礼仪培训内容 .docx"文件，进入大纲视图，对 Word 文档内容的级别进行查看和设置，如图 20-13 所示。

图 20-13

技术看板

要想将 Word 文档中的内容成功导入幻灯片中，必须对 Word 文档段落的级别进行设置，这样才能将内容合理地分配到每张幻灯片中。

Step02 查看完成后关闭 Word 文档，启动 PowerPoint 2021，新建一个空白演示文稿，❶单击【开始】选项卡【幻灯片】组中的【新建幻灯片】下拉按钮；❷在弹出的下拉列表中选择【幻灯片（从大纲）】命令，如图 20-14 所示。

图 20-14

Step03 ❶打开【插入大纲】对话框，在地址栏中选择 Word 文档保存的位置；❷选择需要插入的文档，如选择【员工礼仪培训内容】文档；❸单击【插入】按钮，如图 20-15 所示。

图 20-15

Step04 即可将 Word 文档中的内容导入幻灯片中，效果如图 20-16 所示。

图 20-16

Step05 然后为演示文稿应用主题，并对第 1 张和第 2 张幻灯片进行相应的编辑，最后将演示文稿以【员工礼仪培训】为名称进行保存，最终效果如图 20-17 所示。

图 20-17

20.1.4 实战：将幻灯片转换为 Word 文档

实例门类	软件功能

如果需要将演示文稿所有幻灯片中的文本都提取出来，那么可直接将演示文稿转换为 Word 文档，这种方法相对于复制来说更加快捷。例如，继续上例操作，将"员工礼仪培训"演示文稿转换为 Word 文档，具体操作步骤如下。

Step01 在打开的"员工礼仪培训"演示文稿中选择【文件】选项卡，❶在打开的页面左侧选择【导出】选项；❷在中间选择【创建讲义】选项；❸在右侧单击【创建讲义】按钮，如图 20-18 所示。

图 20-18

Step02 打开【发送到 Microsoft Word】对话框，❶在【Microsoft Word 使用的版式】选项区域中选择发送选项，如选中【空行在幻灯片旁】单选按钮；❷单击【确定】按钮，如图 20-19 所示。

图 20-19

技术看板

在【发送到 Microsoft Word】对话框中选中【只使用大纲】单选按钮，将会把演示文稿中所有幻灯片占位符的文本导入 Word 空白文档中。

Step03 即可开始转换演示文稿，转换完成后，将在 Word 空白文档中演示所有幻灯片，并在幻灯片旁添加空白，以添加备注信息，效果如图 20-20 所示。

图 20-20

20.2 PowerPoint 与 Excel 的协同办公

在幻灯片中需要插入表格或图表时，也可通过与 Excel 的协同，将使用 Excel 已制作好的表格和图表插入幻灯片中，以提高工作效率。而且 Excel 是专业的电子表格处理软件，数据和图表处理方面的功能相对于 PowerPoint 更强大，所以，PowerPoint 与 Excel 之间的协同是必不可少的。

★重点 20.2.1 实战：在"汽车销售业绩报告"演示文稿中插入 Excel 文件

实例门类	软件功能

当需要在幻灯片中添加的表格已经使用 Excel 软件制作好时，那么可以直接在幻灯片中插入制作好的 Excel 文件，以避免在幻灯片中重新插入表格、输入数据。例如，在"汽车销售业绩报告"演示文稿的第 2 张幻灯片中插入 Excel 文件，具体操作步骤如下。

Step01 打开"素材文件\第 20 章\汽车销售业绩报告.pptx"文件，❶选择第 2 张幻灯片；❷单击【插入】选项卡【文本】组中的【对象】按钮，如图 20-21 所示。

图 20-21

Step02 ❶打开【插入对象】对话框，选中【由文件创建】单选按钮；❷单击【浏览】按钮，如图20-22所示。

图 20-22

Step03 ❶打开【浏览】对话框，在地址栏中选择Word文档保存的位置；❷然后选择需要插入的文档，如选择【汽车销售额统计】文档；❸单击【确定】按钮，如图20-23所示。

图 20-23

Step04 返回【插入对象】对话框，在【文件】文本框中显示了Excel文档的保存路径，单击【确定】按钮，

如图20-24所示。

图 20-24

Step05 返回幻灯片编辑区，即可查看插入的Excel文件中的数据，效果如图20-25所示。

图 20-25

20.2.2 实战：在"汽车销售业绩报告"演示文稿中直接调用Excel中的图表

| 实例门类 | 软件功能 |

在幻灯片中制作图表时，如果需要的图表已使用Excel软件制作好，那么可通过复制功能直接调用Excel中的图表。例如，在"汽车销售业绩报告"演示文稿的第3张幻灯片中调用Excel中的图表，具体操作步骤如下。

Step01 打开"素材文件\第20章\图表.xlsx"文件，❶选择工作表中的图表；❷单击【开始】选项卡【剪贴板】组中的【复制】按钮，如图20-26所示。

图 20-26

Step02 切换到PowerPoint窗口，❶在打开的"汽车销售业绩报告"演示文稿中选择第3张幻灯片；❷单击【开始】选项卡【剪贴板】组中的【粘贴】下拉按钮；❸在弹出的下拉菜单中选择需要的粘贴命令，如选择【使用目标主题】命令，如图20-27所示。

图 20-27

Step03 即可将从Excel中复制的图表粘贴到幻灯片中，并且还能对图表进行各种编辑操作，如图20-28所示。

图 20-28

★重点 20.2.3 实战：在"年终工作总结"演示文稿中插入Excel电子表格

实例门类	软件功能

当幻灯片中插入的表格行列数较多，且需要对表格进行复杂的计算、统计和分析时，可在幻灯片中插入Excel电子表格，这样就像在Excel中一样，可以对表格中的数据进行计算、管理、统计和分析等。例如，在"年终工作总结"演示文稿的第11张幻灯片中插入Excel电子表格，并对输入的数据进行计算，具体操作步骤如下。

Step01 打开"素材文件\第20章\年终工作总结.pptx"文件，❶选择第11张幻灯片，单击【插入】选项卡【表格】组中的【表格】按钮；❷在弹出的下拉列表中选择【Excel电子表格】命令，如图20-29所示。

图 20-29

Step02 即可在幻灯片中插入Excel电子表格，并打开Excel编辑窗口，如图20-30所示。

图 20-30

Step03 在插入的Excel电子表格中输入需要的数据，效果如图20-31所示。

图 20-31

Step04 选择输入的数据，对数据的字体格式和对齐方式进行相应的设置，❶然后选择B8单元格；❷单击【公式】选项卡【函数库】组中的【自动求和】按钮；❸在弹出的下拉菜单中选择【求和】命令，如图20-32所示。

图 20-32

Step05 此时，在单元格中将自动显示求和公式，查看公式是否正确，如图20-33所示。

图 20-33

技术看板

如果公式中求和的区域不正确，那么可先对其进行修改，然后按【Enter】键进行计算。

Step06 确认公式正确后按【Enter】键，即可计算出结果。然后使用相同的方法计算D8单元格中的数值，效果如图20-34所示。

图 20-34

Step07 在幻灯片编辑区空白处双击，即可退出Excel编辑状态，返回幻灯片编辑区，在其中可查看插入的Excel电子表格显示效果，如图20-35所示。

图 20-35

妙招技法

通过前面知识的学习，相信读者已经掌握了PowerPoint与其他组件或软件协同办公的基本操作。下面结合本章内容，介绍一些实用技巧。

技巧01：复制Word中的文本分布到幻灯片

在PowerPoint中制作演示文稿时，如果需要根据Word中的文本来制作，那么可直接将Word中的文本复制到PowerPoint大纲视图中，然后再通过大纲视图将文本分布到演示文稿的幻灯片中。例如，将"空调销售计划书"Word文档中的内容分布到演示文稿的幻灯片中，具体操作步骤如下。

Step01 打开"素材文件\第20章\空调销售计划书.docx"文件，❶按【Ctrl+A】组合键选择文档中的所有内容；❷单击【开始】选项卡【剪贴板】组中的【复制】按钮，如图20-36所示。

图20-36

Step02 切换到PowerPoint窗口，新建一个名称为【空调销售计划书】的演示文稿，❶进入大纲视图中，将鼠标光标定位到第1张幻灯片后；❷单击【开始】选项卡【剪贴板】组中的【粘贴】按钮，如图20-37所示。

图20-37

Step03 即可将复制的内容粘贴到大纲窗格中，效果如图20-38所示。

图20-38

Step04 将鼠标光标定位到【空调销售计划书】文本后，按【Enter】键，即可新建一张幻灯片，并且鼠标光标后的文本全部放置在新建的幻灯片中，效果如图20-39所示。

图20-39

Step05 对第2张幻灯片中的文本进行调整，然后再新建一张幻灯片，并对多余的文本进行删除，效果如图20-40所示。

图20-40

Step06 使用相同的方法将大纲窗格中的文本内容分配到相应的幻灯片中，并将多余的文本删除，效果如图20-41所示。

图20-41

Step07 粘贴在大纲窗格中的文本会全部放在幻灯片的标题占位符中，❶所以这里选择第2张幻灯片；❷选择标题占位符中除标题外的所有文本；❸单击【开始】选项卡【剪贴板】组中的【剪切】按钮，如图20-42所示。

图 20-42

Step08 剪切选择的文本，❶选择内容占位符；❷单击【开始】选项卡【剪贴板】组中的【粘贴】按钮，如图 20-43 所示。

图 20-43

Step09 即可将剪切的文本粘贴到内容占位符中，然后使用相同的方法继续对其他幻灯片中文本的位置进行调整，效果如图 20-44 所示。

图 20-44

Step10 在大纲窗格中选择第 10 张幻灯片内容占位符中的第 2 段和第 4 段文本，按【Tab】键将文本降低一个级别，然后返回普通视图中，并为演示文稿应用【画廊】主题，效

果如图 20-45 所示。

图 20-45

技巧 02：直接在 Word 文档中编辑幻灯片

对于发送和插入 Word 文档中的演示文稿，如果要对演示文稿进行编辑，可以直接在 Word 文档中完成。例如，在"员工礼仪培训 1" Word 文档中对演示文稿中的第 1 张幻灯片进行编辑，具体操作步骤如下。

Step01 打开"素材文件\第 20 章\员工礼仪培训 1.docx"文件，选择需要编辑的第 1 张幻灯片，在幻灯片上双击，如图 20-46 所示。

图 20-46

Step02 进入编辑状态，打开 PowerPoint 编辑窗口，在幻灯片中选择【内容】文本，按【Delete】键删除，效果如图 20-47 所示。

图 20-47

Step03 选择幻灯片中的【员工礼仪培训】文本，❶单击【开始】选项卡【字体】组中的【加粗】按钮 B 加粗文本；❷再单击【文字阴影】按钮 S，如图 20-48 所示。

图 20-48

Step04 编辑完成后，在 Word 文档空白区域单击，即可退出演示文稿编辑状态，效果如图 20-49 所示。

图 20-49

技巧 03：调用 PowerPoint 编辑 Word 文档中的幻灯片

如果不习惯在 Word 中直接编辑幻灯片，可以调用 PowerPoint 来编辑，编辑的结果会实时显示

在Word文档中。例如，对"员工礼仪培训2"文档中的幻灯片调用PowerPoint进行编辑，具体操作步骤如下。

Step01 打开"素材文件\第20章\员工礼仪培训2.docx"文件，❶在需要编辑的幻灯片上右击，在弹出的快捷菜单中选择【"Slide"对象】命令；❷在弹出的子菜单中选择【打开】命令，如图20-50所示。

图 20-50

技术看板

在【"Slide"对象】子菜单中选择【编辑】命令，可直接在Word中对幻灯片进行编辑。

Step02 打开PowerPoint编辑所选幻灯片的窗口，❶选择内容占位符，单击【段落】组中的【添加或删除栏】按钮，❷在弹出的下拉菜单中选择【更多栏】命令，如图20-51所示。

图 20-51

Step03 打开【栏】对话框，❶在【数量】数值框中输入分栏的栏数，如输入【2】，在【间距】数值框中输入栏与栏之间的间距，如输入【2厘米】；❷单击【确定】按钮，如图20-52所示。

图 20-52

Step04 即可将内容占位符中的文本分为两栏显示，单击窗口右上角的【关闭】按钮，如图20-53所示。

图 20-53

Step05 返回Word文档编辑区，即可查看到分栏显示的效果，如图20-54所示。

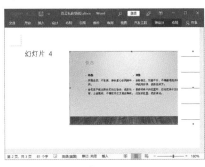

图 20-54

技巧 04：将 Excel 中的图表以图片形式粘贴到幻灯片中

当需要将Excel中的图表粘贴到幻灯片，且不需要再对图表进行任何修改时，可以以图片的形式粘贴Excel中的图表到幻灯片中。例如，将Excel中的图表以图片的形式粘贴到"汽车销售业绩报告"演示文稿的第3张幻灯片中，具体操作步骤如下。

Step01 打开"素材文件\第20章\图表.xlsx"文件，❶选择工作表中的图表，单击【剪贴板】组中的【复制】下拉按钮；❷在弹出的下拉菜单中选择【复制为图片】命令，如图20-55所示。

图 20-55

Step02 打开【复制图片】对话框，在其中对图片外观和格式进行设置，这里保持默认设置，单击【确定】按钮，如图20-56所示。

图 20-56

Step03 打开"素材文件\第20章\汽车销售业绩报告.pptx"文件，❶选择第3张幻灯片；❷单击【剪贴板】组中的【粘贴】按钮，如图20-57所示。

图 20-57

Step④ 即可将图表以图片的形式粘贴到幻灯片中，效果如图 20-58 所示。

图 20-58

技巧 05：将演示文稿导出为大纲文件

如果需要将演示文稿导出为大纲文件，那么可通过"另存为"操作来快速实现，但在导出时，只能将幻灯片占位符中的文本导出，不能导出其他对象或其他对象中的文本。例如，将"员工礼仪培训"演示文稿导出为大纲文件，具体操作步骤如下。

Step① 打开"素材文件\第 20 章\员工礼仪培训.pptx"文件，❶选择【文件】选项卡，在打开的页面左侧选择【另存为】选项；❷在中间选择【浏览】选项，如图 20-59 所示。

图 20-59

Step② ❶打开【另存为】对话框，在地址栏中设置导出后文件的保存位置；❷在【保存类型】下拉菜单中选择【大纲/RTF文件】命令；❸单击【保存】按钮，如图 20-60 所示。

图 20-60

Step③ 即可将演示文稿导出为大纲文件，使用 Word 打开导出的大纲文件，即可查看到效果，如图 20-61 所示。

图 20-61

本章小结

在 PowerPoint 与其他软件协同办公的过程中，灵活应用 Office 组件与 PowerPoint 组件，能完善文件的展示效果，提高用户工作效率。

第 4 篇 PPT设计实战篇

没有实战的学习只是纸上谈兵，为了让大家更好地理解和掌握学到的知识和技巧，希望大家拿出一些时间来练习本篇中的具体案例制作。

第 21 章 实战：制作宣传展示类 PPT

➡ 宣传展示类 PPT 中应该选择哪些内容？

➡ 要想增强企业的宣传效果，如何在 PPT 中设计有意义的图片？

➡ 如何提炼出宣传展示类 PPT 的精华宣传语？

➡ 如何知道观众最想在宣传展示类 PPT 中看到的内容？

➡ 如何调整 PPT 的内容逻辑，抓住观众的心理，让他们保持注意力？

学习了本章内容，读者将不用再为宣传展示类 PPT 发愁。本章不是单纯地讲解一个案例，而是从这个案例出发，引申出展示类 PPT 的逻辑整理、设计方法，以及图表、图片、图标、图形的设计技巧。让读者灵活运用，并将这些经典的招数"照搬"到其他 PPT 中。

21.1 宣传展示类 PPT 的制作标准

实例门类	宣传文案 + 页面设计类

宣传展示类 PPT 是当下常用的 PPT 类型，主要用于向观众展示宣传某事项。例如，制作企业宣传 PPT，可以让观众了解企业，增强对企业的信任感，为企业带来商机。又如，公司或政府要举办某个活动，为了增加活动知名度，制作活动宣传 PPT 进行介绍。

从宣传展示类 PPT 的作用可以看出，制作这类演示文稿，最主要的目的在于说清楚某个事项。因此，PPT 的内在逻辑是最重要的，它直接影响到观众接收信息的先后顺序、主次轻重，进而又影响观众对信息的接收效率。逻辑线厘清后，还需要确定一个展示主题，切忌什么都想展示，结果往往什么都展现不好。除了内在逻辑与主题，宣传展示类 PPT 还需要确定一个合适的基调、风格，并与内容相符。

以企业宣传 PPT 为例，演示文稿至少要向观众展现这是一家什么样的企业，有什么成就，产品是什么，发展历程是什么，企业文化和理念又是什么。完成后的案例效果如图 21-1~图 21-12 所示。

其中，图 21-1 所示的是封面页，首先告诉了观众这是什么公司，并打上了公司 LOGO。

图 21-2 所示的是目录页，展示了整个演示文稿的逻辑线，后面的演示文稿内容将根据目录进行宣传展示。

图 21-3 所示的是企业的发展历程，让观众对企业有一个宏观的了解。紧接着便抛出了企业的现有发展规模和成就，让观众明白企业经过了长时间的发展，有了一个什么样的现状。

图 21-4~图 21-6 所示的是企业的主要服务项目、师资力量及学员成就。

图 21-1

图 21-4

图 21-2

图 21-5

图 21-3

图 21-6

图 21-7~图 21-10 所示的是企业的产品——主要课程内容，将课程的核心内容进行展现，目的在于宣传企业产品，让观众信服。同样的道理，在其他类型的企业宣传中，产品介绍也应当是宣传重点，要将企业的核心产品展现出最有优势的一面以吸引观众，并加深观众印象。

图 21-7

图 21-8

图 21-9

图 21-10

根据企业的类型不同，可以决定是否在文稿中添加企业理念介绍，越是与文化相关的企业，越需要介绍文化理念，以增加观众对企业的好感，通过认可企业文化而认可企业本身。图 21-11 所示的是这家教育类企业的教学理念。

图 21-11

图 21-12 所示的是企业宣传类 PPT 的尾页，尾页最好写上与企业相关的结束语，并且与首页（封面页）相呼应，这里便利用了 LOGO 与首页相呼应，也用了契合企业文化的结束语。

图 21-12

21.1.1 宣传展示类 PPT 的逻辑性

制作演示文稿，外在的表现形式均取决于 PPT 内容的逻辑。如何厘清 PPT 的外在大逻辑和内在小逻辑，制作者需要经历如图 21-13 所示的过程。也就是说，制作者需要先想好 PPT 的内容、将内容的关系整理清楚，再根据内容来设计 PPT，而不是有了 PPT 模板后，根据模板来挑选内容。

图 21-13

1. 列点

制作PPT前，制作者需要将宣传展示内容以点的形式列出来，初步列点不用计较点是否合适，罗列出来即可。图21-14所示的是制作企业宣传PPT列出来的点，这些点看起来杂乱无章、毫无逻辑，所以需要进一步整理。

图 21-14

2. 归类

内容逻辑的初步整理即归类，就是将类型相同的点归到一起，如图21-15所示，其中将"分支机构""师资力量""学员成就"统一归为"企业现状"类。使用归类的方法，使PPT的内容顿时有条理多了。

图 21-15

3. 删减、合并

内容归类过后，根据PPT演示的时长、内容的重要性，可以适当删除一些必要性不强的点，并将类型相同的点融合到一起。在图21-15中，"未来发展"这项内容可以删除，站在观众的角度来看，观看企业宣传PPT，最关心的问题是这是一家什么企业、现状如何、产品质量如何，对于企业的未来发展则不是很关心，所

以这里考虑删除。同样的道理，企业的发展历程可以简短呈现，不用长篇大论。因此这里考虑将"发展经历"和"所获荣誉"合并在一起。

4. 整理逻辑

经过以上步骤，宣传展示类PPT的内容便显现出雏形，这时还需要整理出内容的逻辑，即不同部分内容展示的先后顺序。将图21-15中的不同内容按照介绍顺序排列，即机构发展历程—企业现状—主要课程—教学理念。这样做之所以逻辑合理，是因为观众只有在了解企业、对企业产生信任之后，才有兴趣了解企业的课程和教学理念。再者，发展历程和企业现状的内在逻辑是紧密相连的，介绍完企业的发展历程，接着介绍企业现在发展成什么样，可以让观众接收的信息连贯有序。

企业宣传PPT的外在大逻辑框架整理好后，还不能盲目着手制作演示文稿，因为演示文稿每部分的内容都充斥着逻辑关系，PPT页面设计中包括的颜色、图形、图片设计都与逻辑相关。因此，制作者应该列出每部分的细分内容，并整理好内在的逻辑结构，如图21-16所示。

图 21-16

PPT的页面设计与内容的逻辑有什么关系？这里举一个例子来说明。内容之间的逻辑关系有并列（内容之间没有层级、顺序关系，彼此地位并列相等）、包含（A

内容被B内容包含）、相反（内容之间有相反关系，如父母希望孩子学理科，孩子希望学文科）、流程（内容之间有明显的先后顺序）、关联（内容之间是互相影响的，如污染越重，空气越差）、层次（内容之间有等级关系，如协调能力、写作能力是包含在工作能力中的）、循环（内容之间有循环关系，如表现垃圾循环利用的内容）等。

内容的逻辑不同，表现形式也不同。如图21-17所示，内容之间有流程关系，有着明显的时间先后顺序，此外隐藏着"越来越好"的逻辑关系。因此使用了表现流程顺序的阶梯图形来展现内容，阶梯越来越高、颜色越来越深也意味着"越来越好"。但是如果制作者没有厘清逻辑，就将文字放在图形上，如图21-18所示，便是混乱的逻辑表现形式。

图 21-17

图 21-18

同样的道理，属于并列关系的内容，表现形式也要讲究。例如，苹果、梨子、香蕉就是并列关系，它们都是一种水果，彼此之间没有包含、层次关系。图21-19中的表现形式是正确的，注意这里"苹果""梨子""香蕉"的背景色是一致的，并用颜色来告诉读者三者地位相等。如果制作者随心所欲设计图形颜色，如图21-20所示，便会出现逻辑混乱。例如，"梨子"和"香蕉"用一种颜色，"苹果"用另一种颜色，就会带给观众这样的疑问：苹果有什么独特的吗？也就是说，3种并列关系的内容，要么用相同的颜色，要么用完全不同的颜色，否则会出现逻辑错误。

图 21-19　　　　　图 21-20

除了颜色，并列关系的内容用如图21-21所示的表达关系也是错误的，因为"梨子"和"香蕉"是并列关系，不能用表现层级的形状来表现。

图 21-21

以上便是PPT页面设计和内容逻辑之间的关系，制作者将整个演示文稿的内容列成思维导图或提纲，还有助于检查内容逻辑的正确性，将内容调整好后再设计PPT将事半功倍。在图21-16中，整个PPT，不论是大的内容还是小的内容都有逻辑关系。例如，"师资力量"中既有"名企高管"，又有"职场精英"。表面上看两个内容是并列的，都是师资力量的一个分类。但是内在逻辑却有地位高低，要强调"名企高管"再介绍"职场精英"，让观众感受到企业师资的强大。所以在图21-22中，将"名企高管"放在页面左边是有道理的，符合观众的先左后右的视线顺序。再者，左边"名企高管"的图形比右边"职场精英"的图形更大，也是这个道理。

相同的道理，在介绍课程时，也不是胡乱罗列出课程的课题大纲就可以，而是根据内在逻辑来展现。如图21-23所示，在介绍"涉外沟通"课程时，学员肯定要先学习最基本的语言技巧，然后才能过渡到不同语言国度的文化理解上，接着才是交谈时的表情解读和在沟通中应用心理学。如果制作者在列内容思维导图或大纲时，发现"心理应用"位于"口语技巧"之前，这便是一个逻辑错误，需要调整好逻辑再着手制作PPT。

图 21-22

图 21-23

在理解了宣传展示类 PPT 的逻辑整理方法后，就会发现，整个演示文稿的制作，其实就是将逻辑关系图或大纲中的内容用一页又一页的 PPT 表现出来而已。

21.1.2　确定展示主题

宣传展示类 PPT 必须有一个确定的主题，不能抓住一堆内容就往 PPT 上放，这样会让观众抓不到重点，不知道展示的内容究竟是什么。

为了抓住展示主题，PPT 制作者可以问自己一个问题：这份演示文稿最想表现什么？如果想表现的是一个活动的流程，那么与活动流程无关的事项都可以去掉。如图 21-24 所示，"参赛方式""报名方法"这类与流程密切相关的内容，是必须存在的内容；而"活动人数"和"活动意义"可有可无，在篇幅允许的条件下，可以进行简单介绍；但是像"举办方介绍""活动周边旅游景点"这类与流程关系不大的内容，则可以果断去掉。

同样的道理，如果核心表现内容是一个企业的文化，那么与企业文化无关的内容都可以去掉。如图 21-25 所示，"企业成员""企业理念"这类内容肯定是必须存在的，而"企业发展历程"可以简短介绍，"企业盈利大小"这类与企业文化关系不大的内容则不必放

在 PPT 中。

图 21-24

图 21-25

PPT 的主题对整个演示文稿意义非凡，这主要体现在以下 3 点。

1. 主题决定了内容的先后顺序

越是与主题密切相关的内容越应该放在 PPT 的前面进行介绍，因为这是 PPT 最想宣传和展示的内容，肯定要让观众先认识和了解。而与主题关系不大的内容，则可以放在演示文稿的后面作为补充介绍。

2. 主题决定了 PPT 的配图

PPT 中任何一个元素的设计都不是凭心情和制作者的个人喜好设计的，而是与主题密切相关的。例如，本章案例中的 PPT，其主题在于表现这家成人教育企业的教学产品，引起观众的兴趣。那么从这个主题中可

以提炼出的核心是"这是一家帮助成人的企业"。因此配图都要与主题契合，选择有"帮助"意识的图片，如图21-26所示，这就是首页图片没有选择"书本""笔墨"等与教育直接相关的图片的原图。

3. 主题决定了PPT的宣传语

一般来说，宣传展示类PPT最好有一句宣传语，并放在每一页的固定位置，利用反复强调来加强观众的印象。这句宣传语的提炼依靠的正是主题思想。如图21-27所示，在这份企业宣传PPT下方，有一句宣传语，该宣传语正是强调了这家教育企业的产品特色——专注于成人的教育。如果将这句宣传语换成"恒图——优秀教育品牌"，则是在强调企业的品牌，而非教学产品，与主题不能契合。

图 21-26

图 21-27

21.1.3　确定展示基调

宣传展示类PPT的基调可以简单理解为配色基调和配图基调。不同的基调可以带给观众不同的感觉，明朗轻快的配色会让观众感到轻松愉快，深沉的配色会让观众感到严肃。其中，PPT的配色是对基调影响最大的设计，因为配色能在第一时间传达给观众不同的感受。

一份展示企业严肃文化的PPT不宜选用五颜六色的配色，一份展示全民快乐运动的宣传PPT不宜选用黑白的配色及深沉的图片。

确定宣传展示类PPT的基调，首先要从LOGO出发，其次再考虑其他基调的选择。

1. 从LOGO出发

宣传展示类PPT，尤其是宣传企业的PPT，制作者首先应该考虑企业的LOGO，从LOGO的配色出发，选定PPT的颜色基调。这样做的好处在于，让整个PPT与企业融为一体，利用颜色宣传企业。图21-28所示的是本章案例中企业的LOGO，从LOGO中可以用吸管工具提取到两种颜色。这两种颜色可以作为PPT的两种主要色调，然后再选择一种背景色即可，图21-29和图21-30所示的是不同的颜色搭配方案。由于这是一家教育企业，带给观众的是"希望"，这不是一个沉重的话题。因此，可以考虑图21-29中的配色。

图 21-28

图 21-29

图 21-30

配色设定好后，整个演示文稿中的配图也要符合此基调。例如，表现"积极""希望"的演示文稿，配图也应该包含"微笑""握手"等相关的元素。

2. 从内容主题出发

如果宣传展示的内容没有确定的LOGO可以提取颜色，那么制作者还可以从内容的主题出发，选择PPT的配色基调。制作者可以根据二十四色相环中冷暖色的区分，快速配出表现严肃或表现快乐等主题的颜色。如图 21-31 所示，冷色带给观众严肃、冷静的感受，而暖色带给观众快乐、轻松、温暖的感受。从色相环中不同色调选择颜色进行配色，效果分别如图 21-32 和图 21-33 所示。

严肃主题

图 21-32

快乐主题

图 21-33

图 21-31

21.2　设置幻灯片页面

制作宣传展示类PPT前，都要进行页面设置，调整好幻灯片的大小再设计页面元素。幻灯片的页面大小通常有 16:9 和 4:3 两种选择。由于 16:9 更符合人眼的视觉比例，且越来越多的显示器长宽比为 16:9。因此这里将宣传展示PPT的页面大小设置为 16:9，具体操作步骤如下。

新建一个空白演示文稿，并以"企业宣传"为名称进行保存。❶单击【设计】选项卡下的【幻灯片大小】按钮；❷在弹出的下拉菜单中选择【宽屏（16:9）】选项，如图 21-34 所示。

> **技术看板**
>
> 设置幻灯片的大小，不仅有 16:9 和 4:3 两种选择，还可以在【幻灯片大小】下拉菜单中选择【自定义幻灯片大小】选项，设置其他页面的大小格式。
>
> 当幻灯片的大小设置完成后，在制作幻灯片的过程中依然可以再次调整页面的大小，只不过原有的页面元素就会变得不适合新页面大小，需要制作者进行重新调整。

图 21-34

21.3 使用母版设计主题

为了保持PPT的统一性，同一个PPT的不同页面或主体页面应该在颜色、页面元素、水印、LOGO等内容上保持一致。这就需要用到母版，制作者可以提前设计好PPT的母版，在母版中添加上不同页面都会出现的内容元素，可快速将相同元素应用到不同幻灯片中，实现演示文稿的页面统一。母版的具体设置步骤如下。

Step01 打开前面创建的"企业宣传"演示文稿。单击【视图】选项卡下【母版视图】组中的【幻灯片母版】按钮，如图21-35所示，即可进入母版视图界面。

图 21-35

Step02 ❶选中一张母版版式；❷选中版式中的所有元素，如图21-36所示，然后按【Delete】键，将这些不需要的元素删除。

图 21-36

Step03 在幻灯片母版的空白页面右击，在弹出的快捷菜单中选择【设置背景格式】选项，如图21-37所示。

图 21-37

⚙ 技能拓展——打开【设置背景格式】窗格的方法

打开幻灯片母版的【设置背景格式】窗格，不仅可以在母版空白页面右击打开，还可以直接单击【幻灯片母版】选项卡下【背景】组中的【设置背景格式】按钮，【设置背景格式】按钮就是【背景】组右下角的功能拓展按钮，单击该按钮即可打开【设置背景格式】窗格。

Step04 ❶在【设置背景格式】窗格中单击【颜色】图标；❷在出现的颜色面板中选择【其他颜色】选项，如图21-38所示。

图 21-38

Step⑤ ❶打开【颜色】对话框，切换到【自定义】选项卡；❷设置颜色的RGB参数值；❸单击【确定】按钮，如图 21-39 所示。

图 21-39

技术看板

设置母版的背景色，通常要选择那些不刺激眼睛的颜色，金黄色、鲜绿色这类容易引起观众视觉疲劳的颜色最好不要选择。

此外，设置母版的背景色，还需要考虑背景色是否会影响文字的阅读。一般来说，深色背景要搭配浅色文字，浅色背景要搭配深色文字。

Step⑥ ❶在设置好背景色的母版中，单击【插入】选项卡下的【形状】按钮；❷在弹出的下拉列表中选择【矩形】选项，如图 21-40 所示。

图 21-40

Step⑦ 在母版中左上方，绘制 3 个大小不一的矩形，如图 21-41 所示。

图 21-41

Step⑧ ❶选中 3 个矩形；❷单击【绘图工具 - 形状格式】选项卡下的【形状填充】按钮；❸在弹出的下拉列表中选择【其他填充颜色】选项，如图 21-42 所示。

图 21-42

Step⑨ ❶在【颜色】对话框中，设置矩形的RGB颜色；❷单击【确定】按钮，如图 21-43 所示，将矩形设置为橙红色。

图 21-43

Step⑩ ❶在幻灯片的左下方绘制两个矩形，并使其相交；❷调整第2个矩形的旋转角度，如图21-44所示。

图 21-44

Step⑪ ❶选中长条矩形，按住【Ctrl】键再选中较宽的矩形；❷单击【绘图工具-形状格式】选项卡下的【合并形状】按钮；❸在弹出的下拉菜单中选择【剪除】选项，如图21-45所示，即可绘制出带有斜角的长条矩形了。

图 21-45

技术看板

在绘制带斜角的矩形时，应先选中长条矩形，再选中作为辅助的旋转矩形，这个顺序不能变，因为需要从长条矩形中剪除与旋转矩形相交的部分。如果选择的顺序颠倒，留下的将是旋转矩形与长条矩形相交的部分。

Step⑫ ❶选中这个斜角矩形；❷在【颜色】对话框中设置RGB颜色参数，如图21-46所示，将其设置为深青色。

图 21-46

Step⑬ ❶在左上角的矩形中添加文本框，输入【>>】字符；❷在右下角绘制一个长条矩形，颜色填充与左上角的矩形一致，并输入文字，设置文字格式为【等线（正文）】【18号】【加粗】【白色】，如图21-47所示。

图 21-47

Step⑭ 使用相同的方法，再创建目录页的母版。目录页母版与内容页母版的区别是：左上角的橙色矩形更短，且添加了文字，设置其字体格式为【微软雅黑】【26.7号】【加粗】【白色】，效果如图21-48所示。

图 21-48

Step⑮ 母版设置好后，右击内容页的母版，在弹出的快捷菜单中选择【重命名版式】选项，如图 21-49 所示。

图 21-49

Step⑯ ❶在【重命名版式】对话框中输入母版名称；❷单击【重命名】按钮，如图 21-50 所示。使用同样的方法，为目录页的母版命名为"目录母版"。

图 21-50

21.4 设计 PPT 的封面页和尾页

宣传展示类 PPT 的封面页和尾页看似无关紧要，实则是点睛之笔。PPT 的封面页应当是一个好的开头，唤起观众对演示文稿的兴趣；尾页应当是一个好的结尾，既总结文稿，又含有深意，为整个宣传展示加上有力的一笔。

宣传展示类 PPT 的封面页和尾页需要从图片和页面设计两个方面来考虑。

21.4.1 图片选择和处理

在宣传展示类 PPT 中，图片是重点，好的图片可以有象征意义，强调演示文稿的主题，加深演示文稿的深度。找到合适的图片后还需要进行适当的处理，使图片的大小、形状适合 PPT 页面，具体操作步骤如下。

Step① ❶进入网站"多搜搜"输入关键词【攀登】；❷单击 🔍 按钮，如图 21-51 所示。

图 21-51

Step② 寻找到合适的图片后，在图片上右击，在弹出的快捷菜单中选择【图片另存为】选项，并保存到计算机中合适的位置，如图 21-52 所示。

图 21-52

Step③ ❶在"企业宣传"演示文稿中，新建一页空白的演示文稿；❷单击【插入】选项卡下的【图片】按钮；❸在下拉菜单中选择【此设备】选项，如图 21-53 所示。

图 21-53

Step04 ①在【插入图片】对话框中，选择所需的图片（文件路径：素材文件\第21章\图片1.jpg）；②单击【插入】按钮，如图21-54所示。

图 21-54

Step05 保持图片的长宽比例，调整其大小，如图21-55所示。

图 21-55

Step06 ①选中图片，单击【图片工具-图片格式】选项卡下的【裁剪】按钮；②将图片中多余的部分剪除，让图片正好充满整张幻灯片，如图21-56所示。

图 21-56

Step07 使用相同的方法，为尾页搜索一幅合适的图片，这里找到一幅有阳光的图片，象征着成人教育是充满希望的，预示着光辉的未来。①新建一页空白的尾页PPT；②在尾页PPT中插入图片，并在【插入图片】对话框中选择合适的图片插入（文件路径：素材文件\第21章\图片2.jpg）；③单击【插入】按钮，如图21-57所示。

图 21-57

技能拓展——如何找到优秀的配图

搜索图片时，需要按PPT的意义来搜索。在这里之所以搜索"攀登"及寻找有阳光的图片，是因为成人教育的目的是超越自我，与攀登有相似的意义。而成人教育机构带给成人新的希望，与阳光又有相似的意义。根据意义寻找演示文稿配图，能找到深入人心的图片，增强演示文稿的表现力。

Step⑧ 从图片左下角开始拖动图片调整大小，如图 21-58 所示。

图 21-58

Step⑨ 将图片裁剪一下，留出输入文字的位置。❶插入一个矩形；❷调整矩形的【旋转】角度为【-22°】，如图 21-59 所示。

图 21-59

Step⑩ 利用矩形进行图片裁剪。❶选中图片后再选中矩形；❷选择【绘图工具-形状格式】选项卡下【合并形状】下的【剪除】选项，如图 21-60 所示。

图 21-60

Step⑪ 调整裁剪后的图片位置，使其位于幻灯片的右侧，如图 21-61 所示。

图 21-61

至此便完成了"企业宣传"演示文稿的封面页和尾页图片处理。

21.4.2 页面设计

宣传展示类 PPT 的封面页和尾页有了合适的图片后，还需要搭配上相应的文字、图形，才能制作成美观且有展示意义的页面，具体操作步骤如下。

Step⑪ 在"企业宣传"PPT 的封面页中，单击【插入】选项卡下的【形状】按钮，然后选择【菱形】选项，如图 21-62 所示。

图 21-62

Step 02 ❶在封面页的左侧绘制一个菱形；❷调整菱形的大小，如图 21-63 所示。

图 21-63

Step 03 设置菱形的填充色为深青色、RGB参数分别为【20】【111】【130】，❶设置菱形的【线条】→【颜色】为【白色】；❷设置菱形的【线条】→【宽度】为【8磅】，如图 21-64 所示。

图 21-64

Step 04 绘制另外 3 个菱形，重叠在第 1 个菱形下面，并调整 3 个菱形的大小，其参数值依次是【12 厘米】【14厘米】【16厘米】，效果如图 21-65 所示。

图 21-65

Step 05 为了使下层的 3 个菱形呈发光透明状，需要设置填充方式。这里以大小为【12 厘米】的菱形为例，设置填充方式为【渐变填充】。❶在【填充】选项卡下设置【类型】为【线性】；❷设置【方向】为【线性向下】；❸设置第 1 个渐变光圈的RGB颜色为【231】【230】【230】，设置【位置】为【0%】、【透明度】为【89%】，如图 21-66 所示。

设置第 2 个渐变光圈的填充色为【白色】、【位置】为【100%】、【透明度】为【34%】。使用相同的方法设置另外两个菱形，只不过 3 个菱形的透明度一个比一个大，制造出透明发光的效果。

图 21-66

Step 06 为了增加细节表现效果，再插入其他形状。单击【形状】按钮，在弹出的下拉列表中选择【半闭框】选项，如图 21-67 所示。

图 21-67

Step07 ❶在最小菱形的左右两边绘制两个半闭框形状，并填充上橙红色；❷在菱形中插入文本框，并输入文字，将文字参数设置为【等线（正文）】【28号】【加粗】【白色】，将数字参数设置为【Arial Rounded MT Bold】【28号】【加粗】【白色】，效果如图 21-68 所示。

图 21-68

Step08 ❶打开【插入图片】对话框，选择LOGO图片（文件路径：素材文件\第21章\LOGO.png）；❷单击【插入】按钮，即可为封面页插入企业的LOGO图标，如图 21-69 所示。

技能拓展——保持图形对齐

在本案例中，有4个菱形重叠在一起，要想保持这4个菱形是左右、上下对齐的，可以同时选中4个菱形，依次执行【对齐】下拉列表中的【水平居中】和【垂直居中】命令，就能保持4个图形关于中心点居中对齐了。

图 21-69

Step09 调整LOGO的大小和位置，完成封面页的制作，效果如图 21-70 所示。

图 21-70

Step10 切换到尾页页面。❶绘制一个圆角矩形和直角矩形；❷将圆角矩形的填充色设置为橙红色，【透明度】设置为【26%】；❸设置直角矩形的填充色为深青色，如图 21-71 所示。

图 21-71

Step11 ❶为尾页添加上文字，文字均设置为【等线（正文）】【白色】【加粗】，大小分别设置为【48号】和【36号】；❷在尾页的左下角插入企业的LOGO图标，如图21-72所示。

图 21-72

21.5 设计 PPT 的目录页

宣传展示类PPT的目录页通常放在封面页的后面，告诉观众这份演示文稿有什么样的内容，对文稿展示起到统领的作用。目录页的设计，可以使用左图右文的方式，右边使用相同的图形表示不同的目录，具体操作步骤如下。

Step01 在"企业宣传"演示文稿的第2页位置，插入【目录母版】幻灯片，如图21-73所示。

图 21-73

Step02 为目录页选择一幅配图，❶打开【插入图片】对话框，选择合适的图片（文件路径：素材文件\第21章\图片3.jpg）；❷单击【插入】按钮，如图21-74所示。

图 21-74

Step03 为了制造出图片的斜角，使用形状进行剪除。❶绘制一个倾斜的矩形；❷调整矩形的【旋转】角度为【330°】，如图21-75所示。

图 21-75

Step 04 利用倾斜矩形，为图片执行【剪除】命令。然后再调整裁剪后图片的【颜色】为【饱和度：0%】，如图 21-76 所示。

图 21-76

技术看板

将图片颜色设置为黑白色有两个目的：其一是减少观众对图片的注意力，将视线集中于主要内容上；其二是显得 PPT 很有质量，这是因为不同的鲜艳颜色代表着不同的感情色彩，而黑白色能降低观众的情绪波动，从而显得有档次和质感。

Step 05 ①在目录页的右上方绘制一个三角形，并设置其填充色为【深青色】；②调整其大小，效果如图 21-77 所示。

图 21-77

Step 06 为了使三角形更有立体感，设置三角形的阴影效果。①打开三角形的【设置形状格式】任务窗格，切换到【效果】选项卡；②在该选项卡下进行阴影效果的参数设置，如图 21-78 所示。

图 21-78

Step 07 ①绘制一个长条矩形，并使用【剪除】功能制造出右边的斜角；②让长条矩形的层次位于三角形的下方，如图 21-79 所示。

图 21-79

Step 08 复制出 3 个三角形和矩形，①插入文本框并输入目录的编号和内容；②设置编号和文字的格式，如图 21-80 所示。

图 21-80

21.6 设计 PPT 的内容页

宣传展示类PPT的内容页是重点展示部分。内容页通常使用同一个母版，以保持内容统一性，并根据内容的不同设计不同的元素进行展现。

21.6.1 表示发展历程的 PPT 设计

事物的发展历程很明显是流程型的逻辑关系，在PPT的SmartArt图形中，就有专门表示流程的图形，如图 21-81 所示，制作者可以从中得到一些启发，设计出更美观的流程型PPT。例如，通过图 21-81 中的【步骤上移流程】图，可以联想到向上的弯曲线条，并用这样一根线条来设计出企业蓬勃向上发展的历程页面，具体操作步骤如下。

图 21-81

Step01 在"企业宣传"演示文稿的第 3 页位置新建一页【内容母版】页面，如图 21-82 所示。

图 21-82

Step02 ❶在页面左上方的橙红色矩形上，添加文本框输入标题；❷设置标题字体格式为【等线（正文）】【21.3】【加粗】【白色】，后面的内容页标题格式与此保持一致，如图 21-83 所示。

图 21-83

Step03 选择【插入】选项卡下【形状】下拉列表中的【曲线】选项，如图 21-84 所示。

图 21-84

Step04 在页面中绘制一条向右上角延伸的曲线，如图 21-85 所示。

图 21-85

技术看板

曲线的绘制方法是在不同点位上单击，两点之间就形成了一条曲线。如果对绘制的曲线不满意，可以右击曲线，选择【编辑顶点】选项，通过调整顶点来调整曲线的形状。

Step05 绘制好曲线后，设置其线条颜色为【深青色】。❶在【设置形状格式】任务窗格中切换到【效果】选项卡；❷在曲线的【发光】选项区域中设置【颜色】为【灰色，个性色 3】，其参数设置如图 21-86 所示。

图 21-86

Step06 曲线绘制好后，在曲线上绘制小圆圈，表示时间点。❶绘制一个圆形，在【填充】选项卡中设置【填充】→【颜色】为【白色，背景 1，深色 25%】；❷设置【线条】→【颜色】为【橙红色】，如图 21-87 所示。

图 21-87

Step07 为了突出时间点，设计一个坐标图形。❶选择【形状】下拉列表中的【泪滴形】选项；❷绘制一个泪滴形状和圆形，并在圆形中绘制一个箭头，如图21-88所示。

图21-88

Step 08 复制小圆圈形状和坐标形状到曲线上不同的点，每个点都代表一个时间点，如图21-89所示。

图21-89

Step 09 在不同的时间点附近添加文本框，输入年份和发展状况，如图21-90所示。

图21-90

21.6.2 使用齿轮来表示机构服务

宣传展示类PPT，要想取得高效的信息传达效率，

必须将抽象的信息转化为具象的信息。例如，在PPT中，要想表现企业的主要服务项目，并且这些服务项目都是相辅相成的，相当于企业运转的一个齿轮，如果只用单纯的文字进行说明，观众很难感觉到这种概念，但是用形象的齿轮图形来表示，就十分具象了。

其实在PPT中使用齿轮并不难，制作者只需在网上找到合适的矢量图齿轮图形，进行简单修改即可。如果制作者学会了矢量图齿轮的修改方法，就可以举一反三，寻找其他复杂的矢量图形，将其经过简单处理后运用到自己的PPT页面中，从而使演示文稿提高档次，具体操作步骤如下。

Step 01 ❶进入素材网站，如"千图网"，输入关键词【齿轮】；❷选择适合的齿轮素材，并单击【免费下载】按钮，如图21-91所示。

图21-91

Step 02 下载的矢量图文件通常是.ai文件，需要使用Adobe Illustrator软件打开，然后再应用到PowerPoint中。在Adobe Illustrator软件中打开下载好的齿轮文件（文件路径：素材文件\第21章\齿轮.ai），❶选中齿轮图形；❷按住鼠标左键不放，将齿轮拖动到PowerPoint界面中，如图21-92所示。

图21-92

Step03 此时拖动到PowerPoint界面的齿轮图形是图片格式，需要转换成可编辑的图形格式。❶右击PPT界面中的齿轮图形，从弹出的快捷菜单中选择【组合】选项；❷从弹出的子菜单中选择【取消组合】选项，如图21-93所示。

图 21-93

Step04 在弹出的【Microsoft PowerPoint】对话框中，单击【是】按钮，如图21-94所示。此时的齿轮图片就能成功转换成可编辑的矢量图形，制作者可以随意改变齿轮图形。例如，选中下方不需要的阴影，将其删除，如图21-95所示。

图 21-94

图 21-95

Step05 齿轮中原本的颜色不符合幻灯片设计，这里需要改变颜色。如图21-96所示，选中一个齿轮图形，然后将其颜色填充为【深青】，最后使齿轮的整体配色与其他幻灯片的页面配色一致。

图 21-96

Step06 ❶为齿轮图形添加连接线；❷对线条进行参数设置，如图21-97所示。

图 21-97

Step07 将"机构发展历程"页面中制作的坐标图形复制到每根连接线的末端，再添加文本框，输入不同企业服务的名称，效果如图21-98所示。

图 21-98

21.6.3 在内容页中添加图片的技巧

宣传展示类PPT离不开图片的展示辅助，图片能恰到好处地帮助内容表达，无形中增强了演示文稿的感染力。但是在文稿中添加图片要美观大方，是有技巧可言的，制作者往往需要将图片裁剪成不同的形状，且保持图片不变形。

本案例中，第5页、第7页、第8页、第10页均为图片辅助型PPT页面，将在下面一同讲解这几页PPT的设计方法。制作者需要先插入4张【内容母版】幻灯片，然后按如下的步骤操作。

Step01 首先在插入的第5张幻灯片，即"企业现状——师资力量"页面中进行操作。在页面中绘制两个矩形和两个圆形，并为它们填充上深青色和橙红色，效果如图 21-99 所示。

图 21-99

Step02 在一大一小的两个圆形上，再绘制一大一小两个

圆形，如图 21-100 所示。

图 21-100

Step03 ❶选中大的圆形，在【设置图片格式】任务窗格中选中【图片或纹理填充】单选按钮；❷再单击【插入】按钮，如图 21-101 所示。

图 21-101

Step04 在打开的【插入图片】对话框中选择【来自文件】选项，如图 21-102 所示。

图 21-102

Step05 ❶在打开的【插入图片】对话框中选择合适的图片（文件路径：素材文件\第21章\图片4.jpg）；❷单击【插入】按钮，如图 21-103 所示。

图 21-103

Step 06 ❶选中【将图片平铺为纹理】复选框；❷调整图片的【偏移量】和【刻度】，如图 21-104 所示。

图 21-104

Step 07 ❶选中较小的圆形，在【插入图片】对话框中选择合适的图片（文件路径：素材文件\第21章\图片 5.jpg）；❷单击【插入】按钮，如图 21-105 所示。

图 21-105

Step 08 在这张幻灯片中，插入文本框并输入文字，即可完成幻灯片制作，如图 21-106 所示。

图 21-106

Step 09 切换到第 6 张幻灯片中，制作"主要课程—职业规划"幻灯片。❶在幻灯片中绘制一个圆形；❷单击【插入】按钮，选择合适的图片（文件路径：素材文件\第 21 章\图片 6.jpg）插入；❸选中【将图片平铺为纹理】复选框，如图 21-107 所示。

图 21-107

Step 10 ❶打开【选择 SmartArt 图形】对话框，选择【垂直曲形列表】选项；❷单击【确定】按钮，如图 21-108 所示。

图 21-108

Step⑪ ❶切换到【SmartArt工具–SmartArt设计】选项卡；❷单击【添加形状】按钮，如图21-109所示。按照同样的方法为形状添加3个可写文本的图形。

图 21-109

Step⑫ 调整SmartArt图形的大小和位置，右击SmartArt图形，并选择快捷菜单中的【转换为形状】命令，如图21-110所示。

图 21-110

> **技能拓展——快速得到组合图形**
>
> 插入SmartArt图形，并调整好图形的形状数量、颜色，再执行【转换为形状】命令，可以减少图形绘制、对齐等操作步骤，帮助PPT制作者快速得到理想的组合图，并在图中添加文字。

Step⑬ 选中形状中的弧形，按【Delete】键删除，如图21-111所示。

图 21-111

Step⑭ 对图形中长条图形的长短进行微调，然后在图形中添加上编号和文字，即可完成这张幻灯片的制作，效果如图21-112所示。

图 21-112

Step⑮ 进入第7张幻灯片，即"主要课程—表达训练"页面进行设计。绘制两个矩形，并使用【剪除】功能绘制出上方矩形的斜角，调整其【旋转】角度，如图21-113所示。

图 21-113

Step⑯ 在页面中继续绘制4个矩形，并填充好颜色，效果如图21-114所示。

图 21-114

Step⑰ ❶打开【插入图片】对话框，选择合适的图片（文件路径：素材文件\第21章\图片7.jpg、图片8.jpg）；❷单击【插入】按钮，如图 21-115 所示。

图 21-115

Step⑱ 调整不同图片的大小，并在添加的文本框中输入文字，即可完成这张幻灯片的制作，如图 21-116 所示。

图 21-116

Step⑲ 进入第 8 张幻灯片，即"主要课程—涉外沟通"页面进行设计。❶在页面中绘制好起修饰作用的色块，并添加文字；❷打开【插入图片】对话框，选择合适的图片（文件路径：素材文件\第21章\图片9.jpg）；❸单击【插入】按钮，如图 21-117 所示。

图 21-117

Step⑳ ❶切换到【图片工具-图片格式】选项卡；❷单击【旋转】按钮，在下拉列表中选择【水平翻转】选项，如图 21-118 所示。

图 21-118

Step㉑ ❶绘制一个矩形，并调整【旋转】角度；❷选中图片和矩形执行【剪除】命令，如图 21-119 所示。

技术看板

本案例中之所以要【水平翻转】图片，是因为需要剪除图片的左边，但是原图的左边是重点内容不能剪除，翻转图片后，图片的左右部分进行交换，可以在保持图片内容不变的前提下，剪除不需要的部分。

图 21-119

21.6.4 使用简单图形制作精美的内容页

宣传展示类PPT不一定要添加图片才能增强表现效果，使用简单的图形和图标也可以制作出精美的PPT页面。制作者需要根据页面的内容来选择图形，同时选择恰当的图标进行示意。在本案例中，第9张和第11张便属于这种类型，制作者需要先插入两张【内容母版】幻灯片，然后按以下步骤操作。（注：这份PPT前面还差一张幻灯片，会在后面进行讲解，这里制作幻灯片序号为第8张和第10张）

Step01 进入第9张幻灯片，即"主要课程—管理能力"页面进行设计。绘制8个矩形，并排列、整理、填充颜色，效果如图 21-120 所示。

图 21-120

Step02 ❶绘制4个三角形；❷调整【旋转】角度，如图 21-121 所示。

图 21-121

Step03 ❶在这张幻灯片中添加文本框并输入文字；❷单击【插入】选项卡【图像】组中的【图片】下拉按钮；❸在下拉列表中选择【图像集】选项，如图 21-122 所示。

图 21-122

Step04 ❶在弹出的对话框中选择【图标】选项卡；❷选择需要的图标；❸单击【插入】按钮，如图 21-123 所示。

图 21-123

Step 05 图标不仅可以在 PowerPoint 2021 中选择插入，还可以将在其他网站中下载的图标保存后以图片的形式插入。❶打开【插入图片】对话框，选择合适的图标（文件路径：素材文件\第 21 章\图标 2.png）；❷单击【插入】按钮，如图 21-124 所示。

图 21-124

Step 06 使用相同的方法，为幻灯片的其他内容插入恰当的图标（文件路径：素材文件\第 21 章\图标 3.png、图标 4.png），即可完成这张幻灯片的制作，效果如图 21-125 所示。

图 21-125

Step 07 新建一张"企业教学理念"幻灯片。❶单击【插入】

选项卡下的【形状】按钮；❷选择【六边形】选项，如图 21-126 所示。

图 21-126

Step 08 ❶在 PPT 界面中绘制六边形；❷调整六边形的大小，如图 21-127 所示。

图 21-127

Step 09 选中绘制好的第一个六边形，按【Ctrl+D】组合键复制一个六边形，并调整复制图形的位置，如图 21-128 所示。

图 21-128

Step⑩ ❶使用同样的方法，复制4个六边形，并进行排列；❷为每个六边形添加一条直线，并调整直线的格式，如图21-129所示。

图 21-129

Step⑪ 添加文本框并输入文字，即可完成这张幻灯片的制作，效果如图21-130所示。

图 21-130

21.6.5 用数据说话，图形类内容页的制作

在这个大数据时代，讲究用数据说话，并且数据比抽象的文字更容易获得观众信任。但是数据只是枯燥的数字，为了在幻灯片中将数据表达得更有趣，制作者可以使用图表。本案例中第6张PPT就是用图表来表现企业的学员成就，具体操作步骤如下。

Step① ❶新建一张【内容母版】幻灯片，作为企业宣传演示文稿的第6张，即"企业现状—学员成就"页面；❷单击【插入】选项卡下的【图表】按钮，在打开的【插入图表】对话框中选择【圆环图】选项；❸单击【确定】按钮，如图21-131所示。

图 21-131

技术看板

在PPT中制作图表，要根据数据来选择图表类型。一般来说，表示数据的百分比要选用饼图、圆环图等图表；而表示数据大小，则可以选择柱形图、条形图等图表。

Step② ❶选中图表；❷单击【图表工具-图表设计】选项卡下的【编辑数据】按钮，在弹出的下拉菜单中选择【在Excel中编辑数据】选项，如图21-132所示。

图 21-132

Step③ 在Excel表中输入数字，如图21-133所示。

图 21-133

Step04 选中图表并右击,在弹出的快捷菜单中选择【设置数据系列格式】选项,打开【设置数据系列格式】任务窗格,在【系列选项】选项卡中调整【圆环图圆环大小】,如图 21-134 所示。

图 21-134

Step05 单独选中【创业成功】的【辅助】系列图形,如图 21-135 所示。

图 21-135

技术看板

在图表数据编辑中,设置【辅助】数据列,表示这列数据不是要呈现给观众的,而是为了图表美观添加的辅助元素。

如果在 Excel 表中输入数字后,图表没有按照预想的那样改变,很可能是因为图表选择的数据区域有误,此时只需单击【选择数据】按钮,重新选择数据区域即可。

Step06 ❶设置该数据系列格式为【无填充】;❷设置该数据系列格式为【无线条】,如图 21-136 所示,将这个图形隐藏起来。

图 21-136

Step07 使用同样的方法,将所有的【辅助】数据系列隐藏。调整其余数据系列填充,将其设置为深青色和橙红色两色交叉填充,如图 21-137 所示。

图 21-137

技术看板

在隐藏图表中的【辅助】数据系列时,要在其上双击才能单独选中该数据系列,否则同时选中多个数据系列。

Step⑱ 图表绘制成功后，根据每一数据系列的百分比数值添加引导线和文本，即可完成这张幻灯片的制作，效果如图21-138所示。

图 21-138

21.7 设置播放效果

宣传展示类PPT完成制作后，还需要为文稿设置切换和动画效果，以丰富文稿表现力。设置播放效果，总的原则是不可太花哨。例如，为每张幻灯片设置不同的切换效果和过多的动画，反而会喧宾夺主，分散观众的注意力。

21.7.1 设置幻灯片切换方式

幻灯片的切换方式一般设置1~3种即可，否则会太过花哨。本案例中选择了【推进】的切换方式，具体操作步骤如下。

Step① ❶选择第1张幻灯片；❷在【切换】选项卡下选择一种切换效果，这里选择【闪耀】效果，如图21-139所示。

图 21-139

Step② 可以预览【闪耀】效果，如果效果不错便单击【应用到全部】按钮，为所有幻灯片添加该切换效果，如图21-140所示。

图 21-140

21.7.2 设置动画效果

幻灯片的动画效果是针对幻灯片页面中的元素设置的，目的在于让幻灯片中的文字、图片等元素以活泼有趣的方式呈现在观众面前。本案例中，统一设置文字为一种动画效果，图片和图表分别使用另外两种动画效果，具体操作步骤如下。

Step① ❶在第1张幻灯片中，选中文字；❷单击【动画】选项卡下的【飞入】动画按钮，如图21-141所示。

图 21-141

Step② ❶切换到第 2 张幻灯片中，选中第 1 行目录的文字及图形；❷单击【飞入】动画按钮，如图 21-142 所示。

图 21-142

Step③ 按照顺序，依次为目录页幻灯片中的不同目录添加【飞入】动画，如图 21-143 所示，播放时这几行目录便会依次飞入界面。

图 21-143

Step④ 使用同样的方法，为第 3 张幻灯片添加【飞入】动画，如图 21-144 所示。

图 21-144

Step⑤ 在第 4 张幻灯片中，可以设置让齿轮先出现，文字随后依次【飞入】。❶进入第 4 张幻灯片，选中齿轮；❷单击【随机线条】动画按钮，再按照顺序依次设置其他文字的【飞入】动画，如图 21-145 所示。

图 21-145

Step⑥ 图片加文字的幻灯片，可以设置图片为【劈裂】效果，紧接着【飞入】与图片相关的文字。❶进入第 5 张幻灯片，选中图片；❷单击【劈裂】动画按钮，然后依次设置其他图片和文字的动画效果，如图 21-146 所示。

图 21-146

Step 07 使用同样的方法,完成其余幻灯片的动画效果设置,这里不再赘述,如图 21-147~图 21-150 所示。

图 21-147

图 21-148

图 21-149

图 21-150

本章小结

　　本章制作了企业宣传展示类PPT案例,通过这个案例,读者应该学会举一反三,将制作方法运用到其他宣传展示类PPT中。

　　总的来说,宣传展示类PPT的制作需要从展示的主题出发,围绕这个主题提取展示内容,再根据展示内容设计不同页面的幻灯片。

第22章

实战：制作总结报告类 PPT

➡ 总结报告类 PPT 有没有通用的内容逻辑？是什么？

➡ 在总结报告中，如何展现内容才会更具说服力、更真实？

➡ 针对总结报告，有哪些配色上的注意事项？

➡ 如何根据总结报告的内容、报告的场合设计出应景的风格？

➡ 在总结报告中，工作数据如何展示才能精确体现？

工作是人们的一大重心，在职场中少不了用 PPT 来做汇报演讲。很多职场人士对做总结报告类 PPT 一头雾水，不知道从何下手。本章介绍总结报告类 PPT，以及专属于这种类型的演示文稿的内容逻辑。根据这个逻辑框架，挑选适合自己的内容，再学习一些经典的图表制作、图形绘制技巧，快速量身打造出一份属于自己职业的总结报告类 PPT。

22.1 总结报告类 PPT 的制作标准

实例门类 页面设计 + 数据图表设计类

总结报告是指将一段时期做的工作进行全面的检查、分析，并总结出取得的成绩和不足之处，根据过去的工作总结，制定下一阶段的目标或改进方法。

常见的总结报告有周报、月报、季度报告、年终报告，尤其是年终工作总结报告，是各大中小型公司都十分重视的报告类型。

制作总结报告类 PPT，有一些共同的标准：报告内容需要有一个清晰明了的逻辑线，大部分总结报告类 PPT 的逻辑线都是相似的。在逻辑方面，还需注意汇报内容要前后照应，尤其是报告中包含了未来目标及改进措施时，要与报告前面的内容照应起来，例如，前面总结出取得了销售额 500 万元的成绩，后面却制定 400 万元的销售目标；汇报出固定时间段内取得的成绩，并且尽量用数据说话，做到实事求是，正是基于此，总结报告类 PPT 对图表的应用较为频繁；报告的风格要与公司风格、公司经营状况、报告时间相吻合，如年会上的年终总结报告，就要喜庆一点，预示着来年工作成绩更上一层楼。

按照这样的标准，本章制作的年终总结报告 PPT 案例效果如图 22-1~图 22-13 所示。案例的整体风格是喜庆的大红色，用在年终总结上正合适，且报告内容显示公司当年的运营状况良好、业绩可喜，这样的喜庆颜色同时能表示对业绩的庆祝。在报告中，目录就是逻辑线，十分清晰完整，即工作总览—所得成绩—是否完成年度目标—不足之处—展望未来。在报告中能用数字表示的都用了数字，即使选用图形来表示订单量增加，也使用图形化处理后的图表，力求数字精确，如图 22-5 所示。

图 22-1

图 22-2

图 22-6

图 22-3

图 22-7

图 22-4

图 22-8

图 22-5

图 22-9

第1篇

第2篇

第3篇

第4篇

图 22-10

图 22-11

图 22-12

图 22-13

22.1.1　工作总结报告的逻辑框架整理

工作总结报告是给自己的上级或同事看的，如果逻辑框架不清楚就会让观众看得一头雾水，不知道报告中所讲的内容及各内容之间的联系。从实际情况来看，工作总结报告的作用是对已完成工作进行系统的梳理，以便制订出更合理的计划、做出有效的改进。因此，总的逻辑框架一定是：总结→计划。如果顺序颠倒，先计划再总结，就会显得逻辑混乱。

通常情况下，总结报告类PPT由4个部分组成，如图 22-14 所示，这4个部分的逻辑是连贯的。先进行概况介绍，再从概况中选择重点内容讲解取得的成绩，接着根据前面介绍的情况进行经验总结，最后根据经验和教训得出未来的计划。

在大逻辑框架无误的前提下，各部分的小框架可以根据工作内容的实际情况灵活安排。在图 22-14 中，标红的字体是本章案例所选用的内容。

图 22-14

在总结报告的大逻辑框架中，需要说明的有以下几点。

➡ 概况介绍：主要介绍过去时间段内的工作内容，根据行业、岗位的不同，概况内容也应当不同。例如，公司管理高层的总结报告，其概况介绍就可以介绍公司的整体情况，而部门小职员的总结报告则可以介绍自己的工作项目。

➡ 所得成绩：主要介绍过去时间段内取得的成绩。这部分的内容要分清主次，挑选重点成绩进行展示即可。

在保持大框架不变的前提下，PPT的制作者可以合理安排小框架内容，形成目录。图 22-15 所示的是本案例的目录及目录对应的大框架。这里之所以添加了"是否完成年度目标"，是因为在这份报告中，营销部门超额完成了去年的销售计划，这是一个值得强调的地方。因此单独提取出来，但是并没有影响整体逻辑。同样的道理，演示文稿的制作者如果觉得有需要强调的地方，如"个人成绩""A地客户发掘计划"等内容，也可以单独进行强调。

图 22-15

22.1.2　图表丰富

图表是总结报告类 PPT 的重要元素，可以在展示数据的同时使数据变得有趣、直观。不仅如此，巧妙利用 PowerPoint 的图表功能，还能在保证数据表现的前提下，制作出丰富的展示效果。图表对工作总结演示文稿的重要性体现在以下几个方面。

1. 图表让数据更直观

工作总结报告少不了数据总结，数据比文字描述更具说服力。例如，"销量很大"和"销量 5 千万件"，后者比前者更具说服力。但是使用单纯的数字或表格来表现数字，难免会让演示文稿显得枯燥乏味，数字表达也不够直观，此时图表的作用就显现出来了。

如图 22-16 所示，用文字描述总结了公司女装今年的销量，"很多"这个词让人一头雾水，究竟高多少，不知道。在图 22-17 中使用了数据，能让观众有明确的概念，但是数字依然很抽象，因为人们接收信息的效率特征是图的效率大于文字+数字。因此，如果将数据转换成图表，将会更直观，如图 22-18 所示，公司女装销量让观众一目了然。

图 22-16　　　　　　图 22-17　　　　　　图 22-18

2. 图表增强表现力

PowerPoint 2021 中的图表功能是十分强大的，通过调整图表各元素的参数，可以达到不同的展现效果。在图 22-19 和图 22-20 中使用的源数据是一样的，但是两者的表现效果完全不一样。图 22-19 中的图表让人感觉 3 个营销小组的业绩差不多，但图 22-20 中的图表却让人强烈地感受到"C组"的业绩远远高于其他两个小组。事实上，仅仅是调整了一下图表 X 轴的数字范围，就能得到不一样的效果。这就是图表增强数据表现的典型案例，利用图表可以有效强调工作总结中的业绩大小、业绩比较等。

图 22-19

图 22-20

3. 图表让数据表现更精确

在总结报告类PPT中，相信不少制作者会绘制一些图表，表示数据的大、小、增长程度等。如图 22-21 所示，这 3 个箭头图形表示了"公司的业绩每年保持 10% 的涨幅"。既然涉及"10%"这样精确的数据，而不是象征性地表示数据有所增长，就不能随意绘制图形。因为图形的长度表示了涨幅，制作者很难控制图形要绘制多少才能精确表示"10%"这样的数字。但是如果制作者利用图表来表现数据，可以在保证图形美观的前提下保证数据精确。如图 22-22 所示，3 个箭头是一个图表中的元素，精确表示了"10% 的涨幅"的概念。

图 22-21

图 22-22

22.1.3 注意配色讲究

总结报告类PPT常常会涉及财务总结、业绩总结这类与金额有关系的信息，如果涉及金额，就需要注意配色讲究。在经济学中，如"赤字"表示亏本，"黑字"表示赚钱，这两个概念都与颜色相关。因此，总结报告类PPT要注意文字、图表的颜色，是否暗示了"亏本"。同样的道理，工作总结PPT是与职场相关、与公司的经营状态相关的，要尽量选用比较吉利的颜色，避免选用看起来黯淡的颜色。具体应注意以下几个方面。

1. 不要用红色表示"盈利"

红色通常用来表示"亏本"，如图 22-23 所示，负数用红色来表示是正确的做法。但是在图 22-24 中，用红色来表示来年的边际利润，有"亏本"的含义，十分不恰当。

图 22-23

图 22-24

2. 不要选用象征意义与内容意义相反的颜色

在中国，不同的颜色有不同的象征意义，如红色象征喜庆，绿色象征希望。PPT页面的整体色调要与内容表达的意义保持一致。如图 22-25 所示，内容表示公司亏本，不是一件值得高兴的事，但是页面却选用了喜庆的红色，极具讽刺意味。在图 22-26 中，选用绿色表示希望，与文字内容"茁壮成长"正好相对应，是正确的配色选择。

图 22-26

图 22-25

22.2 本案例的策划思路

要制作一份优秀的工作总结报告 PPT 不应打开 PowerPoint 边做边想，而是事先有一个完整的策划思路，选定并整理好演示文稿的内容，再根据内容设计演示文稿的色调、风格，最后才能形成出色的工作总结报告。本案例的策划思路如图 22-27 所示。

图 22-27

年终总结报告演示文稿的第一步是将需要表现的内容、材料罗列到一起。这里建议制作者使用 Word 文档进行材料罗列，并为每部分材料设置好大纲级别。如图 22-28 所示，文档左边的【导航】窗格中显示了大纲题目，让制作者可以一目了然自己的材料有哪些，各部分材料之间有什么关系。刚开始罗列材料时，内容会很多，这是正常的，只有将材料都列出来，才能客观地对材料进行整理、提炼。

演示文稿制作的大忌是文字内容太多，因为播放 PPT 时，需要演讲者进行演讲，如果将需要演讲的内容全部呈现在 PPT 上，就不需要演讲者演讲了。因此，制作者需要将材料进行提炼，选择最精华的内容放到演示文稿中。如图 22-28 所示，将"1.维护客户关系"作为总结性语言放到演示文稿中，因为这是客户关系维护的一个结果。按照同样的方法，制作者可以提炼出每部分

内容的精华语句。

图 22-28

图 22-29 所示的是根据 Word 文档中的材料提炼出来的演示文稿内容，有了这个框架后，就可以开始进行下一步设计了。由于这份年终总结报告显示了公司业绩可喜，加之是在年会上演讲，因此选择喜庆的大红色风格，接着开始进行页面设计。

图 22-29

22.3 使用母版设计主题

利用年终总结报告各部分的内容框架，就可以开始设计幻灯片了。幻灯片设计的第一步同样是母版设计，这里需要设计一个喜庆风格的母版来统一年终总结报告的版式。

22.3.1 设置幻灯片的背景

在本案例中，母版需要设置两种背景：一种作为封面页和尾页，另一种作为内容页。内容页的背景颜色不能太强烈，否则会影响文字的显示，具体操作步骤如下。

新建一个空白的演示文稿，并命名为"年终总结报告"，就可以开始母版背景设计工作了。

Step01 ❶在搜索引擎中，输入关键词【红色多边形背景】为母版寻找背景；❷找到合适的图片后进行下载，如图 22-30 所示。

图 22-30

Step02 对于找到的图片，需要进行裁剪处理，使图片的长宽比例为 16:9，如此才能符合幻灯片的长宽比例。如图 22-31 所示，在【图片 1 属性】对话框中，图片的【宽度】和【高度】大小比例刚好是 16:9。

图 22-31

Step03 ❶打开"年终总结报告"演示文稿，进入【幻灯片母版】视图界面；❷选择一页版式，删除页面中的所有元素，然后右击页面，在弹出的快捷菜单中选择【设置背景格式】选项，如图 22-32 所示。

图 22-32

Step04 ❶在打开的【设置背景格式】任务窗格中设置背景的填充方式为【图片或纹理填充】；❷单击【插入】按钮，如图22-33所示。

图 22-33

Step05 在【插入图片】对话框中选择【来自文件】选项，如图22-34所示。

图 22-34

Step06 在【插入图片】对话框中选择事先下载好并调整了长宽比例的背景图片（文件路径：素材文件\第22章\图片1.png），结果如图22-35所示，至此就完成了封面页和尾页母版背景的设计。

图 22-35

Step07 ❶新选择一页母版，设计内容页母版背景；❷删除母版中的所有元素，并绘制一个矩形，将其【形状轮廓】设置为【无轮廓】，大小为刚好填充整个幻灯片页面，如图22-36所示。

图 22-36

Step08 设置矩形的填充方式为【图片或纹理填充】，选择一张图片（文件路径：素材文件\第22章\图片1.png），切换到【图片工具-图片格式】选项卡下，在【颜色】下拉列表框中选择【颜色饱和度】选项区域中的【饱和度：0%】选项，如图22-37所示。

图 22-37

Step09 打开【设置图片格式】任务窗格，在【填充】选项卡下调整图片的【透明度】，如图22-38所示。

图 22-38

Step⑩ 设置图片的【清晰度】和【对比度】，如图 22-39
所示。此时便完成了内容页母版的背景设置。

图 22-39

技术看板

　　之所以在幻灯片中插入矩形后再设置为图片填充格式，是为了调整图片的透明度。插入图片或设置幻灯片背景为图片填充，都不能直接调整图片的透明度。调整了图片透明度后，图片可能会看不清楚，所以需要再设置清晰度和对比度，加强图片效果。

22.3.2　设置母版的细节布局

　　完成母版的背景设置后，还需要为母版添加一些装

饰性元素和文本框。尤其是内容页母版，设置好文本框的字体、颜色等格式后，可以减少在制作内容页时重复调整文本格式，具体操作步骤如下。

Step⑩ ❶在内容页母版中，插入一幅装饰性图片（文件路径：素材文件\第 22 章\图片 2.png）；❷调整图片的大小和位置，如图 22-40 所示。

图 22-40

Step⑩ ❶绘制一个圆形，将其【高度】和【宽度】均设置为【2.36 厘米】；❷打开【设置形状格式】任务窗格，设置圆形为【渐变填充】、【类型】为【线性】、【角度】为【190°】。其中，第 1 个光圈的【颜色】是【白色，背景 1】，【位置】是【0%】；第 2 个光圈的【颜色】是【白色，背景 1，深色 15%】，【位置】是【100%】，【亮度】是【-15%】；❸再切换到【效果】选项卡下，设置圆形的【阴影】效果，如图 22-41 所示。

图 22-41

技术看板

设置圆形为【渐变填充】和【阴影】效果，都是为了增强圆形的立体感，使圆形不再是一个单调的平面，而是效果更为丰富的立体图形。

Step03 ❶在圆形中绘制一个【宽度】和【高度】均为【2.13厘米】的圆，设置其【形状填充】为【无填充】；❷圆形的【线条】格式参数设置如图22-42所示，其中【颜色】的RGB值为【214，6，22】。

图 22-42

Step04 在内容页母版中，选择【插入占位符】下拉列表中的【文本】选项，如图22-43所示。

图 22-43

Step05 ❶保留占位符中第1行的文字，调整文字的字体和字号；❷设置文本的颜色，如图22-44所示。

图 22-44

Step06 ❶使用同样的方法，再次插入文本占位符，但是在占位符中输入数字"1"；❷调整数字的字体和大小，颜色与文本保持一致，如图22-45所示。此时便完成了内容页母版的制作。

图 22-45

在新一张母版中，复制内容页母版的背景图片，完成目录页母版的制作，效果如图22-46所示。此时，可为母版重命名。

图 22-46

22.4 设计 PPT 的封面页和尾页

为了让演示文稿首尾呼应，封面页和尾页的风格应该高度保持一致，最好使用同一母版、相同或相似的字体，具体操作步骤如下。

Step01 新建一张【封面和尾页】幻灯片，如图 22-47 所示。

图 22-47

Step02 ❶在页面中间绘制一个椭圆，并设置好椭圆的大小；❷打开【设置形状格式】任务窗格，设置椭圆为【渐变填充】、【类型】为【线性】、【角度】为【190°】，其中第 1 个光圈的【颜色】是【白色，背景 1】、【位置】是【0%】，第 2 个光圈的【颜色】是【白色，背景 1，深

色 15%】、【位置】是【100%】，【亮度】是【-15%】，如图 22-48 所示。

图 22-48

Step03 切换到【效果】选项卡，设置椭圆的【阴影】参数，如图 22-49 所示。此时已完成椭圆效果设置，此案例后面多次涉及圆形、椭圆的效果设置，参数相同。

图 22-49

Step 04 绘制一个椭圆，设置其【形状填充】为【无填充】，并设置【线条】格式，将线条RGB值设置为【195，12，38】，如图 22-50 所示。

图 22-50

Step 05 ❶在绘制好的椭圆中添加文字"年终总结"，设置其文本格式为【微软雅黑】【66号】【加粗】，将颜色RGB值设置为【214，6，22】；❷在页面下方输入报告

人等信息，设置其文本格式为【微软雅黑】【40号】、颜色RGB值为【255，255，255】，如图 22-51 所示，此时便完成了封面页的制作。

图 22-51

Step 06 按照相同的方法，制作尾页。尾页中"谢谢观赏"的文本格式与封面页的"年终总结"保持一致。设置英文字符的格式为【Impact】【54+】、颜色RGB值为【255，255，255】，如图 22-52 所示。

图 22-52

22.5 设计 PPT 的目录页

目录页不仅体现了整个PPT的逻辑线，还能让观众快速了解演示文稿的内容。在制作目录页时，目录页的风格要与演示文稿保持一致，具体操作步骤如下。

Step 01 插入一张【目录页母版】幻灯片，如图 22-53 示。

图 22-53

Step 02 ❶打开【插入图片】对话框，插入一幅图片（文件路径：素材文件\第 22 章\图片 1.png）❷选中图片，单击【裁剪】按钮；❸将图片裁剪至原图大小的一半左右，如图 22-54 所示。

图 22-54

Step 03 绘制两个矩形，并调整其旋转角度，上方矩形的【旋转】角度为【20°】，下方矩形的【旋转】角度为【158°】，如图 22-55 所示。

图 22-55

Step 04 ❶选中图片后再选择两个矩形；❷选择【绘图工具-形状格式】选项卡【合并形状】下拉列表中的【剪除】选项，如图 22-56 所示。

图 22-56

🎯 技术看板

　　对图片进行裁剪后，再绘制相交的矩形，然后执行【剪除】命令，可以将图片裁剪得更理想。否则未剪的图片太大，不方便对齐图形。

Step 05 在目录页中绘制一个圆形和红色虚线，效果设置与封面页的椭圆和红色虚线设置一样。其中圆形的【宽度】和【高度】均为【8.11 厘米】，红色虚线的【宽度】和【高度】均为【7.35 厘米】。❶插入文本框，输入【目录】；❷设置字体格式为【微软雅黑】【54】，颜色 RGB 值为【214，6，22】，如图 22-57 所示。

图 22-57

Step 06 ❶在目录页右侧绘制一个圆形，调整圆形的大小；❷设置圆形的格式，使其与封面页的椭圆保持一致，如图 22-58 所示。

图 22-58

Step 07 ❶再绘制一个圆形，调整圆形的大小；❷设置圆形为【渐变填充】、【类型】为【线性】、【角度】为【190°】，其中第 1 个光圈的颜色RGB值是【221，57，69】、【位置】是【0%】，第 2 个光圈的颜色RGB值是【170，4，13】、【位置】是【100%】，如图 22-59 所示。

图 22-59

Step 08 在目录中，复制绘制好的两个形状，并添加上文字，如图 22-60 所示。

图 22-60

22.6 设计 PPT 的内容页

年终总结演示文稿的封面页、尾页和目录页完成后，就可以开始制作内容页了。内容页需要在保持整体风格一致的前提下，根据内容的不同设计版式，并插入图表。

22.6.1 工作总览内容页制作

"工作总览"页总结了过去一年的主要工作，选用

"图片＋图标＋文字"的方式，具体操作步骤如下。

Step 01 新建一张【内容页母版】幻灯片，如图 22-61 所示。

图 22-61

Step02 ❶在内容页中插入图片（文件路径：素材文件\第 22 章\图片 1.png）；❷裁剪图片的大小，如图 22-62 所示。

图 22-62

Step03 绘制 4 个圆形，【长度】和【宽度】均设置为【2.54 厘米】，格式设置与封面页椭圆设置一致。插入 4 幅图标图片（文件路径：素材文件\第 22 章\图标 1.png、图标 2.png、图标 3.png、图标 4.png），如图 22-63 所示。

图 22-63

Step04 ❶插入 4 幅图片（文件路径：素材文件\第 22 章\图片 3.jpg、图片 4.jpg、图片 5.jpg、图片 6.jpg）；❷调整图片的【线条】格式且将图片置于底层，如图 22-64 所示。

图 22-64

Step05 在幻灯片页面中输入文字，完成此张幻灯片制作，如图 22-65 所示。

图 22-65

22.6.2 用饼图体现成绩的内容页制作

"年终总结报告"演示文稿少不了成绩汇报，成绩汇报又少不了数据，图表则是表现数据的较佳形式。在此案例的"所得成绩"内容页中，表现了市场占有率的数据。对于这类数据可以选用饼图，它是专门为比例型数据量身打造的图表，具体操作步骤如下。

Step01 ❶新建一张【内容页母版】幻灯片；❷绘制 4 个圆形，其格式设置与封面页的椭圆一致；❸调整圆形的大小，如图 22-66 所示。

图 22-66

技术看板

图表可调整的参数很多，但是想依靠图表格式设置，制作出有立体感的饼图比较复杂，所以这里先绘制有立体感的图形作为图表背景。

Step 02 ❶打开【插入图表】对话框，选择【饼图】选项卡中的【饼图】选项；❷单击【确定】按钮，如图 22-67 所示。

图 22-67

Step 03 单击【图表工具-图表设计】选项卡下的【编辑数据】按钮，在弹出的下拉菜单中选择【在 Excel 中编辑数据】选项，如图 22-68 所示。

图 22-68

Step 04 在 Excel 表中编辑数据，如图 22-69 所示。

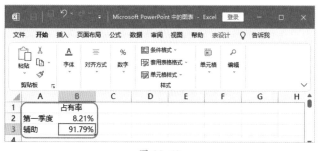

图 22-69

Step 05 ❶选中图表中的"辅助"数据系列，设置其格式为【无填充】【无线条】；❷设置"第一季度"数据系列为红色填充，颜色参数如图 22-70 所示。

图 22-70

Step 06 ❶为图表添加【数据标签】，且调整标签数字的格式和位置；❷调整图表的大小、位置，使其刚好在第一个圆形上面，并且调整【第一扇区起始角度】，如图 22-71 所示。

图 22-71

Step **07** 按照同样的方法，再绘制 3 个图表，只不过图表的原始数据不同。添加上相应的文本，完成这张幻灯片的制作，如图 22-72 所示。

图 22-72

22.6.3 用柱形图体现订单增量的内容页制作

在演示文稿中，单纯地添加图表会显得效果不够丰富，可以设置图表的填充格式，使图表更符合总结报告的主题。在本案例中，报告中的公司是一家服装公司，图表上可以使用衣服图标，使图表变得更契合主题，具体操作步骤如下。

Step **01** ❶新建一张【内容页母版】幻灯片，并输入页面标题；❷插入一幅盒子图片（文件路径：素材文件\第 22章\图片 7.png）；❸调整图片的大小和位置，如图 22-73所示。

图 22-73

Step **02** ❶插入【簇状柱形图】；❷选择【在 Excel 中编辑数据】选项，如图 22-74 所示。

图 22-74

Step **03** 在 Excel 表格中编辑图表数据，如图 22-75 所示。

图 22-75

Step **04** ❶打开【插入图标】对话框，选择【服饰】下面的衣服图标；❷单击【插入】按钮，如图 22-76 所示。

图 22-76

Step 05 调整图标的颜色，参数设置如图 22-77 所示。

图 22-77

Step 06 选中图标并右击，从打开的快捷菜单中选择【复制】选项，如图 22-78 所示。

图 22-78

Step 07 在复制了图标的前提下，选中图表中的柱形条，

如图 22-79 所示，按下【Ctrl+V】组合键，让服装图标替换柱形条。

图 22-79

Step 08 ❶设置柱形条的填充方式为【层叠】；❷调整柱形条的【间隙宽度】参数，如图 22-80 所示。

图 22-80

技术看板

　　将图标复制到柱形图中后，选中【层叠】单选按钮是为了不让图标被拉升变形。如果复制过后图标看不清楚，可以调节【间隙宽度】让柱形条变宽一点，方便图标显示。此外，图标本身的大小也会影响复制效果，如果图标太大、图表太小，就会导致效果不理想。在本案例中，图标的宽度要与柱形条宽度相差不大。

Step 09 ❶绘制一个【长度】和【宽度】均为【1.91厘米】的圆形；❷设置圆形为【渐变填充】、【类型】为【线性】、【角度】为【190°】，其中第1个渐变光圈的参数的【位置】为【0%】、【颜色】的RGB参数值为【221，57，69】，第2个渐变光圈的参数的【位置】为【100%】、【颜

色】的 RGB 参数值为【170，4，13】，如图 22-81 所示。

图 22-81

Step⑩ ❶使用同样的方法绘制 3 个圆形；❷添加相应的文本，完成这张幻灯片的制作，如图 22-82 所示。

图 22-82

⚙️ **技能拓展——快速利用优秀图形的效果设置**

在寻找 PPT 素材时，会在别人的模板中找到效果设置出色的图形，将图形复制到自己的 PPT 中，利用格式刷工具就能快速地将优秀图形的效果应用到自己的图形中。

22.6.4 体现客户营销成绩的内容页制作

演示文稿中的任何图形都不是单纯为了美观而插入的，而是要考虑到页面内容的意义。例如，本案例中体

现客户营销成绩的页面插入一个人形图标来代表客户，而不是插入其他意义不大的图形，具体操作步骤如下。

Step① ❶新建一张【内容页母版】幻灯片，输入页面的标题文字；❷插入一幅代表客户的图形（文件路径：素材文件\第 22 章\图标 5.png）；❸调整图片的大小和位置，如图 22-83 所示。

图 22-83

Step② 选择【形状】下拉列表中的【对话气泡：椭圆形】选项，如图 22-84 所示。

图 22-84

Step③ ❶在页面中绘制一个气泡图形，调整图标的大小；❷拖动气泡图形的黄色控点，微调气泡的尖角，使其对着人形图片，如图 22-85 所示。

图 22-85

Step04 右击图形，从弹出的快捷菜单中选择【编辑顶点】选项，如图 22-86 所示。

图 22-86

Step05 在顶点编辑状态下，调整气泡图形的尖角，使其有一点幅度即可，如图 22-87 所示。

图 22-87

技能拓展——顶点编辑技巧

PowerPoint 2021 中图形的顶点编辑功能十分强大，不仅可以增加、删除顶点，还可以调整线条的平滑与否。插入简单的图形，再通过顶点进行调整，是得到理想图形的一条捷径。

Step06 ①完成气泡图形的绘制后，打开【设置形状格式】任务窗格，设置图形为【渐变填充】、【类型】为【线性】、【角度】为【190°】，其中第 1 个光圈的【位置】为【0%】、【颜色】的 RGB 参数值为【221，57，69】，第 2 个光圈的【位置】为【100%】、【颜色】的 RGB 参数值为【170，4，13】；②设置光圈的阴影效果，参数如图 22-88 所示，阴影【颜色】的 RGB 参数值为【0，0，0】。此时便完成了气泡图形的绘制与格式设置。

图 22-88

Step07 将绘制好的气泡图形复制 3 个，调整其位置和旋转角度，效果如图 22-89 所示。

图 22-89

Step⑧ 在每个气泡图形上绘制一个圆形,圆形的设置与封面的椭圆一致,【长度】和【宽度】均设置为【3.13厘米】,并在圆形上插入图标(文件路径:素材文件\第22章\图标6.png、图标7.png、图标8.png、图标9.png),如图22-90所示。

图 22-90

Step⑨ 插入文本框,并输入对应的文本,完成这张幻灯片的制作,如图22-91所示。

图 22-91

22.6.5 "假环形图"体现业务拓展的内容页制作

饼图效果不够丰富,可以使用"图表+图形"的方式来制作"假环形图"体现业务数据,具体操作步骤如下。

Step① ❶新建一张【内容页母版】幻灯片,输入标题文字;❷绘制4个圆形,其格式设置与封面页的椭圆一致;❸调整图形的大小,如图22-92所示。

图 22-92

Step② ❶插入一个饼图,编辑饼图数据如图22-93所示;❷设置饼图"A组"系列填充颜色的RGB参数值为【194,29,39】,"辅助"系列无填充;❸调整饼图的大小和【第一扇区起始角度】,如图22-94所示。

图 22-93

图 22-94

Step③ 使用相同的方法,插入另外3个饼图,数据依次是"B组"系列为"25.31%","C组"系列为"33.29%","D组"系列为"28.14%",如图22-95所示。

图 22-95

Step04 ❶插入 4 个圆形，其格式设置与封面页的椭圆一致；❷调整圆形的大小与位置，如图 22-96 所示。

图 22-96

技术看板

在饼图上绘制一个圆形，可以使饼图看起来像圆环。这样做的效果会比直接绘制圆环图丰富，更有立体感。

Step05 先在圆形中插入文本框并添加上饼图的数据，再插入文本框输入相应的说明文字，完成这张幻灯片的制作效果如图 22-97 所示。

图 22-97

22.6.6 体现流程的内容页制作

在年终总结报告中，如果需要表达与"流程"相关的内容，就需要绘制流程图来强化表达。流程图的总原则是有方向性、能体现步骤、呈线性，具体操作步骤如下。

Step01 ❶新建一张【内容页母版】幻灯片，输入标题文字；❷单击【形状】按钮，在弹出的下拉列表中选择【空心弧】选项，如图 22-98 所示。

图 22-98

Step02 ❶在界面中绘制一个空心弧；❷调整空心弧的大小和【旋转】角度，如图 22-99 所示。

图 22-99

Step03 右击绘制的空心弧，选择快捷菜单中的【编辑顶点】选项，然后调整弧形的顶点，使弧形的直角变成圆角，如图 22-100 所示。完成顶点调整的弧形效果如图 22-101 所示。

图 22-100

图 22-101

Step04 选中弧形，打开【设置形状格式】任务窗格，设置弧形为【渐变填充】、【类型】为【线性】、【角度】为【190°】。其中第 1 个光圈的【位置】为【0%】、【颜色】的 RGB 参数值为【255，255，255】，第 2 个光圈的【位置】为【100%】、【颜色】的 RGB 参数值为【217，217，217】，如图 22-102 所示。

图 22-102

Step05 ❶设置弧形的阴影【颜色】；❷调整阴影参数，如

图 22-103 所示。

图 22-103

Step06 ❶使用同样的方法，绘制另一个弧形；❷设置弧形为【渐变填充】、【类型】为【线性】、【角度】为【190°】。其中第 1 个光圈的【位置】为【0%】、【颜色】的 RGB 参数值为【221，57，69】，第 2 个光圈的【位置】为【100%】、【颜色】的 RGB 参数值为【170，4，13】；❸设置弧形的阴影格式，阴影【颜色】的 RGB 参数值为【0，0，0】，如图 22-104 所示。

图 22-104

技术看板

通常情况下，阴影颜色都会设置成纯黑色，因为在自然界中，阴影就是黑色的，这样显得更真实。

Step07 使用相同的方法，再绘制 2 个弧形，调整 4 个弧形的位置使其呈流线状，如图 22-105 所示。

图 22-105

Step08 ❶插入 4 个圆形，白色圆形的格式设置与封面的椭圆一致，红色圆形的格式设置与第 5 张幻灯片中的红色圆形格式一致，这里不再赘述；❷设置圆形的大小，如图 22-106 所示。

图 22-106

Step09 在圆形上添加图标（文件路径：素材文件\第 22 章\图标 10.png、图标 11.png、图标 12.png、图标 13.png），如图 22-107 所示。

图 22-107

Step10 插入文本框，并添加上相应的文字，完成这张幻灯片的制作，效果如图 22-108 所示。

图 22-108

22.6.7 用条形图对比任务完成量的内容页制作

不同的图表适合表现不同的数据，当数据的名称文字较多，且需要进行数据大小对比时，就适合选用条形图。表现数据对比的条形图在颜色对比上也应该鲜明，且在图表旁边配上说明文字，具体操作步骤如下。

Step01 ❶插入一张【内容页母版】幻灯片，输入标题文字；❷单击【插入】选项卡下的【图表】按钮，在打开的【插入图表】对话框中选择【条形图】选项卡中的【簇状条形图】选项；❸单击【确定】按钮，如图 22-109 所示。

图 22-109

Step02 打开图表的【Microsoft PowerPoint 中的图表-Excel】窗口，在表格中编辑好数据，如图 22-110 所示。

图 22-110

Step 03 完成数据编辑后，设置图表"实际情况"数据系列的数据条颜色，如图 22-111 所示。"计划目标"数据系列的数据条颜色的RGB参数值为【0，153，204】。

图 22-111

Step 04 ❶删除图表中的【网格线】和【主要横坐标轴】，添加【数据标签】，调整文字颜色；❷插入红色圆形，使其【长度】和【宽度】均为【1.91厘米】，格式设置与第5张幻灯片中的红色圆形一致；❸添加上相应的文字，完成这张幻灯片的制作，如图 22-112 所示。

图 22-112

22.6.8 表达不足之处的内容页制作

在本案例中，年终总结的不足之处，其内容之间的关系是并列关系，相互之间既没有层级关系，也没有包含关系。因此应该绘制相同的形状来表现内容信息，具体操作步骤如下。

Step 01 ❶新建一张【内容页母版】幻灯片，写上标题文字；❷单击【形状】按钮，在弹出的下拉列表中选择【矩形：圆角】选项，如图 22-113 所示。

图 22-113

Step 02 ❶在工作界面中绘制一个圆角形状；❷调整形状的大小，如图 22-114 所示。

图 22-114

Step03 ❶在圆角形状的后面绘制一个【宽度】和【长度】均为【3.11厘米】的圆形；❷绘制一个矩形，将圆角形状和圆形连接起来，如图22-115所示。

图 22-115

Step04 ❶同时选中绘制完成的3个形状；❷单击【绘图工具-形状格式】选项卡下的【合并形状】按钮，在弹出的下拉菜单中选择【结合】选项，如图22-116所示。

图 22-116

Step05 ❶为形状设置【渐变填充】，参数设置与第5张幻灯片中的红色圆形一致；❷设置形状的阴影格式，如图22-117所示。

图 22-117

Step06 ❶插入4个圆形，其格式设置与封面页的椭圆一致；❷设置圆形的大小，如图22-118所示。

图 22-118

Step07 在圆形中插入4个图标（文件路径：素材文件\第22章\图标14.png、图标15.png、图标16.png、图标17.png），如图22-119所示。

图 22-119

Step08 在形状中插入文本框，并输入相应的文字，完成这张幻灯片的制作，效果如图22-120所示。

图 22-120

22.6.9 表达展望未来的内容页制作

在年终总结报告中，不能缺少未来目标的制定，幻灯片需要根据未来目标的内容进行设计。例如，本案例中，未来的目标是更优秀地完成工作提高效率增加业绩，最好使用一个灯泡图形来象征"优秀"，形象又直观，具体操作步骤如下。

Step01 ❶插入一张【内容页母版】幻灯片，输入标题文字；❷从素材文件中打开灯泡文件，将"灯泡"复制到此张幻灯片中（文件路径：素材文件\第 22 章\灯泡.pptx），如图 22-121 所示。

图 22-121

Step02 ❶将"灯泡"四角上的红色圆形和图标复制到页面右侧；❷调整红色圆形的【长度】和【宽度】均为【2.09厘米】，如图 22-122 所示。

图 22-122

Step03 插入文本框，并输入相应的文字，完成这张幻灯

片的制作，效果如图 22-123 所示。

图 22-123

Step04 ❶新建一张【内容页母版】，制作第 2 张表达展望未来的幻灯片，并输入标题文字；❷在工作界面中插入图片（文件路径：素材文件\第 22 章\图标 1.png），并对图片进行裁剪，如图 22-124 所示。

图 22-124

技术看板

一个完整的演示文稿，需要保持颜色、图形、图片等元素的风格一致。所以这里不用再绘制一个红色的矩形，而是插入封面页和尾页使用过的背景图片，进行简单裁剪后作为背景。目的是减少元素的多样性，保持幻灯片整体风格的统一。

Step05 ❶绘制 4 个圆形，格式设置与封面页的椭圆一致；❷调整圆形的大小，如图 22-125 所示。

图 22-125

Step 06 ❶在 4 个圆形中绘制一个更小的圆形；❷设置圆形的大小，如图 22-126 所示。

图 22-126

Step 07 ❶设置 4 个圆形的填充方式为【图片或纹理填充】，并插入图片（文件路径：素材文件\第 22 章\图片

4.jpg、图片 8.jpg、图片 9.jpg、图片 10.jpg）；❷设置图片的填充方式为【将图片平铺为纹理】，并调整每张图片填充的参数值，如图 22-127 所示。

图 22-127

Step 08 插入文本框，并输入相应的文字，完成这张幻灯片的制作，如图 22-128 所示。

图 22-128

22.7 设置播放效果

年终总结报告 演示文稿的设计完成后，还需要设置播放效果，否则再精美的演示文稿在播放时也会显得索然无味。但是年终总结演示文稿的播放效果只是起辅助作用，切不可设置一些不实用的动画。总的来说，应为整个演示文稿选择一种大气、正式的切换方式，2~3 种动画即可。

22.7.1 设置幻灯片切换方式

年终总结报告是在公司年会上进行播放的，因为工作场合是一个严肃的场合，所以不能选择太幼稚、华而

不实的切换效果。设置幻灯片切换方式的具体操作步骤如下。

Step 01 在第 1 张幻灯片中，选择【切换效果】选项卡下的【库】切换方式，如图 22-129 所示。

图 22-129

Step02 单击【应用到全部】按钮，为演示文稿的所有幻灯片设置同样的切换方式，如图 22-130 所示。

图 22-130

22.7.2 设置动画效果

年终总结报告的动画种类不可太多，否则会显得杂乱无章。在本案例中，设置动画有一个原则：让同一部分的内容出现完后再出现第二部分的内容，具体操作步骤如下。

技能拓展——快速复制动画

PowerPoint 2021 中图形的格式可以使用【格式刷】快速复制其他图形格式，动画也可以如此。尤其是在设置复杂的动画时，可以使用【动画刷】一键复制 A 图形的动画到 B 图形上。

Step01 ❶在第 1 张幻灯片中，同时选中文字"年终总结"、椭圆和红色虚线；❷选择【动画】选项卡下【动画】组中的【淡化】选项，如图 22-131 所示，让这三部分元素可以同时出现在观众眼前。

图 22-131

Step02 ❶选中文字【营销部——报告人：张××】；❷选择【飞入】选项，如图 22-132 所示。此时便完成了第 1 张幻灯片的动画设置。

图 22-132

Step03 同样地，设置第 2 张幻灯片的动画，效果如图 22-133 所示。

图 22-133

Step04 ❶进入第3张幻灯片中，选中所有图片，设置【淡化】动画；❷依次选中文字，设置【飞入】动画，如图22-134所示。

图 22-134

Step05 ❶在第4张幻灯片中，同时选中与"第一季度"相关的内容；❷在【动画】选项卡【动画】组中选择【淡化】选项，如图22-135所示。

图 22-135

Step06 使用相同的方法，为其他部分的内容设置【淡化】动画，如图22-136所示，完成这张幻灯片的动画制作。

图 22-136

Step07 使用同样的方法，为其他幻灯片设置动画，需要强调的是第11张幻灯片的动画设置。❶进入第11张幻灯片，选中灯泡图形；❷选择【淡化】选项，如图22-137所示。

图 22-137

Step08 ❶将右侧的第一行文字及图形组合并选中；❷选择【飞入】选项，如图22-138所示。

图 22-138

Step09 在【效果选项】下拉菜单中选择【自右侧】选项，如图22-139所示。

图 22-139

Step⑩ 使用同样的方法，依次设置页面中其余文字的动画为【自右侧】和【飞入】，如图 22-140 所示。

图 22-140

本章小结

本章制作了年终总结报告PPT，在学习完本章后，读者应该知道总结报告类PPT的内容逻辑通常为：概述—工作成绩介绍—经验和教训—未来计划。在制作演示文稿时，要多利用图表来表达数据，使内容更具说服力。

第23章 实战：制作教育培训类 PPT

→ 教育培训类 PPT 与其他类型 PPT 在内容结构上有什么区别？

→ 如何配图才能让教育培训类 PPT 的页面意义更充实？

→ 教育培训类 PPT 如何强调教学重点？

→ 面对不同学员对象，教育培训类 PPT 的风格有什么不同？

教育培训是 PPT 的一大应用方向，讲师可以通过 PPT 实现声色并茂的教学课堂。但是教育培训类 PPT 与宣传展示类 PPT 和总结报告类 PPT 都不一样，有专门的页面内容，如讲师介绍页、课后思考页。讲师只有明白了教育培训类 PPT 的内容结构，了解了典型误区，掌握了页面设计技巧，才能结合教学内容，制作出完整且精美的 PPT。

23.1 教育培训类 PPT 的制作标准

实例门类 教育课件 + 版面设计类

教育培训类 PPT 是根据教学目标，充分利用文字、图像、声音、视频等信息来展现教学信息、创建教学情景、引导学员思路的演示文稿。教育培训类 PPT 在讲师讲课时起到了辅助作用。因此，这类 PPT 的内容一定要与讲师的授课内容相匹配，且将重点内容呈现在不同的幻灯片中。图 23-1～图 23-14 所示为本章设计的关于职场称呼礼仪的教育培训类 PPT。

图 23-1

图 23-3

图 23-2

图 23-4

图 23-5

图 23-6

图 23-7

图 23-8

图 23-9

图 23-10

在本章的案例中,图 23-1 所示的是封面页,说明了课件的中心内容。图 23-2 所示的是讲师介绍页,这是教育培训类PPT区别于其他类型演示文稿的一个地方。在做教育培训课件时,如果学员对讲师不熟悉,就需要做讲师介绍页,介绍页不仅起到了介绍讲师的作用,还能让学员了解讲师的功底与成就,为后面的教学打下基础。图 23-3 所示的是课件的目录页,将本次授课的内容分成 4 部分罗列出来。图 23-4~图 23-12 所示的是课件的主要内容,其逻辑线索是根据目录展开的,讲师将在播放内容的同时进行课程内容讲解。图 23-13 所示的是提问页,这是教育培训类PPT的特色之一,通常情况下,讲师授课后都会回顾课程内容,并根据内容留下作业或疑问,考查学员是否将知识记到了脑海中。图 23-14 所示的是尾页,其中不仅要有感谢语,还要提炼出一句话来点题,再次强调和巩固课程的意义或内容。

图 23-11

图 23-12

图 23-13

图 23-14

23.1.1　教育培训类 PPT 的逻辑框架

不同类型的演示文稿其逻辑框架也是不相同的，对于教育培训类演示文稿，通用的逻辑框架如图 23-15 所示，有封面、有目录，还有根据不同部分的内容设计的转场过渡页，不同的过渡页下面对应的是内容页，最后还有结语/提问/作业页和尾页。在这个逻辑框架中，过渡页需要根据内容的多少来取舍，若每个部分只有 1~2 张的幻灯片内容，则可以不用过渡页；若每个部分有 3 张以上的幻灯片内容，则可以专门设计过渡页以示区分，帮助学员厘清逻辑。

图 23-15

在这个大逻辑框架清晰的前提下，还需要保证不同页面的内容也是符合逻辑的。设计教育培训课程，建议先将每页的内容列成金字塔形状，梳理清楚框架，再着手设计页面。每页内容都需要有一个中心思想，这个中心思想就是金字塔的最顶端。图 23-16 所示的是某一页的内容逻辑。

图 23-16

当完成演示文稿设计后，制作者可以将幻灯片切换到"幻灯片浏览"状态下，如图 23-17 所示，快速浏览所有的幻灯片，并将幻灯片与图 23-15 所示的逻辑框架进行对比，如果幻灯片的内容顺序与逻辑框架有出入，就需要认真思考，并对页面进行调整。

图 23-17

23.1.2 制作教育培训类 PPT 易犯的错误

教育培训类 PPT 的质量会影响到教学的质量，这与PPT 的内容元素设计相关。许多制作者会将文字和图片简单地堆砌在幻灯片中，结果不仅视觉效果不好，还影响教学。本节讲解教育培训类 PPT 最容易犯的一些错误。

1. 幻灯片中文字太多

幻灯片中文字太多恐怕是教育培训类 PPT 最常见的一个错误，不少讲师会直接将教案中的文字复制到幻灯片中，再配上一幅图就完成了一张幻灯片的制作，如图 23-18 所示，这是典型的文字太多的幻灯片页面。其实思考一下教育培训类 PPT 的作用，就能明白为什么文字不能太多。PPT 的作用是辅助讲师讲课，而不是直接告诉学员这节课的所有内容。如果讲师将所有内容都以文字的形式放在幻灯片中，学员还需要讲师来讲解内容吗？

图 23-18

为了减少文字内容，讲师需要对每部分内容进行提炼，只保留中心思想和几个要点的内容在幻灯片中即可，其他的内容便是讲师上课重点讲解的内容。

2. 幻灯片配图太随意

教育培训类 PPT 质量差，与配图脱不开关系。高质量的配图会将幻灯片的质量拉高一个档次。所谓高质量的配图，不仅指图片要清晰、美观，还指图片能对教学内容有启示意义、起强调作用。

在图 23-19 和图 23-20 中，文字内容不变，但是配图不一样，幻灯片的页面效果就完全不一样。从文字内容来看，幻灯片的中心思想是"企业员工的团结"，图 23-19 所示的幻灯片很好地诠释了"团结"的意义——像狼群一样合作，为同一个目标拼搏。而图 23-20 所示的幻灯片，随便找了一幅职场上班的图，不仅画质不好，画面内容也没有深刻的意义，不能与内容相辅相成。

图 23-19

图 23-20

要想找到有启发意义的配图，制作者可以从两个方面着手：一是挖掘课件内容的象征意义，如"狼群"是"团结"的象征、"阳光"是"希望"的象征，挖掘到课件的象征意义后，再将关键词输入搜索引擎中进行搜索；二是在搜索图片时，要选择图片的尺寸，一般来说，经过尺寸筛选的图片质量会比筛选前的质量高。如图 23-21 所示，在"百度图片"中搜索图时，如果选择尺寸为"大尺寸"，就可以快速将小尺寸的、质量不好的图片过滤掉。

图 23-21

3. 背景喧宾夺主

选择太花哨的图片作为页面背景也是制作者易犯的一个错误，这种图片不仅会影响文字的表达，还可能分散学员的注意力，影响课程效果。如图 23-22 所示，幻灯片背景颜色太过艳丽，文字反而不明显。如果将背景换成简洁的图片，如图 23-23 所示，效果顿时好了很多。选择幻灯片的背景图片要注意以下几点。

（1）不要选颜色刺眼的图片，如亮绿色、金黄色，这类颜色容易引起观众视觉疲劳。建议选择白色、米色、淡蓝色、灰色等容易突出文字的颜色。

（2）不要选择颜色太丰富的图片。为了突出文字，文字颜色和背景通常会形成对比，如黑色背景配白色文字、米色背景配黑色文字、蓝色背景配橙色文字。如果图片颜色太丰富，那么文字无论选择什么颜色都不能很好地被突出。

图 23-22

图 23-23

4. 不会对比突出重点信息

在学生时代，有一个流行的词称为"画重点"，说的就是将教学内容中的重点画出来，引起重点关注。课件演示文稿的制作同样需要标出重点信息，或者是突出信息间的对比。对比突出重点信息的方法有加粗文字、增大字号、改变字体、改变颜色等。如图 23-24 和图 23-25 所示，前者是没有突出重点信息的幻灯片，格式一致的文字让观众找不到重点；后者却将文字中的重点信息改变颜色进行了强调，信息传达的效率得到了提高。

图 23-24

图 23-25

图 23-26

图 23-27

5. 不会化繁为简

制作教育培训类PPT，每张幻灯片都要围绕一个中心展开内容设计，在制作完成后需要检查页面中有没有多余的元素。冗杂的元素会影响观众的注意力，甚至让学员看不懂幻灯片中的内容。要检查有无多余元素，可以有两个原则：一是将某个内容去掉，看是否影响表达，如果不影响，就是多余的；二是查看是否有与核心内容无关的元素。

以图表为例，在图 23-26 和图 23-27 中，图表所表达的数据内容完全一致，但是显示元素不同。前者的元素繁多，反而影响观众阅读信息；后者化繁为简后信息读取就明晰多了。将图表的网格线去掉，网格线存在的目的是帮助观众读取柱形条的数据，在图 23-26 中，既然在柱条上标注出了数据，网格线就显得多余了。而图表的背景颜色和柱条的三维形状对数据表达没有帮助，是多余的内容，所以将其删除。

制作PPT与制作图表的道理一样，要保持页面简洁，没有冗杂元素。

6. 不会根据课程内容调整风格

教育培训类PPT根据课程内容的不同、面向对象的不同，其风格设计也应该不同，但是很多制作者不论是什么课程的演示文稿，都使用相同的颜色设计、图片和文字设计。如图 23-28 和图 23-29 所示，课程的内容同为礼仪培训，但是面向的人群不同，前者面向的是成年人，后者面向的是儿童，幻灯片设计风格就完全不同。面向成年人的幻灯片设计在色彩上更为深沉、严肃，字体也选择了较为正式的字体。而面向儿童的幻灯片则选用了更鲜艳的颜色搭配，配图也是卡通配图，文字也使用了儿童风格的字体。

除了面向对象，课程内容不同，其幻灯片的风格也应该不同。制作者也可以以课程的内容来区分，如与设计相关的PPT，风格应当更有艺术感，色彩、配图、文字都应该丰富有趣；而计算机技能培训的PPT，属于较为严肃的，风格应该严肃一些。

图 23-28

图 23-29

23.2 使用母版设计主题

教育培训类PPT在设计母版时，要注意不要设计太花哨抢眼的背景，并且背景设计要与教学主题相符合。背景设计好后，母版中的文字颜色要与背景色形成对比，以突出显示文字。在本案例中，教学内容是职场礼仪培训，是一个严肃的话题。因此背景选用了灰色+米色为搭配色，在制造出丰富层次感的同时向学员传达课程的重要性，具体操作步骤如下。

Step01 ①新建一个演示文稿，命名为"职场称呼礼仪"；②进入【幻灯片母版】页面；③选中一张母版，删除母版中的所有元素，并且选择【背景样式】下拉列表中的【设置背景格式】选项，如图 22-30 所示。

图 23-30

Step02 ①设置背景填充格式为【渐变填充】；②设置【类型】为【线性】；③设置【方向】为【线性向下】，如图 23-31 所示。

图 23-31

📖 技术看板

母版背景的渐变填充类型和方向其实是有讲究的。在本案例中填充类型为【线性】，方向为【线性向下】，是因为案例中每张幻灯片的内容都是从上到下排列的。如果幻灯片的页面内容围绕幻灯片的中心呈圆形排列，那么填充类型可以选择【射线】或【矩形】，方向可以是【从中心】，从而设计出背景与内容高度搭配的母版。

Step03 ①设置第 1 个渐变光圈的【位置】为【0%】；②光圈的颜色参数设置如图 23-32 所示。

图 23-32

Step 04 ❶设置第 2 个渐变光圈的【位置】为【100%】；❷光圈的颜色参数设置如图 23-33 所示。

图 23-33

⚙ **技能拓展——提高母版背景设置效率**

在同一个演示文稿中，可能有多张母版，母版的背景相同，内容元素不同。那么制作者只需设计好一张母版的背景，然后执行【设置背景格式】→【全部应用】命令，就能快速使所有母版具有相同背景了。如果设计的背景不符合要求，制作者可以执行【设置背景格式】→【重置背景】命令快速取消母版背景。

Step 05 选择【插入占位符】下拉菜单中的【文本】选项，如图 23-34 所示。

图 23-34

Step 06 ❶在页面中绘制文字占位符，删除占位符中多余的文字；❷调整文本的格式；❸设置占位符中的文本格式为【居中】，如图 23-35 所示。

图 23-35

Step 07 选中占位符，选择【排列】→【对齐】下拉菜单中的【水平居中】选项，便能保证整个占位符在水平方向上位于幻灯片的正中间位置，如图 23-36 所示。

⚙ **技能拓展——充分利用占位符**

在本案例中，只使用了【文本】占位符，但是教育培训课件的制作者应该根据课件内容的重复程度，充分利用其他类型的占位符来提高幻灯片制作效率。如与经济学相关的课件，图表或表格使用较多，那么可以专门设计有【图表】或【表格】占位符的母版。

图 23-36

Step 08 使用相同的方法再设计一张母版，背景填充方式与上张母版一致，但是没有文本占位符，并分别为两个母版命名为"其他母版"和"内容页母版"，效果如图 23-37 所示。

图 23-37

23.3 设计教育培训类 PPT 的封面页

教育培训类PPT的封面页需要告诉学员这是一门什么课程，课程的中心内容是什么，并配上相关的图片，具体操作步骤如下。

Step 01 在"职场称呼礼仪"演示文稿中新建一张【其他母版】幻灯片，如图 23-38 所示。

图 23-38

Step 02 ❶在页面中打开【插入图片】对话框，选择合适的素材图片（文件路径：素材文件\第23章\图片1.jpg）；❷单击【插入】按钮，如图 23-39 所示。

图 23-39

Step 03 ❶调整图片在页面中的位置和大小；❷设置图片的【线条】格式，其中【颜色】的RGB参数值为【0，0，0】，【宽度】为【7磅】，如图 23-40 所示。

图 23-40

Step 04 绘制两个矩形，矩形的【宽度】均设置为【9.84 厘米】，上面矩形的【高度】设置为【8.63 厘米】，下面矩形的【高度】设置为【3 厘米】，如图 23-41 所示。

图 23-41

Step 05 ❶设置上面矩形填充色的 RGB 参数值为【244，81，87】。该颜色命名为【红色】，在后面也会用到，参数不再重复讲解；❷设置下面矩形填充色的 RGB 参数值如图 23-42 所示，该颜色命名为【蓝-灰】。

图 23-42

Step 06 ❶插入一个人形图标（文件路径：素材文件\第 23 章\图标 1.png）；❷在图标右边绘制一个白色线条，如图 23-43 所示。

图 23-43

Step 07 ❶在矩形中插入文本框，并输入文字；❷调整文字的格式，如图 23-44 所示。

图 23-44

23.4 设计讲师介绍页

讲师介绍页是教育培训类PPT的重要页面，讲师介绍页中最好放上讲师的照片，输入讲师的资历，体现讲师的个人魅力，具体操作步骤如下。

Step01 ❶新建一张【其他母版】幻灯片；❷在页面中插入一张图片（文件路径：素材文件\第23章\图片2.jpg）；❸选中图片，选择【图片工具-图片格式】选项卡下【裁剪】下拉列表中的【裁剪为形状】→【椭圆】选项，如图23-45所示。

图 23-45

Step02 ❶设置图片的边框填充【颜色】参数，如图23-46所示；❷线条的【宽度】设置为【5磅】；❸调整图片的大小和位置。

图 23-46

Step03 ❶选中图片，在【设置图片格式】任务窗格中设置阴影效果的颜色；❷设置阴影效果的其他参数，如图23-47所示。

图 23-47

Step04 ❶在页面右侧输入文字，格式设置为【微软雅黑】【32号】【加粗】【黑色】；❷在文字下方绘制一条线，线的颜色参数设置如图23-48所示，将【宽度】设置为【0.5磅】。

图 23-48

Step05 ❶在页面中插入文本框，输入讲师的资历；❷选择【段落】组中【项目符号】下拉列表中的【项目符号和编号】选项，在打开的对话框中选择项目符号，并设置【颜色】RGB参数值为【255，192，0】，如图23-49所示。

图 23-49

方和下方都绘制一条线，线的颜色与文字"菲尔讲师简介"下方的线条颜色一致，如图 23-50 所示。

图 23-50

Step06 ①在页面右下方输入讲师的座右铭；②在文字上

23.5 设计教育培训类 PPT 的目录页

教育培训类 PPT 的目录页显示了课件讲解的内容归类，目录制作应当符合清晰明了的原则，具体操作步骤如下。

Step01 ①新建一张【其他母版】幻灯片；②在页面左侧绘制一个矩形，并调整矩形大小；③将矩形填充颜色设置为【蓝-灰】，在其中输入【目录】，字体格式设置为【微软雅黑】【72号】【加粗】【白色】，如图 23-51 所示。

图 23-51

Step02 ①在页面右上方绘制一个矩形，填充色为纯白

色，并调整大小；②设置矩形的阴影填充，其中【颜色】的 RGB 参数值为【0，0，0】，如图 23-52 所示。

图 23-52

Step03 ①在白色矩形上方绘制一个更小的矩形，并调整大小；②设置矩形的填充色为【红色】，阴影设置与白色矩形一致，如图 23-53 所示。

图 23-53

Step04 在两个矩形中输入序号和相应文字，如图 23-54 所示。

图 23-54

Step05 按照同样的方法，完成目录其他内容的制作。其中，序号"02"小矩形填充色的RGB值为【86，75，69】，本案例中称为【褐色】；序号"03"填充色的RGB值为【121，119，124】，本案例中称为【灰色】；序号"04"的填充色为【蓝-灰】，如图 23-55 所示。

图 23-55

23.6　设计教育培训类 PPT 的内容页

内容页是教育培训类PPT的重点页面，其中包括课程内容的重点，辅助讲师上课。内容页应该根据内容的不同，合理地设计图形、插入图片、添加文字。

23.6.1　总结类内容页的制作

教育培训类PPT最开始的内容页可以全面总结或概述课程的内容、要点。在本案例中，前两页内容页属于总结类内容页，总结了职场称呼礼仪的意义和原则。通

常情况下，总结类的幻灯片页面中，会使用规律排列的图形、图片设计，具体操作步骤如下。

Step01 ❶新建一张【内容页母版】幻灯片；❷输入标题文字；❸在标题文字下方输入本张幻灯片的总结文字，如图 23-56 所示。

图 23-56

Step02 ①在页面中绘制一个矩形，调整矩形的大小；②设置矩形的【旋转】角度，如图 23-57 所示。

图 23-57

技术看板

设置形状的【旋转】角度是为了让图形看起来更活泼。在本案例中一共有 4 个矩形。因此在设置【旋转】角度时要保持一定的规律，否则会显得不整齐。这 4 个图形可以设置为每两个图形使用一个旋转角度。

Step03 选中矩形，选择【绘图工具-形状格式】选项卡下【编辑形状】下拉列表中的【编辑顶点】选项，如图 23-58 所示。

图 23-58

Step04 在顶点编辑模式下调整矩形上方的边，使其有波浪形状，如图 23-59 所示。

图 23-59

Step05 矩形绘制完成后，设置矩形的填充颜色为【蓝-灰】，如图 23-60 所示。

图 23-60

Step06 ①按照同样的方法，再绘制 3 个矩形，调整矩形的大小；❷调整矩形的【旋转】角度，其中上面的两个矩形为【14°】，下面的两个矩形为【195°】，如图23-61所示。

图 23-61

Step⑦ 设置3个矩形的填充颜色分别为【褐色】【红色】【灰色】，如图23-62所示。

图 23-62

Step⑧ ❶在矩形中插入文本框并输入序号；❷设置序号文字的格式，如图23-63所示。

图 23-63

Step⑨ ❶在左上方矩形的左下角绘制一条直线，设置

线条颜色为【蓝-灰】；❷设置线条的其他格式，如图23-64所示。

图 23-64

Step⑩ 设置线条的【结尾箭头类型】为【圆型箭头】，如图23-65所示。

图 23-65

Step⑪ 按照相同的方法，绘制另外3条直线，线条的颜色与靠近的矩形颜色一致，如图23-66所示。

图 23-66

Step⑫ 在幻灯片中添加上相应的文字，完成这张幻灯片的制作，如图23-67所示。

图 23-67

Step⑬ ❶新建一张【内容页母版】幻灯片；❷输入标题文字；❸输入标题下方的总结性文字，如图23-68所示。

图 23-68

Step⑭ ❶在页面中绘制4个矩形；❷调整矩形的大小和颜色，如图23-69所示。

图 23-69

Step⑮ ❶在矩形上分别绘制一条白色的直线；❷调整直线的【高度】为【5.34厘米】，如图23-70所示，设置直线的轮廓粗细为【4.5磅】。

图 23-70

Step⑯ ❶在矩形上分别插入图片素材（文件路径：素材文件\第23章\图片3.jpg、图片4.jpg、图片5.jpg、图片6.jpg）；❷调整图片的大小，如图23-71所示。

图 23-71

Step⑰ ❶在矩形中插入文本框，并输入文字；❷设置文本的格式，完成这张幻灯片的制作，如图23-72所示。

图 23-72

23.6.2 举例类内容页的制作

教育培训类PPT中常常举例说明教学内容，这种情况下就需要使用不同的图形组合来表达，让学员从图形就能看出文字内容之间的关系，具体操作步骤如下。

Step 01 ❶新建一张"内容页母版"幻灯片；❷输入标题文字；❸输入总结性文字，如图 23-73 所示。

图 23-73

Step 02 ❶在页面中绘制一个椭圆，并设置形状大小，填充色为【红色】；❷绘制一个矩形，并设置形状大小，填充色也是【红色】，如图 23-74 所示。

图 23-74

Step 03 ❶在椭圆和矩形中输入相应的文字；❷在矩形下方插入文本框，并输入文字，如图 23-75 所示。

图 23-75

技术看板

在设置形状大小时要考虑到形状中文字数量的多少，如果字数多，形状就要相对大一点。

Step 04 ❶打开【选择SmartArt图形】对话框，选择【关系】选项卡中的【公式】选项；❷单击【确定】按钮，如图 23-76 所示。

图 23-76

Step 05 选中【公式】图形中的最后一个圆形，按下【Delete】键，删除这个圆形，如图23-77所示。

图 23-77

Step 06 ❶选中【等号】图形；❷单击【SmartArt工具-格式】选项卡中的【更改形状】按钮，从弹出的下拉列表中选择【加号】选项，如图23-78所示。

图 23-78

Step 07 ❶形状调整完毕，设置其【形状填充】为【蓝-灰】；❷输入相应的文字，如图23-79所示。

图 23-79

Step 08 按照同样的方法完成其他图形的制作与文字输入，完成这张幻灯片的制作，如图23-80所示。

图 23-80

Step 09 ❶新建一张【内容页母版】幻灯片；❷使用相同的方法，完成这张幻灯片的制作，如图23-81所示。

图 23-81

Step 10 ❶新建一张【内容页母版】幻灯片；❷使用相同的方法，完成这张幻灯片的制作，如图23-82所示。

图 23-82

技术看板

在制作后面这两张幻灯片时，只需把前面幻灯片中的图形复制到后面的幻灯片中，更改文字即可。

23.6.3 条件选择类内容页的制作

在课件演示文稿制作时，讲师常常讲到同一问题的不同解决方案，或者同一问题在不同情况下的解决方案。这种类型的内容可以归类为条件选择型，制作者只需合理运用图形与数字，让学员明白解决方案的选择即可，具体操作步骤如下。

Step01 ❶新建一张【内容页母版】幻灯片；❷输入标题文字；❸在标题下方输入这张幻灯片的总结性文字，如图 23-83 所示。

图 23-83

Step02 ❶在页面中绘制一个矩形；❷调整矩形的大小；❸设置矩形的填充色为【红色】，如图 23-84 所示。

图 23-84

Step03 ❶在矩形的左上方绘制另一个矩形；❷调整矩形的大小；❸设置矩形的填充色为【灰色】，如图 23-85 所示。

图 23-85

Step04 ❶在两个矩形之间绘制一条直线作为连接；❷设置直线的填充色为【灰色】、【宽度】为【2.25磅】，如图 23-86 所示。

图 23-86

Step05 ❶在直线右边的末端绘制一个小圆形，调整圆形的大小；❷设置圆形的填充色为【灰色】，如图23-87所示。

图 23-87

Step 06 ❶设置圆形的边框【颜色】为【白色，背景1】；❷设置圆形的边框【宽度】为【1.5磅】，如图23-88所示。

图 23-88

Step 07 按照同样的方法绘制另外两个矩形、直线、圆形。颜色分别设置为【蓝-灰】和【褐色】，效果如图23-89所示。

图 23-89

Step 08 在页面中添加相应的文字，完成这张幻灯片的制作，注意将重点文字加粗及增大字号，效果如图23-90所示。

图 23-90

技术看板

在这里突出重点文字还可以改变文字的颜色，颜色可以与靠近的矩形保持一致，否则颜色太多影响美观。

23.6.4 图片类内容页的制作

在课件中加入图片可以增强信息的传达效率且增加幻灯片的美观度。但是制作者需要对图片进行美化处理，并合理布局，具体操作步骤如下。

Step 01 ❶新建一张【内容页】幻灯片；❷输入标题文字及页面总结文字；❸打开【插入图片】对话框，从对话框中选择合适的素材图片（文件路径：素材文件\第23章\图片7.jpg），如图23-91所示。

图 23-91

Step 02 ❶调整图片的大小；❷选择【图片工具-图片格式】选项卡下【裁剪】下拉列表中的【裁剪为形状】

选项，并在其子列表中选择【矩形：圆角】选项，如图23-92所示。

图 23-92

Step03 选择【图片效果】下拉列表中的【映像】选项，在其子列表中选择一个映像效果，如图23-93所示。

图 23-93

Step04 ❶按照同样的方法插入一幅图片，并调整其大小；❷对图片进行裁剪并设置【映像】效果，如图23-94所示。

图 23-94

Step05 插入文本框，添加上相应的文字，完成这张幻灯片的制作，如图23-95所示。

图 23-95

23.6.5 错误案例类内容页的制作

在教育培训类PPT的末尾，讲师完成主要内容讲解时，有必要补充一些典型的错误案例，以巩固学员知识。错误案例内容页的制作只需根据案例的个数，设计好图形的数量即可，具体操作步骤如下。

Step01 ❶新建一张【内容页母版】幻灯片，输入标题文字及总结性文字；❷在页面左侧绘制两个矩形，调整矩形的大小及颜色，其中上面的矩形颜色为【灰色】，下面的矩形颜色为【褐色】，如图23-96所示。

图 23-96

Step02 ❶在矩形上方绘制一个圆形，调整圆形的大小；❷设置圆形的填充色为【灰色】，与临近的矩形保持一致，如图23-97所示。

图 23-97

Step03 ❶绘制一个圆环，调整圆环的大小；❷设置圆环的填充色为【红色】，如图 23-98 所示。

图 23-98

Step04 ❶在圆环下方绘制一个矩形，依次选中圆环和矩形；❷选择【绘图工具-形状格式】选项卡下【合并形状】下拉列表中的【剪除】选项，如图 23-99 所示。

图 23-99

Step05 将裁剪过的圆环移动到圆形上方，当四周出现红色虚线时表示左右、上下对齐，如图 23-100 所示。

图 23-100

Step06 ❶绘制一个圆形，调整其大小；❷设置圆形的【线条】格式为【无线条】，如图 23-101 所示。

图 23-101

Step07 ❶设置圆形填充颜色的 RGB 参数值为【255，255，255】，选择圆形的阴影格式为【内部：中】；❷设置阴影的其他参数，如图 23-102 所示。

图 23-102

Step⑧ 按照相同的方法，在下方矩形右侧也绘制两个圆形和一个圆环，如图23-103所示。

图 23-103

Step⑨ 插入文本框，并输入相应的文字，完成这张幻灯片的制作，效果如图23-104所示。

图 23-104

Step⑩ ❶新建一张【内容页母版】幻灯片，输入标题文字，制作第2页错误案例类内容页；❷在页面中绘制一个矩形，设置其填充色为【红色】，调整其【大小】和【旋转】参数，如图23-105所示。

图 23-105

Step⑪ ❶在页面中绘制一个矩形，设置其【形状填充】为【无填充】；❷设置矩形为【实线】、【颜色】的RGB参数值为【255，255，255】、【宽度】为【2磅】，如图23-106所示。

图 23-106

Step⑫ ❶选中两个矩形，执行【对齐】下拉菜单中的【水平居中】命令；❷执行【对齐】下拉菜单中的【垂直居中】命令，如图23-107所示。

图 23-107

Step⑬ ❶绘制一个大小、旋转角度与红色矩形一致的矩形及另一个矩形；❷选中两个矩形，执行【剪除】命令，如图23-108所示。

图 23-108

Step14 ❶将剪除后的形状移动到红色矩形的下方；❷设置形状填充为【纯色填充】、【颜色】的 RGB 参数值为【255，255，255】；❸设置填充的【透明度】参数，如图 23-109 所示。

图 23-109

Step15 插入一幅阴影的素材图片（文件路径：素材文件\第 23 章\阴影素材.png），如图 23-110 所示。

图 23-110

Step16 绘制一条直线，并设置其格式，如图 23-111 所示。

图 23-111

Step17 设置直线的【结尾箭头类型】为【圆型箭头】，如图 23-112 所示。

图 23-112

Step18 按照同样的方法，绘制另外 3 个部分的图形，效果如图 23-113 所示。

图 23-113

Step⑲ 插入文本框，并输入编号，设置编号的格式，如图23-114所示。

图 23-114

调整文字的旋转角度是为了让文字与图形保持一致，否则两者不搭配。

Step⑳ 插入文本框，并输入相应的文字，完成这张幻灯片的制作，如图23-115所示。

图 23-115

23.7 设计教育培训类 PPT 的思考页

教育培训类PPT的后面可以有一页思考页，留下与课程相关的问题/作业让学员思考，以加深对课程的理解。思考页需要根据问题的数量来设计图形，具体操作步骤如下。

Step① ❶新建一张【其他母版】幻灯片；❷在页面中绘制一个矩形，设置矩形填充色的RGB参数值为【255，255，255】；❸设置矩形的【高度】【宽度】和【旋转】角度，如图23-116所示。

图 23-116

Step② ❶绘制一个较小的矩形作为阴影；❷调整矩形的参数，如图23-117所示。

图 23-117

Step③ ❶设置矩形为【渐变填充】；❷设置填充的【类型】和【方向】，如图23-118所示。

图 23-118

Step04 设置矩形填充的第1个渐变光圈的【位置】为【2%】、【颜色】RGB参数值为【242，242，242】、【亮度】为【-5%】，设置第2个渐变光圈的【位置】为【50%】、【颜色】RGB参数值为【127，127，127】、【亮度】为【50%】，设置第3个渐变光圈的【位置】为【100%】、【颜色】RGB参数值为【242，242，242】、【亮度】为【-5%】，如图 23-119 所示。

图 23-119

Step05 将阴影矩形复制移到右侧位置，如图 23-120 所示。

图 23-120

Step06 ❶绘制一个椭圆形状，并使用【剪除】功能剪除椭圆的右半部分；❷调整椭圆的参数值，如图 23-121 所示。

图 23-121

Step07 ❶设置椭圆为【渐变填充】；❷设置填充的【类型】和【方向】，如图 23-122 所示。

图 23-122

Step⑧ 设置椭圆的渐变填充光圈，第1个渐变光圈的【位置】为【26%】、【颜色】的RGB参数值为【242，242，242】、【透明度】为【100%】、【亮度】为【-5%】，设置第2个渐变光圈的【位置】为【100%】、【颜色】的RGB参数值为【127，127，127】、【透明度】为【73%】、【亮度】为【-50%】，如图23-123所示。

图 23-123

Step⑨ 复制一个椭圆到右侧的位置，如图23-124所示。

图 23-124

Step⑩ 将以上步骤完成的图形复制出另外两个，调整位置及旋转角度，其中间图形的【旋转】角度为【24°】，下方图形的【旋转】角度为【336°】，如图23-125所示。

图 23-125

Step⑪ 单击【形状】按钮，在弹出的下拉列表中选择【对话气泡：椭圆形】选项，如图23-126所示。

图 23-126

Step⑫ 绘制图形，并调整图形的顶点，如图23-127所示。

图 23-127

Step⑬ ❶设置图形为【渐变填充】，设置填充的【类型】

和【方向】，如图 23-128 所示；❷设置图形的渐变光圈，第 1 个渐变光圈的【位置】为【11%】、【颜色】的 RGB 参数值为【248，146，151】，第 2 个渐变光圈的【位置】为【56%】、【颜色】的 RGB 参数值为【244，81，87】，第 3 个渐变光圈的【位置】为【95%】、【颜色】的 RGB 参数值为【242，46，55】。

图 23-128

技术看板

这里的渐变填充规律为：3 个渐变光圈颜色依次加深，从而制造出丰富的立体感。同样的道理，后面两个图形的渐变色不同，但也是由浅到深。

Step⑭ ❶复制一个调整好顶点位置的【对话气泡：椭圆形】形状，调整其大小；❷设置其【形状填充】为【无填充】、【线条】格式为【实线】，如图 23-129 所示。

图 23-129

Step⑮ 移动无填充颜色的图形到红色渐变图形中，效果

如图 23-130 所示。

图 23-130

Step⑯ 按照同样的方法，完成另外两个图形的制作，只是图形的填充色不同而已，效果如图 23-131 所示。

图 23-131

Step⑰ 打开【插入图片】对话框，选择素材图片插入（文件路径：素材文件\第 23 章\图标 2.png），如图 23-132 所示。

图 23-132

Step⑱ 在页面中插入文本框，并添加相应的文字，完成这张幻灯片的制作，如图23-133所示。

图23-133

23.8 设计教育培训类 PPT 的尾页

教育培训类PPT的最后需要设计一个尾页，让整个演示文稿完整，具体操作步骤如下。

Step① ❶新建一张【其他母版】幻灯片；❷绘制一个矩形，并利用【剪除】功能制造出有斜切面的矩形；❸设置其填充色为【红色】，如图23-134所示。

图23-134

Step② ❶插入一幅图片（文件路径：素材文件\第23章\图片2.jpg）；❷选中图片，选择【图片工具-图片格式】

选项卡下【裁剪】下拉列表中的【裁剪为形状】选项，在其子列表中选择【椭圆】选项，如图23-135所示。

图23-135

Step③ ❶插入一个跳舞的小人图标（文件路径：素材文件\第23章\图标3.png）；❷调整图标的大小，如图23-136所示。

图 23-136

Step04 插入文本框，并输入相应的文字，完成尾页幻灯片的制作，效果如图 23-137 所示。

图 23-137

23.9 设计教育培训类 PPT 的放映效果

　　教育培训类PPT制作完成后，还需要设计播放效果，制造播放氛围。需要注意的是，教育培训类PPT的动画效果需要根据内容讲解的先后顺序来设置。例如，在同一页面中，讲师需要讲解 3 个部分的内容，就应当设置不同部分的内容依次出现，具体操作步骤如下。

Step01 选中第 1 张幻灯片，选择【切换】选项卡下【切换效果】下拉列表中的【门】效果选项，如图 23-138 所示。

图 23-138

Step02 单击【应用到全部】按钮，为整个演示文稿添加相同的切换效果，如图 23-139 所示。如此便完成了幻灯片的页面切换效果设置。

图 23-139

Step03 进入第 1 张幻灯片中，为其中的元素设置动画效果，❶为图片设置【淡入】效果；❷选中右侧红色形状及文字，设置【飞入】效果，选中右下方的蓝灰色形状、文字、图标，设置【飞入】效果，如图 23-140 所示。

图 23-140

Step 04 按照上一步中的方法为其他幻灯片页面设置动画效果，这里不再赘述。对于同一张幻灯片中不同部分的内容，需要设置内容先后出现。方法是：❶进入第 6 张幻灯片中；❷先后设置标题及标题下方的文字为【飞入】动画；❸同时选中红色图形及其相关文字，设置这部分内容为【飞入】动画。同样地，设置另外两部分内容的【飞入】动画，如图 23-141 所示。

图 23-141

本章小结

　　教育培训类 PPT 的内容结构和页面设计与其他类型的演示文稿不一样，不仅在制作时要时刻想到内容在学员面前的呈现方式、学员是否容易接受等，还需要注意教育培训类 PPT 的放映效果，尤其是动画效果，不要让后面讲到的内容先出现，打乱了课程节奏。

第24章 实战：制作营销推广类PPT

➥ 营销推广类PPT如何提炼文字才能使产品的卖点突出？

➥ 产品有了好的卖点，如何在PPT中表现，才能让观众产生购买欲望？

➥ 不同的产品推广，卖点设计有什么不同？

➥ 如何设计图片，才能让观众更有带入感，更能想象产品使用时的场景？

➥ 对于与科技有关的产品，如何设计动画才具有现代感？

本章不仅详细讲解科技产品——办公一体机新品上市的营销推广类PPT的制作，向读者呈现这类PPT制作时的内容思路、产品卖点把握和设计、图片表现效果增强方法等，而且将这类PPT与教育培训类PPT、总结报告类PPT进行了对比，让读者真正明白营销推广类PPT的不同之处和制作要点。

24.1 营销推广类 PPT 的制作标准

实例门类	页面设计 + 营销文案

营销推广类PPT是以产品介绍为主要内容的演示文稿，是企业对外宣传产品最直接、最形象的宣传方式。在产品营销推广手册中，要以简洁的语言、形象的图形和图片对产品进行介绍推广。一份优秀的产品营销推广演示文稿在放映后，应当让观众了解这是一款什么样的产品，并产生购买欲望。图24-1~图24-12所示为本章案例的PPT页面。

图 24-1

图 24-3

图 24-2

图 24-4

图 24-5

图 24-6

图 24-7

图 24-8

图 24-9

图 24-10

图 24-11

图 24-12

24.1.1 产品介绍要形象直观

营销推广类PPT最基本的作用就是让观众了解这是一款什么样的产品。因此页面内容的设计不论是文字用语还是图形图片，都要围绕"形象直观"这一核心。制作者要站在观众的角度，去设想没有产品工艺制作专业知识、不懂行业术语的前提下，能否理解页面内容的表达。要想做到产品介绍形象直观，制作者可以从以下两个方面着手。

1. 将行业术语用通俗的语言表达

俗话说"隔行如隔山"，不同的行业有不同的术语，这些术语对外行人来说是难以理解的。如果为了显得高大上、极具专业水准，将产品制作过程中的工艺术语罗列在幻灯片中，则只会让观众不知所云。尤其是与科技相关的产品，要让观众快速理解产品精髓，使用通俗语言表达尤为重要。

在图24-13和图24-14中，前者使用了专业术语介绍一体机产品的性能优点，如"73.31CFM""外频高于250"等均让外行人士理解困难。经过改进后，去掉这些术语，转而用通俗的描述，并且加上了对比文字，最大限度地帮助观众理解一体机产品的性能优点。

这里可以总结一下：能不用专业术语最好不要用。如果一定要用专业性强的参数描述产品，最好加上对比描述，让观众理解参数。例如，案例中"CPU发热不超过43°"，虽然这句话很容易理解，但是外行观众还是不能产生清晰的概念——CPU发热不超过43°，究竟是好还是坏？给观众一个对比，如CPU温度45°~65°为正常，观众顿时恍然大悟。

图 24-13

图 24-14

2. 尽量使用产品真实图片、放大细节图片

产品营销推广类PPT与年终总结报告类PPT、教育培训类PPT不同，产品营销推广要向观众介绍最真实的商品模样。因此要尽量少用卡通图、扁平图，而是选用真实的产品图片及细节放大图片。在图24-15和图24-16中，前者使用的是产品的卡通图，后者则使用了真实的实拍图，后者的说服力明显高于前者。因此在营销推广类PPT中，能用产品实拍图的一定要用产品实拍图。

图 24-15

图 24-16

24.1.2 卖点描述要抓住观众心理

产品营销推广演示文稿能否取得理想的宣传效果，在很大程度上取决于制作者选择了哪些宣传内容。观众远没有想象的有耐心，他们不想看到演示文稿中一大堆浮夸、抽象的、与他们不相关的信息，制作者需要将产品最核心的卖点推到观众的面前，以最短的时间吸引住观众的注意力。这里推荐制作者到网上找同类商品的大卖家店铺，看这些卖家的商品是如何描述卖点的，这对制作演示文稿十分有用。

不同的商品，卖点选取、卖点描述的顺序都是不一样的。图 24-17 所示的是一款运动手环的详情页面，在最开始的位置就介绍了手环的屏幕优点，说明这是手环类商品的一大卖点，也是消费者重点关注的信息。手环商品属于电子产品，电子产品的目标消费人群确实最关心的是产品功能上的性能特点。而图 24-18 所示的是一款销量靠前的洋槐花蜜的详情页，介绍了商品的详细信息及产地品质。这说明购买洋槐花蜜的消费者最关心洋槐花蜜的品质，在详细了解洋槐花蜜的信息之前不会购买。洋槐花蜜是食品，食品商品的演示文稿设计确实要从食品的品质介绍、产品、生产工艺等方面开展描述。

制作者了解了商品的卖点后，可以研究整个商品详情页面的信息分布，分析卖家对商品卖点描述的先后顺序。例如，某款游戏专用笔记本电脑的卖点介绍顺序为：外观特点—适用人群—功能特点—打游戏的优势—32 色键盘—音响特点—CPU 特点—硬盘特点—散热器特点—视野特点—内存特点—配置参数表。有了这样的分析后，游戏笔记本电脑的产品营销推广 PPT 的内容结构就可以参考这样的结构来分布。

图 24-18

24.1.3 精简文字描述

很多制作产品营销推广演示文稿的作者会将产品的优点用很多文字密密麻麻地放在幻灯片上，但是观众根本没有耐心一字一句地阅读。产品营销推广的 PPT 最好将产品最直接的优点、卖点文字进行提炼，并用大号字显示在页面中，使观众一目了然。

关于文字描述，这里有两点建议：一是将最重要的卖点文字提炼成小标题，放在最显眼的位置让观众看到，如图 24-19 所示，页面左上角的文字十分突出，毕竟是幻灯片的标题；二是将重要的卖点文字提炼后以大字号、改变颜色放在页面中，如图 24-19 中右边的文字，十分显眼。

如图 24-20 所示，页面中的文字太多，没有重点，观众也没有耐心认真将文字读完。

图 24-17

图 24-19

图 24-20

建议产品营销推广PPT的制作者首先进行文字内容提炼，再开始着手页面设计。如图 24-21 所示，面对一段产品描述文字，首先将重点文字标注出来，然后根据

重点文字重新进行语言描述组合，得到提炼文字，再根据这些文字设计幻灯片页面，就不会出现文字赘述的现象了。

图 24-21

24.2 使用母版设计主题

产品营销推广类演示文稿的主题设计要与产品相符合，通常情况下科技类产品适合选用蓝色、银色、灰色这类科技强的主题。食品商品适合选择暖色调的主题增强食欲，母婴产品适合选用粉红色这类温暖色调的主题。在本案例中，由于是科技产品，因此选用具有科技感的银灰色，为了使母版设计更丰富，使用了银灰色的渐变填充，具体操作步骤如下。

Step 01 ❶新建一份空白演示文稿，命名为"产品营销推广"；❷进入【幻灯片母版】界面，选择一张母版；❸删除母版中的元素，并设置母版的背景格式，如图 24-22 所示。

示。按照同样的方法设置第 2 个渐变光圈的【颜色】的RGB参数值为【217，217，217】、【位置】为【100%】、【亮度】为【-15%】。

图 24-22

图 24-23

Step 02 ❶设置母版背景渐变填充的第 1 个渐变光圈的颜色；❷设置第 1 个渐变光圈的其他参数，如图 24-23 所

Step 03 ❶在母版右上角绘制一个矩形，并设置矩形的填充颜色；❷调整矩形的大小，如图 24-24 所示。

图 24-24

Step**04** ❶在矩形中输入产品的名称；❷调整文字的颜色和格式，如图 24-25 所示。

图 24-25

Step**05** ❶在页面左上方绘制两条直线；❷设置直线的长度；❸设置直线的颜色，与右上角矩形中的文字颜色保持一致，如图 24-26 所示。

图 24-26

Step**06** ❶选择【插入占位符】中的【文本】选项，插入一个文本占位符；❷设置占位符中的文本颜色与右上角矩

形颜色一致，并调整字体格式，如图 24-27 所示。

图 24-27

Step**07** 插入一个文本占位符，将文字颜色设置为黑色，并调整文字格式，如图 24-28 所示，完成第 1 张母版的设置，命名为"内容页母版"。

图 24-28

Step**08** 按照同样的方法，设计第 2 张母版，背景填充格式与内容页母版一致，但是页面中无其他元素，结果如图 24-29 所示。

图 24-29

24.3 制作营销推广类 PPT 的封面页

营销推广类PPT的封面页要说明推广的产品是一款什么样的产品。在本案例中，封面页由两个页面组成：第一个页面说明了产品品牌及新品上市，第二个页面展示了产品的功能组成，具体操作步骤如下。

Step01 ❶新建一张【其他母版】幻灯片；❷插入一幅素材图片（文件路径：素材文件\第24章\图片1.jpg）；❸绘制一个矩形，调整矩形的【旋转】角度，让图片剪除矩形，制造出斜角，如图24-30所示。

图 24-30

Step02 ❶在页面中绘制一个三角形；❷设置三角形填充色的RGB值为【0，177，195】，这里命名这种颜色为【深青】，后面会再用到，将不再讲解颜色参数；❸设置颜色的【透明度】为【40%】，如图24-31所示。

图 24-31

技术看板

在图片上绘制图形，再在图片上输入文本，为了不让图形遮盖住图片，需要设置图形的透明度，这是十分常用的方法，因为这能保证图片和文本互不干扰、清楚显示。

Step03 ❶在三角形中插入文本框并输入文字，调整文字的颜色，这里命名这种颜色为【浅黄】，后面再用到这种颜色时，不再讲解参数设置；❷设置文字的格式；❸在页面左下方插入文本框，输入演示文稿的主题并调整字体格式，如图24-32所示。至此便完成了第1张封面幻灯片的制作。

图 24-32

Step04 ❶新建一张【其他母版】幻灯片；❷插入一幅计算机的素材文件（文件路径：素材文件\第24章\图标1.png）；❸选择【形状】下拉列表中的【连接符：肘形】选项，如图24-33所示。

图 24-35

Step**07** 按照同样的方法，绘制多个连接符和圆形，效果如图 24-36 所示。

图 24-33

Step**05** ❶在页面中绘制一个肘形连接符；❷设置连接符的颜色；❸设置连接符的【宽度】，如图 24-34 所示。

图 24-36

Step**08** 在页面中输入文字，完成这张幻灯片的制作，如图 24-37 所示。

图 24-34

Step**06** ❶在连接符上方绘制一个圆形，设置圆形的填充色为【浅黄】；❷设置圆形的大小，如图 24-35 所示。

图 24-37

24.4　制作营销推广类 PPT 的目录页

营销推广类演示文稿的目录设计需要从观众的角度出发考虑，因为观众是被动接收内容，如何让观众愿意观看这份演示文稿是制作者需要思考的问题。本案例中的目录打破常规，以问句的形式进行设计，引起观众的好奇心。例如，目录页右上角需要添加品牌标志，这里不使用已经添加标志的母版，手动添加即可，具体操作步骤如下。

Step01 ❶新建一张【其他母版】幻灯片；❷在页面中绘制一个矩形，设置其填充色为【深青】；❸调整矩形的大小，如图 24-38 所示。

图 24-38

Step02 ❶在矩形左上方和右下方绘制一细一粗两条竖线，颜色均为白色；❷设置细线的【宽度】为【0.5磅】，粗线的【宽度】为【1.5磅】；❸调整线的【高度】为【1.83厘米】，如图 24-39 所示。

图 24-39

🎯 技术看板

设置两条竖线为一细一粗，是为了丰富幻灯片页面的设计，减轻页面元素的死板程度。

Step03 ❶绘制一个矩形，设置其【形状填充】为【无填充】；❷调整矩形的大小；❸设置矩形的【线条】格式，其中【颜色】为白色，如图 24-40 所示。

图 24-40

Step04 在页面中插入文本框，并输入文字，如图 24-41 所示。

图 24-41

Step05 ❶在序号下方绘制一细二粗3条【深青】直线，其中细线的【宽度】为【2.25磅】；❷在右上角绘制一个矩形并填充上文字，格式与母版中的一致，如图 24-42 所示。至此便完成目录页的制作。

图 24-42

24.5 制作营销推广类 PPT 的内容页

营销推广类PPT的内容页应当用数据、真实图片、细节图片等内容全面展示产品的优点，让观众产生购买欲望。

24.5.1 表现产品市场增量的内容页制作

在营销推广类PPT中，常常会通过产品在市场中的增量来说明产品受市场的欢迎程度。为了保证页面的美观程度，需要对图表进行设计，具体操作步骤如下。

Step 01 ❶新建一张【内容页母版】幻灯片；❷输入标题文字；❸在【插入图表】对话框中选择【柱形图】选项卡中的【簇状柱形图】选项，如图 24-43 所示。

图 24-43

Step 02 选中图表，选择【图表工具-图表设计】选项卡下【编辑数据】下拉列表中的【在Excel表中编辑数据】选项，打开Excel表，输入数据，如图 24-44 所示。

图 24-44

Step 03 ❶数据输入完成后，删除图表中多余的元素，只留下横坐标轴及坐标轴上的数据标签，设置图表的柱形颜色为【浅黄】、数据标签颜色为【深青】；❷设置横坐标轴的【刻度线】格式，如图 24-45 所示。

图 24-45

Step 04 ❶绘制一个三角形，调整三角形的大小；❷设置三角形的颜色填充，如图 24-46 所示。

图 24-46

Step 05 ❶绘制一个圆形，调整圆形的大小；❷设置圆形的填充颜色，如图 24-47 所示。

图 24-47

Step06 将三角形和圆形复制出另外 4 份，将其粘贴在每一根柱形的上方并调整位置，如图 24-48 所示。

图 24-48

Step07 在圆形中插入素材图标（文件路径：素材文件\第 24 章\图标 2.png），调整好图标的大小，输入相应的文字，完成这张幻灯片的制作，如图 24-49 所示。

图 24-49

Step08 ❶新建一张【内容页母版】幻灯片；❷打开素材文件中有小人素材图标的 PPT 文件，将里面的小人复制 6 个到幻灯片中（文件路径：素材文件\第 24 章\图标 3.pptx），调整小人填充色的 RGB 参数值为【217，217，217】，调整小人的大小，如图 24-50 所示。

图 24-50

Step09 ❶选中页面中的小人；❷选择【绘图工具-形状格式】选项卡下【对齐】下拉菜单中的【横向分布】选项，如图 24-51 所示，让图中的小人在水平方向上的分布距离均等。

图 24-51

Step10 ❶复制 5 个小人，调整好小人的大小；❷按照上面的方法调整好小人位置的水平距离，如图 24-52 所示。

图 24-52

Step11 ❶用同样的方法复制4个小人，小人的颜色填充为【深青】，并调整好小人的位置和水平距离；❷调整小人的大小，如图24-53所示。

图 24-53

Step12 ❶复制3个小人到第2排，设置其【高度】为【2.73厘米】、【宽度】为【0.9厘米】；❷复制2个小人到第3排，设置其【高度】为【3.57厘米】、【宽度】为【1.18厘米】；❸复制1个小人到第4排，设置其【高度】为【4.68厘米】、【宽度】为【1.55厘米】，如图24-54所示。

图 24-54

Step13 ❶在页面右侧插入文本框，并输入文字，注意将数字的颜色调整为【深青】；❷调整文字的格式，如图24-55所示。

图 24-55

Step14 插入文本框，并输入文字，数据颜色同样设置为【深青】，如图24-56所示。

图 24-56

技术看板

小人的大小参数设置为从上到下渐渐变大。

24.5.2 制作展现产品硬件特点的内容页

展现产品硬件特点的页面需要用多图的形式进行产品实拍图展示。在设计时需要注意图片、形状的对齐，否则页面会缺乏整齐性，具体操作步骤如下。

Step01 ❶新建一张【内容页母版】幻灯片，并输入标题文字；❷绘制一个矩形，设置其【形状填充】为【无填充】；❸调整矩形的大小，如图 24-57 所示。

图 24-57

Step02 ❶选中矩形，打开【设置形状格式】任务窗格，在【线条】区域设置【颜色】为【深青】；❷设置矩形的【宽度】为【2.25 磅】，如图 24-58 所示。

图 24-58

Step03 ❶复制 3 个矩形，同时选中页面中的 4 个矩形；❷选择【绘图工具-形状格式】选项卡下【对齐】下拉菜单中的【横向分布】选项，如图 24-59 所示。

图 24-59

Step04 ❶同时选中 4 个矩形；❷在其上右击，选择快捷菜单中的【组合】→【组合】选项，如图 24-60 所示。

图 24-60

Step05 选择【绘图工具-形状格式】选项卡下【对齐】下拉菜单中的【水平居中】选项，如图 24-61 所示。当图形的位置调整完成后，需要取消组合，否则会影响后面的动画设置。

图 24-61

技能拓展——巧妙调整图形对齐

在制作PPT时，图形的对齐与否将直接影响到幻灯片页面的美观程度。当图形没有组合时，选中多个图形执行【水平居中】命令可以让图形之间的水平距离相同，执行【垂直居中】命令可以使图形之间的垂直距离相同。

如果将图形组合，再依次执行【对齐幻灯片】【水平居中】命令，可以让多个图形作为一个整体，位于幻灯片水平居中的位置。此时如果再执行【垂直居中】命令，那么可以让组合图形位于幻灯片正中间的位置。

Step06 ❶插入文本框，并输入文字，调整文字的格式；❷设置文本框的【线条】格式，如图24-62所示。

图 24-62

Step07 选中文本框和矩形，执行【对齐】下拉菜单中的【水平居中】命令，如图24-63所示。

图 24-63

Step08 ❶按照同样的方法，绘制另外3个文本框，并输入文字；❷同时选中4个文本框，执行【对齐】下拉菜单中的【顶端对齐】命令，如图24-64所示。

图 24-64

Step09 插入素材图片（文件路径：素材文件\第24章\图片2.jpg、图片3.jpg、图片4.jpg、图片5.png），并调整图片的大小，这里图片大小不需要一致，能放在矩形中即可，如图24-65所示。

图 24-65

Step10 选择【插入】选项卡下【形状】下拉列表中的【加号】选项，如图24-66所示。

图 24-66

Step⑪ ❶在图中绘制 3 个加号形状；❷调整加号的大小；❸调整加号的颜色，如图 24-67 所示。

❸设置矩形的颜色，如图 24-69 所示。

图 24-67

Step⑫ ❶在页面下方插入文本框，并输入文字；❷调整文字的格式，如图 24-68 所示。至此，完成这张幻灯片的制作。

图 24-68

技术看板

这张幻灯片中的背景为白色的图片，且图片无边框，所以大小不用一致。

24.5.3 制作文字展现产品特点的内容页

展现产品的特点，还可以通过提炼的文字进行布局后展示，前提是不要让文字在页面中显得枯燥，需要搭配上恰当的图形，具体操作步骤如下。

Step① ❶新建一张【内容页母版】幻灯片，输入标题文字；❷在页面中绘制一个矩形，调整好矩形的大小；

图 24-69

Step② ❶在【线条】区域设置矩形的【颜色】；❷设置矩形的【宽度】，如图 24-70 所示。

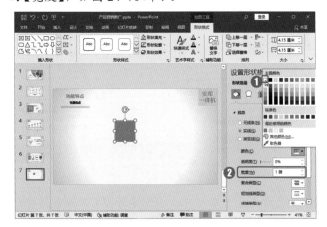

图 24-70

Step③ ❶复制 3 个矩形，并将其组合；❷选择【对齐】下拉菜单中的【水平居中】选项，如图 24-71 所示。

图 24-71

Step 04 ❶绘制一个圆形，调整好大小，设置填充色为【浅黄】；❷调整圆形的位置，当出现如图 24-72 所示的红色虚线时表示圆形相对于 4 个矩形居中对齐。

图 24-72

Step 05 复制圆形到矩形的 4 个角，如图 24-73 所示。

图 24-73

Step 06 插入 4 个素材图标（文件路径：素材文件\第 24 章\图标 4.png、图标 5.png、图标 6.png、图标 7.png），如图 24-74 所示。

图 24-74

Step 07 ❶插入文本框，并输入序号，设置文字的【颜色】；❷设置文字的格式，如图 24-75 所示。

图 24-75

Step 08 插入文本框，并输入描述产品功能的文字，如图 24-76 所示。至此，完成这张幻灯片的制作。

图 24-76

技术看板

将图标素材放到矩形中时，同样要根据参考线，保证图标相对于矩形是居中对齐的。

24.5.4 制作展现产品性能的内容页

本章开头讲解过，产品营销推广演示文稿中最好不要出现专业的术语、参数描述。如果需要描述产品的参数，可以使用形象的方式，让观众明白这个参数是什么概念。本案例中讲解到一体机噪声参数时，就对比了人们生活中不同场景的噪声参数，让噪声参数表达更形象，具体操作步骤如下。

Step 01 ❶新建一张【内容页母版】幻灯片，输入标题文字；❷选择【形状】下拉列表中的【曲线】选项，如图 24-77 所示。

图 24-77

Step 02 在页面中绘制一条从左到右越来越高的曲线，如图 24-78 所示。

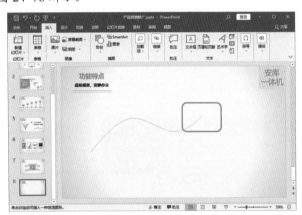

图 24-78

Step 03 曲线绘制完成后，进入顶点编辑状态，调整一下顶点，如图 24-79 所示。

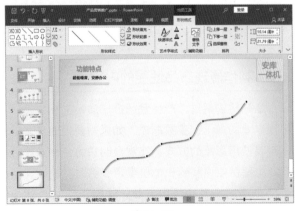

图 24-79

Step 04 ❶在【线条】区域设置曲线的【颜色】；❷设置曲线的【宽度】，如图 24-80 所示。

图 24-80

Step 05 设置曲线的【阴影】格式，如图 24-81 所示。

图 24-81

Step 06 选择【形状】下拉列表中的【泪滴形】选项，如图 24-82 所示。

图 24-82

Step⑦ 按住【Shift】键，在页面中绘制一个泪滴形状，如图 24-83 所示。

图 24-83

Step⑧ ❶调整泪滴形状的【大小】；❷调整泪滴形状的【旋转】角度，让泪滴形状的尖角指向曲线；❸设置泪滴形状的【形状填充】，如图 24-84 所示。

图 24-84

Step⑨ ❶复制泪滴形状到曲线的不同位置；❷设置第2个泪滴形状的填充色为【深青】，如图 24-85 所示。

图 24-85

Step⑩ 插入文本框，并输入文字，完成这张幻灯片的制作，效果如图 24-86 所示。

图 24-86

24.5.5 制作产品性能对比的内容页

在新产品上市的宣传PPT中，为了展现新产品的特点，需要将新产品与旧产品进行功能上的对比，突出产品的更新换代，具体操作步骤如下。

Step① ❶新建一张【内容页母版】幻灯片，输入标题文字；❷在幻灯片中绘制一个圆形，调整其大小；❸设置圆形的填充色，如图 24-87 所示。

图 24-87

Step② ❶绘制一个圆形，设置其大小；❷设置圆形的【形状填充】为【无填充】；❸设置圆形的【线条】格式，如图 24-88 所示。

图 24-88

整弧形的开口位置，如图 24-91 所示。

图 24-91

按住【Shift】键可以绘制出正圆形。

Step03 选择【形状】下拉列表中的【弧形】选项，如图 24-89 所示。

图 24-89

Step04 按住【Shift】键在页面中绘制一个弧形，如图 24-90 所示。

图 24-90

Step05 ❶调整弧形的大小；❷拖动弧形上的控件，调

Step06 ❶在【线条】区域设置弧形的【颜色】；❷设置弧形的【宽度】，如图 24-92 所示。

图 24-92

Step07 按照同样的方法，绘制一个更大的弧形，调整其大小和格式，如图 24-93 所示。

图 24-93

Step⑧ 同时选中页面中的所有图形，依次执行【对齐】下拉菜单中的【水平居中】和【垂直居中】命令，如图 24-94 所示。

图 24-94

Step⑨ ❶在页面中绘制 4 个圆形，调整其大小；❷设置圆形的填充【颜色】，如图 24-95 所示。

图 24-95

Step⑩ 在页面中插入文本框，并输入相应的文字，完成这张幻灯片的制作，如图 24-96 所示。

图 24-96

24.5.6　制作产品细节展示的内容页

展示产品的细节，通常的做法是放一幅产品大图＋细节图，或者是产品细节图，并对细节图加以文字说明，具体操作步骤如下。

Step① ❶新建一张【内容页母版】幻灯片，输入标题文字；❷打开【插入图片】对话框，选择素材图片插入（文件路径：素材文件\第 24 章\图片 6.png），如图 24-97 所示。

图 24-97

Step② ❶调整好图片的大小；❷选中图片，单击【图片工具-图片格式】选项卡下的【删除背景】按钮，如图 24-98 所示。

图 24-98

Step③ 在【背景消除】选项卡下单击【标记要保留的区域】按钮，如图 24-99 所示。

图 24-99

技术看板

在本案例中，幻灯片背景偏白色，与一体机图片一致，因此一体机图片的背景消除可以不用太细致，不会影响美观。

Step 04 拖动 工具，在要保留的区域上画线，如图 24-100 所示。

图 24-100

Step 05 当完成区域保留选择后，单击【保留更改】按钮，如图 24-101 所示。

图 24-101

Step 06 选择【形状】下拉列表中的【连接符：肘形】选项，在页面中绘制一条肘形线，如图 24-102 所示。

图 24-102

Step 07 ❶ 设置肘形线的【颜色】；❷ 设置肘形线的【宽度】，如图 24-103 所示。

图 24-103

Step 08 设置肘形线的【开始箭头类型】为【圆型箭头】，如图 24-104 所示。

图 24-104

Step09 绘制一条直线和一条肘形线，格式与第 1 条肘形线一致，如图 24-105 所示。

图 24-105

Step10 插入 3 幅一体机中的细节图片（文件路径：素材文件\第 24 章\图片 7.jpg、图片 8.jpg、图片 9.jpg），如图 24-106 所示。

图 24-106

Step11 插入文本框，并输入细节图片描述文字，完成第 1 张产品细节展示幻灯片的制作，如图 24-107 所示。

图 24-107

Step12 ❶新建一张【内容页母版】幻灯片，输入标题，制作第 2 张产品细节展示页；❷在页面中绘制一个矩形，调整其大小；❸设置矩形的填充色，如图 24-108 所示。

图 24-108

Step13 复制 3 个矩形，如图 24-109 所示。

图 24-109

Step14 ❶在矩形中输入文字，设置文字的颜色为【深青】；❷设置文字的格式，如图 24-110 所示。

图 24-110

Step⑮ ❶打开【插入图片】对话框，选中 4 张细节图片（文件路径：素材文件\第 24 章\图片 10.jpg、图片 11.jpg、图片 12.jpg、图片 13.jpg）；❷单击【插入】按钮，如图 24-111 所示。

图 24-111

Step⑯ 调整图片的大小，如图 24-112 所示。按照相同的方法，使所有的图片大小一致。

图 24-112

技术看板

在 PPT 中调整图片的大小，一定要选中【锁定纵横比】复选框，否则图片可能长宽比例失调。一张幻灯片中如果有多张图片，可以调整好第 1 幅图片的大小后，其他图片使用裁剪的方式调整大小与第 1 幅图片一致。方法是两张图片有一边对齐，另一边裁剪时会出现参考线。

Step⑰ 将调整了大小的图片分散开，并调整其位置，如图 24-113 所示。

图 24-113

Step⑱ ❶选中图片，在【线条】区域设置图片的【颜色】；❷设置图片的【宽度】，如图 24-114 所示。

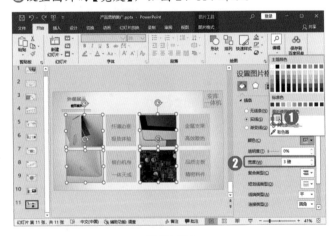

图 24-114

Step⑲ ❶将图片和图形选中，进行组合；❷选择【对齐】下拉菜单中的【水平居中】选项，如图 24-115 所示。随后取消组合，完成这张幻灯片的制作。

图 24-115

24.6 制作营销推广类 PPT 的尾页

营销推广类PPT的尾页需要点题，再次激发观众对产品的兴趣。因此建议配上产品使用时的场景图，增加观众的带入感，具体操作步骤如下。

Step01 ❶新建一张【其他母版】幻灯片；❷单击【形状】下拉按钮，在弹出的下拉列表中选择【六边形】选项，如图 24-116 所示。

图 24-116

Step02 ❶在页面中绘制一个六边形；❷调整图形的大小，如图 24-117 所示。

图 24-117

技术看板

在设置六边形大小时要考虑后面步骤中的形状组合，看是否需要六边形长宽相等。

Step03 ❶绘制一个矩形，并与六边形相交，选中两个图形；❷选择【绘图工具-形状格式】选项卡下【合并形状】下拉列表中的【剪除】选项，如图 24-118 所示。

图 24-118

Step04 按照同样的方法，再绘制一个组合图形，调整图形的位置，效果如图 24-119 所示。

图 24-119

Step 05 ❶绘制一个六边形，并调整其大小；❷调整六边形的位置，如图 24-120 所示。

图 24-120

Step 06 按照同样的方法，继续绘制六边形，设置最右侧六边形的大小，如图 24-121 所示。

图 24-121

Step 07 选中较大的六边形，设置其【线条】格式，如

图 24-122 所示，将【颜色】设置为【深青】。

图 24-122

Step 08 设置较小六边形的【线条】格式，如图 24-123 所示，将【颜色】设置为【深青】。

图 24-123

Step 09 ❶选中左上方的图形，选中【图片或纹理填充】单选按钮；❷单击【插入】按钮，在打开的【插入图片】对话框中选择素材图片（文件路径：素材文件\第 24 章\图片 14.jpg），如图 24-124 所示。

图 24-124

Step⑩ 选中【将图片平铺为纹理】复选框，并调整参数，如图 24-125 所示。

图 24-125

Step⑪ 按照同样的方法，为另外 3 个图形设置图片填充格式（文件路径：素材文件\第 24 章\图片 15.jpg、图片 16.jpg、图片 17.jpg），如图 24-126 所示。

图 24-126

Step⑫ 选中未填充图片的六边形，并为它们设置填充的【颜色】，如图 24-127 所示。

图 24-127

Step⑬ 在六边形中输入文字，在幻灯片右侧插入文本框，并输入文字，如图 24-128 所示。

图 24-128

Step⑭ ❶绘制一个矩形，设置其填充色为【浅黄】；❷右击矩形，选择快捷菜单中的【置于底层】选项，如图 24-129 所示。

图 24-129

Step⑮ ❶在矩形上插入文本框，并输入文字；❷在页面右上角绘制矩形并输入文字，如图 24-130 所示。至此，完成尾页幻灯片的制作。

图 24-130

24.7 设计营销推广类 PPT 的放映效果

营销推广类PPT需要根据产品类型的不同设计放映效果。在本案例中的一体机产品属于高科技产品，因此在设计放映效果时，要考虑有科技感的切换方式和动画，具体操作步骤如下。

Step01 进入第 1 张幻灯片，选择【切换】选项卡下【切换效果】下拉列表中的【库】选项，如图 24-131 所示。

图 24-131

Step02 单击【应用到全部】按钮，将【库】切换动画应用到整个演示文稿中，如图 24-132 所示。

图 24-132

Step03 ❶选中第 1 张幻灯片中的图片；❷选择【动画】选项卡下【动画样式】下拉列表中的【更多进入效果】选

项，如图 24-133 所示。

图 24-133

Step04 ❶在打开的【更改进入效果】对话框中选择【浮动】动画；❷单击【确定】按钮，如图 24-134 所示。

图 24-134

Step05 同时选中两个文本框中的文字，设置【缩放】动画，如图 24-135 所示。

图 24-135

Step 06 ❶进入第2张幻灯片中，为一体机图标设置【浮动】动画；❷为黄色分支图形设置【十字形扩展】动画，如图 24-136 所示。

图 24-136

Step 07 同时选中两个文本框，设置【缩放】动画，如

图 24-137 所示。

图 24-137

Step 08 按照同样的方法，为演示文稿中的图片设置【浮动】动画，为文本设置【缩放】动画，为引导线设置【十字形扩展】动画。如图24-138所示，在第5张幻灯片中，同时选中图形，设置【浮入】动画。

图 24-138

本章小结

　　本章完成了一个新品上市的营销推广类PPT制作，读者学完本章后，应该明白了营销推广类PPT的设计思路，能够找到表达商品卖点的方法，并进行简单的图片处理，利用图片来展现商品的真实面貌和使用细节。

附录 A　PowerPoint 十大必备快捷操作

　　熟练掌握PowerPoint快捷键可以帮助办公人员更快速地制作幻灯片，以节约时间成本。以下PowerPoint快捷键适用于PowerPoint 2003、PowerPoint 2007、PowerPoint 2010、PowerPoint 2013、PowerPoint 2016、PowerPoint 2019、PowerPoint 2021 等版本。

一、幻灯片操作快捷键

快捷键	作用	快捷键	作用
Enter 或 Ctrl+M	新建幻灯片	Delete	删除选择的幻灯片
Ctrl+D	复制选定的幻灯片	Shift+F10+H	隐藏或取消隐藏幻灯片
Shift+F10+A	新增节		

二、幻灯片编辑快捷键

快捷键	作用	快捷键	作用
Ctrl+T	在句子小写或大写之间更改字符格式	Shift+F3	更改字母大小写
Ctrl+B	应用粗体格式	Ctrl+U	应用下划线
Ctrl+I	应用斜体格式	Ctrl+=	应用上标格式
Ctrl+Shift++	应用下标格式	Ctrl+E	使段落居中对齐
Ctrl+J	使段落两端对齐	Ctrl+L	使段落左对齐
Ctrl+R	使段落右对齐		

三、在幻灯片文本或单元格中移动的快捷键

快捷键	作用	快捷键	作用
←	向左移动一个字符	→	向右移动一个字符
↑	向上移动一行	↓	向下移动一行
Ctrl+←	向左移动一个字词	Ctrl+→	向右移动一个字词
End	移至行尾	Home	移至行首
Ctrl+↑	向上移动一个段落	Ctrl+↓	向下移动一个段落
Ctrl+End	移至文本框的末尾	Ctrl+Home	移至文本框的开头

四、幻灯片对象排列的快捷键

快捷键	作用	快捷键	作用
Ctrl+G	组合选择的多个对象	Shift+F10+R+Enter	将选择的对象置于顶层
Shift+F10+F+Enter	将选择的对象上移一层	Shift+F10+K+Enter	将选择的对象置于底层
Shift+F10+B+Enter	将选择的对象下移一层	Shift+F10+S	将所选对象另存为图片

五、调整 SmartArt 图形中形状的快捷键

快捷键	作用	快捷键	作用
Tab	选择SmartArt图形中的下一元素	Shift+Tab	选择SmartArt图形中的上一元素
↑	向上微移所选的形状	↓	向下微移所选的形状
←	向左微移所选的形状	→	向右微移所选的形状

快捷键	作用	快捷键	作用
Enter 或 F2	编辑所选形状中的文字	Delete 或 Backpace	删除所选的形状
Ctrl+ →	水平放大所选的形状	Ctrl+←	水平缩小所选的形状
Shift+ ↑	垂直放大所选的形状	Shift+ ↓	垂直缩小所选的形状
Alt+ →	向右旋转所选的形状	Alt+←	向左旋转所选的形状

六、显示辅助工具和功能区的快捷键

快捷键	作用	快捷键	作用
Ctrl+F1	折叠功能区	Shift+F9	显示/隐藏网格线
Alt+F9	显示/隐藏参考线	Alt+F10	显示选择窗格
Alt+F5	显示演示者视图	F10	显示功能区标签

七、浏览 Web 演示文稿的快捷键

快捷键	作用	快捷键	作用
Tab	在 Web 演示文稿中的超链接、地址栏和链接栏之间进行正向切换	Shift+Tab	在 Web 演示文稿中的超链接、地址栏和链接栏之间进行反向切换
Enter	对所选的超链接执行"单击"操作	空格键	转到下一张幻灯片

八、多媒体操作的快捷键

快捷键	作用	快捷键	作用
Alt+Q	停止媒体播放	Alt+P	在播放和暂停之间切换
Alt+End	转到下一个书签	Alt+Home	转到上一个书签
Alt+Up	提高音量	Alt+ ↓	降低音量
Alt+U	静音		

九、幻灯片放映的快捷键

快捷键	作用	快捷键	作用
F5	从头开始放映演示文稿	Shift + F5	从当前幻灯片开始放映
Ctrl+F5	联机放映演示文稿	Esc	结束演示文稿放映

十、控制幻灯片放映的快捷键

快捷键	作用	快捷键	作用
N、Enter、Page Down、→、↓ 或空格键	执行下一个动画或前进到下一张幻灯片	P、Page Up、←、↑ 或空格键 Number+Enter	执行上一个动画或返回上一张幻灯片 转到幻灯片 Number
B 或句号	显示空白的黑色幻灯片，或者从空白的黑色幻灯片返回演示文稿	W 或逗号	显示空白的白色幻灯片，或者从空白的白色幻灯片返回演示文稿
E	擦除屏幕上的注释	H	转到下一张隐藏的幻灯片
T	排练时设置新的排练时间	O	排练时使用原排练时间
M	排练时通过单击前进	R	重新记录幻灯片旁白和计时
A 或 =	显示或隐藏箭头指针	Ctrl+P	将鼠标指针更改为笔的形状
Ctrl+A	将指针更改为箭头	Ctrl+E	将鼠标指针更改为橡皮擦的形状
Ctrl+M	显示或隐藏墨迹标记	Ctrl+H	立即隐藏鼠标指针和【导航】按钮

附录 B 本书实战及案例速查表

一、软件功能学习类实战

实例名称	所在页	实例名称	所在页	实例名称	所在页
实战：在快速访问工具栏中添加或删除快捷操作按钮	94	实战：渐变填充"电话礼仪培训"幻灯片	120	实战：为"市场拓展策划方案"演示文稿中的段落添加编号	140
实战：将功能区中的按钮添加到快速访问工具栏中	95	实战：图片或纹理填充"电话礼仪培训"幻灯片	121	实战：设置"员工礼仪培训"演示文稿中的段落分栏	141
实战：在选项卡中添加工作组	95	实战：图案填充"电话礼仪培训"幻灯片	122	实战：在"年终工作总结"演示文稿中插入艺术字	142
实战：显示/隐藏功能区	96	实战：为"会议简报"演示文稿应用内置主题	122	实战：设置"年终工作总结"演示文稿的艺术字文本填充	142
实战：打开计算机中保存的演示文稿	103	实战：更改"会议简报"演示文稿主题的变体	122	实战：设置"年终工作总结"演示文稿的艺术字文本轮廓	143
实战：打开OneDrive中的演示文稿	103	实战：更改"会议简报"演示文稿主题的颜色	123	实战：设置"年终工作总结"演示文稿的艺术字文本效果	144
实战：另存为"公司简介"演示文稿	104	实战：更改"会议简报"演示文稿主题的字体	123	实战：在"着装礼仪培训1"演示文稿中插入【图像集】图片	151
实战：用密码保护"财务报告"演示文稿	105	实战：保存"会议简报"演示文稿的主题	123	实战：在"着装礼仪培训1"演示文稿中插入联机图片	151
实战：将"财务报告"演示文稿标记为最终状态	106	实战：在标题占位符中输入文本	128	实战：在"着装礼仪培训1"演示文稿中插入屏幕截图	152
实战：检查演示文稿隐藏属性和个人信息	107	实战：通过文本框输入宣传口号文本	128	实战：在"着装礼仪培训"演示文稿中调整图片的大小和位置	152
实战：检查"工作总结"演示文稿的兼容性	107	实战：通过大纲窗格输入宣传要求文本	129	实战：对"着装礼仪培训"演示文稿中的图片进行裁剪	153
实战：将低版本演示文稿转换为高版本	108	实战：在幻灯片中复制和移动文本	130	实战：对"婚庆用品展"演示文稿中的图片进行旋转	155
实战：新建幻灯片	110	实战：查找和替换公司名称文本	131	实战：对"婚庆用品展"演示文稿中的图片进行对齐排列	155
实战：移动和复制幻灯片	111	实战：设置"工程招标方案"演示文稿中的字符间距	134	实战：更正"着装礼仪培训2"演示文稿中图片的亮度/对比度	156
实战：使用节管理幻灯片	112	实战：设置"工程招标方案"演示文稿中的字符底纹	135	实战：调整"水果与健康专题讲座"演示文稿中的图片颜色	157
实战：自定义"企业介绍"幻灯片大小	118	实战：设置"市场拓展策划方案"演示文稿中的段落对齐方式	136	实战：为"水果与健康专题讲座"演示文稿中的图片应用样式	158
实战：为"企业介绍"幻灯片重新选择版式	119	实战：设置"市场拓展策划方案"演示文稿中的段落缩进和间距	136	实战：为"婚庆用品展1"演示文稿中的图片添加边框	158
实战：纯色填充"电话礼仪培训"幻灯片	120	实战：为"市场拓展策划方案"演示文稿中的段落添加项目符号	139	实战：为"婚庆用品展1"演示文稿中的图片添加图片效果	159

续表

实例名称	所在页	实例名称	所在页	实例名称	所在页
实战：为"婚庆用品展2"演示文稿中的图片应用图片版式	160	实战：调整SmartArt图形中形状的位置	180	实战：在"公司介绍"演示文稿中插入计算机中保存的音频文件	222
实战：为"婚庆用品展2"演示文稿中的图片应用图片艺术效果	160	实战：更改SmartArt图形中的图形形状	181	实战：在"益新家居"演示文稿中插入录制的音频	223
实战：插入产品图片制作电子相册	161	实战：更改SmartArt图形的版式	181	实战：对"公司介绍1"演示文稿中的音频进行剪裁	224
实战：编辑手机产品相册	162	实战：更改"汽车销售业绩报告"演示文稿中图表的颜色	199	实战：设置"公司介绍1"演示文稿中音频的属性	224
实战：在"销售工作计划"演示文稿中插入图标	166	实战：在"市场调查报告"演示文稿中制作市场份额信息图表	199	实战：设置"公司介绍1"演示文稿中音频图标效果	225
实战：更改"销售工作计划"演示文稿中插入的图标	167	实战：在"市场调查报告"演示文稿中制作销量信息图表	201	实战：在"汽车宣传"演示文稿中插入计算机中保存的视频	226
实战：编辑"销售工作计划"演示文稿中的图标	167	实战：在"可行性研究报告"演示文稿中设置幻灯片母版的背景格式	209	实战：对"汽车宣传1"演示文稿中的视频进行剪辑	226
实战：在"工作总结"演示文稿中绘制需要的形状	168	实战：设置"可行性研究报告"演示文稿中幻灯片母版占位符格式	210	实战：对"汽车宣传1"演示文稿中视频的播放属性进行设置	227
实战：对"工作总结"演示文稿中的形状进行编辑	169	实战：在"可行性研究报告"演示文稿中设置页眉和页脚	211	实战：在"汽车宣传1"演示文稿中为视频添加书签	227
实战：对形状中的文本位置进行调整	170	实战：在"产品销售计划书"演示文稿中插入幻灯片母版	212	实战：设置"汽车宣传1"演示文稿中的视频图标	228
实战：为"工作总结"演示文稿中的形状应用内置样式	173	实战：在"产品销售计划书"幻灯片母版视图中插入版式	212	实战：在"旅游信息化"演示文稿中将幻灯片对象链接至另一张幻灯片	232
实战：设置"工作总结"演示文稿中形状的填充色	174	实战：在"产品销售计划书"演示文稿中重命名幻灯片母版和版式	213	实战：在"旅游信息化"演示文稿中将幻灯片对象链接到其他文件	233
实战：设置"工作总结"演示文稿中形状的轮廓	175	实战：在"产品销售计划书"演示文稿中删除多余的版式	214	实战：将"旅游信息化"演示文稿中的文本对象链接到网站	234
实战：设置"工作总结"演示文稿中形状的效果	176	实战：设计"企业汇报模板"演示文稿的封面页	214	实战：将"旅游信息化"演示文稿中的文本对象链接到电子邮件	234
实战：在"公司介绍"演示文稿中插入SmartArt图形	177	实战：设计"企业汇报模板"演示文稿的目录页	216	实战：为"旅游信息化"演示文稿中的超链接添加说明性文字	235
实战：在"公司介绍"演示文稿中的SmartArt图形中输入文本	177	实战：设计"企业汇报模板"演示文稿的过渡页	217	实战：对"旅游信息化"演示文稿中的超链接对象进行修改	236
实战：添加与删除SmartArt图形中的形状	178	实战：设计"企业汇报模板"演示文稿的内容页	218	实战：对"旅游信息化"演示文稿中超链接的颜色进行设置	236
实战：更改SmartArt图形中形状的级别和布局	179	实战：设计"企业汇报模板"演示文稿的尾页	219	实战：在"销售工作计划"演示文稿中绘制动作按钮	237

实例名称	所在页	实例名称	所在页	实例名称	所在页
实战：对"销售工作计划"演示文稿中绘制的动作按钮进行设置	238	实战：在"工作总结"演示文稿中设置动画计时	254	实战：将"汽车宣传"演示文稿中的幻灯片导出为图片	271
实战：为"销售工作计划"演示文稿中的文本添加动作	238	实战：在"工作总结 1"演示文稿中添加触发器	255	实战：在"旅游信息化"演示文稿中插入 Word 文档	273
实战：在"年终工作总结"演示文稿中插入摘要缩放定位	239	实战：在"工作总结 1"演示文稿中预览触发器效果	256	实战：在"旅游信息化"演示文稿中插入 Word 工作区	274
实战：在"年终工作总结 1"演示文稿中插入节缩放定位	240	实战：在"楼盘项目介绍"演示文稿中设置幻灯片放映类型	261	实战：将 Word 文档导入幻灯片中演示	275
实战：在"年终工作总结 2"演示文稿中插入幻灯片缩放定位	241	实战：在"楼盘项目介绍"演示文稿中隐藏不需要放映的幻灯片	262	实战：将幻灯片转换为 Word 文档	276
实战：在"手机上市宣传"演示文稿中为幻灯片添加切换动画	245	实战：通过排练计时记录演示文稿放映的时间	262	实战：在"汽车销售业绩报告"演示文稿中插入 Excel 文件	276
实战：对"手机上市宣传"演示文稿中的幻灯片切换效果进行设置	246	实战：录制"楼盘项目介绍 1"幻灯片演示	263	实战：在"汽车销售业绩报告"演示文稿中直接调用 Excel 中的图表	277
实战：设置幻灯片的切换时间和切换方式	246	实战：在"楼盘项目介绍"演示文稿中从头开始放映幻灯片	265	实战：在"年终工作总结"演示文稿中插入 Excel 电子表格	278
实战：在"手机上市宣传"演示文稿中设置幻灯片切换声音	247	实战：从当前幻灯片开始进行放映	265	实战：在"旅游信息化"演示文稿中插入 Word 工作区	274
实战：为"工作总结"演示文稿中的对象添加单个动画效果	248	实战：在"年终工作总结"演示文稿中指定要放映的幻灯片	265	实战：将 Word 文档导入幻灯片中演示	275
实战：在"工作总结"演示文稿中为同一对象添加多个动画效果	249	实战：在放映过程中快速跳转到指定的幻灯片	266	实战：将幻灯片转换为 Word 文档	276
实战：在"工作总结"演示文稿中为对象绘制动作路径	250	实战：在"销售工作计划"演示文稿中为幻灯片的重要内容添加标注	267	实战：在"汽车销售业绩报告"演示文稿中插入 Excel 文件	276
实战：在"工作总结"演示文稿中调整动画路径长短	251	实战：在"销售工作计划"演示文稿中使用演示者视图进行放映	268	实战：在"汽车销售业绩报告"演示文稿中直接调用 Excel 中的图表	277
实战：对"工作总结"演示文稿中动作路径的顶点进行编辑	251	实战：打包"楼盘项目介绍"演示文稿	269	实战：在"年终工作总结"演示文稿中插入 Excel 电子表格	278
实战：在"工作总结"演示文稿中设置幻灯片对象的动画效果选项	252	实战：将"楼盘项目介绍"演示文稿导出为视频文件	270		
实战：调整"工作总结"演示文稿中动画的播放顺序	253	实战：将"楼盘项目介绍"演示文稿导出为 PDF 文件	270		

二、商务办公实战类

实例名称	所在页	实例名称	所在页	实例名称	所在页
◆ 制作宣传展示类PPT		设计PPT的封面页和尾页	326	设计教育培训类PPT的尾页	375
宣传展示类PPT的制作标准	283	设计PPT的目录页	327	设计教育培训类PPT的放映效果	376
设置幻灯片页面	290	设计PPT的内容页	329	◆ 制作营销推广类PPT	
使用母版设计主题	291	设置播放效果	343	营销推广类PPT的制作标准	378
设计PPT的封面页和尾页	294	◆ 制作教育培训类PPT		使用母版设计主题	382
设计PPT的目录页	299	教育培训类PPT的制作标准	347	制作营销推广类PPT的封面	384
设计PPT的内容页	301	使用母版设计主题	353	制作营销推广类PPT的目录页	385
设置播放效果	313	设计教育培训类PPT的封面页	355	制作营销推广类PPT的内容页	387
◆ 制作总结报告类PPT		设计讲师介绍页	357	制作营销推广类PPT的尾页	401
总结报告类PPT的制作标准	316	设计教育培训类PPT的目录页	358	设计营销推广类PPT的放映效果	404
本案例的策划思路	321	设计教育培训类PPT的内容页	359		
使用母版设计主题	322	设计教育培训类PPT的思考页	371		

附录 C　PowerPoint 命令及功能速查表

一、软件自带选项卡

1.【文件】选项卡

命令	所在页	命令	所在页	命令	所在页
信息 > 用密码进行加密	105	打开 > 以只读方式打开	114	导出 > 创建 PDF/XPS 文档	84
信息 > 标记为最终	106	打开 > 以副本方式打开	115	导出 > 更改文件类型	84
信息 > 检查文档	107	打开 > 在受保护的视图中打开	115	导出 > 创建讲义	80
信息 > 检查兼容性	107	关闭	104	账户 > 登录	97
新建 > 新建空白演示文稿	101	另存为	104	选项 > 自定义功能区	96
新建 > 根据联机模板新建	101	另存为 > 这台电脑	104	选项 > 保存	104
新建 > 根据主题新建	102	导出 > 将演示文稿打包成 CD	83		
打开 > 浏览	103	导出 > 创建视频	83		

2.【开始】选项卡

命令	所在页	命令	所在页	命令	所在页
◆【剪贴板】组		幻灯片版式	119	右对齐	136
复制	130	◆【字体】组		段落 > 缩进和间距	137
粘贴	131	字体	133	行距	138
粘贴 > 使用目标主题和嵌入工作簿	277	字号	134	项目符号	139
剪切	131	加粗	134	编号	140
格式刷	147	文字阴影	134	分栏	141
◆【幻灯片】组		倾斜	134	文字方向	148
新建幻灯片 > 新建默认版式	110	字体颜色	134	转换为 SmartArt	183
新建幻灯片 > 新建指定版式	111	更改大小写	134	◆【编辑】组	
新建幻灯片 > 重用幻灯片	116	文本突出显示颜色	135	查找	132
新建幻灯片 > 幻灯片（从大纲）	275	◆【段落】组		替换	132
节 > 新增节	112	居中	136	替换 > 替换字体	148

3.【插入】选项卡

命令	所在页	命令	所在页	命令	所在页
◆【表格】组		形状 > 动作按钮	237	艺术字	142
表格	186	SmartArt	177	页眉和页脚	211
表格 > 插入表格	186	图表	196	对象	274
表格 > 绘制表格	187	◆【链接】组		◆【符号】组	

续表

命令	所在页	命令	所在页	命令	所在页
表格 > Excel 电子表格	278	链接 > 本文档中的位置	232	公式 > 插入新公式	145
◆【图像】组		链接 > 链接到其他文件	233	公式 > 墨迹公式	146
图片 > 此设备	150	链接 > 链接到网站	234	符号	145
图片 > 图像集	151	链接 > 链接到电子邮件	234	◆【媒体】组	
图片 > 联机图片	151	动作	239	音频 > PC 上的音频	222
屏幕截图	152	动作 > 鼠标悬停动作	243	音频 > 录制音频	223
相册	161	缩放定位 > 摘要缩放定位	239	视频 > 此设备	226
相册 > 编辑相册	162	缩放定位 > 节缩放定位	240	视频 > 联机视频	227
◆【插图】组		缩放定位 > 幻灯片缩放定位	241	屏幕录制	229
图标	166	◆【文本】组			
形状	168	文本框	129		

4.【设计】选项卡

命令	所在页	命令	所在页	命令	所在页
◆【主题】组		变体 > 颜色	123	幻灯片大小 > 自定义幻灯片大小	118
主题样式	122	变体 > 字体	123	设置背景格式 > 纯色填充	120
主题 > 保存当前主题	123	变体 > 字体 > 自定义字体	126	设置背景格式 > 渐变填充	120
主题 > 浏览主题	127	变体 > 背景样式	126	设置背景格式 > 图片或纹理填充	121
◆【变体】组		◆【自定义】组		设置背景格式 > 图案填充	121
变体	122	幻灯片大小	118	设置背景格式 > 纹理填充	124

5.【切换】选项卡

命令	所在页	命令	所在页	命令	所在页
◆【预览】组		切换效果	245	持续时间	246
预览	245	效果选项	246	设置自动换片时间	246
◆【切换到此幻灯片】组		◆【计时】组		声音	247

6.【动画】选项卡

命令	所在页	命令	所在页	命令	所在页
◆【预览】组		效果选项	252	动画刷	257
预览	249	◆【高级动画】组		◆【计时】组	
◆【动画】组		添加动画	249	开始	254
动画样式	249	动画窗格	253	持续时间	254
动画 > 自定义路径	250	触发	255	延迟	254

7.【幻灯片放映】选项卡

命令	所在页	命令	所在页	命令	所在页
◆【开始放映幻灯片】组		◆【设置】组		录制	262
从头开始	265	设置幻灯片放映	261	录制＞清除	272
从当前幻灯片开始	265	隐藏幻灯片	262		
自定义幻灯片放映	266	排练计时	262		

8.【视图】选项卡

命令	所在页	命令	所在页	命令	所在页
◆【演示文稿视图】组		讲义母版	208	适应窗口大小	99
大纲视图	93	备注母版	209	显示比例	99
幻灯片浏览	93	◆【显示】组		◆【窗口】组	
◆【母版视图】组		网格线	97	新建窗口	114
幻灯片母版	208	◆【显示比例】组		切换窗口	116

二、浮动选项卡

1.【图片工具-图片格式】选项卡

命令	所在页	命令	所在页	命令	所在页
◆【调整】组		◆【图片样式】组		旋转	155
校正＞亮度/对比度	156	图片样式	158	对齐	155
删除背景	163	图片边框	158	◆【大小】组	
颜色	157	图片效果	159	高度	152
颜色＞设置透明色	323	◆【排列】组		裁剪	153
艺术效果	160	上移一层	154	裁剪＞裁剪为形状	162
更改图片	165	下移一层	170		

2.【绘图工具-形状格式】选项卡

命令	所在页	命令	所在页	命令	所在页
◆【插入形状】组		形状样式	173	◆【艺术字样式】组	
合并	171	形状填充	174	文本填充	142
编辑形状＞编辑顶点	172	形状轮廓	175	文本轮廓	143
◆【形状样式】组		形状效果	176	文本效果	144

3.【SmartArt工具-SmartArt设计】选项卡

命令	所在页	命令	所在页	命令	所在页
◆【创建图形】组		◆【版式】组		◆【重置】组	
布局	179	更改布局	181	转换	184
文本窗格	177	◆【SmartArt样式】组		重置图形	184
添加形状	178	快速样式	182		
降级	179	更改颜色	182		

4.【表格工具-表设计】选项卡

命令	所在页	命令	所在页	命令	所在页
◆【表格样式】组		边框>斜下框线	205	◆【绘制边框】组	
表格样式	192	底纹	193	笔画粗细	193
边框	192	效果	194	笔颜色	193

5.【表格工具-布局】选项卡

命令	所在页	命令	所在页	命令	所在页
◆【行和列】组		◆【单元格大小】组		垂直居中	191
删除	188	高度	189	◆【表格尺寸】组	
在下方插入	189	分布行	204	高度	204
◆【合并】组		分布列	204	宽度	204
合并单元格	190	◆【对齐方式】组			
拆分单元格	190	居中	191		

6.【图表工具-图表设计】选项卡

命令	所在页	命令	所在页	命令	所在页
◆【图表布局】组		图表样式	198	编辑数据	197
添加图表元素	198	更改颜色	199	◆【类型】组	
◆【图表样式】组		◆【数据】组		更改图表类型	197

7.【幻灯片母版】选项卡

命令	所在页	命令	所在页	命令	所在页
◆【编辑母版】组		插入占位符	220	隐藏背景图形	220
插入幻灯片母版	212	◆【编辑主题】组		◆【关闭】组	
重命名	213	主题	221	关闭母版视图	210
删除	214	◆【背景】组			
◆【母版版式】组		背景样式	209		

8.【音频工具-播放】选项卡

命令	所在页	命令	所在页	命令	所在页
◆【书签】组		中等	224	跨幻灯片播放	224
添加书签	227	◆【音频选项】组		循环播放，直到停止	224
◆【编辑】组		音量	224	放映时隐藏	224
剪裁音频	224	开始	224		

9.【视频工具-播放】选项卡

命令	所在页	命令	所在页	命令	所在页
◆【书签】组		◆【编辑】组		◆【视频选项】组	
添加书签	227	剪裁视频	226	音量	227
		中等	227	全屏播放	227

10.【视频工具-视频格式】选项卡

命令	所在页	命令	所在页	命令	所在页
◆【调整】组		◆【视频样式】组		视频效果	228
海报框架＞文件中的图像	230	视频样式	228		
海报框架＞当前帧	231	视频形状	228		

11.【缩放工具-缩放】选项卡

命令	所在页	命令	所在页	命令	所在页
◆【缩放】组		编辑摘要缩放定位	243	缩放定位选项	243